KB262456

해양문화와 해양거버넌스

최성두 · 우양호 · 안미정

이 저서는 2008년 정부(교육부)의 재원으로 한국연구재단의 지원을 받아 수행된 연구임(NRF-2008-361-B00001).

해양문화총서006
해양문화와 해양거버넌스

초판 1쇄 발행 2013년 9월 2일

지은이 최성두 · 우양호 · 안미정
펴낸이 윤관백
펴낸곳 

편 집 김지현
표 지 윤지원
영 업 이주하

등록 제5-77호(1998.11.4)
주소 서울시 마포구 마포동 324-1 곳마루빌딩 1층
전화 02)718-6252 / 6257
팩스 02)718-6253
E-mail sunin72@chol.com
Homepage www.suninbook.com

정가 32,000원
ISBN 978-89-5933-647-0 93450

· 잘못된 책은 바꾸어 드립니다.

해양문화총서
006

해양문화와 해양 거버넌스

최성두 우양호 안미정

이 책에서는 해양의 해화(諧和)적 의미를 보다 구체적이고 현실적인 틀에서 풀어내고자 하였다. 즉 현대사회에서 해양의 공존과 공생적 의미를 다시 한번 재음미하고, 현대 해항도시의 여러 문제들이나 해양을 둘러싼 갈등과 분쟁의 새로운 양상과 그 해결책을 다루고자 하였다. 그리고 해양에 대해 공생, 공존, 협력적 방식의 거버넌스 개념을 적용하려는 행정학과 문화인류학 전공자들의 해법을 담았다. 오늘날 현대사회의 다양한 해양문제와 함께 눈부시게 변모하는 현대 해항도시의 맨 얼굴을 객관적 자료를 활용하여 전문적으로 풀어서 다루기도 하였다. 규범적으로 이 책은 〈해항도시의 문화교섭학〉이라는 새로운 학문분야의 창성에 조금이라도 도움이 되고자 했으며, 공부하는 학생들이나 사회 각계각층의 사람들에게 읽히기 좋은 책이 되고자 했다.

선인
도서출판

머리말

    저자들은 지금까지 해양과 해항도시의 실체(entity)를 어떠한 틀로 분석하고 보다 쉽게 설명할 것인가에 대해 항상 고민해 왔다. 그런 점에서 최초부터 이 책은 다음과 같은 두 가지 동기로 집필되었다. 그 하나는 '해항도시의 문화교섭학' 연구로 나타난 새로운 성과와 그 결과물을 관련 있는 많은 사람과 대중에게 보다 명료하고 쉽게 알려주기 위함이다. 기존 대학에서 해양과 관련된 해양사회, 해양문화, 해항도시 등과 관련된 책이 많이 없어 강의가 불편하다는 학생들도 있었고, 새로운 교양강좌의 필요성도 이 책의 집필을 거들었다.

    다른 동기 하나는 이 책을 통해 새로운 해양분야 분과학문으로서의 연구와 교육에 기여하고자 함이었다. 이 책『해양문화와 해양거버넌스』는 인문학과 사회과학의 학제 간 교섭을 통한 교양입문서 중의 하나이자, 오늘날 현대사회의 다양한 해양문제와 함께 눈부시게 변모하는 현대 해항도시의 맨 얼굴을 객관적 자료를 활용하여 전문적으로 풀어서 설명하였다. 물론 이는 인문한국(HK) 지원사업을 수행하는 국제해양문제연구소의 출판기획과정을 통해 비로소 결실을 보게 되었다.

    특히 저자들은 이 책에서 해양의 해화(諧和)적 의미를 보다 구체적이고 현실적인 틀에서 풀어내고자 하였다. 즉 현대사회에서 해양의 공존과 공생적 의미를 다시 한 번 재음미하고, 현대 해항도시의 여러 문제들이나 해양을 둘러싼 갈등과 분쟁의 새로운 해결책을 다루고자 하였다. 그리고 해양에 대해 공생, 공존과 협력적 방식의 거버넌스(governance) 개념을 적용하려는 행정학과 문화인류학 전공자들의 해

법을 담았다. 규범적으로 이 책은 ‘해항도시의 문화교섭학’이라는 새
로운 학문분야의 창성에 조금이라도 도움이 되고자 했으며, 공부하는
학생들이나 사회 각계각층에게 읽히기 좋은 책이 되고자 노력했다.

　우선 해양과 해항도시에 대한 기초지식이 다소 부족하더라도 먼저
각 장의 이론적 소개 부분을 읽어보면 현실사례를 금방 이해할 수 있
도록 재구성하였다. 그리고 간혹 인문학과 사회과학 책에서 나타나는
현학적인 부분을 가능한 없애고, 독자들이 즐겁게 읽고 쉽게 이해할
수 있도록 만드는데 노력했다. 부디 인문학과 사회과학을 연구하고
공부하는 학도는 물론 해양과 해항도시에 관심이 있는 비학문 분야에
종사하는 많은 분들도 이 책을 참고하여 이론과 실제를 이해하는 데
도움이 되었으면 한다.

　이 책은 크게 2부 13장으로 구성되어 있으며, 각 장의 순서는 상호
유기적인 연관성을 가지고 있다. 그 특징을 간단히 소개하면 다음과
같다. 먼저 제1부에서는 주로 해양과 관련된 사회·문화적 내용을 다
루었다. 여기서는 우선 현대사회와 해양의 의미(1장)를 개론적으로 살
펴보고, 해양과 인류의 역사가 갖는 관계(2장)를 살펴본 다음, 다시 한
반도에서의 전통적 해양문화가 갖는 의미(3장)를 살펴본다. 최근 해양
분야에서 가장 이슈가 되고 있는 해양생태와 공생적 자원운영의 문제
(4장)는 다시 해양자원의 남획과 기존 원주민 사회의 보전문제(5장)와
도 깊은 관련을 맺고 있다. 궁극적으로 이것은 오늘날 세계적으로 밝
혀지고 있는 해양의 공유자원적 성격과 해양개발과 보전에 대한 시민
사회의 참여(6장)와도 연관성이 있다. 실제적으로 해양의 공유자원적
속성은 해항도시나 연안지역에서 나타나는 해양의 관리문제와 그 협
력적 해결(7장)의 방식으로 현실 속에 구현되고 있다. 이것들은 모두
해양과 그것을 둘러싼 사회적 기제이자 새로운 해양문화의 양식이다.
이어 제2부에서는 보다 현실적이고 실천적인 해양거버넌스의 구축과

해양행정(8장), 수산과 해양경제(9장), 해양관광(10장), 해양환경(11장), 해양선진국인 미국의 사례(12장), 국제적 해양레짐의 변화와 미래 전망(13장) 등을 순차적으로 다룬다.

끝으로 저자들은 이 책에서 제시된 해양 및 해항도시에 관한 새로운 문화와 실천사례들은 현실세계에서의 적용과 더불어 '해항도시의 문화교섭학'이라는 신생학문의 창성과 발전에도 새로운 지평을 열어줄 것으로 기대한다. 그러나 이 책이 모든 면에서 완벽하다고 할 수는 없을 것이다. 이제 첫걸음에 불과하다. 논리적 오류나 여러 가지 실수가 군데군데 있을 것이다. 앞으로 독자들, 기성학문 분야의 이론가, 전문가들과 끊임없이 대화를 하면서 내용을 다듬고 보완하려 한다. 초판에서 발생할 수 있는 논리적 오류나 여타 실수에 대하여 이 책을 읽으시는 선배 교수님과 동료·후배 학자, 그리고 학생과 일반인 여러분들께서 많은 비판과 격려를 해 주실 것으로 믿어 의심치 않는다.

2013년 8월

저자 일동

목 차

1부

해양과
인간 · 사회 · 문화

제1장 현대사회와 해양의 의미

제1절 현대사회와 해양문제

1. 왜 해양인가?

우리가 살고 있는 지구에서 그 먼 옛날 바다는 어떻게 만들어졌을까? 이것은 과학을 잘 모르는 사람일지라도, 살면서 누구나 한번쯤 가져 본 의문일 것이다. 중학교 교과서에 나오는 바에 따르면, 처음 지구가 생긴 이후에 오랜 시간이 흐르고 지구 내부의 핵분열이 줄어들자 뜨거웠던 지구의 온도도 점점 내려갔다고 한다. 지구가 식어가면서 여러 기체들과 수증기가 만나 지구에 비가 내렸고, 내린 비는 지구 표면의 낮은 곳에 고이기 시작했다. 이 비의 양은 지금과 달리 많은 양이었을 뿐만 아니라 수천, 수만 년에 이르는 영겁의 시간이 흐르면서 그 빗물들이 모여 바다를 이루게 되었다고 한다. 또한 이렇게 만들어진 바다에서 최초로 생물이 생겨났을 거라고 전해진다.

　이렇듯 바다는 지구상에 최초로 생명이 탄생한 곳이며, 플랑크톤, 해조류, 어류, 포유류, 파충류, 갑각류 등의 많은 생명체가 살고 있다. 수치적으로 바다는 지구 표면적의 약 71%를 차지하는 3억 6천만㎢로 알려져 있으며, 이는 육지면적의 약 2.5배에 이른다고 한다. 바다가 가진 엄청난 양의 광물자원, 에너지자원, 생물자원, 식량자원 등은 인류에게 남은 마지막 생존에 필요한 자원의 보고라고 할 수 있다.

　드넓은 해양은 옛날부터 인간의 생활과 밀접한 관계를 맺어 왔다. 인류가 바다에서 얻는 혜택은 각종 자원뿐만 아니라 기후조절과 대류순환을 위한 수증기 제공, 막대한 열에너지의 저장과 이산화탄소의 흡수 등에 걸쳐 생물학적 생존에 필수적인 것들이 많다. 또한 환경과 생태학적으로 해양은 세계 각 지역을 연결해 주고, 지구의 에너지 순환 등에 관여하는 주요한 시스템의 일부이다. 우리가 주로 접할 수 있는 바다의 범위는 대부분 해안지역에 국한되지만 과학기술의 발달로 원양, 극지방, 심해저 등 인류의 해양진출 범위는 날로 확대되고 있다. 분명한 것은 21세기를 살아가는 우리들에게 바다가 중요한 이유가 단순히 이런 것들 때문만은 아니다.

　오랜 과거의 경험에서 보듯, 해양은 인류에게 언제나 한결같이 좋은 혜택과 환경만을 제공하지는 않는다. 해양을 이루고 있는 자연 환경적 요소는 매우 복잡하고 끊임없이 변화하는데, 이와 같은 복잡한 환경 속에서 현존하고 있는 인류와 생물들은 오랜 세월을 지나오는 동안에 스스로 적응하면서 진화해 왔다. 지난 20세기에 처음 우주에 나가서 인류가 새롭게 알게 된 사실은 지구는 푸르다는 점과 지구(地球)가 아닌 수구(水球)라는 것이었다. 또한 과학의 발전상황으로 보면 다른 행성에서는 아직 인류생활에 필요한 자원을 구할 수 없고, 오직 푸르게 보이는 바다 속에서 자원과 미래를 찾아야 한다는 것을 우리는 최근에야 비로소 알게 되었다.

　이에 흔히들 21세기를 신(新) 해양의 시대라고 한다. 인류는 지난

100년 동안 인구의 급증으로 인해 이미 육지의 자연, 숲, 자원, 산소 등 모든 것들이 지속가능의 단계를 이미 넘어섰다. 이러한 육상자원의 급격한 고갈에 대비를 할 수 있는 대체에너지, 대체식량 모든 이런 공급원들이 이제 지구상에는 해양밖에 없다고 한다. 그래서 해양이 바로 우리 인류의 미래라고 할 수 있는 것이다.

지금 전 세계는 해양을 지속가능하면서 다음 세대와 인류가 공존하면서 조화를 이룰 수 있는 공간으로 만들어 나가자는 것에 대해 국제적인 논의와 공조활동의 초점을 맞추고 있다. 이제 태평양 한복판에 독도만한 작은 섬 하나만 차지해도 우리나라 남·북한 면적의 2배에 가까운 바다영토를 점유하게 되었다. 현대인들은 과학기술의 발달로 바다에 무한한 자원이 있고, 인류 생존의 미래가 바다에 있음을 알게 되었다.

인간이 다양한 방식으로 바다와 해양자원을 이용하면서 바다의 섭리와 환경에 적응해 온 방식은 다른 지구상의 포유류에게는 볼 수 없는 고유하면서도 독자적인 특성을 보여준다. 즉 예로부터 인류가 바다에 어떻게 적응해 왔으며, 바다의 생성과정은 인류의 삶에 어떠한 의미를 갖는가의 문제는 미래에 인류와 바다의 관계를 올바로 정립해 나가기 위해 지금 반드시 스스로 해야 하는 질문이다. 지리학이 육지의 이치를 파악하기 위한 개념이듯이, 바다의 이치를 파악하고자 하는 노력은 해양학이나 해역학으로 구체화되어야 한다.

또한 해양을 둘러싼 인간의 활동영역은 과학기술의 발달에 따라 보다 멀리, 보다 깊이까지 확장되고 있으며, 앞으로는 육상자원의 고갈에 따라 특히 해양자원에의 관심이 높아져 가고 있다. 즉 대체에너지의 개발, 해저자원의 탐사, 수산 식량자원의 확보 등은 해양을 미래자원의 보고로서의 새로운 가치를 재조명하게 만들고 있다. 이러한 일련의 활동은 해양에 대해 연안, 해상, 해저를 아우르면서 서로 연결된 하나의 연결 시스템 내에서 이루어진다.

자연과학에서는 이미 해양영역을 독립적으로 바라보기보다는 육지 및 대기와 연결된 하나의 시스템으로 파악하고 접근한다. 이는 해양에서 일어나는 현상과 해양과 관련된 각종 사항들이 해양과 접해 있는 육지 및 대기와 관련되어 있다는 것을 이해해야 함을 뜻한다. 실제로 해양의 중요성과 해양의 이용 가능성 등을 고려해 볼 때 이는 타당한 접근이라 할 수 있다. 이제 인문학과 사회과학에서도 이러한 종합적인 시각과 접근이 필요하다.

우리가 잘 아는 바와 같이, 바다는 지리적으로 가장 낮은 곳에 있어 모든 강과 냇물이 찾아오도록 만든다. 모든 것을 받아내면서도 넓기 때문에 자생적인 정화능력도 가지고 있다. 바다는 아름답고 포근하며 모든 생명의 근원이 된다. 동시에 자연의 강한 힘을 갖고 있고 언제나 그 자리에 항상 존재하고 있다. 이에 바다는 인류의 생존이나 역사와는 불가분의 관계였다. 그러나 바다는 인간과 함께 한 사실보다는 현대인들에게 그저 낭만적인 한 장소로 위안이나 안식을 주는 공간이라는 인식이 높아져, 그저 그러한 존재로만 바라보는 경향이 크다. 만약 해양을 학문으로 공부한다면 실제 나는 그러지 않았는지 이제 자성을 해 볼 기회를 가져야 한다.

흔히 해양과 관련된 문제는 우리들의 눈에 보이지 않는 부분까지 아우르고 있어 단기간에 그 효과나 성과가 잘 드러나지 않는다. 그 때문에 세계적인 해양학자나 전문가들은 세계해양포럼(World Ocean Forum)과 같은 국제적 행사를 통해 해양의 연구와 개발이 우리의 일상에 미치는 영향을 대중에게 상시적으로 잘 알려주어야 관심과 지원을 제대로 받을 수 있다는 점을 공통된 목소리로 강조하고 있다.

우리나라는 국토가 좁고 3면이 바다로 둘러싸여 있기 때문에 우리나라의 산업과 경제는 해양과 긴밀한 관련이 있다. 우리나라 대부분의 수출·수입이 선박과 항만을 통해 이루어지며, 수산업이나 에너지 자원 등과 관련하여 해양의 경제적 가치는 무궁무진하다. 따라서 자원이 부족한 우리나라에서 해양과 관련된 경제는 우선적으로 중요한 비중을 차지한다.

경제나 산업적인 측면에서 우리나라 해안에 분포한 경제활동인구는 전체의 약 27%나 되고, 국가 및 지방산업단지 189개 지역 중에서 약 44.4%인 84개 지역이 연안근처에 위치하고 있으며, 다시 국가산업단지 36개 지역에서 약 75%인 27개 지역이 연안근처에 배치되어 있다. 우리나라 전국의 지정항만은 총 50개로서 무역항 28개항, 연안항 22개항이며, 어항은 410개의 지정어항과 1,829개의 소규모 어항이 전국에 두루 산재하고 있다. 또한 약 1,092㎢의 연안해역이 수산 양식장으로 이용되고 있으며, 약 1,387㎢의 방대한 해역이 연안의 항만수역 안에 포함되어 있다.

해양은 단순히 겉으로 보이는 사회적 측면에서도 우리에게 각별한 의미를 가진다. 우선 우리나라에서 해양과 접하고 있는 약 78개에 달하는 연안지역과 해항도시의 상황을 잠시 보자면, 시·군·구(26개시, 34개군, 18개 자치구)의 면적은 약 31,797㎢로서 전국의 국토 대비 31.9%나 된다. 그리고 우리나라 총 인구의 약 27.2%가 부산을 포함한 연안지역의 시·군·구에 거주하고 있으며, 바다 근처에서 삶을 영위하고 있다. 다만 연안은 수도권이나 내륙에 비해 인구밀도는 다소 낮은 편이다.

이처럼 바다는 우리의 경제 및 일상생활과 불가분의 관계에 있다. 다른 예를 들자면, 육지에서 인간들이 다니는 교량과 도로를 건설하는 데는 많은 비용과 시간이 소요된다. 그런데 교통수단으로서 바다의 뱃길은 그렇지가 않다. 과연 여러분들은 어느 국가나 도시가 외부로 통하는 바다 뱃길을 새로 여는데 있어서 많은 돈을 들였다는 얘기를 들어본 적이 있는가? 아마 없을 것이다. 바닷길(해로)은 우리에게 그만큼 효율적이고 경제적이다. 이러한 점뿐만 아니라 예로부터 바다가 가진 사회적, 경제적 가치는 실로 무궁무진하다고 볼 수 있다.

이에 우리나라는 사회경제적으로 해양의 가치와 중요성을 최근에야 심각하게 다루기 시작했다. 그러나 과거 우리나라 정부의 해양수산부 신설과 폐지, 그리고 새로운 정부부처로의 부활 등 일련의 여러 정치적 사건으로 인해 해양강국으로의 발전기반은 갈수록 안정에서 불투명으로 변화하였고, 앞으로도 다시 변화될 가능성이 있는 상황이다.

우리나라와 해양의 관계는 하나의 운명공동체이며 국력이 곧 해양력(sea power)이라는 점에 대해서는 대부분 학자나 전문가들이 동의할 것이다. 우리나라가 미래에 해양강국으로 발전하는 것은 선택이 아니라 필연이자 당위이며, 생존의 목표이다. 또한 우리나라가 해양강국으로서 그 위상을 강화해야 하는 필연적 이유는 해양의 존재가 갖는 각별한 의미 때문이기도 하다.

보다 큰 시각에서 보자면, 해양을 이용하고 관리하는 문제는 연안 바다라는 공간의 공유재(commons)적 성격에 기인하여 효율적인 관리체계가 확립되지 않으면 좀처럼 쉽게 해결되기 어려운 것이다(Hackett, 1992; McCay, 2002). 게다가 연안의 여러 지역과 도시의 차원에 있어 바다의 이용과 관리의 문제는 다양한 이해관계자들이 관련되어 있을 뿐만 아니라 주 이용자인 민간부문과 시민의 의식문제도 중요하게 관련되어 있다. 또한 사회적으로 국내에서는 조업구역의 감소와 수산자원의 고갈, 고유가 등의 문제로 사회적 갈등이 증가되고 있으며, 주변 해역의 해상교통량 증가와 해양레저/관광객 등 해양이용 인구의 급속한 확대에 따라 쾌적한 해양환경문화 조성과 해상안전 관리에 대한 국민적 욕구가 높아지고 있다.

따라서 연안과 지역차원에 있어서 해양의 이용과 관리문제는 이제 국가는 물론 그 지역의 공동체가 함께 문제를 인식하고 해결하려는 노력과 협조가 없이는 결코 해결방안이 도출되지 않는 어려운 상황에 놓이게 되었다. 이제 우리 사회의 구성원 모두가 힘을 모아 해양과 관련된 여러 문제의 해결에 나서야 할 때인 것이다. 다행스럽게도 우리나라 해양문제에 대한 새로운 인식전환은 국가와 사회적으로 최근에 들어서 이미 시작되고 있는 것 같다.

1) 동북아시아와 해양의 가치

현대를 살아가는 우리와 우리의 삶에 있어서 해양은 어떠한 존재인가? 오늘날 각자 다양한 삶을 사는 우리 일반인에게는 그저 안식과 낭만의 바다로 인식되고 있을 것이다. 그러나 진정 바다를 공부하고 해양을 학문적으로 아는 사람에게 지금의 바다는 실로 소리 없는 전쟁터와 같다. 현재 400곳이 넘는 전 세계 해역에서 여러 나라와 지역들 사이에 해양영토와 수역관할 분쟁이 나타나고 있는 것만 보아도 잘 알 수 있다.

특히 동북아시아에서는 우리의 독도를 둘러싼 일본의 터무니없는 영유권 주장, 남지나해 지역의 조어도(일본명 센카쿠 열도, 중국명 다오위다오)에 대한 중국과 일본의 영유권 분쟁, 쿠릴열도의 북방 4도에 대한 러시아와 일본의 심각한 관할권 대립이 나타나고 있다. 이러한 동북아시아의 해양영토 분쟁들은 모두 바다가 가진 미래가치의 중요성에 기인하며, 바다가 인류에게 주는 무한한 선물을 각 나라와 민족이 서로 먼저 쟁취하려는 것에 원인이 있다. 여기서는 이러한 사실과 그 이유에 대해 차근차근 살펴보도록 하자.

우선 일반적으로 해양(海洋)은 넓고 큰 바다로 대양과 연결된 넓은 해역(the sea, the ocean)을 의미하며, 육지에 둘러싸인 경우도 종종 그 자연적 조건에 따라 바다로 분류하기도 한다. 우리가 살아가는 지구의 바다는 크게 태평양, 대서양, 인도양, 북극해, 남극해로 구성되는데, 이를 흔히 우리는 5대양이라고 부른다. 여기서 다시 국경(border)의 개념이 적용되어 그 나라가 영유하고 있는 바다는 영해(territorial waters)라고 부른다. 현대사회에서 나타나는 해양의 각종 문제는 국경과 국가차원의 영해(territorial waters) 개념과 주로 많은 관련성이 있다.

먼저 우리나라의 주변부터 살펴보도록 하자. 동북아시아에 속한 우리나라는 지정학적으로 서북쪽 중국과 러시아 쪽의 대륙질서(continental-order)와 일본이나 동남쪽의 해양질서(marine-order)가 만나는 중심에 서 있다. 이에 근래 20세기 이후 탈냉전기를 지나면서 동북아시아는 해양을 둘러싼 갈등이 심화되고 있는 국제적인 핵심지역으로 부상했다. 근래 북한의 지속적인 북방한계선(NLL)에서의 무력 도발, 독도와 이어도를 둘러싼 주변국과의 갈등, 중국과 일본의 조어도 해상 영유권 분쟁 등이 해결되지 않은 상태로 지속되고 있다.

그렇지만 역사적으로 우리나라를 포함한 동북아시아에서 해양의 문제가 다시 대두된 것은 근대에 접어드는 시기부터인 것으로 보인다. 근대 이후 본격적으로 해양의 중요성과 역할이 거론되었으며, 해양력(sea power)은 동북아시아에서 해항도시와 국가의 역학관계를 결정하는데 상당한 역할을 하였다. 당시 조선과 중국, 일본의 불가피한 개항사례 및 식민지화가 된 여러 사건들을 비롯하여 청·일 전쟁과 러·일 전쟁, 일본의 중국침략 등은 같은 아시아 국가들 사이의 해양력 격차, 새로운 해양질서 재편과 필연적 연관성을 맺고 있다.

또한 2차 세계대전 이후 1950년대에 이르러 동북아시아 지역에는 특별한 완충지대가 없이 한반도의 바다에서 민주주의와 사회주의라는 이념적 양극질서가 직접적으로 대결하는 양상을 나타내었다. 이러한 첨예한 군사대결 속에 바다는 막히고, 그 결과 교류와 교역의 전근대적인 질서는 사라졌다. 이처럼 20세기에 아시아 지역에는 서로 간의 유일한 연결통로인 바다가 폐쇄되고 단절되어, 동북아시아 해역권은 제대로 된 기능과 역할을 할 수가 없게 되었다. 그러나 근래에 들어서는 다시 해역을 중심으로 한 동북아시아의 정세와 질서가 전혀 새롭게 변화하고 있다.

바야흐로 21세기는 우리 모두가 인정하는 해양력(sea power)의 시대이다. 특히 동북아시아의 우리나라와 중국, 일본, 러시아, 북한 등 모든 나라들이 해양을 매개로 하여 서로 만나고 있다. 최근까지 각 나라와 정부들이 의욕적으로 추진하고 있는 소위 환(環)황해경제권 형성, 환(環)동해경제권 형성, 유엔개발기구(UNDP)가 주도한 동북아지역 협력프로젝트, 초광역경제권 및 초국경통합권 구축과 기타 각종 국지경제권의 구축, 월경협력지역의 설정 등도 모두 해양과 해역세계를 가장 중요한 매개로 하고 있다.

또한 해양과 해역세계를 매개로 한 네트워크에는 독도문제에서부터 어업직선기선문제, 배타적 경제수역(EEZ) 획정 문제, 석유와 같은 자원수송로의 확보문제 등에 이르는 여러 해양갈등이 산적해있다. 무엇보다도 최근 10년 동안에 발생한 서해 연평도 해전과 천안함 폭침 사건 등과 같이 우리가 겪고 있는 것처럼 북한과의 군사력의 충돌도 역시 해양과 해상에서 이루어지고 있다. 그런데 해양에서의 갈등은 우리의 생각처럼 남북문제에 그칠 정도로 안이한 수준이 아니다. 이미 오래 전부터 해양전쟁과 해상전투가 동아시아의 모든 해양에서 시작되었음을 알아야 한다.

 해양문화와 해양거버넌스

과거 동북아시아의 오랜 역사는 지금 우리에게 분명하게 말하고 있다. 해양력이 강했을 시절에 우리 민족은 정치적으로나 경제적으로 아주 흥했고, 해양력 경쟁에서 패할 때는 반드시 국난이나 어려움을 당했다. 먼 옛날 황해도 연안과 북부지역 쟁탈전에서 패배하면서 고조선은 한(漢)나라에게 멸망을 당했고, 해로(海路)와 수군(水軍)을 경시한 고구려와 백제는 당나라에게 멸망을 당했다. 역시 해양을 천시한 조선은 해협을 건넌 일본에게 임진왜란을 겪더니 급기야는 식민제국주의의 침략을 상징하는 운요호 사건(雲揚號 事件)에 무릎을 꿇고 일본의 굴욕적인 식민지가 되었다. 이러한 역사적 사실들은 지금의 우리에게 도대체 무엇을 말해주는가?

그것은 예로부터 국력이 주변에 비하여 현저하게 열세인 우리가 생존을 유지하고, 주체적으로 역사를 운영하는 길 가운데 하나는 분명 해양을 통해 국력을 강화시키는 일이라는 점이다. 우리가 살아가는 한반도가 자기 앞마당에서 해양력을 상실했다면 그것은 곧 주변국들에게 완전히 포위당해 있음을 의미한다. 즉 해양력이 약하면 오히려 바다에 의해 포위가 되어 그 나라는 더욱 폐쇄적이 되고, 해양력이 강한 주변국들에 의해 언제든지 민족의 이익과 자주가 침탈당할 수 있다.

현재 한반도를 기점으로 동아시아에서 모든 지역과 국가를 전체적으로 연결하는 해항도시 네트워크, 해양네트워크는 오직 우리나라만이 가지고 있다. 우리나라가 동북아시아에서 중요한 해로를 장악하고 해양에 대한 조정력을 가질 경우, 여러 나라들 간의 정치적, 경제적, 국제적 역학관계를 조정할 수 있고, 막대한 유·무형적 이익을 얻을 수 있다. 즉 21세기에 갖추고 발휘되는 해양력의 수준은 곧 동아시아의 역학관계의 기본적인 틀과 우리 민족의 운명을 좌우할 것이라고 단언할 수 있다.

2) 해양의 새로운 인식과 가치관

예로부터 바다는 가장 낮은 곳에서 모든 사람에게 열려 있는 심상을 가져 왔다. 노자(老子)의 도덕경(道德經)에 나오는 "큰 강과 바다는 가장 낮은 곳에 엎드려 있기에 세상의 모든 냇물을 받아들이고 모은다"는 말도 있다. 물(水)은 낮은 곳으로 향하며 상대와 다투지 않고 자신을 낮추기에 노자는 "최고의 선(善)은 바로 물(水)"이라고 하였다. 예로부터 해양과 바다에 대한 이러한 관용과 포용적 의식은 지금 정서적으로 바쁘고 메말라 가는 현대인들에게 새로운 가치관의 지향을 제시하고 있다.

인류의 역사에서 근대 이전에 바다는 심상(image)적 측면에서 곧 "단절과 폐쇄"의 상징이었다. 단순히 물리적으로 바다는 육지를 갈라놓는 장애물로 인식되었으며, 소수 해양강국들이 바다를 건너 신대륙을 발견하면서부터 식민지 쟁탈과 수탈의 무대가 시작되었다. 현대에 들어서 이러한 단절의 바다는 육지와 육지를 잇는 조화와 연결의 장으로 바뀌게 되었다. 물류중심 해양 경영시대, 종합적 해양 개발시대가 도래하면서 "바다는 곧 땅"이란 개념으로 인식의 대전환이 이루어졌다.

다른 한편으로는 21세기 인류의 새로운 개척지이며 세계화 시대의 새로운 무대인 해양의 중요성과 육지와 해양의 중간에 있는 삼면이 바다인 우리나라의 위치적 특성을 고려할 때 국내·외 정세에 대응하기 위해 해양에 대한 새로운 해양인식과 가치관의 필요성이 제기되고 있다. 예컨대, 과거 일본은 이도(移都)를 실시함에 있어 일찍부터 수산업 및 어촌이 일상생활과 서민경제의 안정에 기여하는 역할에 대해 당사자인 국민의 이해와 관심을 환기하는 데 주력하였다. 동시에 일본의 연안지역에서 단순 수산업 및 어촌이 지닌 수산물의 공급기능 이외의 사회적 인식과 의식적 기능이 충분하게 발휘될 수 있도록 하고자 하였다. 일본은 해양자원의 올바른 이용을 위해서는 바다의 중요성에 대한 국민적 인식의 전환이 필요함을 일찌감치 절감했던 것이다.

시각을 달리 해서 바다와 해양에 대해 조금 더 감성적인 접근을 해보도록 하자. 흔히 해양이 가지고 있는 공간적 광활함과 바다의 푸른 색은 사람들이 바다를 바라보고 생각할 때 독특한 이미지와 심상(image)을 만들어낸다. 늘 끊임없이 움직이는 해양의 역동성과 동시에 오랜 역사 속에서 한결같이 그 자리에 존재해왔던 바다의 항구성(恒久性)은 사람들이 갖고 있는 또 다른 하나의 이미지이다. 그리고 바다는 인간이 끊임없이 도전하고 이용해왔던 대상이며, 삶의 중요한 터전이기도 했다. 따라서 바다는 지구에서 살아가는 인류의 사고영역과 정서, 감정 등에도 큰 영향을 주게 되었다.

역사적으로 바다의 깊음과 광대함, 푸른 이미지, 잔잔한 바다의 평화로움, 거친 파도의 역동성 등이 표현된 문학작품은 많이 나왔다. 또한 그러한 바다의 이미지가 반영된 미술과 음악작품도 많이 존재하고 있다. 이 외에 바다를 소재로 한 여러 예술작품이나 바다에서의 생활과 관련된 독특한 해양문화와 생활양식을 제시할 수도 있다. 이렇듯 해양의 이미지와 심상의 문제는 우리의 일상생활에서 얼마든지 중요한 논제로 반영될 수 있다.

그러므로 지금 우리에게 해양과 관련된 가치관과 의식적 측면은 매우 중요하다. 특히 해양의식은 3면이 바다로 둘러싸여 있으며 주변에 중국, 일본, 러시아와 같은 강대국과의 주권 문제, 그리고 군사적으로 대립하고 있는 북한과의 긴장관계 속에서 우리 국민이 갖추어야 할 기본 소양과 관련된 것이다. 예를 들어, 계속해서 갈등을 빚고 있는 독도 영유권 문제와 동해 명칭 문제는 물론이고 어업자원과 해저 지하자원의 개발 이용과 관련되어 더욱 중요시되고 있는 측면이다. 그러나 갈등의 측면뿐만 아니라 세계화 시대의 동북아 협력체제를 구축하는 데 있어서도 국민적 해양의식과 가치관은 아주 중요하다. 해양세력을 확대한다는 측면에서 이제 우리는 바다를 사랑하고 바다에서 삶을 이어가는 사람들이 대접받는 사회를 만들어야 한다.

우리나라에서 바다의 날은 5월 31일인데, 이것을 정확하게 아는 사람은 아직 많지 않다. 우리나라는 먼 옛날 장보고가 완도에 청해진을 설치한 5월을 역사적으로 기념해서 5월의 마지막 날을 바다의 날로 정했다. 바다의 날은 해마다 정부의 주관으로 바다 관련 산업의 중요성과 의의를 높이고 국민의 해양사상을 고취하며, 관계종사원들의 노고를 위로하는 행사를 개최하는 엄연한 대한민국의 기념일이다.

우리를 포함하여 전 인류는 역사적으로 끊임없이 해양을 개발하고 이용하여 왔다. 영해가 그리 넓지 않은 우리나라는 현재 아직 거의 개발이 되지는 않았지만 많은 이용 가치가 있는 극지(남극의 세종기지 등)에 대한 연구에 조금씩 투자를 늘리고 있다. 부존자원이 부족한 우리나라에서 해양은 새로운 지하자원과 에너지 자원을 창출할 수 있는 거의 유일한 영역이라고 할 수 있다. 따라서 해양에 대한 소양을 기르는 데 이러한 측면에 대한 가치관과 의식교육도 이루어져야 할 것이다.

인위적인 개발과는 반대적 방향으로, 그동안 해양이 지구의 환경에서 차지하는 물리적 비율이 높고 지구를 구성하는 각 영역이 서로 긴밀하게 상호작용하고 있는 상황에서 해양환경의 파괴와 해양오염의 문제는 그 파급효과가 크며 인류의 생존권을 위협할 수도 있다. 쓰나미와 지진, 태풍, 적조 등 해양과 관련된 자연재해 또한 규모가 육지의 그것보다 큰 것이 대부분이다. 현대산업의 발달과 더불어 무분별한 개발의 논리 속에 황폐해져 가는 해양환경에 대하여 올바른 가치 판단을 내릴 수 있도록 이 부분에 대한 의식과 가치관도 역시 크게 필요하다.

최근 우리나라는 시민들의 해양자원 보호 및 책임의식을 고취하며, 정부와 시민사회의 해양의 중요성에 대한 인식 및 의식전환이 필요함을 선언, 전 세계인의 지지기반을 확대하기 위해 노력하고 있다. 지난

2012년에 성공적으로 개최된 여수세계해양엑스포(EXPO)와 같은 국제적인 행사는 앞으로도 좋은 기회가 될 수 있다. 해양관련 행사와 홍보를 통해 우리는 앞으로도 해양, 연안 그리고 섬의 중요성을 알리고, 정부와 시민사회의 해양의 중요성에 대한 인식 및 의식전환이 필요함을 계속 알려나가야 한다. 자연환경에 대한 의존도가 높은 해양의 개발과 보전에 있어 바다의 중요성에 대한 인식은 무엇보다 중요하다. 더불어 의지와 인식의 전환과 더불어 모두가 참여한 상태에서 이에 합당한 실천이 이루어져야 함은 물론이다.

제 2 절 우리나라와 해양의 여건

1. 해양의 자연적 여건

지리적으로 우리나라는 육지면적의 약 4.5배에 달하는 광활한 해양관할권을 보유하고 있다. 한반도에서는 북한을 제외하더라도 우리나라 육지면적(9만 9천㎢)의 4.5배에 달하는 약 44만 3천㎢의 해양관할권이 있으며, 약 34만 5천㎢의 대륙붕을 보유하고 있다. 그리고 총 연장이 약 12,683㎞에 달하는 긴 해안선과 약 3,167개의 도서(섬)를 보유하고 있다. 특히 서해의 갯벌면적은 약 2,849㎢(남한면적의 2.5%)로서 세계 5대 갯벌의 하나에 해당한다. 참고로 세계 5대 갯벌은 우리나라의 서해, 남미의 아마존하구, 미국의 조지아주, 독일·네덜란드의 연안지역, 캐나다 남동부 지역이다. 특히 우리나라 동해에는 청정해역과 천혜의 해수욕장이 있고, 서해에는 광활한 갯벌이 대조적으로 존재하고 있으며, 남해에는 리아스식 해안과 아름다운 다도해가 분포하고 있다.

풍부한 해양 에너지 및 광물자원이 존재하는 점도 우리가 가진 해양의 장점이다. 우리나라는 연간 약 100조 원(추정)의 높은 생산력을 가진 해양생태계와 기술개발에 따라 장래 이용 가능한 풍부한 해양에너지·광물자원을 보유하고 있다. 서해의 경우, 조력에너지 부존량은 약 650만kW, 전 연안의 파력에너지는 약 650만kW, 울돌목 등의 조류에너지는 약 50~100만kW로 추정되고 있다.

해양의 배타적 개발권을 확보한 태평양 지역의 심해저인 클라리언-클리퍼튼(Clarion-Clipperton) 해역은 이제 세계적인 심해자원전쟁 해역으로 여기에는 우리나라가 연간 3백만 톤씩 약 150년 동안 채광할 수 있는 망간단괴가 부존하고 있다. 우리나라 영해 및 배타적 경제수

해양의 잠재력

해양의 잠재력	
• 지구 표면적의 약 71%	• 석유 부존량: 1.6조 배럴
• 바다 전체의 평균 수심 3,962m	• 메탄수화물: 10조 톤
• 산소 공급량 : 약 75%	• 지구생물의 80% 이상이 서식
• 이산화탄소 정화 : 약 50%	• 동물의 단백질 공급원: 16% 이상
• 기후조절기능: 열의 이동 및 수급	• 미지의 세계: 높은 수압, 낮은 수온,
• 해양에너지 자원: 150억 kW 추정	암흑

해양에너지의 형태와 유형

종류	에너지 형태	최적지
조력	해면의 상하운동에 따른 위치에너지	조석이 큰 지점
해류 및 조류	해수의 유동에 의한 운동에너지	흐름이 강한 지점
파랑	파랑의 위치·운동에너지	파고의 평균치가 높은 지점
해수면 온도차	해수온도의 연직방향의 온도차	표면해수온도가 높은 해역
염분	염분의 위치에 의한 농도차	담수가 있는 하구역
공간이용	해상 : 풍력, 태양	-

역(EEZ) 내에 부존된 석유, 천연가스, 가스하이드레이트의 조사도 진행되고 있으며, 동해 해역에 국내에서 30년 동안 사용 가능한 약 8억~10억 톤 규모의 가스하이드레이트 매장이 측정되기도 하였다. 참고로 일본은 꾸준한 해양기술개발을 통해서 2013년에 이러한 미래의 해양자원들을 심해에서 채굴, 상용화하기 시작하였다.

2. 해양의 이용과 경제상황

우리와 같이 영토가 좁고 자원이 부족한 나라는 특히 바다를 통한 무역에서 부(富)를 축적해야 한다. 현재 우리나라는 천혜의 지정학적 위치 이점 등으로 해양의 높은 미래 경제성장 잠재력을 보유하고 있다. 게다가 최근 중국의 급격한 성장으로 인해 세계 3대 경제권의 하나로 부상하고 있는 동북아경제권의 구심점에 위치하여, 세계 해양의 간선 항로상에 위치해 있다. 그리고 대형선박 입·출항에 필요한 수심의 자연적 확보로 동북아 물류거점기지로서 충분한 발전 잠재력을 보유하고 있다.

해양의 이용과 해양경제의 중심에는 해양산업(ocean industry)이 자리하고 있다. 일반적으로 해양과 관련된 산업들은 1차 산업(수산업 등), 2차 산업(수산물가공업, 조선 등 제조업), 3차 산업(물류, 해운, 여객 등)을 골고루 대상으로 한다. 해양산업은 "해양을 이용, 개발 또는 보전, 보호하는 모든 산업부문과 생산적 활동"을 총칭하는 개념이다. 외국에서도 해양산업에 대한 일반적인 지칭은 광의의 의미로 사용되는데, 해양산업(Ocean Industries, Marine Industries, Maritime Industries), 해양부문의 제반산업(Marine and Ocean Industries, Ocean Sector), 해양경제(Marine Economy, Ocean Economy) 등의 용어가 있다.

해양산업에서는 산업부문의 주요 대상이 1차에서 3차 산업까지 두루 걸쳐 있으므로 그 범위가 실로 방대하다고 볼 수 있다. 먼저 세계적인 해양선진국 미국의 사례만을 보자면, 해양산업은 총 6개 부문에 23개 산업이 지정되어 있다. 영국의 경우, 해양산업은 해운업, 해양관광산업, 해저유전산업(oil & gas), 해산물(seafood) 가공, 해양장비, 어업, 조선업, 방위조선업, 항만업, 양식업, 레저보트조선업, 크루즈산업, 연구개발(R&D)사업, 해양서비스업, 해양에너지, 보안 및 통제, 해양조사, 교육훈련, 해저기술, 해저굴착장비 등의 20개 부문에 대해 지정되어 있다. 호주의 경우, 해양산업은 해양관광산업, 해양석유정제업, 수산 및 수산가공식품업, 해운업, 조선업, 항만업 등 6개 산업이 지정이 되어 있다.

우리나라에서 제도적으로 해양산업은 해양생물공업, 해양광업, 해양에너지산업, 해양토목·해양구조물산업과 같은 해양개발과 관련된 모든 산업을 말한다. 그렇지만 해양산업은 전반적으로 초기단계에 있으며, 첨단기술의 발전과 함께 발전이 가속화되고 있다. 지금은 우리나라 수출입화물의 약 99% 정도가 해상을 통해 운송되고 있으며, 경제적으로 해상운송은 대량의 원자재 조달을 필요로 하는 중화학공업의 필수적인 산업기반을 구축하여 왔다. 이에 해양산업의 국내 경제비중은 높으며, 해양산업에서 창출되는 연간 부가가치 총액은 2012년 기준 약 23조 원 이상이고, 산출액 기준으로 약 70조 원 이상으로 GDP 총액의 약 8% 이상을 점유하고 있다.

우리나라는 우수한 IT 기술과 인력을 해양산업에 활용할 경우 해양생명산업, 물류정보산업, 해양관광산업 등의 고부가가치 미래산업 육성이 가능하다. 그리고 최근 해양과학기술의 발전으로 해양바이오, 해양에너지, 해양광물 등 이른바 신 산업군(new industries) 들이 새롭게 출현하기도 하였다. 다만 해운, 항만, 조선 등 해양관련 산업의 전반적 발전에도 불구하고 우리나라의 해양관광, 해양에너지, 해양생명

해양산업이 차지하는 국내 경제의 비중

구 분	1차 산업 (수산, 광업 등)	2차 산업 (조선, 해양장비 등)	3차 산업 (건설, 관광, 과학기술 등)	계
부가가치 (백만 원)	2,957,684	7,220,535	10,753,478	20,931,697
해양산업 내 비율(%)	14.1	34.5	51.4	100
산출액 (백만 원)	9,937,820	25,973,258	33,876,801	69,787,879
해양산업 내 비율(%)	14.2	37.2	48.5	100

공학산업 등은 아직 초기 성장단계에 있다.

"해양을 지배하는 나라가 세계를 지배한다"는 말이 있듯이, 해양산업에 대한 경제적 장악력을 키워나갈 필요성을 인정한다면 앞으로 무엇보다 정부의 관심과 정책적 역량의 집중이 필요하게 되었다.

3. 해양력과 해양영토의 문제

우리나라는 이미 산업적으로 해양의 조선, 해양기자재와 장비, 해상플랜트 등의 산업분야에서는 이미 세계 최고 수준에 와있다. 그런데 규범적으로 꼭 이러한 물적 역량과 산업화의 방식으로만 해양강국으로 나아갈 수 있다고 볼 수는 없다. 중요한 것은 우리가 아닌 외부로부터 인정을 받는 것이다. 즉 국제사회가 해양강국이라 인정을 할 때는 국제사회에 얼마만큼 기여를 하고 이바지했는지가 상당히 중요하며, 이는 국가의 전체적인 해양력(sea power)으로 표현을 하곤 한다.

미국의 유명한 해양학자인 알프레드 마한(Alfred T. Mahan)은 해양력을 "바다를 인접하고 있는 또는 바다에 의해 어느 한 민족을 위대하게 만드는 모든 것"이라고 말한다. 그는 학자이자 군인으로서 미국을

20세기 해양강대국으로 만든 인물로 평가받고 있으며, 일찍부터 해양력의 중요성에 대해 바다에서 부의 근원을 찾고 그 힘이 국가를 부강하고 튼튼하게 한다고 역설한 바 있다.

구체적으로 알프레드 마한은 강한 해양력의 조건으로 항만, 국민성, 제해권(command of the sea)의 3가지 요소를 제시하였다. 먼저 그 국가가 바다에 접해 있고 많은 물동량을 수용할 수 있는 좋은 항구가 있어야 하고, 바다를 개척하려는 진취적인 국민성을 그 나라의 국민들이 지녀야 하며, 바닷길 커뮤니케이션이 방해받지 않는 제해권을 확립해야 한다는 것이다. 그는 역사적으로 식민지 개척시대 영국, 스페인, 포르투갈 사람들은 바다로 나가는 것을 최고의 명예로 생각하는 국민성을 가진 사람들이었다고 한다. 유럽의 제국주의 개척자들은 항상 바다에 길이 있다고 생각하였고, 국가에서도 해양개척을 장려하여 해양력의 중요성을 앞서서 간파하였던 것이다. 반면에 우리나라는 조선시대만 봐도 사·농·공·상, 즉 장사를 가장 천하게 여겼다. 이 중에서도 특히 바다를 통한 무역을 역시 가장 천하게 여겨 이러한 서구의 사례와는 대조를 이룬다.

과거는 그렇다 하더라도 21세기에는 해양을 개척하고 이용하는 해양력의 발전에 국가의 사활이 직결되어 있다. 지금 국제사회는 우리나라의 해양력을 대략 세계 10위권으로 평가하고 있다. 평가기관이나 나라에 따라 약간의 차이는 있지만, 전반적으로 우리의 해양력은 세계 약 10위권 수준으로 평가받는 시각이 일반적이다. 세부적으로는 해운(10위), 항만(9위) 등은 높은 평가를 받으나, 해양환경(30위), 해양관광(22위), 해양과학기술(15위) 등은 낮은 순위를 받고 있다. 그러나 이러한 것들은 예나 지금이나 어느 하나 하루아침에 쉽게 얻을 수 있는 성과가 아니다.

한편, 해양력과 밀접한 연관이 있는 또 다른 것이 바로 해양영토의

우리나라 해양력의 분야별 평가

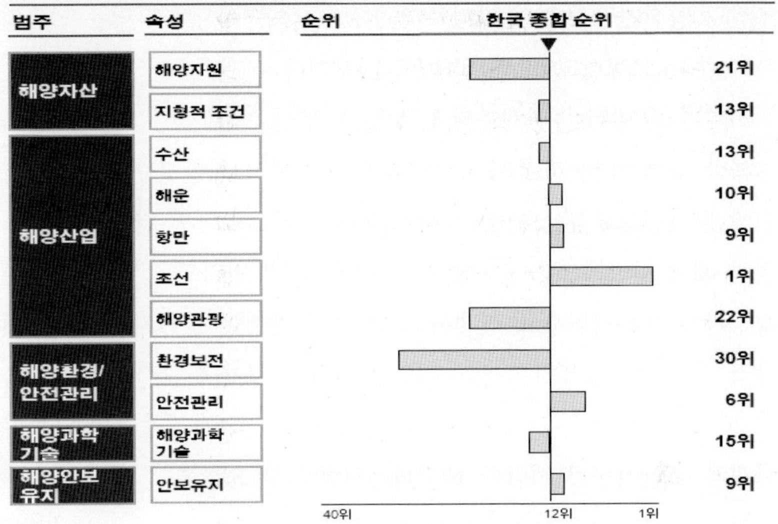

수호와 선점의 문제이다. 오늘날 과학기술의 발달로 그 이용가치가 급속히 증대됨에 따라 자국의 해양자원을 보호하고 이를 보다 많이 선점하기 위해 세계연안국들의 경쟁이 날로 치열해지고 있는 상황에서 삼면이 바다로 접한 우리나라에서도 해양영토의 관리와 수호 분야가 매우 중요하게 부각되고 있다.

21세기 동북아 시대의 도래와 함께 인적, 물적 교역량이 지속적으로 증대되고 정치적, 경제적 측면에서 새로운 변화들이 예고되고 있다. 1994년부터 적용된 UN 해양법 협약의 발효와 함께 이어진 1996년의 배타적 경제수역(EEZ) 선포 등에 따라 각 국가와 지역에서는 지리적 해양관할권이 대폭 확대되었다. 특히 해양영토의 핵심적 개념이자, 군사적 개념으로서의 제해권은 "어떠한 해역에서 적의 침략을 거부하고 우리의 통상을 자유롭게 할 수 있는 힘"을 뜻하는 것이다. 우리나라는 전통적으로 바다를 경시하고 멀리하여 바다에서 들어오는 외세의 침략을 물리치지 못하고 고통을 겪어야 했다. 이순신 장군의 명언처럼 바다에서 들어오는 적은 바다에서 막아야 한다. 과거 백제의 멸망이나 조선의 임진왜란과 같이 바다로 들어오는 적을 육상에서 막는다는 것은 아주 소모적이고 비생산적이기 때문이다.

20세기 이후부터 현재까지의 상황을 보면, 국제법에 의해 기존의 12해리 영해경비체제에서 국가이익을 수호하기 위한 200해리 광역경비체제로 전환되었고, 1996년 한·일 어업협정, 2001년 한·중 어업협정의 체결 등으로 한·중·일·러 4개국 간의 바다영토 확장을 위한 경쟁관계가 본격적으로 전개되고 있다. 최근에는 영해기선 설정, 배타적 경제수역 경계의 획정과 어업협상 등의 문제로 관련국과 첨예하게 대립함으로서 우리나라도 해양영토의 수호와 해양주권의 확보가 사회적 현안이면서 시급한 해결과제로 떠오르고 있다.

이에 우리는 세계적으로 소위 신해양질서(new marine order) 구축에 따른 적극적인 해양영토 확보 노력을 전개하는 것이 필요하게 되었다. 지금 3면이 바다로 둘러싸인 유리한 조건임에도 불구하고 전체적인 해양영토 면적을 비롯한 해양자산 분야에 있어서는 불리한 것이 현실이기 때문이다. 유엔(UN) 해양법체제 확립에 따른 주변국과의 경계획정 문제 등에 있어 체계적이고 적극적인 대응방안 마련도 필요하다. 그리고 이미 확보된 우리나라의 태평양 해저광구 개발권 행사를 위한 기술개발과 함께, 해양자원 부국들과의 상호협의체 구성 등을 통해 해양자원 개발을 위한 글로벌 해외개발 전진기지 확보에 박차를 가해 나가야 한다.

우리는 앞으로 선진국과 발맞춰 국가 해양전략을 재정비하고 해양의 관리와 경영능력을 강화하는 것도 매우 중요하다. 최근에 미국, 영국, 일본 등 주요 선진국들은 자국의 연안지역 등에 대한 해양영토 관리를 강화하고 신(新) 해양산업 육성을 통한 국부의 창출에 주력하고 있다. 주요 해양선진국의 국가별 해양정책과 추진전략은 그 여건에

구분	주요 내용
미국	오션블루프린트(An Ocean Blue Print), 국가해양대기청(NOAA) 범정부 해양대책반(Recommendations of Interagency Ocean Policy Task Force) 등
캐나다	해양관리전략(Ocean Action Plan) 수립 등
유럽연합 (EU)	유럽해양비전(An European Vision for the Ocean and Seas) 수립 등
영국	국가해양수호계획(Safeguarding Our Seas) 등
일본	21세기 일본해양정책, 해양기본법 제정, 해양기본계획 수립 등
중국	국가해양경제발전계획요강, 해양사업발전계획요강 등

따라 차이가 있으나, 공통적으로는 해양과 관련된 정부기능을 일원화하고, 통합해양행정과 정책체계를 갖추는 것이 핵심이 되고 있다. 또한 국가적으로 강력한 일원화 체계를 기반으로 발전된 해양과학기술을 통한 자원개발, 해양산업 육성 및 해양환경 보전 등을 중점적으로 추진하고 있는 것이 특징이다. 따라서 우리가 이러한 세계적 추세를 정확하게 인지하고, 사전에 대응하는 모습을 보여야 함은 앞으로 반드시 해야 할 당연한 숙제가 된다.

● 4. 우리나라의 해양정책

1) 해양정책의 의의

해양정책의 의의와 개념은 본래 해양이 갖는 여러 특성 때문에 매우 다양하다고 볼 수 있다. 그러나 해양정책의 개념을 구성하는 공통된 요소는 "바다로부터 이익을 확보하기 위해 국가가 행하는 일련의 행위"라는 것이다. 해양정책(maritime policy)이란 "국가의 이익과 국민의 공공복리 증진을 위해 해양을 중심으로 발생하는 다양한 문제들을 해결하고자 하는 정부(국가/지방)의 목표와 행동체계"라 할 수 있다. 해양정책은 "국가의 이익과 국민의 공공복리 증진을 위해 해양을 중심으로 발생하는 다양한 문제를 해결하고자 하는 사회 전체적인 노력의 산물"이라 말할 수 있다.

그렇지만 보다 정치적 측면에 초점을 두고 이를 개념화한다면, 해양정책이란 "국가 관할해역의 범위 내에서 국가가 해양으로부터의 장기적인 이익과 가치를 확보하고, 해양을 경쟁적으로 이용하는 데 있어서 발생하는 갈등을 최소화하기 위해 행하는 정책"이 된다. 즉 해양자원과 해양공간의 통합적 관리를 추구하고자 계획을 수립하고 집행하는 정부 차원의 일련의 결정체계인 것이다. 이와 달리 경제적 측면에 보다 초점을 두고 이를 본다면, 해양정책이란 "국가적 관할해역의 범위 내에서 해양과학과 기술을 토대로 지속가능한 해양이익과 가치를 확보하여 국민의 공공복리를 증진하기 위해 정부가 행하는 일련의 목표나 방향"을 말한다. 그리하여 해양정책이란 국가 관할해역의 범위 내에서 국민의 공공복리를 증진하기 위해 해양과학과 기술을 토대로 장기간의 지속가능한 해양이익과 가치를 확보하여 정부가 공식화한 일련의 목표나 방향을 말한다.

규범적인 관점에서 보는 해양정책은 해양에 대한 국가적 필요성을 충족시키는 공공활동으로, 넓은 국가적 목적인 안보, 식량, 에너지, 광물자원, 경제안정, 공공위생, 환경, 안전확보 등을 달성하기 위한 것이며, 또한 해양과 직접 혹은 간접적으로 관계되는 각종 산업활동의 육성을 통해 국가의 해양력을 증대시켜 나가는 일련의 공공정책(public policy)이다. 여기서 해양력(sea power)이란 종래 군사적 의미의 해군력, 제해권이라는 좁은 의미로 사용되었으나, 최근 국가가 소유한 해양자원의 규모, 해양개발능력, 해양산업의 발전정도 모두 포함하는 넓은 의미로 사용되고 있다. 따라서 어떠한 의미로 해석이 되건, 해양정책은 해양의 다양한 문제 해결과 체계적인 관리를 통해 궁극적으로 인간의 삶의 질을 증대시키는 일련의 인위적인 행위임에는 틀림이 없다.

2) 우리나라의 해양정책과 특성

우리나라에서 정하고 있는 해양의 범위는 "내수, 영해, 배타적 경제수역 및 대륙붕 등 주권 또는 관할권이 미치는 해역과 국제협약 또는 외국의 동의에 의하여 정부나 국민이 개발, 이용, 보전에 참가할 수 있는 국가의 관할권 외측의 해역"을 말한다. 오래 전부터 해양의 개방성과 국제적 성격으로 인하여 해양관할권과 해양이용에 관한 국제법이 발달해 왔지만, 해양정책이라는 개념이 본격적으로 대두된 것은 1960년대 이후부터라고 할 수 있다. 즉 제2차 세계대전이후 해양자원에 대한 수요가 급격히 증대되고, 여러 국가 간의 첨예한 이해가 대립됨에 따라 해양이 각 국가의 정책과 경영에서 차지하는 비중이 전반적으로 높아지게 되었다.

이에 따라 해양에 관한 학문적 접근과 연구방식에도 새로운 경향이 나타났다. 1960년대 이후 현대사회의 유지와 국가의 경영에서 해양공간과 해양자원 이용의 효율성을 제고하기 위한 개념으로 해양관리(ocean management)라는 용어가 처음 나타났고, 그 관리의 대상은 주로 국가의 주요 해양이익과 그 우선순위를 정의하고, 해양과 관련된 정책결정과정과 정책집행체계 등에 중점을 두게 되었다.

그러므로 우리나라 해양정책의 특성을 살펴보면, 해양과 관련된 정책결정과정과 정책집행체계에서 뚜렷한 변화의 특징을 가지고 있다. 우선 우리나라 중앙정부와 지방정부의 해양정책은 제도적으로 크게 항만정책(port policy)과 수산정책(fisheries policy)의 범주로 구분된다. 우리나라 해양관련 정부기구와 정책의 역사에서는 1966년 2월 28일 수산청이 처음 신설되고, 1976년 3월 31일 항만청이 처음 신설된 이후 수산행정과 해운항만행정을 이원적으로 수행하는 분산적 체제가 지속되어 왔다.

과거 1996년 8월 8일 김영삼 정부 말기부터 2008년 이명박 정부가 국토해양부로 통폐합하기 전까지 존재했던 해양수산부는 바로 이전의 해운항만청과 수산청의 두 기능을 모태로 한 행정기구였다. 즉 지난 2008년 이명박 정부조직 개편으로 이 부처가 폐지될 때도 항만기능은 국토해양부로, 수산기능은 농림수산식품부로 분리, 이관되었다. 이러한 해양수산부는 다시 2013년 박근혜 정부에 들어서서 독립된 정부부처로서 새롭게 부활이 되었는데, 우리나라 연안지역과 주요 해항도시 등이 산재한 지방에서도 해양정책은 항만파트와 수산파트로 구분된 해양조직과 정책체계를 구성하고 있다. 현재 부산, 인천, 울산 등의 주요 항만과 해항도시에서는 대부분 항만과 수산으로 해양정책을 크게 범주화하고 있는 것이다.

다른 한편으로 우리나라 해양정책의 내용적 특징을 살펴보면 여러 가지가 나타나고 있는데, 그것에는 공공성, 국제성, 복잡성, 현장중심성, 통합성 등이 있다. 먼저 해양정책의 공공성은 국가의 해양력이 곧장 국위(national prestige)와 직결되고, 소수선진국에 의한 기술과점적 지배가 강한 특징이 있는 만큼 정부의 적극적 역할, 공공적인 개입이 필요한 분야라는 점에 근거한다. 그리고 연안과 바다는 우리에게 중요한 자연적 공공재화이자 공유자원이기 때문에 이의 남용과 자원고갈의 방지를 위해 정부의 공공적 통제와 조정, 즉 공적인 관리장치로서의 해양정책이 반드시 필요하다.

해양정책의 국제성은 원래부터 바다가 경계를 명확히 하는데 어려움이 있고, 대부분의 영해가 국경에 걸쳐 있다는 점에 기반을 둔다. 즉 해양정책이 국제적인 외교관계를 기본전제로 하는 경우가 많고, 국가 간의 해양분쟁(특히 해양영토와 조업문제)은 국민들의 정서를 건드리고 감정을 촉발시키는 성향이 있다는 점에 중요한 내용적 근거가 있다. 이에 크게는 세계적인 공유자원인 해양에 대한 경쟁적 주장 및 합리적 분쟁해결 방안이 국제적으로 요구되고 있다.

해양정책의 복잡성은 정부의 인위적인 해양행정 및 해양정책이 곧 나라의 주권, 국방, 안보와 같은 상위개념 정책과 자원개발, 과학기술, 교육, 환경과 같은 하위개념정책 등에 걸친 폭넓은 국가목표들과 직접 혹은 간접적인 연계성을 맺고 있다는 점에 근거한다. 이러한 이유 때문에 해양정책 결정과정에는 정부의 다양한 관계 부처, 그리고 다양한 사회의 이해관계자가 개입되는 복잡한 특징이 있다. 따라서 해양의 문제는 한 나라 안에서도 이러한 복잡한 이해관계 때문에 쉽게 풀리지 않는 특성을 가지고 있다.

해양정책의 현장중심성은 해양정책 실제 집행의 특성상 바다에서는 그 현장성이 매우 강하다는 점에 기인한다. 지금 우리나라의 해양정책을 집행하고 감독하는 기관은 전국 연안과 주요 항만들에 골고루 산재해 있으며, 일선에서 다양한 기업들의 활동 및 국민들의 생활과 밀접한 연관을 맺고 있다. 우리나라 영해바다는 국토보다 방대한 면적이므로, 실제 활동을 해야 하는 현장이 넓고 실무 중심적인 성격이 강할 수밖에 없다는 특징이 있다.

해양정책의 통합성은 해양정책이 주로 산업분야와 경제적 분야 측면으로 볼 때 그 대상이 통합적이라는 특성에 기반을 둔다. 즉 우리나라의 전반적인 해양정책은 1차 산업(수산업 등), 2차 산업(수산물가공업, 조선 등 제조업), 3차 산업(물류, 해운, 여객 등)을 골고루 대상으로 한다. 이러한 포괄적인 특성은 현대사회에서 인간에 의한 해양의 이용과 관리가 생산, 교통, 관광·레저에 이르기까지 다양하기 때문에, 정책의 대상도 1차에서 3차 산업까지 두루 걸쳐 있을 수밖에 없는 논리와 맥락을 같이 한다. 그러므로 해양정책은 국가의 다른 정책보다 그 적용의 범위가 실로 방대하다고 볼 수 있다.

제2장 해양과 인류의 역사

제1절 인류문화의 시작과 바다

1. 인류의 생존

바다와 강은 인류 문화의 원천적 토대를 이룬다. 인류의 문명의 탄생지들을 통해서도 알 수 있듯이, 고대사회의 인류는 풍부한 수량과 식량(물고기)을 지속적으로 얻을 수 있었던 큰 강을 생활의 중심으로 삼았다. 큰 강은 바다와 연결된 물줄기로 바다와 산을 연결하는 곳이자 생태적으로도 두 영역의 상호 영향을 받는 교통지점이라고 할 수 있다. 더군다나 큰 강이 큰 바다와 이어져 있다는 점은 여러 가지 측면에서 중요하다. 그것은 교통수단의 발달 이전, 생태적 환경 및 느슨한 상호 교통성이 존재하였으며 아무리 지리적으로 먼 곳이라 해도 물리적·추상적 차원에 있어서는 큰 강 하구에 이르는 해류로 말미암아 '세계성'이 존재한다는 것을 암시하기 때문이다.

고대 인류의 역사 속에서 바다를 포함한 그 연안지역은 자연환경 속에 적응하며 살아온 고대인들의 생활무대였을 뿐만 아니라 인류의 문화가 형성 및 창출되어 온 공간으로서의 중요성을 가지며, 특히 모건의 지적처럼 어로활동에 의해 기후와 지역적 난관을 극복하여 여러 곳으로 이주/이동이 가능하였다는 것은 오늘날 해양세계의 이동성, 유동성에도 시사하는 바가 크다.

인류의 문명 발달에 관한 대표적 저작으로 루이스 헨리 모건 (Morgan, L. H.)의 『고대사회』(2005[1877])를 들 수 있다. 그는 이 저작에서 인류가 야만시대에서 미개시대로 진화할 수 있었던 것은 불안정한 식량공급과 이동의 제약을 극복할 수 있었던 어로활동에 있음을 주장한 바 있다. 이러한 주장은 오늘날 해양세계의 이동적·유동적 특성을 설명하는 중요한 단초를 제공해주고 있다. 게다가 고고학적 유물들을 통해 해안지역은 고대인의 식량획득과 생활무대였을 뿐만 아니라 문화전파 상의 가교역할을 하였던 공간이었음이 밝혀지고 있다.

물론 모건의 저작에서 이러한 내용들이 주요 초점이었던 것은 아니다. 그의 물음은 어떻게 인류가 야만의 상태에서 미개사회의 단계로, 또 미개사회에서 어떻게 문명의 시대에 도달한 것인지에 있었다. 야만, 미개, 문명의 단계로 발전한 인류사회를 설명하는 데에 있어서 그는 인류가 동일한 발전단계에서 유사한 욕구를 가지며, 유사한 사회 상태에서 인류의 정신작용은 균일성을 보이는 성향이 있다고 가정하였다.

저작의 핵심은 가족과 친족제도 및 재산관념을 밝히는 등 인류가 진보의 행로를 따라 평행적으로 진전하였음을 밝히는 데 있었다. 풍부한 자료 분석을 통해 모든 대륙에서 각각 다르나 균일한 행로를 밟아 인류의 모든 종족 및 민족에서 아주 비슷하게 동일한 진보의 상태에 이르렀다고 보았고, 따라서 현대사회의 부족사회의 생활양식은 과거 인류의 모습을 보여주는 것이라고 생각하였다. 그러나 이후 여러 사회에 대한 민족지적 연구들을 통해 그의 단선 진화론적 시각은 현대 부족사회를 미개나 야만의 사회로 봄으로써 서구문명 중심주의라는 비판을 피할 수 없었다. 이러한 한계에도 이 저작이 뛰어난 점은 가족과 친족제도에 대한 풍부한 자료들의 분석이 이뤄지고, 원시사회에 대한 체계적 접근으로서 고대사회에 대한 연구의 장을 열었다는 데 있다. 그리고 그의 저작은 마르크스와 엥겔스의 사회분석이론에도 영향을 미치는 등 '고대사회' 연구라 하나 그것은 현대사회의 이해에 필수불가결한 것임을 보여주고 있다.

이 장에서 모건의 저작을 첫머리에 언급하는 것은, 이 저작에서 간과되어 온 어로의 중요성을 언급하기 위해서이다. 어로의 중요성은 일단 저작의 구성측면에서도 볼 수 있는데, 총 4부 26장 가운데, 어로에 관련한 내용은 제1부의 2장 〈생활수단〉에서 서술되고 있다. 인류가 발전했다는 것, 혹은 인류가 지구상에서 우월하다는 것은 인류의 연속적인 생활수단에 관한 기술이 있었기 때문이며, 음식물 생산에 대한 절대적 지배를 확보한 유일한 생물체라고 보았다. 식료 자원의 확보에서 연속적 기술은 5가지로 구분되며 그 가운데 2가지가 야만시대에, 3가지는 미개시대에 발생한 것이라 하였다. 그것을 언급하면 아래와 같다.

가. 국한된 거주지의 과실과 초근에 의한 자연적 생활자료
나. 어식생활
다. 재배에 의한 전분질 식생활
라. 육식 및 우유 식생활
마. 야외 농업에 의한 무제한 생활 자료

(가)는 언어의 발명 외 어떠한 기술이나 제도도 존재하지 않았으며, 숲이나 동굴 및 삼림 속에 살고 있던 인류의 종족을 묘사하지만, 이같은 생활 지역을 소유하기 위해 천연 과실로 연명하고 짐승과 싸웠던 인류를 상상할 수 있을 것이다. 어로의 중요성은 (나)의 어식생활에 있어서이다. 물고기가 요리를 필요로 한다는 점에서(물론 일본처럼 날 것으로 먹는 음식문화도 있지만) 최초의 인공적인 음식물이라고 보았고, 불은 분명 이 목적을 위해 사용되었다고 본다. 어류는 세계 어느 곳에나 분포하고 있고 공급도 무제한이며 언제든지 획득할 수 있는 유일한 음식물이었다. 원시시대 수렵물의 사냥은 불확정적이었기 때문에 유일한 인류의 생활수단이 되지 못한 반면 물고기는 인류생존에 중요한 수단이었다는 것이다.

또한 물고기처럼 크게 어렵지 않게 항시적으로 확보 가능한 음식물이 있었기 때문에 인류는 기후와 지역적인 난관을 극복, 야만상태가 계속되는 동안에 해안, 호숫가 또는 하천의 유역을 따라 이주하여 지상의 여러 곳으로 퍼져 나갈 수가 있었다. 이러한 이주 사실에 관해서는 모든 대륙에서 발견되는 부싯돌이나 석기의 유물로서 많은 증거가 남아 있다. 과일과 천연의 생활자료에 의존해 생활하던 동안에는 원래의 거주지로부터 다른 곳으로 이동한다는 것은 불가능하였을 것이라는 것이다. 이처럼 광범위한 이주를 불러 온 어식의 생활과 식용 작물의 재배 사이에는 긴 시간적 간격이 있고, 어식생활은 야만시대의 대부분을 차지한다고 지적하였다. (다)부터는 미개시대가 열리는 것으로 일반적인 설명이 될 수 있어 여기서 그 언급은 생략하도록 하겠다.

모건은 이러한 생활자료의 연속성이 있었기에 인류는 진보의 여러 단계를 거치며 여러 형태의 가족이 존재하게 되었다고 보았다. 가령 인류의 가족형태를 5가지로 분류하고, 최종적으로는 일부일처제를 문명사회의 가족으로서 가장 뛰어난 제도이자, 근대적인 것이라고 생각

모건의 시대의 구분과 상태

시 대	상 태
1. 야만시대 전기	1. 야만시대의 하급상태
2. 야만시대 중기	**2. 야만시대의 중급상태**
3. 야만시대 후기	3. 야만시대의 상급상태
4. 미개시대 전기	4. 미개시대의 하급상태
5. 미개시대 중기	5. 미개시대의 중급상태
6. 미개시대 후기	6. 미개시대의 상급상태
7. 문명상태	

하였다(모건, 2005: 19~47). 즉 문명사회로의 진보를 이룬 바탕에 연속적 식량 확보의 기술로서 어식생활은 인류의 이주를 낳고, 여러 사회에서의 다양한 가족형태를 만들어 낼 수 있었던 배경으로 간주하고 있음을 알 수 있다. 모건이 인류사회의 발전단계에서 어식생활이 중요성을 지적한 것은 아래의 시대 구분 상으로 볼 때 (2)단계에 해당한다.

● 2. 필연적 의존

모건의 가족형태에 대한 논의를 뒤로 하고, 그가 주장한 인류의 이동과 다양한 제도의 발생 등 서로 다른 문화가 탄생하게 된 배경에 있어서 어식생활의 중요성을 부정하는 이는 없다. 하지만 어식을 수반한 어로행위 및 어로사회의 중요성은 쉽게 간과되곤 한다. 그렇다면 우리는 이 지점에서 이러한 질문을 해 볼 수 있다. 왜 어민은 농민보다 계층적 지위가 낮은가? 이에 대한 해답을 찾는 것은 분명 간단치만은 않은 일이다. 그러나 이에 대한 언급이 없었던 것도 아니다.

그것을 언급하기 전에, 우선 모건의 주장을 이어서 생각해볼 때 인류의 발견·발명의 기술에 있어서 즉 인류문명의 발전단계에서 어식

문화는 야만시대에 일어났지만, 식물 재배처럼 농경은 그 다음단계인 미개시대에 전개되었다는 점을 떠올려보자. 곧 발전단계론에 비춰볼 때 농경은 어로보다 발전한 문화라는 것으로 이해된다. 그러나 그 역으로 농경보다 앞선 어로의 중요성이 상대적으로 간과되고 있는 문제를 지적할 수 있는데, 그 까닭은 단일한 발전단계론에 입각한 설명의 틀에서 비롯되고 있는 것이다.

두 번째 이유는 한나 아렌트의 저작 『인간의 조건』(2006)에서 시사점을 얻을 수 있다. 고대 폴리스에서 노동의 투입 양에 따라 직업을 분류하기 시작한 것은 5세기 후반부터라고 한다. 아리스토텔레스는 '신체가 가장 많이 소모되는' 직업을 가장 천한 일이라 불렀다. 바나우소이라 불렸던 수공업자들에게 시민권을 인정하지 않으려 했던 것도 이러한 맥락이다. 인간 활동에 대한 고대인의 평가는 '필요에 의해 필연적으로 수행하는 신체의 노동은 노예적이다'라는 확신이 있었다. 그러므로 육체적 노동으로 이루어지지는 않지만 자신을 위해서가 아니라 삶의 필수재를 공급하기 위해 수행하는 직업들은 모두 노동의 지위와 같은 것이다. 직업들의 평가와 분류가 시기와 장소에 따라 변하고 달라지는 이유가 바로 여기에 있다. 오직 노예만이 노동과 작업에 참여했다는 이유로 고대제국에서 노동과 작업이 경멸을 받았다는 견해는 근대 역사가의 편견이다. 고대인들은 삶의 유지에 필요한 것을 제공하는 직업들은 모두 노예적 본질을 가지기 때문에 노예의 소유는 필수적이라고 생각했다. 그리고 정확히 이 이유 때문에 노예제도는 옹호되고 정당화 되었다. 노동한다는 것은 필연성에 의해 노예로 되는 것을 의미한다. 그리고 이런 노예화는 인간 삶의 조건에 내재한다. 사람은 삶의 필연성에 지배를 받기 때문에 필연성에 종속되는 노예들을 강제로 지배함으로써 자유를 획득할 수 있다고 보았던 것이다.

이런 점에서 고대 노예제도는 값싼 노동력을 확보하기 위한 수단이

거나 이윤 착취의 수단이 아니었다. 오히려 노예제도는 노동을 삶의 조건으로부터 배제하기 위한 시도였다. 고대의 기준은 일차적으로 정치적이다. 정치가처럼 신중한 판단의 능력을 포함하는 직업이나 건축술, 의술, 농업처럼 공적 연관성을 가지는 직업들은 모두 자유로운 직업이다. 한편 모든 거래 행위는 완전한 시민에게 어울리지 않는 '천박한' 것이며, 그리고 가장 천박한 자는 우리가 가장 유용하다고 생각하는 자들, 즉 '생선장사, 백정, 요리사, 가금(家禽) 상인 그리고 어부'가 바로 그들이다. 그 외 단지 노고와 노력 그 자체만을 필요로 하는 단순 활동으로서 임금을 받는 자는 노예신분임을 나타내는 것이었다(아렌트, 2006: 145~146).

결국 인간의 생존에 가장 필요한 재화나 서비스를 제공하는 일은 그 노동의 필연성에 매어 있다는 점에서 그 인간의 조건이 종속적인 것으로 노동의 가치를 낮게 본 것이다. 앞서 지적에서 어부와 달리 농부의 직업이 자유로운 직업으로 거론되는 것은 그것이 신중한 판단력을 포함하고 있는 직업이라는 데 있다. 여기서 고대 그리스인들의 시각을 읽을 수 있다. 농부에게는 신중한 판단력이 필요한 정신적 기술이 있다고 가정되는 반면, 어부에게 그것은 부정되고 있는 것이다. 이것은 과거 어로에 대한 인식을 보여준다. 농경은 인간의 인공적 노력에 의해 결과를 얻는 추수행위가 따르지만(문화), 어로는 바다의 생물을 취하는 것으로(자연) 본 것이다. 물론 이것은 오늘날의 현실과 다른 것이지만, 문화적인 것과 자연적인 것의 차이가 여기에 개입되어 있다.

그러나 한편으로 노동의 지위가 상승한 근대사회 이후 어로자의 지위는 과연 상승했을까? 생존에 필수불가결한 필연성은 노동에 매어 자유를 박탈하는 노예성으로 간주되었다면, 노동의 '생산성'이 중요한 현대산업사회에서 어로자의 지위는 어떠한가? 여기서 어로는 생산성에서 농경보다 열악한 조건에 있다. 즉 어로의 주요한 사회적 특성으로서 불예측성은 예측가능한 생산성을 보장하지 못하기 때문이다. 여기서 생산성이란 수요공급이 예측가능한가라는 시장경제의 측면에서 판단되는 것이다. 따라서 현대산업사회에서 어민이 계층적으로 낮게 인식되는 데에는 불예측적인 해양의 특성이 산업사회의 일정한 체계성에 부응하는 데 있어 상대적 난점들을 가지고 있기 때문일 것이다. 그러한 난점들이란 어로사회의 본질적인 한계인 것이라기보다 어로사회의 특성이 반영되지 못한 구조적 한계라는 측면으로 고려되어야 할 것이다.

제2절 태평양의 해양네트워크 사회[1]

바다가 여러 지역을 연결하는 역사의 주 무대로 등장하였다는 것은 유럽의 해양세력이 아시아로 진출하였던 '대항해'시대에 관심을 집중시키지만, 사실 그 이전에도 이미 바다는 연안주민들과 지역사회에 존재하고 있던 생활공간이었음이 밝혀지고 있다. 태평양과 동남아시아, 그리고 우리나라의 남해는 제주도와 규슈를 거쳐 오키나와와 교역을 입증하는 조개팔찌의 루트이기도 하다. 근대 이전에 바다를 건너 소통한 세계들은 물물교환과 같은 경제적 동기 외에도 종교적 목적의 왕래와 네트워크가 있었음이 밝혀지고 있는 것이다. 잘 알려진 바와 같이, 아시아 태평양 연안의 많은 섬들은 서구세력의 진출과 더불어 원료의 공급지로 각광받으면서 자원뿐만 아니라 노동력 수탈이 일어났고, 이후 일본제국주의의 확장 결과 식민지 지배를 받았다. 오

---

[1] 이 장의 2·3·4절은 필자가 발표한 "사회적 공간으로서 해양세계의 문화적 의의와 특성: 해양민과 해항도시를 중심으로"(『해항도시문화교섭학』 제3호, 2010, 179~223) 논문을 기초로 일부 자료를 보충한 것이다.

늘날 독립을 하거나 여전히 보호령 속에 있는 도서들은 각광받는 관광지로 변모하고 있으나 이 또한 급속한 문화변동을 일으킴으로써 세계적 문제로 등장하고 있다.

해양민들의 생활세계는 물질적 풍요를 이룬 현대산업사회와는 너무나 거리가 먼 세계처럼 보인다. 해양민의 생활세계는 대도시 생활자가 구가하는 물질적 풍요, 즉 산업화와 기계화, 도시화로 대변되는 이른바 '근대문명'이 없으며, 따라서 현대사회와는 동떨어진 별개의 세계처럼 인식된다. 하지만 이들이 잡은 고기와 해산물은 대도시로 유통되어 호텔과 레스토랑의 음식으로 바뀌며 대도시 소비시장에 팔린 고기를 대신하여 생필품을 구입한다. 또한 바다를 오가며 이동했던 생활은 국경을 넘어서는 행위로 간주되어 불법화되고 있다. 곧 전통적 생활방식의 연속은 오늘날 국가와 지방의 정치로부터 결코 무관하지 않다는 것을 의미하고 있다.

분명 과거뿐만 아니라 오늘날에도 태평양의 여러 제도(諸島)로 이어진 도서사회는 외부와 고립된 것이 아니며, 식민주의와 제국주의가 확대된 이후로 이들 사회는 질적으로 다른 변화를 겪어왔다. 민족, 종교, 영토, 독립 분쟁 및 환경 문제 등 복잡한 문제는 과거 태평양 도서사회의 생활양식을 바꾸어 놓고 있으나, 그럼에도 이 사회의 오래된 문화적 전통을 이해하지 않는다면 새로운 비전을 찾는 것 또한 요원한 일이 될 것이다.

● 1. 호혜적 교환 관계

말리노프스키(Malinowski 1961[1922])의 저작 『서태평양의 원양항해자들(Argonauts of the Western Pacific)』은 1920년대 멜라네시아 트로브

리안드 제도 여러 부족의 신화와 생활을 기술하고 있으며 인류학의 대표적 민족지(ethnography)로 손꼽힌다. 이 책에서 밝혀진 쿨라링(Kula Ring)이란 전형적인 해양사회의 네트워크라 할 수 있다. 쿨라링은 카누를 타고 섬들 사이의 길고 짧은 여정을 다니는 해양부족의 교환체계이다.

아래 그림에서 보듯이, 여러 섬사람들은 붉은 조개목걸이(soulava)는 시계방향으로 다른 섬들에게 주며, 조개팔찌(mwali)는 시계반대 방향으로 주는 서로 연속적인 교환 체계 속에서 서로 교역과 의례를 행한다. 섬사람들은 다른 섬으로 이동하는 여정을 펼치고 이로써 각각의 섬들은 서로가 연속적인 교환의 사이클 속에 있게 된다. 한 섬은 다른 섬을 매개로 또 다른 섬과 이어지고, 서로의 산물이 상호의 사회적 요구를 충족시켜가는 등 호혜적 사회관계를 형성해 나가는 것이다. 따라서 이 세계에서 바다는 섬을 고립시키거나 장애물이 아니라

트로브리안드 제도의 쿨라환((Malinowski 1961[1922]): 82)

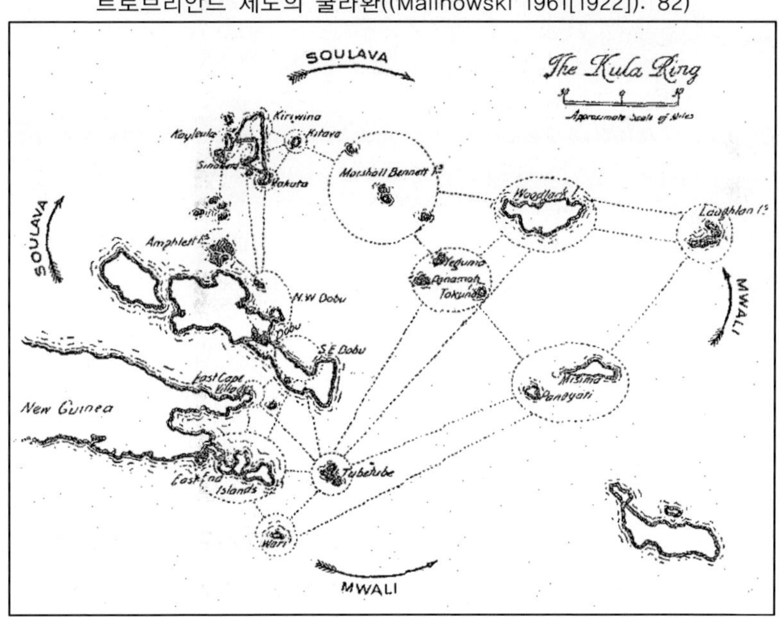

각각의 섬들이 따로 존재하면서 또한 상호 주고받기하는 교환관계를 성립시키는 사회적 공간이 되고 있다.

또 다른 예로써, 동남아시아의 바조우(Bajau)족의 가선(家船)은 해양 세계에 대한 주요한 시사점을 제공한다. 보르네오 섬 북부해안에서 필리핀의 술루제도에 걸쳐 볼 수 있는 이들에게 배는 곧 집이다. 동남 아시아는 해양 전통이 오래전부터 형성되어 온 지역이며, 바다의 유목 현상은 수세기 동안 흔한 일이었다. 오늘날에도 바다 유목민 또는 수상공동체들을 이 지역에서 흔히 볼 수 있으며, 그 가운데에서도 바조우 라우트(Bajau Laut)는 가장 넓게 분포하고 있다.

바조우의 가선(국립민족학박물관 2008.10.24.)

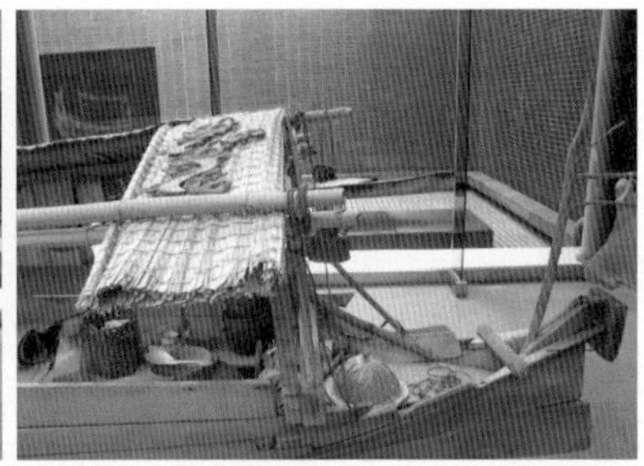

집이자 곧 생산의 장이기도 한 배를 가진 선상민들에게 지역을 가리키는 말로써 '동남아시아'라는 말은 존재하지 않는다. 그들이 인식하는 사회적 공간은 바다에 의해 어디든지 이를 수 있는 영속적인 이동성(permanent mobility)이라는 용어로 구성되는데, 한 지역은 사람들의 이동성의 범위에 의해 형성된 사회적 관계의 네트워크로 구성되는 것이다. 그들의 지역은 삶과 생활공간에 기초를 두며, 경계들과 국가에 의해 규정된 국경에 구속되지 않는다. 선상민들은 경계를 시간에 따라 바뀌는 서로 다른 정치적 실체들의 흥망성쇠와 관련된 임시적

표시로 본다(Chou, 2005: 236).

이동하는 바다 유목민들은 어떤 규칙 없이 방랑하고 있는 것이 아니다. 가령 모켄족(Moken)은 1년 내내 그들의 친족으로 연결된 섬들을 이주 순회한다. 여러 그룹들이 바다와 육지를 향해 난 루트를 따라 이동하는데, 각각의 영역을 가진 그룹들은 대략 40척의 배들로 이뤄지며, 그 구성원들은 축제와 의례활동 시기 동안 해마다 재결합하여 함께 참가한다고 한다(Chou, 2005: 244).

이들은 배를 타고 바다를 빈 공간처럼 방랑하고 있는 것이 아니라 친족의 유대로 관계된 섬들 사이를 돌고 있는 것이며, 또한 계절적으로 이주 하는 과정에서 여러 채집지를 들른다. 바다의 유목민/선상민들의 이동은 그들의 생계 경제를 실행하고 있는 것이며, 그것은 문화경제적 영역들의 친족적 유대를 기반으로 한 이동인 것이다.

모켄족처럼 오랑 라우트(Orang Laut)도 동남아시아 공간을 상호 연관된 그리고 집단적으로 소유한 문화경제적 영역들을 친족에 기반하여 조직해 왔다(Chou, 2005: 244). 다음의 그림은 친족임을 통해 상호간에 영역적 소유의식을 형성하고 있는 오랑 라우트의 네트워크를 나타낸 것이다. 지도상의 같은 숫자들이 친족 네트워크를 형성하고 있는 지역들이다. 동남아시아를 이루고 있는 선상민들의 상호 연결된 친족 영토들의 망은 문화경제적 단위들의 모체이며, 이와 같은 네트워크는 일상적 필요에 직면한 하나의 '생계권(spheres of sustenance)'을 나타낸다. 게다가 서로 다른 집단들은 친족으로 연결된 영역들 사이에서 선택적 어로를 행할 수 있고, 각 집단에서 조정하여 자원을 배분하고, 또한 과잉 채집을 방지하여 자원의 장기적인 이용가능성을 확보하고 있다(Chou, 2005: 243).

이처럼 바다는 섬들 사이의 호혜적 교환관계를 형성하는 공간으로 자리하고 있기도 하다. 배가 곧 집인 선상민들에게 바다는 생활터전

오랑 라우트의 네트워크(Cynthia Chou 2005: 244)

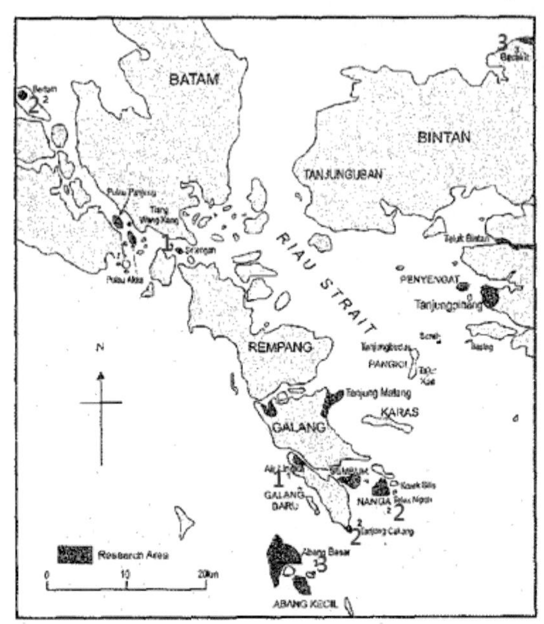

이며, 친족 네트워크를 형성하고 있는 생계권의 의미가 있다. 이러한 맥락에서 볼 때, 해양민들의 세계에서 바다는 '바닷길' 이상의 의미를 가지고 있다. 이들에게 바다는 이동을 통해 복합적이고 상호 관련된 망을 구축하여 순환하며 생산, 교환, 분배가 실현되는 생산과 생활의 공간으로 자리하고 있다.

이상과 같이, 바다는 섬들 사이의 호혜적 교환관계를 형성하는 공간임을 알 수 있다. 배가 곧 집인 선상민들에게 바다는 생활터전이며, 바다는 친족 네트워크를 형성하고 있는 생계권의 의미가 있는 것이다. 이러한 맥락에서 볼 때 해양민들의 세계에서 바다는 '바닷길' 이상으로, 이들에게 바다는 이동을 통해 복합적이고 상호 관계망을 구축하여 순환하며 생산, 교환, 분배가 실현되는 생산과 생활의 공간으로 자리하고 있다.

앞에서 본 것과 같이, 해양민들의 생활세계에서 나타나는 특성 중의 하나는 그 이동이 순환적이라는 것을 알 수 있다. 일정한 주기를 패턴으로 하여—대개 그것은 의례와 페스티벌의 형식을 취한다—사람과 물자가 이동한다. 이처럼 주기적인 순환이 의미하는 것은 사회적으로 어떠한 의미를 갖는가? 왜 그들은 정착하지 않고 계속 이동해 가는 것인가? 이는 해양민들의 생산 시스템과 관련이 깊다. 섬이라는 생태적으로 한정된 지역에서의 생산성에 의존하지 않고 순환체계를 통해 사회적 생산을 공유하고 분배할 수 있는 체계를 만들어 가는 것이다. 쿨라링의 조개팔찌와 조개목걸이와 같은 것은 물질적 소비는 불가능하지만 중요한 사회적 가치재로서 교환된다. 즉 물질적인 것만이 아니라 교역 당사자에게 명예와 위신, 권위를 보여주는 것도 교환품인 것이다.

이는 대항해시대의 교역과 비교해 볼 때, 교역품만이 아니라 교역하는 당사자들간의 사회관계에서도 질적 차이를 알 수 있다. 원료의 공급지로서 식민지를 개척하고 필요한 노동력을 노예무역으로 공급하였던 유럽식민주의와 비교할 때 해양민들의 교환관계는 호혜적이다. 생활에 필요한 것을 주고받고, 또는 돌아가며 이용하는 것은 물질적 풍요보다는 자원의 낭비를 최소화하고 상호간 지속적으로 이용할 수 있는 시스템을 만들고 있는 것이다.

비서구사회의 해항도시 역사에는 서구 열강에 의한 식민지 지배 역사가 자리하고 있는 반면, 서구사회의 해항도시는 식민지 지배를 통해 축적한 부의 역사가 자리하고 있다. 이렇게 서로 다른 역사적 궤적을 그려온 세계의 해항도시들은 국가의 경계를 넘어—그러나 그것은 국가의 이익을 목적으로 한—다국적 상품들의 대소비시장이 되기도 하면서 각종 상품을 중계하는 역할을 해오고 있다. 각국의 라벨을 붙인 다종다양한 상품들이 해항도시로 집적되고 또 유통되고 있다.

　이처럼 상품유통의 거점으로서 해항도시를 거론하는 것은 해항도시의 기능적 측면이며, 상품들이 들고나는 '길목', '출입구'의 의미만을 부각시킨다. 하지만 상품이 오간다는 것은 상품의 원산지의 생산자(혹은 노동자), 교역회사, 교역당사국, 관세기관, 상인, 선박회사, 소비자 등 다양한 매개자와 쌍방의 계약 관계 속에 이루어지는 것이다. 기본적으로 비교우위의 상품이 교역된다고 하더라도 거기에는 문화와 전통에 의해 선호되고 소비되는 상품이 달라진다. 또 최근 공정무역과 같이 사회적 분배에 가치를 두는 상품이 교역되기도 한다. 따라서 해항도시를 물류의 거점과 중계지로서 본 위상은 상품의 매개적 기능을 중심으로 보는 것이며, 이 공간에서 형성되는 다양한 사회관계를 살펴봄으로써 보다 생산적 공간으로서의 해항도시의 위상을 재발견할 수 있을 것이다.

　그러면 해양민들의 생활세계로부터 우리가 얻을 수 있는 오늘날의 시사점은 무엇일까? 지구화로 대변되는 현대사회의 탈국가적 현상들을 마주하면서 우리는 일상적으로 한 지역이나 국가가 또 다른 지역이나 국가와의 관계 형성이 중요한 화두로 떠오르고 있음을 보고 있다. 그리고 물류의 이동과 교역의 전진기지였던 해항도시들의 경우에는 대외적 관계의 중요성이나 파급성이 여타의 지역보다 더욱 실제적인 문제가 된다. 또 다른 측면에서 해항도시는 현대산업사회의 해양문화를 이해함에 있어서도 중요성을 더해 주고 있다. 그 이유는 대부분의 해항도시들이 다른 지역과의 교역을 통해 성장한 역사적 배경을 가지고 있기 때문이다.

　해항도시의 형성과정은 크게 두 개의 측면에서 설명해 볼 수 있다. 하나는 바다를 건너온 이질적 문화와의 접촉, 또 다른 하나는 도시로 성장하면서 주변을 포섭하는 과정이다. 전자는 바다, 국가, 지역, 사회문화적 경계들을 넘어 교역 혹은 개항/개방을 통해 이문화간 접촉이 진행되어

온 부분을 의미하여, 후자는 주변의 작은 농어촌과 도시들을 포섭해가며 확장되어 그 안의 중심과 주변이 형성되어 왔다는 것을 의미한다.

이러한 점에서, 해항도시는 서로 다른 이질적인 개인과 집단이 만났을 때 형성되는 사회적 경계의 과정과 양상을 살펴볼 수 있는 공간이 된다. 해항도시의 역사에서 주시할 수 있는 도시 성장의 주요한 한 요소가 외부세계와의 교역에 있었다는 점에서 외부세계와 관계성은 해항도시의 존립근거라고 할 만큼 내재적 성격을 가지고 있다. 연안을 매립하여 부두 항만시설을 확충해 나가며, 내륙과 연결하는 철도가 만들어지는 것 등도 외부와 내부 세계가 연결되도록 하는 수단이었다. 여기에 교역품 외에도 다른 사회로부터 이문화가 들어와 음식, 주택, 복식, 언어 등 다양한 분야에서의 문화적 변동이 일어났다. 만약 교역이 정치경제적 불평등한 강제성을 가질 때 유입된 문화와 기존의 토착문화 사이에도 문화적 저항과 갈등이 발생하였고, 유입된 문화가 토착문화를 대체하거나 말살하려 할 경우 더 큰 문화적 반동을 불러일으켰다는 사실을 주지해야 한다.

따라서 서로 다른 문화를 가진 지역과 국가 간의 네트워크 형성은 주체 간의 정치적 문화적 동등함을 전제한 속에 유대가 이뤄져야 하며, 이것이 과거와 다른 새로운 네트워크의 중요한 요건이 될 것이다.

제3절 유럽인의 대항해와 도시

1. 유럽의 변화: 부의 집적과 도시 성장

서구 문명이 500년간 세계의 부와 정치 질서에 전례 없는 패권을 행사하였는데 이러한 유럽의 역사적 발흥 경로는 물과 관련된 일련의 도전과 응전으로 특징지어진다는 지적이 있다(스티븐, 2013: 197). 『물의 역사 *Water: The Epic Struggle for Wealth, Power, and Civilization*』의 저자 스티븐 솔로몬(Steven Solomon)은 유럽 대륙의 지리적 특징이 유럽 역사가 해양 지향성을 띠는 배경이었다고 말한다. 가령 유럽 대륙은 삼면이 공해에 접한 반도이며, 남쪽에는 호수 같은 온난한 지중해, 황량한 북쪽에는 춥고 거칠고 절반 정도 갇혀 있는 북해와 발트해, 그리고 서쪽에는 격렬한 폭풍우가 몰아치고 조수가 심하게 요동치는 광대한 바다로서 대부분의 역사 시기에 서구가 뚫고 나갈 수 없는 큰 장벽이자 동시에 보호벽 역할을 했던 대서양이 있었기 때문이다. 유럽의 해양 지향성은 이전의 문명과 다른 유럽의 역사를 보여준다. 그의 지적대로라면 고대의 중앙집권화된 문명들이 관개된 강을 따라 발생한 데에 비해, 유럽은 넓은 바다, 강우 의존형 농업, 운항 가능한 작은 강들에 크게 의존했기 때문에 소국들이 서로 경쟁하는 특유의 정치사가 전개되었고, 소국들은 시장으로 연결되었으며 자유민주주의의 점진적인 발전에 유리했다는 설명이다(스티븐, 2013: 198).

인류역사의 큰 전환점이었다고 할 유럽인들의 대항해는 유럽 대륙만이 아니라 아시아, 아메리카, 아프리카 등 전 인류의 삶의 양식에 큰 변화를 가져왔다. 그러나 여기서 주의할 점은 유럽인들의 대항해 이전에 해양세계가 존재하지 않았던 것은 아니다. 아시아의 해상 교역망은 아주 일찍부터 발달했다(주경철, 2009). 아프리카 동해안에서 일본에 이르는 광활한 아시아의 바다에는 여러 민족들의 활동이 펼쳐지고 있었다. 15세기까지 아시아 해상 교역은 동서 간으로 대단히 긴 해상 루트를 형성하면서 발전했다. 아시아 해상 교역의 특징은 정치 군사 세력이 분산되고 문화적으로 극히 다양했다는 점이다. 이 광대한 영역은 다른 어느 곳보다도 비동질적이었으며, 이 말은 곧 아시아 각지의 상인들이 비교적 자유롭게 활동할 수 있었다는 의미이다. 해적과 같은 위험 요소들이 없지 않았지만 아시아의 바다는 대체로 자유로운 상업의 무대였다. 상업 활동의 중심지인 항구 도시들은 대부분 이방인 상인들의 진입과 활동을 막지 않았다. 후일 유럽 상인들이 비교적 쉽게 아시아의 현지 교역망에 참여할 수 있었던 것도 원래 이방인 상인들을 환영하는 지역의 특성 때문이었다. 근대 초에 이르기까지 아시아의 바다는 '만국보편(ecumenical)'의 세계였다(주경철, 2009: 7~11).

누구의 것도 아닌 만인의 공로(公路)였던 바다는 유럽인들이 대서양뿐만 아니라 인도양과 태평양을 항해하게 된 이후 무력 지배의 대상, 그리고 권력관계가 조직된 공간이 되었다. 근대 해양세계 속에서 보이는 바다는 "잔인한 무력 충돌의 무대"였다. 대항해시대의 저자 주경철 교수는 이 시대의 해양세계는 선박 디자인의 발전과 같은 기술적인 측면에 그치는 것이 아니라 대규모 자본의 축적, 지식과 기술의 결합, 국가를 정점으로 하는 폭력의 증가, 선원 집단이라는 프롤레타리아층의 형성, 폭력성에 대한 저항과 이탈 등과 같은 문제들이 포함되어 있음을 자세히 지적하고 있다(주경철, 2009: 121).

당시 항해에서 유럽인들의 인식을 볼 수 있는 지도 하나를 소개하고자 한다. 다음 그림은 17세기 네덜란드 최대의 지도출판가인 블라우(Blaeu) 가(家)에서 제작한 지도로 이 지도의 초판은 1640년에 제작되었다. 지도 속의 한반도는 길쭉한 섬 모양으로 그려져 있다. 우리나라의 명칭은 'Corea Ins(Insula, 섬)'와 더불어 북쪽과 남쪽에 일본 발음으로 표기한 'Tauxen'과 아라비아식 발음인 'Cory'가 병기되어 있다(국가기록원 검색인용/ www.archives.go.kr).

이 지도의 흥미로운 점은 당시 대양 항해를 인도양과 태평양의 범선들을 통해 묘사하고 있으며, 지도의 좌우에는 세계 여러 곳에서 만날 수 있는 민족을 2인씩 배치하였고, 또 지도 상단에 항해 거점인 도시(지역)들이 있다. 당시 우리나라가 섬으로 인지되었다는 것도 그렇

네덜란드 블라우(Blaeu) 家의 세계지도

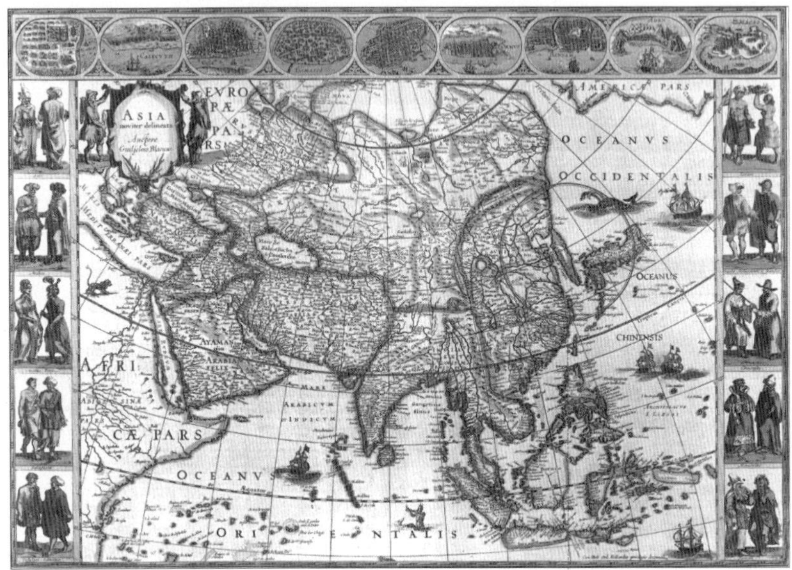

자료: 1662년, 케임브리지대학교 도서관 소장, 국가기록원 온라인제공

지만 일본 북부의 홋카이도와 사할린에 대한 정보가 없었다는 것을
보여준다. 그리고 오오츠크해역에서 물을 뿜어내는 고래 모습은 이
해역에서의 고래잡이 성행을 상징적으로 말하고 있다.

16세기 이후 서구사회는 원양항해를 통해 이국의 자원을 사회발전
의 자본으로 삼았으며, 초기 상업 자본에 의한 부는 해안의 항구도시
로 집적되었다. 그리고 그것은 국가의 부를 창출하는 근간이 되면서
도시로의 인구집중을 초래하고 오늘날 세계도시 출현의 시작이 되었
다. 물론 여기에 동반해 노예무역이 생겨나고 식민지 지배와 제국주
의가 팽창하였다는 것도 동시에 고려해야 한다(주경철, 2009 참조).

식민지에서 벗어난 후발 산업국가들의 경우에는 중계무역이 국가
경제발전의 주요한 전략으로 채택되었으며, 여기에 원자재의 수입과
수출상품이 오가던 거점으로서 해안의 항구도시들이 성장하게 되었

다. 국민국가의 형성과정에서도 주요한 국가적 자산은 해항도시를 거점으로 형성되었으며, 해항도시는 수출입과 물류 이동의 거점으로서 국가의 산업기지 역할을 담당하였다. 이처럼 부가 창출되었던 주요 동력은 바로 교역에서 찾을 수 있을 것이다.

그리고 이 같은 인류의 교역은 서구세력이 '대항해'를 하기 훨씬 이전부터 다양한 형태로 진행되어 왔다. 가령, 유럽인들이 진출하기 이전부터 아시아에서도 바다를 넘어 지중해 세계와 교역이 진행되고 있었다. 7세기 말 이후의 이슬람 세계의 확대에 의해 인도양 해역세계는 지중해세계와도 유기적으로 연결하여 하나의 광대한 대해역세계를 형성하고 있었다. 동서로 횡단하는 인도양 해역세계와 지중해 세계 두 개가 서로 별개로 기능하는 것이 아니라 국제무역 네트워크에 의해 연결 사람과 물자, 정보가 유기적으로 상호의존의 형태로 교류하여 만나는 하나의 대해역세계를 형성하고 있었던 것이다(床呂, 1999: 25).

아울러 중계무역을 통해 성장한 도시에서는 계층구조가 형성되어

유럽도시들의 인구 성장

AD1000[1]		1300[2]		1400년		1700년		1800년	
도시	인구	도시	인구	도시	인구	도시	인구	도시	인구
Constantinople	500,000	Sarai	600,000	Paris	275,000	Constantinople	700,000	London	1,000,000
Córdoba	450,000	Paris	275,000	Bruges	125,000	London	550,000	Paris	600,000
London	40,000	London	80,000	Milan	125,000	Paris	500,000	Naples	426,000
Rome	30,000	Florence	80,000	Venice	110,000	Naples	215,000	Moscow	400,000
Paris	20,000	Constantinople	70,000			Lisbon	188,000	Manchester	328,609[3]
		Cologne	45,000	Genoa	100,000	Amsterdam	180,000	Vienna	240,000
		Rome	20,000	Granada	100,000	Moscow	150,000	Amsterdam	220,000
				Prague	95,000	Venice	138,000	St. Petersburg	200,000
				Ghen	70,000	Rome	130,000	Dublin	200,000
				Rouen	70,000	Milan	120,000	Lisbon	180,000
				Seville	70,000	Belgrade	100,000	Berlin	172,000
						Lyon	100,000	Warsaw[4]	120,000
						Madrid	100,000		
						Vienna	100,000		
						Marseille	100,000		
						Sarajevo	100,000		
						Gdańsk	100,000		

자료: Hohenberg and Lees, 1985. *The Making of Urban Europe, 1000-1950*, Cambridge: Harvard University Press. p. 11.
(1), (2), (3), (4)는 위키페디아 Timeline 자료 참조하여 정리.
(4)는 1972년 수치(http://en.wikipedia.org).

교역의 헤게모니가 등장하는 등 교역은 단순히 경제적 교환행위만이
아니라 정치적 지배에 있어 중요한 성격을 가지게 되었다. 도시 안에
서 경제적 계층분화만이 아니라 도시들 간의 계층 구조도 함께 진행되
었음을 유추 할 수 있다. 이처럼 교역에 의한 해안 도시들의 번영에는
부의 축적에 따른 불평등의 문제가 함께 등장하였다는 것을 말한다.

해역세계는 유럽인들이 아시아로 진출하기 이전부터 동남아 해양세
계에서 널리 전개되어 왔다. 그 대표적인 예가 15세기 번영을 누렸던
말라카 왕국이다. 말라카 왕국은 1511년 포르투갈에 점령되기 전까지
해상교역의 중심지였으며, 당시 말라카왕국에서 거래하였던 사람들의
출신지를 보면 중국과 류큐 등 동아시아 세계만이 아니라 중동, 발칸
지역까지 이른다. 그러므로 전근대 동남아시아의 해역세계를 '아시아
적 정체(停滯)'라고 말할 만큼 이 지역이 고립되고 폐쇄적인 공동체였
던 것은 아니며, 오히려 대단히 넓은 광역 교역 네트워크와 합쳐져 다
양성과 이질성으로 가득한 도시적인 사회였다고 하겠다(床呂, 1999).

● 2. 아시아의 변화: 어촌에서 도시로

연안에서 원양으로 뻗어나간 항해기술은 문화적 측면에서 다른 문
화와의 접촉과 교류를 증폭시켰다. 그리고 그에 따른 공간적 변화 및
문화 변동이 해항도시를 중심으로 전개되었다. 외국 상선이 머무는
항구도시의 이국적 풍경과 생활양식의 전파는 '식민지적 근(현)대성'
이라는 역사적 특수성을 도출시켰다.

흔히 '개항장(開港場)'이라 불리는 동북아의 여러 도시들이 바로 식
민주의와 근대성의 접점에 위치하고 있는 예라고 할 수 있다. 홍순권
교수는 "근대성이 제국주의 열강의 식민지 지배를 통해 식민지 사회

로 이식되어, 새로운 지역문화 공간을 창출"하였다고 하며, 그 예를 동아시아 각지의 개항장 도시라고 지적한다. "개항장은 서구문화와 전통문화가 융합된 근대적 도시공간으로서 지역문화의 지역성과 근대성을 가장 잘 드러낸다"고 하여 개항장 도시문화를 "식민지 도시문화의 근대적 원형"으로 보았다(홍순권, 2010: 12).

즉 동아시아에 있어서 '개항'은 근대로 진입하게 된 역사적 계기이며 이를 구현하는 공간으로서 개항장 도시의 문화적 위상을 지적하고 있는 것이다.

'개항'이라는 용어에는 복합적 의미가 있다. 이 말에는 서구세력이 동아시아 각국에 상륙하여 타국에 '진출'하게 되었다는 입장과 그 역으로 아시아 각국이 자국의 영토 일부에 있는 항구를 열어 외국 함선(상선을 포함)을 '받아들여야' 했던 입장이 동시에 투영되어 있다. 개항으로 말미암아 외형상 대개 작은 어촌이었던 곳은 질적으로 다른 공간으로 탈바꿈하였다.

다음 그림은 아시아에 진출한 유럽인들이 개항장에 설치한 조계지(租界地)를 표시한 것이다. 인천은 1883년 개항 이후, 일본과 중국(청나라) 외에도 영국, 독일, 프랑스와 러시아 등 유럽 여러 나라들이 조계지 내 토지를 매입하여 거주하기 시작했다. 1883년 제물포는 작은 어촌에 불과하였으나, 밀어닥친 일본과 청나라, 그리고 서양 상인들의 진출로 오랜 산업기반인 농업과 수산업을 대신해 상업이 융성해 이곳은 일대 경합장이 되었다. 매립과 항만 시설 확충 등으로 인천의 앞바다는 그 모습이 크게 바뀌게 되었다. 물론 이 조계지 안에 각국의 건축물이 들어서 오늘날 근대건축의 유산으로 남아 있다.

이러한 초기 도시의 '등장'에 대해서는 근대 산업경제의 발달과 서구의 팽창에 기인한 것이라고 보는 시각과 유럽의 팽창이라기보다는 자본주의 생산양식의 팽창에 기인한 것으로 보는 시각도 있다. 이질

인천과 천진의 각국 조계지

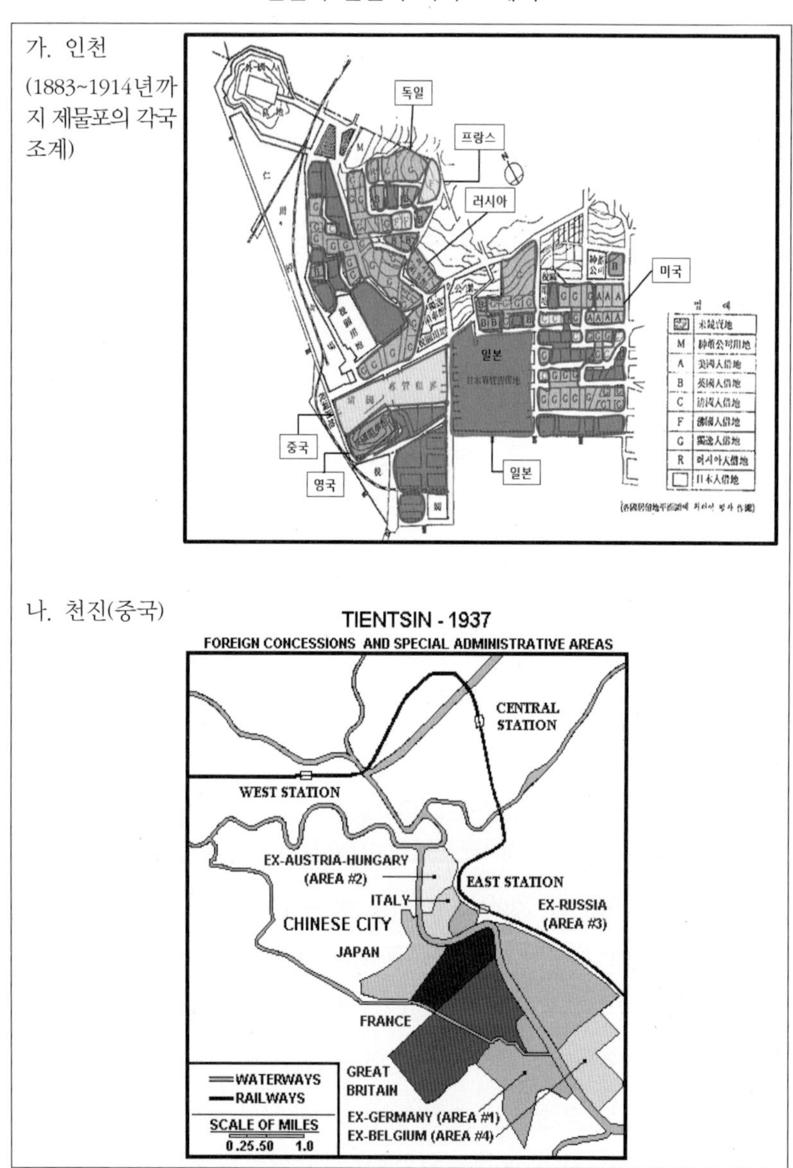

자료: (가) 『인천광역시사 제2권』, 2002, 인천광역시사편찬위원회, p. 446. 구분표시는 필자. (나) Treaty Ports and Extraterritoriality In 1920s China General Discussion and Table of Contents(http://web.archive.org, 2013.7.4 검색)

적 공간으로 탈바꿈한 개항장 도시들의 식민성과 근대성에 관해서는 식민모국과 식민지, 서구와 비서구, 도시와 시골, 근대와 전통의 이분법적 도식을 뛰어 넘어서는 것이 요청되고 있다.

● 3. 문화적 접변과 융합

'항구를 연다(開港)'는 것은 정치적 지배관계와 경제적 교역 관계의 변화만이 아니라 서로 다른 문화의 접변과 동화, 융합함으로써 항구 도시의 문화적 중층성(重層性)을 이해할 수 있는 시발점이 되기도 한다.

한때 개항장이라 불렸던 많은 동아시아의 해항도시들의 식민지 역사는 '도시화'라는 말로 암시하듯 근대를 '맞이하게 된' 것으로 이미지화 된다. 화물선에 오르내리는 화물들과 함께 언어와 모습이 다른 이국의 사람들, 그리고 이들이 거주하는 공간이 할양되어 한편을 차지하고, 새로운 건축양식이 우월한 문화의식을 대변하듯 주요 거리가 이국적인 풍경으로 바뀌어 갔다.

공간의 외연적 변화와 함께 개항장 도시에서 들어온 이문화와 토착문화 사이에서 일어난 여러 형태의 문화변동이 일어났다. 물건을 가지고 온 상인집단들에 그 변화가 일어날 수도 있고, 지배세력의 정치에 의해서 강제되거나 혹은 경제적 계층 분화에 따라 새로운 문화가 나타날 수도 있다. 이러한 문화변동은 직접적 접촉을 하지 않아도 문화요소가 전파되어 변동이 일어나는 경우도 있으나, 서로 다른 사람들이 직접적이고 장기적인 접촉이 일어났던 개항장은 그 자체로 문화접변의 공간이었다고 할 것이다.

한 집단이 강력한 지배적인 사회와 거의 전면적인 접촉관계에 있을 때 종속적인 위치에 있는 집단은 광범한 문화변동을 경험하게 되는

경우가 많다. 식민지에서 흔히 나타나는 문화접변은 지배집단의 문화
요소들을 받아들이기도 하지만 혹은 저항을 하기도 하고, 받아들인다
하더라도 생활조건에 맞는 선택적 과정이 있게 된다. 서로 다른 두 지
역의 문화를 넘나들었던 상인 집단의 경우에는 그 자신이 한 도시 사
회의 구성원일 뿐만 아니라 두 가지 이상의 문화가 나란히 공존하는
복수 사회의 일원이 되기도 한다. 고향을 등지고 외국으로 장사를 떠
난 상인들은 현지의 문화에 빠르게 적응하는 경우도 많았다.

바다를 낀 항구도시로서 해항도시의 역사적 문화적 특성에 대한 지
적들은 다양하다. 문화적으로는 서로 다른 두 문화를 연결하였던 역
사에 비추어 문화의 가교 역할과 결절점, 개방성, 네트워크성, 관계성
과 서로 이질적인 요소들이 섞인 혼성성(혼종성)과 크로스보더성에
방점을 두는 지적이 있다. 이 외에도 해항도시의 물리적 입지조건이
육지와 바다를 연결하는 중계점이자 또한 상호작용이 일어나는 생태
적 공간이라는 사실에 주목하여 탈경계성을 고려해 볼만도 하다.

제 4 절 해양담론과 이미지

1. 위험과 불확실성

바다에 관한 담론은 해양세계에 대한 사고방식 및 인식에 주요한
틀을 제공하고 영향력을 발휘하기 때문에 중요하다. 바다의 물리적으
로 특성으로 말미암아 어로문화도 위험과 불확실성이 지배적인 문화
로써 자주 지적되곤 한다. 분명 어로는 상대적으로 불명확한 물리
적ㆍ사회적 상황에서 이뤄지며 이러한 이유로 예측할 수 없는 상황의

문제들로 압박을 받곤 한다. 어로사회의 동료조직은 주로 유동적(가변적)이며, 구조적 원리 또는 친족의 의무에 의해서가 아니라 협력과 기술의 결합을 안전하게 보장하는 자발적인 관계에 근거하여 이루어진다. 어민들은 바다에서 일어날 수 있는 불명확한 상황에 함께 대응하고, 그물처럼 함께 사용해야하는 어로 도구가 있는 등 상호 협동의 필요성을 낳기도 한다.

바다가 위험한 세계로 인식되는 것은 사실 '그 위험'을 예측할 수 없는 데에서 증폭되는 것이다. 예측 불가능함이란 쉽게 말해 언제 어떻게 바다의 날씨가 바뀔지 모른다는 것이다. 이는 바다에서의 기후변동이 육상의 그것보다 더욱 복합적으로 작용한다는 데에서 기인한다. 육상에 비해 상대적으로 바다는 바람과 조류, 기온이 유기적으로 작용하여 일기변화를 만들어 내며, 조류를 따라 가는 고기떼와 이를 좇아가는 어선의 이동도 여러 일기변화를 겪어야만 하기 때문이다. 즉 해양세계는 해수면과 그 밑을 흐르는 조류와 해류, 해수면 위의 상공이 유기적으로 결합된 세계이며, 이러한 공간 속에서 행해지는 어로 활동 역시 다양한 변화에 대응하고 적응할 수 있는 해양 (민속)지식과 기술들이 형성되기도 하였다(아키미치, 2005).

'위험한 바다'의 이미지는 서구산업사회의 영화와 소설 속에서 쉽게 파악된다. 이 때 바다는 대개 탐험과 도전 정신을 가진 인간이 자신의 위험을 극복해 나가는 극복의 대상 혹은 배경으로 등장하곤 한다. 그러나 위험한 바다라는 담론은 모든 문화에서 반드시 지배적인 것은 아니다.

다음의 표는 세계 신화에 등장하는 바다와 관련된 신들을 모아 본 것이다. 여기서 우리는 바다, 물과 관련된 신들이 전 세계적으로 나타나는 보편성을 볼 수 있으며, 또한 그 신들의 성별 및 신들의 기능을 통해 바다에 대한 관념을 추론할 수 있다. 우선, 표에서와 같이 바다

세계 신화 속 바다의 신들

신화	신들의 이름	성 격	특 성
가나안	Yam	바다와 강의 신	남신
그리스	Poseidon	바다와 물의 신	남신
	Glaucus	어부들의 해신	남신
	Doris	바다의 은혜	여신
로마	Neptune	바다와 물의 신	남신
	Tiberinus	티베르강의 수호신	남신
리투아니아	Bangpūtys	바다와 폭풍의 신	남신, 물고기와 도구를 듦
마오리	Ikatere	물고기 신, 바다의 아버지	남신
	Tangaroa	바다의 신	
메소포타미아	Sirsir	선원과 항해자의 수호신	
	Tiamat	모든 신들의 어머니, 물의 여신	여신
	Apsû	모든 신들의 아버지	
북유럽	Neck/Nixie	물의 정령	인어로 묘사
	Njörðr/Njord	항해, 어로, 부, 농사와 관련된 신	남신
	Ægir/Aegir(moon)	바다거인, 바다의 왕	
슬라브	Vodyanoi	호수, 강에 사는 귀신	남신
	Rusalki	물에 사는 요정	
아이티	Agwé	바다의 신, 선원과 어부의 수호신	남신
아즈텍	Chalchiuhtlicue	물, 강, 바다, 폭풍우의 신	여신
아이누	Repun Kamuy (orca)	고래잡이 작살을 든 젊은 남자	남신
요루바	Yemaja	바다의 여신, 모성, 아이들의 수호신	여신
	Olokun	바다의 소유자, 지혜, 치유, 물질적 부 지배	남·여 의인화
이누이트	Arnapkapfaaluk	바다의 여신(나쁜 신)	여신
	Idliragijenget	바다의 신	남신
	Sedna/Arnakuagsak	바다 속 관장, 바다의 어머니, 바다 여주인	여신
이집트	Sobek	나일강의 수호신, 다산, 군사적 힘 상징	악어머리
	Nephthys	강의 신, 집, 주부, 간호 상징	젊은 여자
일본	Mizuchi	교룡(蛟龍)	
	Ōwatatsumi	용신, 바다의 힘을 상징, 풍어기원, 수신, 농경의례 및 기우제와 연관	일본인의 조상으로 관념
중국	동서남북해의 용	사해 바다의 신	
	마조	항해자의 보호	여신
	공공(共工)	바다 괴물, 水神	
필리핀	Sirena	인어	여신
	Siyokoy	남자 인어	남신

신화	신들의 이름	성 격	특 성
피지	다우시나(Daucina)	항해의 신	사기꾼, 바람둥이
	다쿠와가(Dakuwaqa)	상어신, 어부들의 수호신	
핀란드	Ahti(Ahto)	바다와 어로의 신	
	Vellamo(Ahti의 아내)	바다의 여신,	인어로 묘사
	Vedenemo/Ved-ava	물,다산의 신, 익사자의 혼	인어, 어부의 금기와 신앙
켈틱	Lir(Llyr)	바다의 신	남 · 여신
	Acionna	물과 강의 여신	여신
통가	Nyami Nyami	통가인의 수호신, 강의 신, 뱀의 혼	남신
하와이	Kanaloa	바다 속의 신,	오징어, 문어 상징
	Kamohoalii	상어신, 어부의 신	물고기로 변신
한국	동서남해 용	어민의 신, 농사의 수신	남 · 여신
힌두	Varuna	물, 하늘, 바다의 신	악어를 타고 다님, 남신
	Ganga	갠지스강의 여신	여신

의 신들은 괴물이나 인어, 요정, 강에 사는 귀신, 익사자의 혼, 폭풍우처럼 위험을 부르는 신들로 관념되는 것을 볼 수 있다. 이것은 바다에 대한 관념 곧 위험의 바다라는 인식과 결부된 시각임을 잘 보여준다.

그러나 이 외에도 바다는 다양한 신들의 세계로 나타나는 것을 또한 주목할 필요가 있다. 신화 속의 신들은 바다 외에도 강, 호수 등 '물'이라는 폭넓은 수신(水神)의 보다 큰 일반적 범주 안에 속하며, 물과 바다의 신들은 때론 남자 때론 여자의 신으로 등장하거나 사람으로 의인화(젊은 여자, 인어, 사기꾼, 바람둥이, 악어머리를 한 인간, 악어를 탄 남자, 고래잡이 작살을 든 남자 등)되는 것을 볼 수 있다. 또 특정의 생물(오징어, 문어, 물고기, 상어, 뱀의 혼 등)로 변하기도 한다. 일본 신화에서는 민족의 기원인 조상신으로 보기도 하지만, 보다 넓은 의미에서는 메소포타미아 신화에서처럼 물의 신으로서 만물의 기원이나 '탄생'을 가져오는 근원적 존재로서 아버지 어머니 신으로 관념되는 것을 볼 수 있다. 게다가 바다의 신은 '부(富)'의 신이기도 하다. 바다나 물과 관련된 직접적 관계는 어부나, 항해자, 선원들의 '수호'신, 그리고 농경에 필요한 물의 신으로서 나타나는 등 어로와 농경, 곧 인간의 삶의 기본적 양식에 있어 '불가분'한 존재로 상징화 되고 있다. 이처럼 인류는 물과 바다를 탄생과 기원, 부귀, 수호, 삶의 필연성 등으로 인지하여 왔음을 알 수 있다.

따라서 어로문화를 위험과 불예측적 측면에서만 바라보는 것은 보다 많은 검토가 필요하다. 그리고 어로사회에서 나타나는 다양한 규약과 문화적 규범, 집단적 협동도 바다의 변화무쌍함에 대한 압박이나 지배로 완전히 설명할 수 없는 여타의 실천들, 예를 들면 바다라는 공유지(共有地)를 이용함에 있어 주민 상호간에 공동 분배하는 실천적 행위와 규범들을 창조하는 문화가 간과되어서는 안 될 것이다.

● 2. "우리 바다"와 "자유의 바다"

서구사회에서 바다는 자유로운 공간이며 어로영역은 개방적/무제한적 접근이 가능한 곳으로 보는 관점이 지배적이다. 또한 어로사회는 자원이 소진되지 않는 사회로 여겨지고, 어로는 육상 환경에서 부족한 것을 변상/대체하는 것이거나 혹은 목가적이며, 재미있는 대상으로 보는 경향이 있다(Pálsson, 1991: 23). 바다가 누구에게나 열려 있는 '자유의 바다(freedom of the seas)'라고 바라보게 된 데에는 16~17세기 동안 전개된 유럽 식민지 건설과정과 무관하지 않다(Pálsson, 1991: 23~53). 즉 누구에게나 열려 있는 개방적 공간으로서 바다는 무제한적 접근이 가능하다고 보는 것은 유럽 식민지 확장과 깊은 관련이 있다는 지적이다.

바다는 육상과 달리 물리적으로 경계가 나눠지지 않는다. 이러한 특성으로 말미암아 해로를 통해 사회적 이동이 발생하고 촉진되기도 하며, 해양자원에 대한 이주자와 거주자 사이에 권리를 구분하는 사회제도들이 파생되기도 한다. 해양자원의 이용을 둘러싼 사회제도는 비경계성이 경계성으로 전환되는 지점을 잘 보여주며, 넓게 보아 바다와 육지 사이에 위치하는 연안세계/해안세계는 바로 그러한 이유에 의해서도 더욱 역동적인 공간이라고 하겠다. 그리고 개인 혹은 특정 집단에 의해 점유되는 어로공간의 경우처럼 일정한 해역의 영역권에는 단지 사람과 자원간의 관계만이 아니라 다른 개인과 집단과의 사회적 관계가 포함되어 있다.

누가 바다를 이용할 수 있는가는 바다에 대한 사회적 권리를 의미한다. 일반적으로 바다는 누구나 이용할 수 있는 공유지로서 열려 있는 곳이라는 관점이 있으나, 반면에 특정 지역 혹은 집단에 의해 점유되고 있기도 하다. 팔슨은 어로공간에 대한 접근 형태―곧 권리를 실현하는 형태―를 3가지로 구분하였는데, 즉 어로공간이 누구에게나 열려 있는 무제한적인 개방(open)과 외부자에 대해 배타적 권리를 가지는 폐쇄(closure), 그리고 폐쇄에 비하여 보다 사회적 점유라는 의미에서의 보유(tenure)가 그것이다. 폐쇄에서 보유로 전환한다는 것은 사회관계의 변형을 의미한다. 이처럼 특정 공간/자원에 대한 점유는 곧 누군가에게는 권리의 제한이 따른다는 의미로, 어로공간에 접근하지 못하는 자, 곧 '소유하지 못한 자에게는 닫힌 세계'로서 폐쇄성을 갖는다 하겠다. 또한 사회적 권리가 투영되어 접근의 제한이 있다는 것은 자원을 이용할 수 있는 사회관계가 형성되어 있다는 것을 의미하는 것으로, 접근 형태가 바뀐다는 것은 곧 사회관계의 변화를 의미한다.

해양의 어로공간에 대한 사회적 접근이 제한되고 있는 것은 여러 연구들을 통해 잘 알 수 있다. 그리고 연안의 해양자원에 대한 사회적 접근 권리를 마을 거주민에게 우선적으로 부여하고 있는 것은 사회정치제체와 무관한 보편적인 현상이다. 한국의 연안바다도 역사적으로 사유와 공유(촌유)의 형태로 지배되어 왔으며, 어촌 주민들에게는 '우리 바다'라는 소유 관념이 이어져 오고 있다.

이처럼 개방적이고 배타적인 바다(어로공간)의 복합적 성격을 아키미치(秋道) 교수는 local-commons, public-commons, global-commons라는 세 가지의 공유지로 구분하였다. 그의 주장을 바탕으로 할 때, 해안의 공유지(어로공간/바다)는 마을주민들에 의해 운영되는 공유재산이고 지방자치단체의 관할지이며 국가의 영해인 공공지이지만 또한 지구의 바다라는 의미이다. 이처럼 복합적인 바다의 성격은 실제 연안개발이나 해수면 매립과 같은 공공사업에서 집단적 갈등양상으로 표출되는 이유도 그러한 맥락에서 이해할 수 있을 것이다.

이처럼 바다가 무주물(無主物)의 공간, 자유의 바다라는 것은 선언적으로 개방적 사회를 지향하는 모토로서 '열린 바다'의 의미와는 근본적으로 다른 의미이다. 역사적으로 무주물의 바다로서 열린 바다의 의미에는 선점자의 힘/지배의 논리를 지지하며 이는 경쟁 관계만이 존재하는 홉스적 만인의 자유에 다름 아니다. 반면에 세계적으로 많은 연안에서 나타나는 거주자의 우선적 이용권과 같은 '배타적 권리'는 생태적으로 자원의 남획과 생태계 파괴를 막음으로써 '공유지의 비극'을 막는 것으로 지적되고 있다. 연안 바다를 집단적으로 공유/점유함에도 공유지의 비극이 나타나지 않는 것은 어로 위험과 불확실성이라는 몇 가지 특성만으로 설명되지 않는다. 공유 자원의 이용과 분배는 사회제도와 문화적 규범과 깊은 관련이 있기 때문이다. 따라서 공유지로서 바다에 대한 접근은 공유자원을 누구와 어떻게 나눌 것인가에 대해 공식·비공식적으로 규정하는 제도와 관습에 대한 이해가 필요하다.

바다를 토대로 한 인간의 역사와 생활방식으로서의 해양세계가 있는가 하면, 또 한편으로는 바다를 둘러싼 여러 이미지가 존재하고 예술 활동을 통해 재현 및 창작되는 또 하나의 해양세계가 있다. 고래산업이 부흥하였던 미국의 넨터킷을 무대로 고래잡이의 원양항해를 소설 속에 그려 놓은 허먼 멜빌의『모비딕(白鯨)』(1851)은 그 스스로 하나의 고래학이라 할 만큼 고래에 대한 풍부한 정보들을 작품 속에 담아 놓았다. 그리고 작품 첫 장에서 그가 왜 자신이 고래잡이 '선원'으로 항해에 나섰는가를 말하고 있는 부분에서 바다에 대한 중요한 시선을 읽을 수 있다. 자신의 항해 경험에 바탕한 이 소설 속에서 고래와 바다에 대한 그의 고백(?)은 이렇게 나온다.

> 많은 동기 중에서도 중요한 동기는 거대한 고래 그 자체에 대한 기막힌 경탄의 마음이다. 저 놀랍고 신비한 괴물이 나의 호기심을 사로잡아 버렸다. 곧 섬처럼 거대한 고래의 몸이 딩구는 아득하고 거친 바다, 말로 표현할 수 없을 만큼 무시무시한 고래의 위험성, 그리고 이에 수반되는 놀랍도록 장대한 광경과 굉장히 큰 소리들이 나를 열망으로 몰아세웠다. 아마도 다른 사람은 이런 것에 유혹되지 않았겠지만, 나는 미지의 먼 세계를 끊임없이 갈망하였다. 나는 금단의 바다를 항해하고 원시 해안에 상륙하기를 좋아한다. 또 착하고 아름다운 것에 눈이 어둡지도 않다. 그리고 공포에도 민감하며 할 수만 있다면 그것과 깊이 사귀어 보고도 싶다. 사람이 그가 사는 곳에 존재하는 모든 사물과 친해진다는 것은 좋은 일이 아니겠는가?
>
> 이런 이유에서 고래잡이 항해는 내가 좋아하는 것이었다. 경이의 세계의 큰 관문은 활짝 열리고 목적한 바로 나를 몰아넣는 격렬한 환상 속에서 내 영혼의 깊숙한 곳으로 끝없이 늘어선 고래 떼가 두 마리씩 나란히 떠 올라왔다. 그들 가운데엔 눈에 쌓인 높은 산처럼 거대한 관(冠)을 쓴 환영(幻影)이 있었다(멜빌 1994: 24~25).

여기서 바다란 그에게 신비롭고 호기심의 대상, 그것은 고래로 상징되는 바로 그 자체일 수도 있다. 그리고 이러한 미지의 세계에 대한 유혹과 갈망이 바다의 공포조차도 사귀어 버리고 싶을 만큼 강렬하고, 그 갈망은 경이로운 세계로 자신의 영혼을 이끌어 가듯 고래에 이끌려 바다로 향하고 있다고 말한다. 이 고백 속에 바다란 미지의 경이로운 세계로 환영처럼 비쳐지고 있다. 작품 속에서 멜빌은 '일반선원'으로서 그가 열망하는 바다에 나갔다는 것을 특별히 강조한다. 그의 말처럼 상선 선원과도 달리 포경 선원은 마치 어떤 운명같은 역할을 해야 하는 것일지 모르지만(멜빌, 1994: 24), 이 소설에서 선원 멜빌은 고래를 찾아 가는 항해 여정에서 바다를 고래잡이라는 구체적 일을 통해 재현해 내었으며, 그것은 선원이었기에 가능한 것이었다.

바다는 시인과 예술가들의 작품을 통해 삶과 죽음을 다루는 소재가 되기도 하고, '현대인'의 휴식과 낭만을 꿈꾸는 동경 및 유희의 대상으로서 재현이 되어 왔다. 이를 단지 관념적인 사유나 추상에 불과하다고 치부하기보다는 오히려 이러한 관념적 인식으로부터 복잡한 현상을 이해할 수 있는 단초를 발견할 수도 있다. 바다에 투영된 이미지들과 예술 창작품들을 살펴봄으로써 바다에 대한 우리의 이해는 보다 더 깊어질 것이다.

일반적으로 바다가 어떻게 인식되며 형상화되는지는 문학작품을 통해 잘 알 수 있다. 한국의 대표적 현대시인인 김춘수는 바다를 태고의 원형을 간직한 원시의 세계, 정신적 요람, 생명탄생의 장이자, 불안을 반영하는 장(場)으로 묘사하였다. 바다는 "원형심상"이며, "태고의 원형을 간직한 원시의 세계", "절망한 자들이 돌아가서 탈주를 꿈꾸는 장소", "진실한 의사소통의 공간"으로 재현된다. "현실의 공간"에서 절망한 자들이 탈주를 꿈꿀 수 있는 곳으로서 바다를 두고 있는 것이다. 시인 김춘수가 말하는 바다는 결국 절망하는 자들이 꿈꿀 수 있는 이상향, 혹은 도피처로서 잃어버린 인간본성을 회복할 수 있는 공간으로 의미 부여하고 있는 것이다. 이때 영원으로 회귀할 수 있는 것은 우로보로스가 보여주는 대지를 감싸고 있는 큰 강(바다)처럼 "물의 속성"에 의해서이다.

해양문학을 주창한 구모룡 교수는 해양문학의 가장 중요한 상징분석 대상으로서 바다를 꼽으며, 그때의 바다는 '원초적이고 생명 탄생의 근원으로서 바다', '삶의 근원이자 목적지', '모든 생의 어머니', '악에 대해 투쟁하는 인간성의 거울 혹은 투쟁의 장소'라는 의미들로 묘사하고 있다(구모룡, 2004: 31~32).

이처럼 문학적 상상력에 의해 탄생하는 바다 혹은 해양세계는 어느 지점에서 인간의 역사와 서로 만나고 있을까? 재현된 바다의 이미지가 실제 역사와 겹쳐지는 그 지점을 우선적으로 찾는다면 아마도 그것은 '섬'일 것이다. 바다와 불가분의 관계에 있는 섬은 바다에 대표적 이미지를 만들어내는데 그것은 역사를 통해서이다. 조선시대의 많은 '변방'의 섬들은 대개 유배지와 목마장이었고, 왜구의 노략질이 심한 섬 주민들은 육지로 이주하기도 했으며, 혹은 역으로 제주도처럼 주민의 이탈을 막는 출륙 금지가 행해지기도 하였다.

이처럼 구속된 이동의 자유는 유배자들만의 것이 아니었으며 바다로 둘러싸인 섬은 그 자체로 감옥의 역할을 하였다. 변방의 섬들이 유배지로 선택된 데에는 그 유배가 신체적 억압을 목적한 것이 아니라 유배자의 정치적 고립에 보다 더 큰 목적이 있었음을 보여준다. 이러한 정치적 지배의 역사 속에서 바다는 이동의 자유를 가로막는 장애물, 섬은 곧 정치적·사회적 고립을 의미하는 곳임을 드러낸다. 조선의 유배정치야말로 바다가 이동의 자유를 막는 장애물이자 훌륭한 고립의 수단이 됨을 잘 대변해주고 있는 것이다.

따라서 이동의 장애물, 폐쇄성 등 섬의 태생적 특성으로 간주하는 오늘날의 통념은 이 같은 정치적 배경과 과연 얼마나 무관한 것일까?

소설가 현길언(1999)은 바다가 "삶을 제한하고 고통스럽게 만드는 '장애물'로서의 바다"로 묘사되는 것을 섬의 역사와 함께 조명하며, 또한 한국의 어느 섬도 육지의 주변 지역에 있으며 육지 사람들에게 섬은 멀리 있는 '이상한 나라', '외로운 나라'로 인식된다는 점을 지적하였다. 곧 바다를 물리적 장애물로 보며 섬은 고립된 주변 지역으로 보는 중심과 주변의 논리가 투영되어 있음을 지적하는 것이다. 육지에서 보는 바다와 섬은, 섬에서 보는 바다와 육지의 관계와 같지 않으며, 다분히 육지 중심의 시각에서 바다와 섬의 이미지가 양산되어 왔다. 이는 외부적(etic) 시각이다. 반면에 바다와 섬을 내부적(emic) 시각에서 본다는 것은 그 공간의 안에서(공간을 주체로 삼아서) 밖을 바라보는 것이라고 말 할 수 있다.

문학평론에서 제기되듯이, 바다를 더 이상 관조의 대상, 객체로서가 아닌 삶의 현장 그 자체로 인식해야 한다는 주장과 가깝다. 결국 바다는 삶과 분리된 객체가 아니며, 바다를 주체화하는 작업은 사회적 공간으로서 바다를 보는 것으로 이것이 곧 바다에 대한 내부적 관점을 말한다. '바다 위에 떠 있는 외로운 섬'이라는 말은 바다와 섬을 묘사하는 가장 흔한 표현법으로, 어쩌면 고독한 인간 본성을 발견할 수 있을 것만 같은 곳으로 섬을 관념화하지만 실은 그 수면아래에 깊이 박혀 있는 역사와 문화의 지층이 있기 때문에 그 상상력 또한 더욱 우리를 그 세계로 이끌어가는 것이 아닐까.

제3장 한반도의 전통적 해양문화

제1절 한반도와 바다

한반도는 지리적으로 북서태평양 연안에 위치하여 난류와 한류가 교차하는 길목에 위치하고 있다. 대륙과 대양 사이에 위치하며, 또한 작은 내해를 품고 있다. 중국과의 사이에는 황해라는 내해를 일본과는 동해를 사이에 두고 있다. 제주도를 포함한 남부로는 일본열도의 서남부 지역(큐슈)과 이웃하며 동중국해로 연결되고 있다. 이러한 지리적 환경은 역사적으로 북방의 대륙문화와 남방의 해양문화가 만나는 문화적 점이지대를 형성하였다.

황해와 동해의 서로 다른 형성과정은 풍부한 생태계를 만들었고 있는 곳이고, 이러한 생태적 조건을 이용한 다양한 어로문화가 발달하였으며 풍부한 삶의 이야기가 전설과 신화로 이어져 왔다. 또 동서남해안 어로를 통해 전개된 어로기술, 해양자원에 대한 분배 규범과 제도, 사회조직 및 다양한 신앙과 의례들은 한반도의 해양문화를 이해할 귀중한 문화자산이다. 이 장에서는 고대로부터 현대까지의 긴 시간대 안에서 우리나라의 해양문화를 간략히 살펴보도록 하겠다.

옛 선인들은 바다를 어떻게 바라보았을까? 선사시대 그려진 거대한 울산 대곡리 반구대암각화(너비 8미터, 높이 약 2미터, 국보 제285호)는 고대 사람들의 정신세계와 물질문화를 이해할 수 있게 해주며, 이외에도 바다를 화폭으로 옮겨 놓은 많은 회화작품들을 통해서도 옛 선인들의 삶을 엿볼 수 있다.

태화강 지류인 대곡천 중류의 암벽에 새겨진 반구대 암각화는 댐의 축조로 인해 평상시에는 물속에 잠겨 있다가 물이 마르면 드러난다. 신석기시대의 유물로 추정되는 이 암각화 속에는 세 마리 바다거북, 새끼 고래를 업은 어미 고래, 작살에 찔린 고래, 나란히 헤엄치면서 등에서 물을 뿜는 고래, 상어 고래를 연상시키는 길고 날렵한 물고기, 고래들 사이에 그려진 크고 작은 뭍짐승들, 사람을 태운 카누형 배가 그려져 있다. 선을 쪼아 그려진 그림에는 사냥용 그물, 그 안에 갇힌 뭍짐승, 나무 울타리와 뭍짐승, 작은 고래, 배 부분을 드러낸 상태로 깊이 잠수하는 큰 고래 등도 있다. 여기서 표현된 동물들이 주로 사냥 대상 동물이고 또 이들 동물 중에는 교미의 자세를 취하고 있는 것과 배가 불룩하여 새끼를 가진 것도 있다.

이 암각화에는 동물들이 많이 번식해 사냥거리가 늘어나기를 바라는 당시 사람들의 소망이 담겨 있다. 어로의 행위를 묘사한 고기잡이배와 그물에 걸려든 고기의 모습을 묘사한 것도 실제 그렇게 되기를 바라는 일종의 주술적 행위로 볼 수 있다. 당시 반구대 지역은 사냥과 어로의 풍요를 빌고 그들에 대한 위령을 기원하는 주술 및 제의를 행하던 성스러운 장소였을 것으로 추정되고 있다(국립민속박물관, 2004: 13).

이 암각화를 자세히 들여다보면 몇 가지 특징을 발견할 수 있다. 우선 사람보다 고래나 짐승이 더 크고 숫자도 더 많다. 고래는 그렇다

 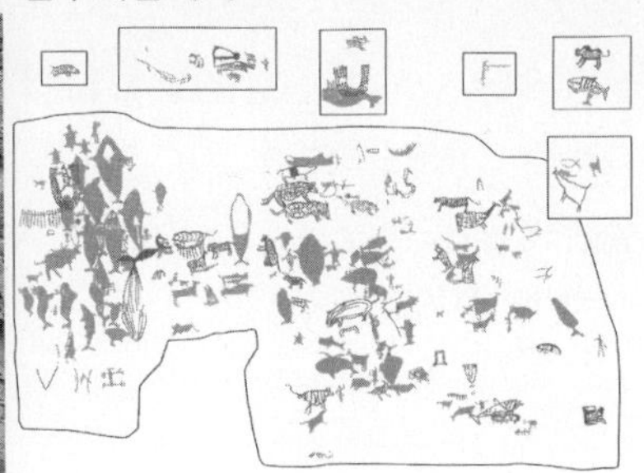

울주군 대곡리 반구대암각화

자료: 국립민속박물관, 2004, pp. 12~13.

하더라도 사람이 거북보다도 더 작게 묘사되어 있어 사람보다 자신들이 잡았던 동물들을 화폭의 주인공으로 삼았던 것으로 보인다. 흥미롭게도 거북이나 고래들은 거의 모두 위로 헤엄쳐 올라가는 모양으로 묘사하였다. 고래가 많다는 것도 주목된다. 아마도 고래를 많이 잡았음을 말해주는 것이다. 오른쪽 아래 부분에는 마치 가면처럼 생긴 사람의 얼굴이 있다. 이는 산과 바다의 풍요로운 사냥을 기원하는 무당의 모습이라고 해석되고 있다(이정재, 2008: 171).

우리나라에서 고래잡이로 널리 알려진 울산시 장생포에는 음력 정월 보름과 10월 보름에 당산제를 올리고 풍어를 기원하는 제를 올린다. 마을 고래잡이 선주들이 고래잡이를 전후로 이 당을 찾으며, 고래를 잡은 후에는 반드시 고래고기를 제물로 바치고 또 그것을 당산 나무에 걸어 놓아 마을사람들이 서로 음복을 하였다고 한다. 이 마을당에 모신 신위는 남녀 3신을 모시며, 일제시대에는 일본인 장군이 이 신위당을 관리하였다고 한다. 고래잡이가 1985년 금지되면서 이 의례로 점차 사라져 3신은 마을 노인회에서 모셔, 3년에 한 번씩 용신제를 지내고 있고, 근래에는 이 전통에 기반해 울산의 고래잡이 민속축제로 알려지고 있다(이정재 2008). 여기서 잠시 고래잡이를 기원하는 무가(巫歌) 형식의 고래잡이 노동요(축제에서 재현)를 보도록 하자(이정재, 2008: 188).

비나이다 비나이다	골매기당산 서낭님께	비나이다 비나이다	
용왕님께 비나이다	용왕님께 비나이다	용왕님께 비나이다	용왕님께 비나이다
고래잡이 하신다고	〃	밤이면 수잠자고	〃
낮이면 정성드려	〃	이정성을 드립니다	〃
사해바다 용왕님네	〃	동해바다 용왕님네	〃
온갖재난 막아주고	〃	모진풍랑 막아주소	〃
비나이다 비나이다	〃	용왕님께 비나이다	〃
고래놀이 오신손님	〃	모든 액을 막아주고	〃
만사대길 하옵시고	〃	소원성취 이루소서	〃
비나이다 비나이다	〃	용왕님께 비나이다	〃

바다를 삶의 터전으로 삼고 생활해왔다는 것은 오늘날 여러 곳에서 발견되는 패총 유적을 통해 그 흔적을 찾을 수 있다. 김해패총, 동삼동 패총, 영도의 영선동 패총, 평안남도 용반리 패총, 함경남도 옹기군 굴포리 패총 등지에서 패각류와 고래뼈를 비롯한 여러 물고기뼈 및 어구들이 출토되었다. 청동기시대에 이르러 울주군 천전리 벽화와 반구대 벽화에 그려진 어로 장면들은 어로 활동이 더욱 다양하게 전개되었음을 짐작케 한다. 특히 동삼동 패총에서 발굴된 조개가면은 고대인의 자기인식을 시사한다.

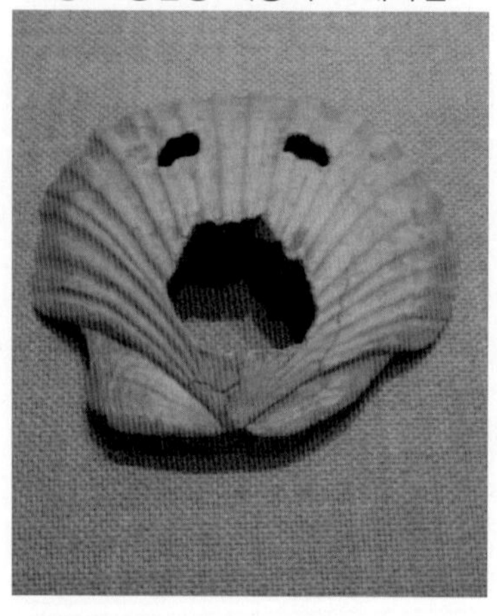

영도 동삼동 패총의 조개가면

한편, 남해를 통해 한반도와 일본 열도의 교류도 활발히 전개되었다. 대한해협을 사이에 둔 양쪽의 해안 지역에서는 상호 영향을 받은 토기가 출토되었는데 가령 한반도의 덧무늬(융기문) 토기는 동삼동 패총에서 출토된 이후 쓰시마와 큐슈에서도 발견되었다. 게다가 동삼동 패총의 흑요석 석기는 규슈산(産)이며, 조도 패총과 울산 서생포 등에서도 죠몬 토기가 발견 되는 등 선사시대로부터 양 지역의 교류가 있었음을 말하고 있다. 특히 동삼동 패총 유적은 신석기시대의 대표 조개무지 유적으로 사적 제266호로 지정돼 있다. 신석기 시대 초기부터 말기에 이르기까지 오랜 기간에 걸쳐서 형성되어 우리나라 남해안의 대표적인 신석기 시대 유적이다. 출토된 유물 가운데 흑요석 외에도 조개가면이 크게 주목을 받았다. 그리고 조개로 만들어진 팔찌는 오키나와와 큐슈, 제주, 한반도 남해안의 교류를 보여주는 유물로 볼 수 있어 고대로부터 바다를 통한 이동과 교류가 전개되었음을 시사하고 있다.

고대사에서 한·중·일 사이에 대표적 인물로 진시황 그리고 그의 방사였던 서복의 이야기를 빼 놓을 수 없을 것이다. 진시황은 BC 221년에 전국을 통일하고 BC 210년에 죽을 때까지 12년 동안 모두 4차에 걸쳐 연해 지역을 순시하였는데, 물론 이러한 순행은 천자로서의 권위를 과시하는 명분도 있었지만 대외정책이나 해외교역과도 깊은 관련이 있는 것이었다. 『사기』의 진시황본기에 따르면, 진시황은 제나라의 방사(方士)인 서복 일행을 2차례 파견하여 불로초를 구해오도록 하였다. 때문에 이들이 한반도 남해안을 따라 상륙하였다가 제주도를 거쳐 일본으로 갔을 것이라 추정되고 있다. 현재 경상남도 남해군의 금산 부소암에 서복의 서각과 여수시 삼산면 백도에서 전해지는 서불의 전설, 제주도 서귀포시 정방폭포의 암벽이 서각 등이 전해지고 있다.

그런데 이 진시황의 불로초 전설로 남은 서복의 이야기는 과거 속의 화석으로 남아 있는 옛 이야기인 것만은 아니다. 역사 속 인물로서 서복은 지역 간 교류와 관광산업에 영향을 미치고 있다. 그 대표적인 예를 제주에서 찾을 수 있다. 제주도 서귀포시는 서복전시관을 건립(2003년 9월 26일)하였고, 중국 진황시가 전시관에 〈서복동도상〉을 기증하였다. 또한 과거를 모티브로 한 현대적 관광산업과 문화교류가 이어지고 있다. 최근 중국의 한 그룹과 제주도 관광기관이 교류협약을 맺는 등 한·중의 바닷길을 잇는데 진시황의 불로초와 서복이 가교 역할을 하고 있는 것이다. 실제로 이 바닷길을 연결하는 배는 아시아 최대의 호화 크루즈선(3,830명 탑승가능, 미국 마이애미 본사, 로얄 캐리비안 보이저호)으로 14층 규모를 가진 14만 톤급의 크루즈가 한(부산, 제주)·중(상해)·일(후쿠오카)을 오가고 있다.

중세의 바다는 어떠했을까? 1402년(태종 2년)에 제작된 〈혼일강리역대국도지도(混一疆理歷代國都之圖, 이하 혼일강리도)〉는 널리 알려진 우리나라의 대표적 고지도이다. 예로부터 정치, 경제, 군사적 필요에 의해 지도를 만들어졌으며 국가주도로 제작되었다. 그 내용은 산과 강, 바다의 지형을 나타낸 육로, 수로, 해로 등이었다. 한반도 지도는 기본적으로 산과 강, 바다 등의 지형으로 그려지는데 바다는 주로 파도무늬나 청색으로 많이 표현되었다. 18세기 이후 점차 바다를 파도무늬 대신 청색으로 한쪽을 진하게 하고 차차 엷고 흐리게 칠해가는 선염(渲染)으로 표현하였다(국립민속박물관 2004: 30). 이런 차이를 두고 이 지도를 보면, 바다는 마치 텅 빈 공간이라기보다는 끊임없이 물결치며 꿈틀대는 역동적 세계임을 느끼게 한다.

〈혼일강리도〉는 여러 가지를 시사한다. 가령 중국을 중심에 두고 우리나라와 일본을 동쪽에 둔 중화인식이나 위치나 비율이 맞지 않는 등 오늘날과 비교하여 비과학적으로 보이는 지도제작 기술의 한계 등을 거론할 수 있을지 모르지만, 이 지도를 통해 당시 중세 시대의 사람들은 세상을 어떻게 인식하게 되었을까 하는 점이 궁금해진다. 이 지도는 마치 바다 위에 땅이 펼쳐져 있고 그 땅을 가르고 있는 물줄기(강)들이 바다를 향해 뻗어나가며, 대륙에서 점점이 흩어진 섬들이 마치 별들이 흩어져 있는 듯 그려져 있다.

 해양문화와 해양거버넌스

혼인강리역대국도지도(위)와 장운도(아래)

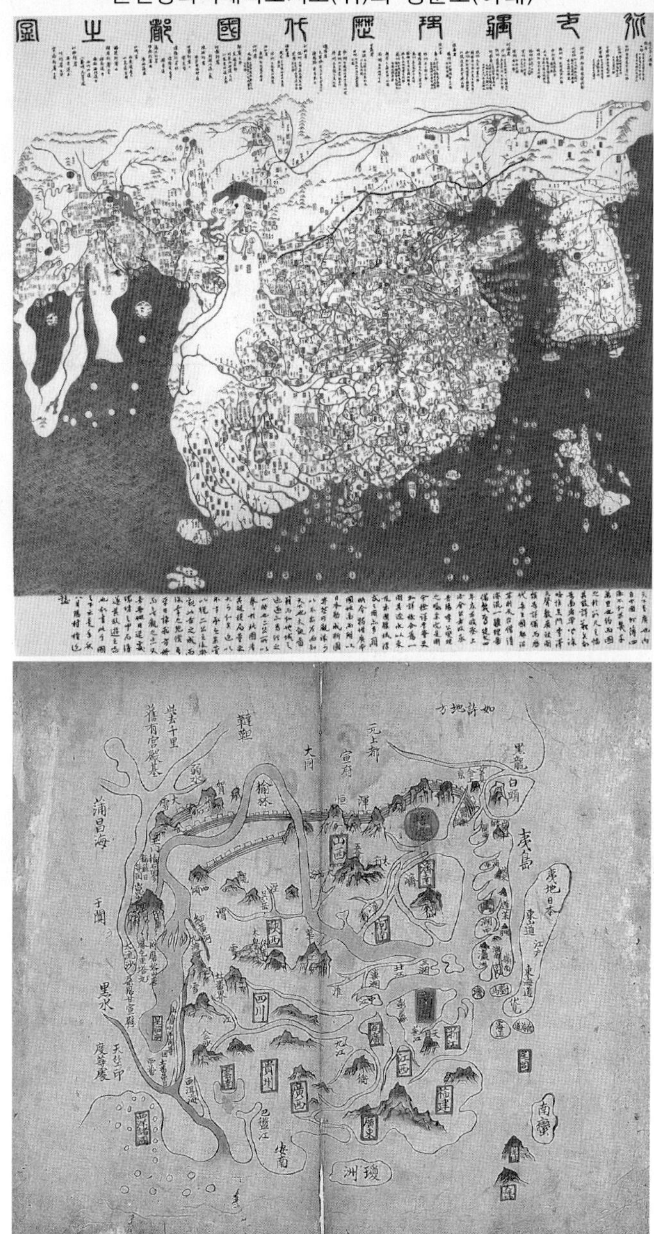

자료: 국립민속박물관, 2004, 『한반도와 바다』, p. 30·46.

이 지도를 본 한 조선인(권근)의 심경은 지도의 아래 부기된 글에서 엿볼 수 있다. 발문의 첫 마디는 "천하는 지극히 넓다(天下至廣也)!"였다. 만약 이 지도에 물결치는 바다가 없었다면 강이나 여러 도읍들이 그토록 생생하게 여겨졌을까 의문이 든다. 경험적으로 인지할 수 없었던 서아시아나 아프리카까지 조선인에게는 먼 나라 딴 세상이었을지 모르나 그 먼 세상을 아우르는 거대한 유체의 바다가 묘사되지 않았다면 '하나의 세상(천하)'이었음을 발견한 듯 터져나오는 탄성은 좀 다르지 않았을까? 〈혼일강리도〉는 대사성 권근(權近), 좌정승 김사형(金士衡), 우정승 이무(李茂), 검상 이회(李薈)가 만든 세계지도를 후대에 모사한 것이라 하는데, 이른바 조선왕조의 최고 지식인들이 바라본 한반도는 반듯하게 그렸으며, 연안을 따라 가지런히 섬들을 나열한 것은 어찌 보면 앙증맞기까지 하다.

〈장운도(掌運圖)〉는 19세기의 지도로, 우리나라를 중심으로 천하의 해운로를 표시한 지도첩이다(국립민속박물관, 2004: 46). 이 지도 역시 방위와 축척이 '과학적'이지 않지만, 중국으로 가는 육로와 해로, 일본과 유구로 가는 해로를 표시하고 있다. 서양제국(西洋諸國), 남만(南蠻), 안남(安南, 베트남), 오랑캐의 땅(夷地) 일본, 오랑캐 섬(夷島) 홋카이도(?)도 보이고, 한반도는 흥미롭게도 들쑥날쑥한 손가락 모양처럼 길게 늘어진 섬으로 그려 놓았다. 그 까닭은 지도상으로 볼 때 흑룡강이 백두산을 감아 돌아 바다로 뻗어 나가는 것으로 보았기 때문이다. 이 지도에서 백두산도 한반도도 섬이다. 뿐만 아니라 황하강으로 중국 산동성도 섬으로 그려졌다.

이처럼 지형의 경계를 만든 것은 바다나 산이라기보다 큰 강줄기라는 것이 역력하게 드러나고 있다. 그 강줄기 여기저기에 산과 도읍들이 있다. 여기서 바다는 희미해지는 동시에 지역 간 경계를 가르는 요소로 인식되고 있지 않다. 이를 〈장운도〉에 실린 〈해로도〉에서도 엿

볼 수 있는데, 이 지도에서 발해만의 여러 섬들은 북경으로 이르는 이 정표 역할을 하고 있다. 조선 선사포(평안북도 철산군)에서 출항한 배가 북경으로 가기까지 작은 섬들이 이정표 삼아 그 섬으로부터 북경까지의 거리를 표시해 놓고 있다. 이정표가 되어 준 그 섬들은 가도(椵島)-거우도(車牛島)-녹도(鹿島)-석성도(石城島)-장산도(長山島)-황성도(皇城島)-삼산도(三山島)-평도(平島)-묘도(廟島)이다. 섬들은 마치 이쪽과 저쪽을 연결하는 징검다리 같고, 여기서 바다는 파도의 일렁거림 대신 연한 푸른빛으로 묘사될 뿐이다.

2. 신화로 본 바다세계

바다는 오랜 생활의 터전이자 또한 신화의 무대이기도 하였다. 바다를 건너 주변 지역과 교류가 이어져 왔으며 사람들은 다양한 이야기꺼리 소재들을 상징화시킴으로써 더욱 힘을 가진 이야기, 즉 신화를 만들어냈다. 그런데 신화란 허무맹랑한 이야기일까? 남태평양의 여러 섬들에 사는 부족사회를 연구하였던 말리노프스키(Bronislaw K. Malinowski)라는 인류학자는 부족사회의 신화가 그들이 미개하여 미신을 믿는 것이라고 보는 서구 중심적 사고를 비판하며, 신화를 사람들이 살아가는 사회와 함께 생각해야 한다고 주장하였다. 그것이 진정 살아있는 신화를 생명력을 발견하는 것이라고 말하였다.

신화 연구로 저명한 레비스트로스(Claude Levi-Strauss)는 '과학'과 달리 신화적 사고는 사건이나 사건의 잔재를 가지고 구조를 만드는 것으로, 신화적 사고의 특성은 그 구성이 잡다하며 광범위하고 그러면서도 한정된 재료로 스스로를 표현한다는 것이다. 이것은 마치 기계기술자인 엔지니어와 달리 주어진 도구를 써서 자기 손으로 무엇을 만드는 손재주꾼의 지적인 재주라고 말하였다. 신화와 과학을 마치 인식의 발달과 미발달이라고 할 수 없으며, 과학적 사고와 신화적 사고의 두 접근방법은 동일한 가치가 있다고 보았다. 즉 부족사회의 신화가 '과학'이 아니기 때문에 미개하다고 말할 수 없다.

말리노프스키는 신화가 한가한 서사시도 아니고 목적 없이 공허한 상상에서 나오는 것도 아니며 오히려 매우 중요한 문화적 힘을 가지고 있다고 하였다. 중요한 것은 신화를 실제 일어났던 사건이나 일로 그대로 볼 수도 없으나 사람들의 생활과 분리시켜서 생각하는 것도 신화를 제대로 이해하는 것이 아닌 것이다.

신화 속에는 세상을 바라보는 관점과 가치관, 그리고 자연관이 담겨 있고, 사람들이 서로 관계를 맺으며 살아가는 방식들을 읽어 볼 수 있기 때문에 어떠한 신화라 하더라도 그것은 사람들의 문화와 불가분한 것이다. 그래서 신화 이야기는 사람들이 살아오고 살아가는 생활방식을 이해하는 하나의 창(窓)이기도 하다.

널리 잘 알려진 신들도 바다와 가까이 있었다. 가령 그리스로마 신화 속 아프로디테(비너스)는 우라노스의 피와 바닷물이 만나 거품이 일어 탄생하였으며, 15세기 화가 보티첼리는 이 여신을 열린 조개껍데기 위에 서 있는 모습으로 그 탄생을 묘사하였다. 인도신화의 비쉬누는 보호의 신으로 수많은 이름과 화신으로 표현되는데, 그 어원에 있어서는 '확장시키고 모든 곳에 스며든다' 혹은 또 다른 이름인 나라야나는 '한계 없는 존재의 바다 위에 누워 있다'는 뜻이라고 한다. 일반적으로 비쉬누의 모습은 하나의 얼굴에 소라, 원반, 철퇴, 연꽃을 네 손으로 들고 있다(박영혜·정경남, 2002: 65~66). 또 바다의 신이라고 하면 단연 포세이돈을 말할 수 있다. 포세이돈은 바다를 비롯한 모든 물을 관장하는 신이며, 바다는 가장 넓고 광대하기에 포세이돈의 주거지가 되었다(박영혜·정경남, 2002: 93). 그의 무기 삼지창은 비, 바람, 구름을 상징하는데 언제든지 이 삼지창을 휘둘러 풍랑을 일으킬 수 있는 신이다.

한편, 우리 바다를 무대로 탄생한 바다 신들로는 누가 있을까? 고 장주근교수는 한국의 건국 시조신화들 중에서 해양성을 띤 신화로 3편을 거론하였는데, 〈탈해신화〉, 수로왕의 〈허황후신화〉, 그리고 제주도 〈삼을나신화〉 속의 3여신 이야기가 그것이다(장주근, 2000: 244). 또 일반적으로 무가 속에 등장하는 동서남해의 용왕이 대표적이며, 제주도의 요왕할망, 남해안의 영등신, 조기를 잡아 병사를 살렸다는 임경업 장군도 서해안 어민들이 모시는 신으로 좌정(坐定)하고 있다. 이같은 신들의 이야기는 문헌을 통해 전승되고 있는 경우도 있고(문헌신화), 샤먼의 신가(神歌)로 의례(굿)를 통해 전해지기도 하며(무속신화), 혹은 전설이나 민담을 통해 전승되기도 한다(구전산문신화). 한반도의 바다를 무대로 하여 탄생한 해신들의 이야기를 잠시 살펴보도록 하자.

1) 바다를 건너와 왕이 된 석탈해

바다 건너 신라로 들어와 왕이 되었다는 석탈해의 신화는 문헌(『삼국유사』)을 통해 전승되고 있는 대표적인 해신의 이야기이다(김태곤·최운식·김진영 편, 2009[1988] 참조). 그 내용을 간략히 하면, 탈해는 바다 멀리 용성국에서 탄생하여 붉은 용이 호위하는 배를 타고 가락국의 남해를 거쳐서 계림 동쪽의 동해안 하서지촌(영일군)에 상륙하였다. 그 나라의 수로왕이 신민들과 함께 북을 치고 맞아들여 머물게 하려 하니, 배가 곧 달아나 계림 동쪽 아진포에 이르렀다. 마침 포구에 혁거왕의 고기잡이의 어미였던 노파가 있어 말하길, "이 바다 가운데 본래 바위가 없었는데 까치가 모여들어 우는 것은 무슨 일인가?"하고 배를 끌고 가서 찾아보니 까치가 배 위에 모여들고 그 배 가운데 궤 하나가 있었다. 그 배를 끌어다 길흉을 알지 못하여 하늘에 고하고, 궤를 열어보니 단정한 남자 아이와 일곱 가지 보물, 노비가 가득 차 있었다.

그들을 칠일동안 잘 대접하였더니 그제야 사내아이가 말을 하였다. "나는 본래 용성국(龍城國) 사람이요. 우리나라에서는 원래 28용왕이 있는데 그들은 모두 사람의 태(胎)에서 태어나서 오륙 세에 왕위를 이어받아 만민을 가르쳐 성명(性命)을 바르게 하였습니다. 8품의 성골이 있는데 그들은 고르는 일 없이 모두 왕위에 올랐습니다. 그때 부왕 함달파(含達婆)가 적녀국(積女國)의 왕녀를 왕비로 맞았는데 오랫동안 아들이 없었다고 합니다. 그래서 아들 낳기를 빌었는데 기도를 드린 지 7년 만에 커다란 알 한 개를 낳았습니다. 이에 대왕은 모든 신하들을 모아 놓고 말하기를 '사람이 알을 낳았으니 이것은 고금에 없는 일이다. 이것은 아마 좋은 일이 아닐 것이다'하고 궤를 만들어 나를 그 속에 넣고 칠보와 노비를 함께 배안에 실었습니다. 그리고 바다에 띄우면서 말하기를 '아무쪼록 인연이 있는 곳에 닿아 나라를 세우고 한 가정을 이루어라'고 하였습니다. 그때 문득 붉은 용이 나타나서 배를 호위하여 여기에 이른 것입니다." 말을 마치자 그 아이가 토함산에 올라 석총을 만들고 7일 동안 머물면서 살 만한 곳이 있는지 바라보니 마치 초승달같이 둥근 봉우리가 있어 지세가 오래 살 만한 곳이었다. 남해왕이 탈해(脫解)가 슬기 있음을 알고 첫째 공주와 혼인을 시켜 아내로 맞이하게 하였다. 그 부인이 아니부인(阿尼부인)이다.

노례왕이 세상을 떠나자 탈해는 광무제 중원 6년 정사 6월에 왕위에 올랐다. 옛날에 남의 집을 내집이라 빼앗았다 하여 성을 석씨(석씨)라 하였다. 또는 까치로 인하여 궤를 열게 되었다 하여 까치 작(鵲)자에서 새 조(鳥)자를 떼고 석(昔)으로 성을 삼았다고도 한다. 또 궤를 열고 알을 깨드리고 나왔다 하여 이름을 탈해(脫解)라 하였다고 한다. 그는 재위 23년만인 건초 4년 기묘에 세상을 떠났다. 죽어서는 토함산에 봉안되어 나라에서 제사를 지내는데 이를 곧 동악신(東岳神)이라 하였다.

 해양문화와 해양거버넌스

2) 작제건과 서해용왕의 딸

작제건(作帝建)은 고려 태조 왕건의 조부모이며, 조모는 서해 용왕의 딸이었다. 그 이야기는 〈고려사〉에 실려 있어 오늘날까지 전해지고 있다. 태조 왕건(877~943년)이 고려왕국(918~1382년)을 건국한 것은 10세기 들어서이며, 고려 왕조의 역사서로 편찬된 〈고려사〉는 조선왕조 5대 문종1년(1451년)에 이르러 완성되었다. 이 역사서 속에 태조 왕건에 관한 이야기가 기록되어 있으며, 그 이야기 속에는 왕건의 조부모인 작제건의 탄생에서 시작하여 서해용왕의 딸과 혼인하는 수중 영웅담이 서사적으로 펼쳐진다. 조선의 〈고려사〉 편찬자들은 김관의의 〈편년통록〉에 실린 고려 왕세계에 관한 설화적 기록들을 "황당무계하고 조잡한 글"이라고 혹평하면서도 이를 전적으로 인용하고 있는데, 이는 아마도 당시 구할 수 있는 자료가 없었던 때문인 것으로 보인다. 김관의는 여러 사람의 문서를 찾아 모아서 〈편년통록〉을 엮었다고 하는데 지금 그 책은 전해지지 않는다고 한다. 여기에 소개하는 작제건과 용녀의 이야기는 왕권 신성화가 어떻게 이루어지고 있는가 보여주는 동시에, 이야기 속에 들어가 있는 바다에 대한 인식을 엿볼 수 있게 해준다. 그 이야기를 간략히 추려 살펴보도록 하겠다(장주근, 2000: 307~313).

당나라 숙종이 한번은 시종들을 데리고 널리 산천을 돌아보고자 봄에 바다를 건너 송악에 이르러 한 집에서 기숙하는 동안 그 집의 아름답고 지혜로운 둘쨋딸 진의(辰義)와 정분을 맺게 되었다. 회임을 한 진의는 아들을 낳아 이름을 작제건이라 지었다. 어려서부터 총명하였고 글쓰기와 활쏘기 또한 능하였다. 나이 16세가 되자 어머니는 아버지가 남긴 활과 화살을 주니 작제건은 아버지를 찾고자 상선을 타고 바다를 건너가게 된다. 도중에 구름과 안개가 새까맣게 끼어서 배가

3일간을 가지 못했다. 선 중에서 점치는 사람이 "이 중의 고려인을 제거해야겠다"고 하여, 작제건은 궁시를 들고 스스로 바다에 뛰어들어 암석이 있는 위에 내려서니 안개는 개이고 순풍이 불어 배는 나는 듯이 달아났다. 그리고 작제건에게는 한 늙은이가 나타나서 절을 하며 말하기를 "나는 서해용왕인데 매일 저녁때에 늙은 여우가 여래상으로 찬란하게 구름과 안개 사이로 내려와 북소리를 내며 요란한 주악과 함께 이 바위에 앉아서 옹종경을 읽으면 두통이 심해지곤 한다. 듣자하니 낭군이 활을 잘 쏜다니 이 여우를 제거해 달라"고 부탁하였다. 시간이 되자 공중에서 악성이 들리고 서북쪽에서 나타나는 자가 있는데 처음엔 진불(眞佛)이 아닌가 하여 쏘지 못했으나 다시금 작제건은 활을 쓰다듬고 살을 메어 쏘니 활줄의 울리는 소리와 함께 떨어지는 것이 과연 늙은 여우였다.

서해용왕은 크게 기뻐하여 그를 용궁으로 안내하여, "내 환난을 제거해 주었으니 그 큰 은덕에 보답하고자 한다. 장차 서쪽 당나라에 가서 천자인 아버지를 뵙겠느냐, 내가 칠보를 줄 터인데 이것을 가지고 동으로 가서 어머니를 봉양하겠느냐?" 작제건이 대답하기를 "나의 원은 동토의 왕이 되는 일이라"하였다. 작제건은 용왕의 큰딸을 아내로 삼고 작제건은 칠보를 꾸려 가지고 돌아서려는데, 용녀가 말하기를 "아버지에게 칠보보다 더 나은 버드나무 지팡이와 돼지가 있으니 그것을 달라 하라"고 했다.

작제건은 그것을 청하여 배에다 싣고 바다에 떠서 작제건이 이른 곳이 창릉굴 앞의 강가였다. 고을사람들이 소식을 듣고 달려와 궁궐을 짓고 용녀는 은쟁반으로 땅을 파서 물을 얻어 썼다. 이것이 지금 개성의 대정(大井)이다. 여기 1년을 산 후에 하루는 돼지가 우리에 들어가지 않으니 용녀는 알아차리고 "네가 가는 곳을 따라가서 살겠노라"했다. 다음날 아침에 돼지가 송악 남쪽 기슭에 가 엎드리매 그곳에 새로

집을 짓고 30여 년을 살았다. 용녀는 송악 새집의 침실 창 밖에도 우물을 파고 그곳을 통해 용궁에 왕래했으니 이 우물이 곧 광명사 북쪽 우물이다. 늘 작제건에게 이르기를 "내가 용궁에 갈 때는 보는 것을 삼가라"했는데, 하루는 작제건이 몰래 이를 엿보았더니 용녀는 소녀 시종을 거느리고 오색의 구름을 일으키며 황룡으로 변하여 우물 속으로 들어가니 작제건이 이상히 여기고 감히 말을 하지 못했다. 용녀는 돌아와 노하여 "부부의 도에는 신의가 있어야 하는데 이미 약속을 어겼으니 나는 더 여기를 있을 수 없노라"하고 드디어 소녀와 더불어 다시 용으로 변해서 들어가고 다시는 돌아오지 않았다. 그래서 작제건은 그 만년을 속리산 장갑사에서 불경을 읽다가 세상을 떠났다.

용녀는 네 아들을 낳았고 장남을 용건(龍建)이라고 하였는데 뒤에 융(隆)으로 고쳤으니 이가 바로 후에 세조(世祖)로 추존되었다. 세조는 송악 옛집에 살다 남쪽에 새 집을 지었으니, 이 터를 본 도선대사가 "기장을 심을 곳에 어째 삼을 심었느냐?"고 말하며 가버렸다. 세조가 이 말을 듣고 급히 따라가 만나 함께 산수의 맥을 찾아 명당자리를 잡고, 또한 이듬해에는 아들을 낳을 것이라며 그 이름을 왕건(王建)으로 지으라 일러줬다. 세조는 그 말대로 집을 지어서 살고 이달에 부인이 태기가 생겨 아이를 낳으니 그가 바로 태조 왕건이었다.

작제건과 용녀는 왕건의 조부모가 되지만 왕건의 부모보다 설화 속에서 큰 비중으로 이야기 되고 있다. 또 작세건의 부인은 서해용왕의 딸로서 용신이며 수신(水神)이다. 그녀는 황룡으로 변해 용궁을 계속 왕래하였으나 금기(禁忌)를 어긴 남편 탓에 다시는 바다에서 돌아오지 않았다고 한다. 또 작제건은 당나라 왕실의 혈통으로 설정되고 부인이 서해용왕의 딸이었다는 점은 왕권의 신성성과 위엄성을 중시했기 때문일 것이다. 작제건의 수중 무용담으로 이어지는 바다 세계는 고려 왕조의 성립에서 해상세력의 중요성을 암시하고, 그 상징이 곧 용녀부인이다.

이처럼 해신(수신)으로서 용녀부인의 존재는 고려왕조가 해양성을 한 축으로 하여 존재한다는 점을 시사하는 것이다. 또한 고려 왕세계(王世系)에서 산신과 해신(수신)이 모두 여신이라는 지적되고 있는데 이 점은 왕권의 신성화에 있어서 부계 못지않은 모계의 비중이 컸다는 것이 주목되는 점으로 지적되고 있다(장주근, 2000: 318).

3) 돼지 한 마리를 먹는 용왕의 사위 궤내기또

무당들이 크고 작은 의례에서 부르는 신가(神歌)는 하나의 신화이다. 옛날부터 농어촌에는 마을마다 마을의 수호신을 모시는 신당이 있으며 한국 민속학계에서는 이를 총칭하여 동제당이라 부르고 있다. 지역에 따라 동제당은 산신상(경기, 충청), 서낭당(강원), 당산(전라, 경상), 본향당(제주도) 등으로 일컬어진다. 제주도에서는 동제가 본향당굿으로 심방(무당)들에 의해서 집행되며 그 당신의 내력담은 무가로 가창되고 있다. 그것을 '본향본풀이'라 하는데, 본향이란 마을수호신을 일컫는 것이고 본풀이란 그 수호신의 근본 내력을 풀이한다는 말이니, 본향본풀이란 곧 마을 수호신의 신화라는 말이 된다. 이 본향본풀이는 장단편을 합해 현재 제주도내에서 70-80편이 채록되어 있다(장주근, 2000: 135). 이 궤내기또의 신화는 해중무용담까지 곁들여서 영웅서사시의 싹을 보여주고 있는 점에서 문학사적 시각에서도 주목할 만한 자료임이 지적되고 있다(장주근, 2000: 139). 그리고 제주도 동쪽 내륙에 좌정한 이 신의 부모(소로소천국과 백주또)는 여러 마을의 당신들과 출계(부자관계)를 형성하고 있으며, 또한 궤내기또의 경우 마을의 본향당신(여신)의 수양아들이 됨으로써 신들의 친족 계보를 보여준다(안미정, 2010: 111).

신가 속에서 무당들은 궤내깃또가 부모 송당리에 좌정한 소천국과 백주또의 막내아들이며, 흔히 "웃손당 금백조, 알손당 소로소천국, 아들애기 열여덟 딸애기 열여덟, 가지질소싱(손자) 삼백이른여덟"이라 하여 그 자손이 많음을 구송한다. 이 많은 자식과 손자들은 제주도내에 좌정하고 있으며, 이 신들의 계보를 따라가면 내륙의 신이 해안으로 내려와 좌정했음을 보여준다(장주근, 200: 140). 그 중의 막내아들인 "궤내기"가 제주시 구좌읍 김녕리에 좌정하였다. 이 신을 "궤내기또"라고 하며, 마을에 '좌정'하기까지의 내력이 무가로 구송되며, 그 내용은 신의 일대기이자 하나의 영웅적 서사시이다. 그 내용을 간략히 소개해본다.

강남천자국에서 솟아난 여신 백줏또가 제주도의 알송당에서 솟아난 남신 소천국을 찾아와 부부가 되어 살았다. 아들 5형제를 낳고 여섯째는 배 속에 있을 때, 백줏또는 남편에게 농사짓기를 권했다. 사냥을 하던 소천국은 부인의 말대로 소에 쟁기를 메어 밭을 가는데, 지나가던 중이 배가 고프다고 하여 점심을 줘버리고 자신은 밭 갈던 소를 잡아먹고 말았다. 게다가 이웃 밭에 있던 소까지도 잡아 먹어버렸다. 백줏또는 남의 소까지 잡아먹었으니 소도둑놈이 아니냐 하고 살림을 가르게 된다. 소천국은 쫓겨나고 부인은 여섯째 아들을 낳았다. 이 막내아들이 세 살이 되자 아버지를 만나게 되었는데, 아들은 아버지 무릎에 앉아 아버지 수염을 잡아당기고 가슴을 짓두드리자 불효자식이라 야단하며, 소천국은 아들을 돌함에 담아 바다에 띄워 버렸다.

"이 자식 배 속에 있을 때도 석신이 그르쳐 살림을 가르게 하더니 태어나서도 이런 나쁜 행동을 하니, 차마 죽일 수는 없고 동해바다에 띄워 보내 버리라." 무쇠석함에 세 살 난 아들을 담아서 바다로 띄우니, 그 함이 요왕국(용왕국)으로 들어가 나뭇가지에 걸렸다. 요왕국대왕이 그 무쇠석함을 내리고자 큰딸(큰뚤)보고 내려보라 하니 꼼짝을

안했다. 다시 둘째딸(샛딸) 보고 내려보라 하니 그 역시 꼼짝 안한다. 마지막으로 셋째딸(죽은딸)한테 내리라 하니 무쇠석함을 내려놓았다. 요왕국대왕이 말하길,

"어느 국에 사느냐?"

"조선 남방국 제주도 삽네다"

"어찌하여 왔느냐?

"강남천자국의 국난이 있다고 하여 사태를 막으려 가다 풍파에 쫓겨 요왕국에 들르게 되었습니다"

요왕이 생각하니, 궤내기가 천하명장인 줄 알고,

"큰딸 방으로 듭서"하니 대답이 없다. 다시

"둘쨋 딸 방으로 듭서"하니 그 또한 대답이 없다.

"셋쨋 딸 방으로 듭서"하니 그 방으로 들어갔다.

셋쨋 딸이 칠첩반상을 차려 대접하며 말하길,

"조선국 장수님아 뭣을 잡숩네까?"

"내 국(國)은 소국이라도 돗(돼지)도 한 마리를 먹고 쉐(소)도 한 마리를 모두 먹는다"

요왕이 이 말을 듣고 사위하나 대접 못하랴 하였으나, 날마다 돼지, 소를 잡아가니 요왕국의 창고가 다 비어갔다. 요왕이 생각하니 이대로 두었다간 망할 듯하여,

"여자란 출가외인이니 남편 따라 가거라."

무쇠석함에 두 사람을 들여 놓아 다시 물 밖으로 띄어 보냈다. 함은 다시 강남천자국에 닿았고, 궤내기는 마침 그곳의 난을 평정하여 큰 공을 세우게 되었다. 그 공으로 고향인 제주도로 돌아와 부모를 만나니 죽은 줄 알았던 아들이 살아 돌아옴에 부모는 각각 웃손당과 알손당으로 도망가 그곳의 당신이 되었다.

해안 마을로 내려온 막내아들은 누구하나 대접해 주는 자가 없어

마을사람들에게 풍문조화를 부렸다. 심방이 마을사람들에게 말하길,

"소천국 여섯째 아들이 옥황의 명령을 받아 김녕리 신당에서 상(床)을 받으려 만민백성에게 부리는 조화입네다"

라고 일러주었다. 하여,

"그러면 어디로 좌정하겠습니까?"

"나는 알궤내기로 좌정하겠다"

"뭣을 잡습네까?"

"소도 한 마리 먹고 돗(돼지)도 한 마리를 먹는다"

하니, 마을의 백성들이 말씀드리길,

"가난한 백성이 어찌 소를 잡아 위할 수가 있겠습니까? 가가호호 돗을 잡아 위로하겠습니다"

"그리하라."

이리하여 알궤내기굴에 좌정하게 되어 사람들은 돼지 한 마리 수육으로 삶아 열 두뼈를 바치며 섬기는 신이 되었다.

4) 서해 신의 사위 거타지(居陁知)

신라 진성여왕 때 아찬 양패(良貝)는 왕의 막내아들이었다. 양패는 당나라에 사신으로 가면서 후백제의 해적들이 진도에서 길을 막는다는 말을 듣고, 활 잘 쏘는 사람 50명을 뽑아 따르게 했다(김태곤·최운식·김진영 편, 2009 참조).

배가 곡도(골대도)에 이르니 풍랑이 크게 일어 십여 일간을 그곳에 머물러야 했다. 양패공은 걱정이 되어 사람을 시켜 점을 치게 하니, 그가 말하길,

"섬에 신령스러운 연못이 있는데, 그곳에 제사를 지내는 것이 좋겠습니다."

고 하였다. 이에 못 위에 제전을 차려 놓으니 연못물이 한 길 넘게 용

솟음쳤다. 그날 밤 양패공의 꿈에 한 노인이 나타나 말하길,

"활 잘 쏘는 사람 하나를 이 섬에 남겨 두면 순풍을 얻을 것이오."

양패공이 이 꿈을 사람들에게 이야기 하여,

"누구를 남겨 두는 것이 좋겠소?"

사람들이 머리를 짜내 말하길,

"나무 조각 50개에 저희들 이름을 각각 써서 물에 가라앉게 하여 제비를 뽑는 것이 좋겠습니다."

공은 이 말을 따라 제비를 뽑으니, 군사 중에 거타지란 사람의 이름이 물에 가라앉았다. 그를 남겨두고 배가 출항하니 홀연히 순풍이 일어 배는 거침없이 나아갔다.

섬에 남겨진 거타지가 근심에 싸여 있자니 홀연 노인 한 사람이 연못에서 나오더니,

"나는 서해 바다의 신이오. 해가 뜰 때면 늘 중 하나가 하늘로부터 내려와 다라니경을 외면서 이 연못을 세 번 돕니다. 그러면 우리 부부와 자손들이 물 위에 뜨게 되오. 그러면 중은 내 자손들의 간을 빼먹습니다. 이제 우리 부부는 딸 하나만이 남아 있을 뿐이오. 내일 아침에도 그 중이 반드시 또 올 것이니 그때는 그 중을 활로 쏘아 주시오."

거타지가 말했다.

"활 쏘는 일은 나의 장기입니다. 명령대로 하지요."

이에 노인이 고맙다는 인사를 하고 물 속으로 들어갔다.

이튿날 동쪽에 해가 뜨자 과연 중이 나타났다. 와서는 주문을 외무여 늙은 용의 간을 빼먹으려고 하였다. 바로 그때 거타지가 활을 쏘으니 중은 늙은 여우로 변하여 땅에 쓰러져 죽었다. 노인이 나와 고맙다고 인사하며,

"공의 은덕으로 나의 생명을 보전하게 되었오. 내 딸을 공에게 드릴 터이니 아내로 삼기를 바라오."

노인은 딸을 한 가지의 꽃으로 변하게 해서 거타지의 품 속에 넣어
주었다. 그리고는 두 용에게 명하여 거타지를 모시고 사신의 배를 따
라 가서 그 배를 호위하여 당나라에 들어가도록 도와주었다. 당나라
사람들은 신라의 배를 두 마리의 용이 호위하고 있는 것을 보고, 이
사실을 황제께 보고하였다. 황제는 신라의 사신은 필경 비상한 사람
일 것이라고 생각하여 잔치를 베풀고, 신라 사신은 여러 신하들의 웃
자리에 앉히고 금과 비단을 주었다. 거타지는 본국으로 돌아오자, 품
속에서 꽃가지를 꺼내어 여자로 변하게 하여 함께 살았다.

제 2 절 전통적 해양지식

일반적으로 조선시대의 쇄국정책으로 말미암아 우리나라는 외부세
계와 교역을 거부하였던 '닫힌 공간'처럼 간주되곤 한다. 조선시대에
는 고려시대에 비하여 해상활동이 위축되었을 뿐만 아니라 섬 지역의
주민들을 육지로 이주시키기도 하였다. 이를 흔히 연구자들은 공도
(空島) 정책이라 부르는데, 이에 대한 비판적 견해로서 해도(海島)정책
이라고 주장되기도 한다. 왜구의 노략질에 따른 조선왕조의 대응을
섬 지방에 대한 '정책'으로 볼 수도 없고, 조선왕조가 섬과 연안에 대
한 중요성을 간과하고 있었던 것만은 아니기 때문이라는 것이다(신명
호, 2008). 해양세계는 역사 속에서 배제된/소외된 공간으로 인식되기
도 한다. 그렇다 하여 해안지대와 해산물 등에 대한 조선정부의 정책
과 관심이 전혀 없었다고는 말할 수는 없다. 해안 지역은 국토의 한
영역으로서, 국부(國富)를 창출한 세금의 원천지로서 중앙정부가 간과
할 수 없는 공간이었다. 위 주장이 제도적으로 정착했는지는 또 다른

검토가 뒤따라야 하지만, 중요한 것은 이미 한반도의 지형적 특성과 더불어 해안의 경제적 가치가 지적되어 왔다는 사실이다. 법과 제도에서 소외되었던 해양세계를 일국사의 관점이 아닌 비교사적 관점에서 바다를 통한 대외 관계사를 조명해 볼 수도 있고, 문헌자료만이 아닌 현장연구에 기반한 생활 속의 해양 지식과 관습, 문화적 규범들을 연구함으로써 실질적인 한국의 해양문화를 규명해 나갈 수도 있을 것이다.

해양 세계를 활동의 장으로서 수천 년 이상 걸쳐 생존해 온 아시아의 도서부 및 여러 지역의 사람들은 바다와 그곳에 서식하는 해양생물에 대해 독자적인 관념과 생각을 키워왔다. 이러한 해양세계에 대한 인식방법과 지식은 생활체험과 혹은 자원학 등의 서양 자연과학을 기초로 해서 성립된 것이 아니다. 이러한 점에서 민족 고유의 지식과 인지체계를 언어에 의한 분류와 기술 분석을 통해서 행하는 서양의 자연과학과 다른 민족과학(ethnoscience)이라고 부르기도 한다(아키미치 토모야, 2005: 73). 이처럼 작은 부족사회나 혹은 선주민의 생활방식으로부터 찾을 수 있는 지혜가 현대사회에서 주목받기 시작한 것은 물질문명에 대한 성찰과 환경재난에 대한 위기의식 등과 더불어 그 중요성이 점차 커지고 있다. 이러한 배경 속에서 토착 지식(native knowledge)을 통해 그동안 간과되어 온 인류의 미래지향적 가치를 찾으려고 하는 노력들이 이어지고 있다. 현대사회에서 간과하기 쉬운 인류사회의 지혜와 교훈을 배울 수 있기 때문이다. 일반적으로 전통적 지식(Traditional Knowledge), 선주민 지식(Indigenous Knowledge), 전통적 환경 지식(Traditional Environmental Knowledge), 그리고 지역적 지식(Local Knowledge)으로 표현되는 이러한 지식은 간단히 말해 어떤 지역이나 선주민(원주민) 또는 지역사회가 형성해 온 오랜 전통과 관행을 말한다. 대부분의 경우 이러한 지식은 경험과 구술을 통해 계승되는데 그 내용은 전설이나 민속, 의식, 음악뿐만 아니라 법률도 포함된다. 이들 지식은 다양한 형태의 여러 수단을 통해 표현되고 있다. 그러면 바다에서 찾을 수 있는 전통적 환경 지식에는 어떤 것들이 있을까? 한국의 해양문화 속에서 찾을 수 있는 전통적 환경지식(TEK)에 대해 생각해보자.

● 1. 달과 어민이 만든 조수의 분류체계

바다에서 생업을 하는 어민들에게 가장 중요한 것은 역시 "물"에 관한 것이다. 조수에 의해 끊임없이 변하는 바다의 변화를 이해하는 것이 곧 생업의 출발점인 동시에 어민의 능력을 보여주는 것이기도 하다. 한반도의 동서남해의 어민들에게는 이러한 바다의 변화를 이해하기 위한 지식체계가 존재하고 있는데, 가장 대표적인 것이 바로 "물때"이다.

세계적으로는 만조와 간조가 하루에 두 번씩 나타나는 지역과 한 번씩 나타나는 지역이 있는데, 우리나라 해안에서는 밀물과 썰물이 하루에 두 번씩 나타난다. 아침에 들어왔다가 나가는 물을 조수(潮水), 저녁에 들어와서 나가는 물을 석수(汐水)라고 한다.

조석은 주로 달의 인력에 의하는 것으로 알려져 있다. 지구와 태양과 달이 일직선상에 놓이는 그믐과 보름[望] 직후, 즉 음력 2~4일과 17~19일에는 조차가 가장 큰 사리(大潮)가 나타나고, 태양과 달이 지구에 대하여 직각으로 놓이는 상현과 하현 직후, 즉 음력 8~10일과 23~25일에는 조차가 가장 작은 조금(小潮)이 나타난다. 달리 말하면, 달이 가장 크게 보이는 보름(음력 15일경)과 거의 보이지 않는 그믐(음력 1일경)에는 태양과 달, 지구의 위치가 일직선상에 놓이는데, 이 때는 인력과 원심력이 강하게 작용해 조차가 매우 커진다. 이 시기를 사리라고 하며 해안에서 바닷물이 가장 높이 차올랐다가 가장 멀리까지 빠져나가게 된다. 반대로 달이 반쪽만 보이는 상현(음력 8일경)과 하현(음력 23일경)에는 태양과 지구, 달이 직각을 이루어 인력이 서로 다른 방향으로 작용하기 때문에 조차가 가장 작다. 이 시기를 조금이라고 하며, 바닷물이 들어왔다 빠지는 폭이 작아 갯벌이 드러나는 시간이 짧아지게 된다.

우리나라 어민들은 예로부터 음력의 날짜에 따라 경험적으로 물때를 지어 불렀다. 물때는 15일을 주기로 하여 하루를 단위로 나누었는데, 1개월에 모든 '물'이 두 번씩 나타나도록 하였다. 물때란 하루 두 번 바뀌는 조수의 일정한 패턴에 이름을 붙여 부르는 것으로, 이 물때의 이름을 알면 하루 동안 바닷물이 어느 시각 즈음에 어떻게 변화할 것인가를 짐작케 해준다. 조석표라 하여 일반화 된 것이 있음에도 지역별 어민들 사이에서는 오히려 경험을 통해 만들어진 이 물때를 기준을 중시한다.

물때를 셀 때 어민들은 대개 조금부터 꼽아 가늠한다. 이처럼 물의 이름을 세어가며 바다의 조수를 짐작하는 지식이 곧 물때인 것이다. 요즘에는 지역 수산업협동조합이 발행하는 달력에는 양력과 음력, 그리고 그 아래 물때를 적어 놓은 달력을 만들어 어가(漁家)에 나눠주고 있다. 또 대도시안의 어민들은 자연생태의 리듬보다 시장경제에 부응하는 것이 더 중요하기 때문에 물때 없이 일을 하는 경우도 볼 수 있다.

물때의 이름은 지역별로 조금씩 다르다. 해양생태계가 지역에 따라 다르므로, 고기를 잡거나 그 외 포획·채취하는 수산자원의 특성에 따라 물을 이용하는 패턴도 다르게 나타난다. 다음의 표는 지역별 물때의 이름과 이에 맞춰 이뤄지는 어업활동을 나타낸 것이다.

이와 같은 물때는 주기적으로 나타나는 반복성과 함께 바닷물이 차고 빠지는 역동성을 동시에 가지고 있다. 이러한 특성은 다음의 그림을 통해 잘 드러난다. 이 그림은 대부도 어민이 직접 만든 물때표로

바다의 물때(조수력)

음력	제주도 김녕리[1]		인천시 덕적면 소야리[2]		경기도 화성군 왕모대[3]	
	물때이름	잠녀물질	물때이름	조기잡이	물때이름	꽃게잡이
1일	여덟물	–	일곱매날	회항기	일곱매날	채취 적기 (사리)
2일	아홉물	–	여덟매날		여덟매날	
3일	열물	–	아홉매날		아홉매날	
4일	열한물	–	열매날		열매날	
5일	열두물	–	한개끼		한개끼	
6일	막물		다개끼		대개끼	
7일	아끈죄기		아치조금		아치조금	회항기 (만조)
8일	한죄기		한조금		한조금	
9일	흔물	물질작업	무시		무시	
10일	두물		한매날	출어적기	한매날	
11일	서물		두매날		두매날	출어 적기
12일	너물		세매날		서매날	
13일	다섯물		네매날		너매날	
14일	여섯물	–	다섯매날	조업기	다섯매날	
15일	일곱물	–	여섯매날		여섯매날	
16일	여덟물	–	일곱매날	회항기	일곱매날	채취 적기 (사리)
17일	아홉물	–	여덟매날		여덟매날	
18일	열물	–	아홉매날		아홉매날	
19일	열한물	–	열매날		열매날	
20일	열두물	–	한개끼		한개끼	
21일	막물		다개끼		대개끼	
22일	아끈죄기		아치조금		아치조금	회항기 (만조)
23일	한죄기		한조금		한조금	
24일	흔물	물질작업	무시		무시	
25일	두물		한매날	출어기	한매날	
26일	서물		두매날		두매날	출어 적기
27일	너물		세매날		서매날	
28일	다섯물		네매날		너매날	
29일	여섯물	–	다섯매날	조업기	다섯매날	
30일	일곱물	–	여섯매날		여섯매날	

자료: 1. 안미정, 2010(2008), 『제주 잠수의 바다밭』, p. 120.
2와 3. 국립민속박물관, 1996, 『어촌민속지-경기도·충청남도편』, p. 59·55.

바닷물이 일렁이는 파도처럼 그 역동적인 특성을 쉽게 파악할 수 있다(김준, 2009: 196).

대부도 한 어민의 물때표

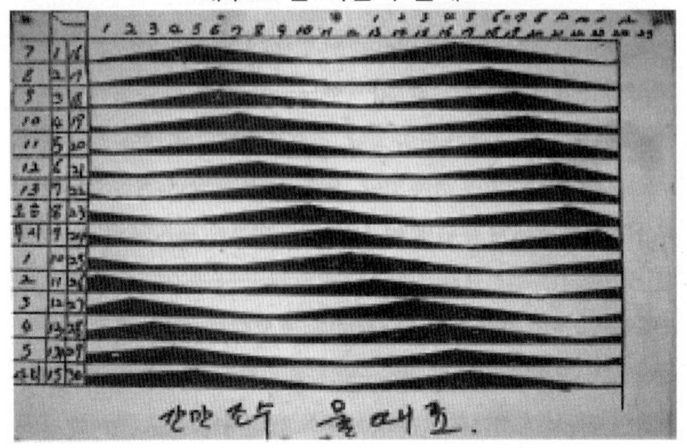

　조수의 시간적 변화와 함께 그 흐름의 방향 또한 이해하는 것이 중
요하다. 예를 들어 미역의 포자를 실어 나르는 것이 물의 흐름이라는
것을 감안할 때, 이 흐름을 잘 파악하는 것은 미역농사의 풍흉을 가름
한다. 이 같은 바닷물의 흐름에 따라 어군이 이동하는 등 어패류의 식
생에 중요한 요소이기 때문이다. 수산동식물의 서식지, 거룻배의 안
전한 운행, 그물 투척 등을 위해 물의 흐름에 대한 이해는 필수적이
다. 다음의 표와 같이 가거도 어민들에게서 미세한 물의 흐름까지 파
악하여 구분하고 있는 민속분류체계를 볼 수 있다(권삼문, 2001: 36).

가거도 어민들의 바닷물 흐름의 분류

바닷물의 이름	물이 흐르는 방향
맞물	북→남
썰물	남→북
들물	동(밖)→서(안)
날물	서(안)→동(밖)
새밥물	서(안)→동북
마밥물	서(안)→동남
새안들물	동남→서북
마안들물	동북→서남
수샛물	제자리에서 회오리바람처럼 뱅뱅 도는 물

연속적으로 변화하는 자연 현상에 대해 사람들은 이를 분류화하여 지식체계화 하였다. 물때는 그러한 한 예에 해당하며 이러한 형태의 지식은 세계 여러 해양사회에서도 곧잘 볼 수 있는 것이다. 솔로몬제도 말라이타 섬 라우의 경우, 계절을 건기와 우기로 구분하고, 하루는 밤낮으로 구분하며, 조수는 썰물(마이)와 밀물(르아)의 반복운동으로 그 변화를 구분하였다. 라우 사람들의 구분하고 있는 조수간만을 다음 표를 참고로 살펴보도록 하자(아키미치 토모야, 2005: 164~165).

조수현상의 단계적 구분과 호칭

구분	조수현상에 대한 라우사람들의 호칭	바다의 상태
간조 ⇩	루아 · 카리아부로	바닷물(아훼)이 바뀌기 시작한다
	루아 · 에 · 화카에루아	화호부스의 돌이 잠기기 시작한다
	루아 · 에 · 라다화	화호부스의 돌이 완전히 잠긴다
	루아 · 에 · 하타	바닷물이 가장 많이 밀려온다
만조	고우나 · 아시 · 마고리	바닷물이 빠지기 시작한다
	마이 · 토리	바닷물이 조금 빠진 상태
⇩	마이 · 타라화이오아	화호부스의 돌이 보이기 시작한다
⇩	마이 · 테테	화호부스의 돌이 보인다
⇩	마이 · 라가	바닷물이 가장 많이 빠진다
간조	루아 · 카리아부로	바닷물(아훼)이 바뀌기 시작한다
	…	…

위의 표에서 루아는 만조, 마이는 간조의 의미이며 바닷물은 아훼라고 한다. 어로활동이 가장 좋은 때는 루아 · 에 · 화카에루아와 마이 · 토리 때라고 한다. 라우사람들이 하는 96개의 어법은 계절(건/우기), 시간대(밤/낮), 조수(썰물/밀물)에 따른 시간적 배분을 조사한 결과 건기에는 낮에 움직이는 어류를 대상으로 한 어법이 많고, 우기에는 야행성 어류를 대상으로 한 어법이 증가하였으며, 계절에 따라 물고기의 출현양이 다르다는 것을 사람들은 경험적으로 알고 있었다(아키미치 토모야, 2005: 165~166).

고기잡이 결과가 좋고 나쁠지는 바람과도 연관이 깊다. 우리나라는 4계절이 뚜렷한 온대성 기후로, 겨울철에는 대륙성 고기압의 영향을 받아 서·북서 계절풍이 강하고 한랭건조한 반면 여름에는 고온다습한 기후를 보인다. 11월부터 이듬해 1월 중순 사이에 가장 활발한 명태잡이는 동해안 어민들이 하는 주요 어업으로, 이 지역 어민들에게 차가운 겨울바람은 명태로 말미암아 친근한 것일 터이다. 그리고 바람은 배의 조난과 직결되기 때문에 바람을 둘러싼 다양한 예조를 어민들은 선험적으로 배워왔다. 겨울철 찬바람 속 명태잡이 어민들은 차가운 바람에 친근한 이름을 지어 부름으로써 조업환경을 감지하는 지식으로 활용하기도 하였다. 가령 이렇게 이야기하는 것이다.

> "옛날 어르신들이 바람 불어오는 곳의 지명을 따서 온산네기, 온산꼴시, 양양꼴시라 했어요. 봄에는 온산꼴씨, 내바람, 양양꼴씨가 많이 붑니다. 주로 서풍이지요. 여름에는 맞바람, 마바다바람이 붑니다. 가을에는 서풍이 주로 많이 부는데 올해는 아직 서풍이 안 왔어요. 겨울에는 샛바람인데 어업에 가장 지랄같은 바람은 아무래도 샛바람이죠. 샛바람하고 온산네기가 가장 겁나요. 겨울철에는 바람이 좀 차잖아요. 바람이 차니까 파도가 같이 치죠. 샛바람불면 고기가 많이 잡힐 때도 있지요. 예를 들면 해일이 일 년에 한두 번씩 동해안 쪽을 지나가야 돼요. 5년 동안 태풍이 한 번도 없었어요. 한 번씩 뒤집어줘야 되는데, 사방에 열렸던 게 한 번씩 일어나면은 우에 지저분한 게 깨끗해지고 그러는 거죠(해양수산부 2002: 291)."

이 이야기의 바람을 그림으로 나타내면 다음과 같다. 동해 아야진의 바람이름이다(해양수산부, 2002: 291). 이른바 북서풍인 "온산꼴씨"는 "온산네기"라고도 부르는데, 사천진의 어민들은 이 바람은 "설악산

내기"라고도 한다. 불어오는 바람방향에 있는 지명을 붙여 부른데다 혼인한 여성의 호칭방식을 차용한 점도 흥미롭다.

강원도 아야진의 바람이름

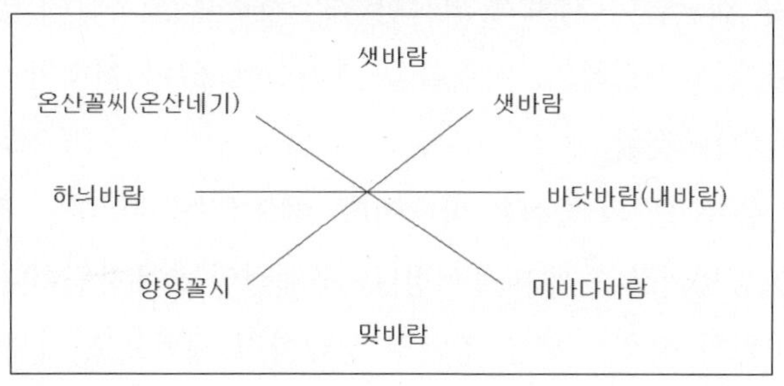

　바람을 인지하는 또 하나의 사례로, 제주도 마라도의 경우를 보기로 하자. 마라도는 우리나라 최남단의 작은 섬이지만, 인근의 가파도 섬과 함께 잠수어업이 발달한 섬이다. 섬은 남북으로 타원형으로 그리는데, 이곳의 잠수업자들은 바람이 부는 방향을 읽어 그 반대편으로 가서 물질을 한다. 그럼으로써 바람의 영향을 최소한 받아 작업이 보다 수월하게 이뤄질 수 있는 것이다(제주도, 1996: 78). 다음 그림처럼 섬을 에워싸고 부는 바람방향을 섬 안의 장소를 기준으로 파악하여 바람을 분류하였다.

마라도의 바람이름

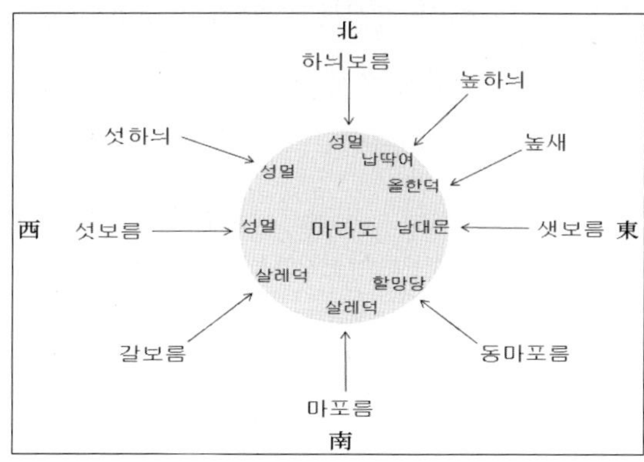

　어민들은 바다를 어떻게 이용할까? 가령 한 마을에 거주하는 여러 가구, 혹은 집단들이 서로가 필요한 해양자원을 획득함에 있어 서로의 이해관계를 조정하고, 어획물을 분배함에 있어 어떠한 제도들과 규칙들이 있는 것일까?

　어촌의 총유자원의 중심은 바다이다. 해조류를 채취하는 짬을 포함한 제 1종 공동어장(현재 마을어장)은 구체적인 총유자원이다. 어촌에서 총유자원의 이용은 해안 영역의 생태학적 개념으로 이해할 수 있다. 마을 주민이외의 사람에게 배타적인 권리를 행사하며 마을 주민은 이의 이용에 동등한 권리를 갖도록 분배하려는 메커니즘인 것이다(권삼문, 2001: 43).

　어민에게 있어서 어장은 농민의 토지만큼 중요한 자원이다. 모든 생계수단이 바다에서 나온다고 해도 과언이 아니다. 갯벌이나 마을어장은 마을의 전체 공유재산으로 관념하는데 이를 관리하고 통제하는 자치조직이 바로 어촌계이다. 어촌계는 크게 법인 어촌계와 비법인 어촌계로 나눌 수 있는데, 법인 어촌계는 사단법인 형태로 설립된 공적 조직이고 비법인 어촌계는 마을 자치조직이라고 할 수 있다. 그러나 기본적으로는 둘 다 어민 자신들을 위해 존재하는 조직이며, 임원 및 직원들도 주민으로 구성되어 있다. 어촌계원이 되려면 일정의 조건을 구비해야 한다. 마을에 일정 기간 거주한 입호조건이라든가 지역 수협에 출자 및 기존 회원의 동의가 필요하기도 하는 등 법적 규정 외에도 불문율에 의한 규정이 작용한다.

　어촌계는 1962년 한국수산업법이 개정에 의해 마을어업의 우선적 면허권을 받게 되었으나, 그 이전에도 어부들이 고기잡이의 노동력과 친목 및 상호부조를 목적으로 하여 크고 작은 '계'를 조직해왔던 전통이 이어져 왔다. 이러한 자발적 어로집단이 1960년대를 거치며 마을 어장의 주도적 관리감독의 주체로서 자리 잡게 된 것이다.

한편, 마을 어촌계는 어장의 특성에 맞는 어업을 전개할 뿐만 아니라 그 하부조직 및 성원을 두는데, 이 성원에 한해 마을어장을 이용할 수 있는 권리를 가지게 되는 것이다. 고기잡이의 경우라면 어부의 판단에 따라 현대적 장비를 갖춘 동력선과 그물, 기중기를 이용하여 작업을 하지만, 해초처럼 공유자원을 채취할 때에는 계원(곧 마을주민)들이 공동 작업 후 공동분배하는 것을 볼 수 있다. 해초를 채취하는 구역 또한 모든 주민이 공평하게 이용할 수 있도록 하는 관행을 만들기도 한다.

1) 경상북도 울진군 기성면 기성리 미역짬의 운영 사례

1990년대 초반 이뤄진 경상북도 울진군 기성면 기성리의 돌미역 채취에 관한 권삼문의 연구는 어장의 이용과 전통적 지식에 대한 중요한 내용들을 다루고 있다(권삼문, 2001 참조). 어장의 이용이나 제도 및 관행에 대한 연구보고는 어촌과 어민사회에 대해 보다 깊이 있는 이해를 도와준다. 기성리는 미역이나 다시마 등 해조류 채취가 주요 생산활동으로서, 어장 이용 방식에 관한 사회적 제도가 발달한 곳임을 알 수 있다.

어장, 즉 연안바다에 있는 자연적 암초들을 기성리에서는 "짬"이라 부르는데 이 짬에서 미역을 키워 채취하는 것이 이 마을 어민들의 주요한 어업이다. 이 마을에서의 미역생산은 오랜 역사를 가지고 있는데, 조사 당시 보고된 마을어장에는 아홉개의 짬이 있었다. 몇 가구씩 한 채취집단을 구성하여 각 미역짬에 배치되어 한 해 동안 이 짬을 관리하여 생산한 미역을 참여한 가구들이 똑 같이 나누게 된다. 각각의 짬에서 생산량이 다르기 때문에 매년 추첨을 통하여 짬을 배정하는 방식을 따른다.

기성리에서의 짬의 배정은 마을 주민 전체가 참여한 6월, 송치라 부르는 각 짬이 표시된 추첨표를 줍는 것으로 결정된다. 어촌계로 짬의 관리가 넘어간 이후로는 109가구의 어촌계원들이 참여하게 되었다. 무작위로 추출된 몇 가구가 하나의 미역채취집단을 구성하고 9개의 짬 수에 따라 9개의 미역채취집단이 구성된다. 각각의 채취집단은 작업에 반드시 필요한 거룻배를 하나씩 가져야 하므로, 거룻배 소유주를 중심으로 한 집단을 구성한다.

이 채취집단은 한 해의 미역수확이 끝나면 다음해의 추첨을 통한 배정에 따라 해체되는 한시적인 조직이다. 짬에 참여하고 또 생산물 분배에 참여할 수 있는 자격은 마을 거주기간이 가장 중요한 요건이다. 이것은 지연공동체에 귀속여부가 공유자원에 접근할 수 있는 전제가 됨을 말하는 것이다. 이와 함께 노동력의 제공 가능여부도 요건이 된다.

이러한 관행은 입호(入戶)제도에 구체적으로 나타난다. 입호제도란 마을의 공동어장을 기반으로 생산활동을 영위하는 어촌에만 특수하게 존재하는 것으로 전입자나 분가자에 대해 촌락의 성원자격을 부여하는 제도이다. 성원으로서 인정된다는 것은 공동어장 내에서의 생산에 참여할 수 있음을 의미하며, 그 자격은 대대로 그 마을에 가옥을 지닌 채 거주해 온 사람에 한한다. 그러나 외지에서 전입해 들어오는 경우 또는 촌락 내에서의 분가에 의해 새롭게 가구가 증가하는 경우에는 입호규정에 의해 일정기간 성원자격이 유예되거나 일정액의 입호료를 지불한 후 완전한 성원으로서의 자격이 주어진다.

짬의 분배는 철저히 민주적이다. 각 짬은 평균적인 생산량에 따라 8호에서 13호 내외로 배정한다. 각각의 짬에 배정된 각 가구의 대표는 자신이 속한 미역채취집단 내부에서 모든 성원이 동등한 권리와 의무를 가진다. 이러한 짬의 분배 및 운영에 관련한 의사결정은 마을 공동자산 관리에 관한 주민자치기구의 최상 조직인 '존위'조직에서 행해왔다. 각 짬에 배정되는 가구의 수는 짬의 평균적인 생산량과 마을에서 짬까지의 거리, 짬의 작업조건 등에 따라 존위가 결정한 것에 따른다. 미역 채취는 음력 4월에서 5월 사이에 이루어지며, 채취가 끝나면 즉시 짬을 배정한다. 이처럼 곧바로 분배되는 까닭은 짬매기 등을 비롯한 짬의 관리에 따른 필요 때문에 일찍 이루어지는 것이다.

미역 채취는 채취집단을 경영단위로 하는 공동경영의 형태이며 채취작업에는 일반적으로 성원 전체가 참가한다. 채취한 미역은 작업 참가자가 균등하게 분배한다. 이러한 규칙은 문서로 정해 놓거나 하나의 불문율로서 존재한다.

조선시대를 거쳐 어장의 이용에 있어 공동출자, 공동취로, 공동분배의 형태를 취하는 전형적인 공동경영 활동은 지금도 이어지고 있다. 정치망 어장이 마을 총유로서 이용자가 과잉상태에 있는 경우는 이용자가 몇 개 조를 편성하여 조별로 교대로 이용케 하는 윤번교체 이용제가 실시되기도 하였다. 이러한 전통은 마을어장 이용에 있어서 그대로 전승되고 있다.

2) 제주도 구좌읍 김녕리의 마을어장 이용 사례

제주도 구좌읍 김녕리는 제주도 북동쪽에 위치한 해안마을이다. 마을어장에서는 생산되는 각종 수산물은 제주시 관내에서도 호평을 받고 있으며, 그 가운데에서도 마을 잠녀들이 생산하는 소라 등 어패류 외에도 우뭇가사리는 일본으로 수출되는 고가의 산물로 마을경제에 기여하는 주요 상품이다. 누가 마을 어촌계원이 될 수 있는가에 대해서는 기성리와 다를 바 없지만, 특히 그 가운데에서도 마을 잠녀회에 가입할 수 있는 사람은 더 많은 자격요건이 따른다. 그 까닭은 여러 가지 면에서 생각해 볼 수 있지만, 기본적으로는 잠녀회에서 운영하는 자체 어장이 조성되어 있어, 회원들이 공동자산으로서 운영하고 있다는 점과 관련이 깊다. 이 어장의 조성 및 채취권은 또 하나의 재산권 행사로서 신입자의 경우 그 권리를 나눠갖게 됨에 따라 신입자의 입회가 까다로운 것이다. 그러나 기존 회원의 딸, 며느리라면 입회는 수월하다.

우뭇가사리의 채취 역시 어촌계원들이 참여한 속에 공동취로와 공동분배를 전제로 하여 이뤄진다. 채취작업은 5월과 6월에 거쳐 이뤄진다. 기성리와 같이, 채취는 소집단의 채취집단을 구성하여 이뤄진다. 이 소집단은 마을 안의 8개 동네를 단위로 하며, 각각의 동네를 하나의 "조합"으로 간주한다. 어장 또한 이 조합 수만큼 구역을 나누어 한 조합이 하나의 채취구역에 대한 권리를 행사할 수 있다. 그러나 우뭇가사리가 좋은 곳과 그렇지 못한 곳이 있기 때문에―기성리에서는 미역 평균생산량에 따라 참여가구를 늘렸던 것처럼―나눠진 8개의 채취구역을 해마다 각 조합이 돌아가며 사용할 수 있는 윤번제를 실시한다.

그런데 우뭇가사리의 채취방법은 미역과 달리 상이한 기술이 함께 적용되므로 참여한 가구별 분배에 있어서도 차등이 따르는 것이 불가피하다. 썰물 때 조간대에서 채취할 수 있는 우뭇가사리가 있는 반면, 잠수를 함으로써 채취할 수 있는 우뭇가사리가 있다. 또 이렇게 잠수해서 채취된 우뭇가사리가 그 품질 면에 있어서 뛰어나 조합의 소득에 결정적 역할을 한다. 따라서 한 조합 내에서도 가구별 참여자가 어떤 방식의 채취기술을 구가하느냐에 따라 조합 내 성원의 분배도 서로 달라질 수밖에 없다. 따라서 조합별 회의의 주요 안건은 우뭇가사리의 채취방식 및 잠수하는 사람과 그렇지 않은 사람에 대한 노동의 형평성 및 분배방식을 결정하는 것이다. 만약 잠수를 해 채취하는 사람의 경우는 다른 조합원에 비해 노동일 수를 줄이거나 혹은 더 많은 몫을 가져가는 방식이 취해진다.

또한 이같이 어장을 골고루 이용하기 위한 모색이 다양한 실천으로 나타나는 가운데, 잠수어업자들에게는 그 어장이 또 하나의 인식세계로서 자리 잡고 있음을 볼 수 있다. 이를 대표적으로 보여주는 사례가

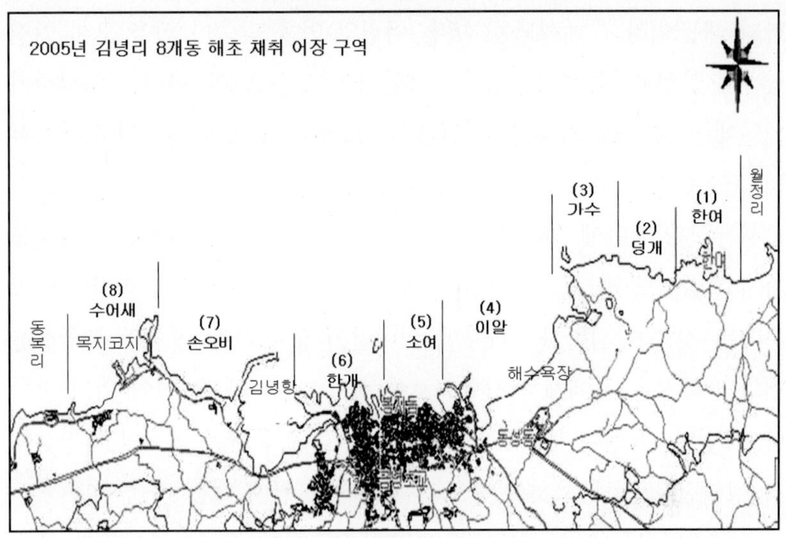

자료: 안미정, 2010(2008), p. 154.

제주도 잠수(潛嫂)들이다. 마을어장의 해저세계는 암초와 모래밭, 암반 등으로 이루어져 해양동식물의 서식지를 만들고 있는데 잠수들은 이들 다양한 지형을 보고 그들 나름의 이름을 지어 부르고 있다. 다양한 이름들로 채워진 바다는 잠수들에게 하나의 인식적 지도가 되어 있음을 보여준다. 이러한 해저세계에 대한 인식적 지도는 일본의 잠수어업자들에게서도 볼 수 있다.

제 3 절 해양신앙과 민속

신앙은 그 민족의 우주관과 문화적 상상력을 함축하고 있다. 어민 집단의 통합과 결속의 기능 외에도 신앙과 의례는 집단적 가치를 상징적으로 표현하고 또한 계승하는 문화적 장치라고 말할 수 있다.

어민들의 신앙에서 흔히 보이는 안전에 대한 기원은 곧 '바다가 위험하기 때문'이라고 해석되곤 한다. 어선의 안쪽 깊숙이 신을 모셔 안전항해와 만선을 기원하는 것이나 해안마을의 풍어제도 바다가 위험하기 때문에 옛 관습에 기대어 그 위험과 공포로부터 벗어나기 위해 치르는 의식(儀式)으로 보는 것이 일반적이다. 그런데 이러한 신들은 그 신을 모시는 신앙집단에 의해 조상으로 관념되거나 신들 간의 친족 관계를 가지고 있기도 하다. 이는 바다가 단지 위험한 곳으로 관념되지만은 않는다는 것을 암시한다. "바다에는 내일이 없다"라는 말처럼 불확실한 어로의 특성은 신에게 의탁함으로써 풍요를 기대하는 면이 있기는 하나, 그렇다 하여 현대사회의 다양한 해양의례를 단지 공포와 외경심에서 행해진다고 보는 것은 종교의 원초적 기원에 대한 해석이다.

조상신의 세계로서 인지되는 바다는 위험한 공간이라기보다 풍요를 가져다주는 세계로 관념되기도 한다. 조상 숭배라는 문화적 논리를 바탕으로 바다는 성스러운 공간으로 인식되고 있는 것이다. 게다가 어민들의 신앙은 종교적 행위로서만이 아니라 인간의 바다에 대한 사유 및 사고방식을 알 수 있는 해양지식체계로서의 의미가 있다.

신앙은 신에 대한 제의를 다양한 상징물을 통해 의미를 구축해가며 전개되고, 이러한 의례과정 속에 상징은 참여자들로부터 하나의 신성한 힘으로써 존재한다. 오늘날 이러한 신앙과 의례들은 기층문화로 자리하여 전해지고 있으며 근대화, 산업화, 도시화 속에 많은 변화를 겪어 왔다. 변화의 한 가운데 서 있는 전통 신앙은 다양한 형태의 민속으로 존재하며 지역주민의 생활양식 속에 자리하고 있다. 민속은 생활문화이자 양식이며 지역문화로서의 유기성과 자연발생적인 속성 내지 자발성을 갖춘 기층문화이다(김정하 88). 이 절에서는 어민들의 당제 및 여러 제의 속에서 발견할 수 있는 해양신앙과 민속에 대해 간략히 살펴보기로 하겠다.

1) 마을당제

마을주민들의 당제, 혹은 당산제라 부르는 마을신앙은 해안과 내륙 마을에서 보편적으로 나타나고 있으나 생업이 다름에 따라 모시는 신들은 조금씩 다르다. 목축을 하는 마을에서는 사냥신을 농사를 짓는 마을에서는 농경신이 모셔지고, 해안에서는 어로와 해상안전을 기원하는 해신이 있다. 우리나라 3해 연안에서는 전승되고 있는 별신굿은 바다에 대한 인식을 보여주는 대표적인 해양신앙이라 말할 수 있다.

(1) 김해시 삼정동 마을제 : 산신과 용왕신

경남 김해시 삼정동(현재 활천동)의 마을당제는 산신과 용왕신을 모시는 당제이다. 모시는 신은 산신, 당산 부부신, 용왕신("요왕님")으로 모두 4신위를 모시고 있다. 정월 8일에 자정쯤에 당산의 당집에서 제를 올린다. 제관은 '잘 정성드릴 수 있고 깨끗하고 정직한 사람, 궂은 일을 잘하고 부부가 정다운 사람'을 마을사람들이 의논하여 정한다. 선출된 제관은 마을주민이 공동재산인 밭에서 나온 소득으로 제물을 구입한다. 제관이 제물을 마련하는데, 돼지나 소, 닭과 같은 육고기는 쓰지 않으며 생선이나 문어, 명태 민어와 나물, 그 외 과일 등을 올린다. 산신과 용왕신이 주신(主神)이다.

(2) 완도군 장좌리 마을제 : 장보고 장군

전남 완도군 완도읍 장좌리의 장도 섬에 있는 당집에서는 매년 정월 15일에 송징 장군(13세기 후반 삼별초 항쟁 때 완도에서 활약했던 장군), 장보고 장군(?~846년, 신라의 무장, 청해진을 근거로 중일 해상무역을 장악), 정년 장군(신라말기 무장, 장보고에 이어 청해진 지킴,

잠수술이 뛰어났다고 함), 혜일 대사(신라말기의 고승) 등을 모시고 있다. 마을 이장을 중심으로 제사를 준비하는데 비용은 각 세대주별로 일정금액을 모은다. 제를 지낼 제주 부부와 집사 1명을 선출하여 제를 올리기 일주일 전부터 준비, 3일 전에는 제수를 사고, 목욕재계를 한다. 굿패가 마을회관에서 시작을 알리며 장단을 치며 "길굿"을 하며, 장도에 있는 당집으로 간다. 제물은 나물, 식혜, 생산, 밥과 국, 소머리에 칼을 꽂아 올린다. 제가 끝나면 마을로 돌아와 갯가에서 "갯제"를 올린다. 갯가에 상을 차려 놓고 지내는데, 주로 부녀자들이 참여하여 김, 미역 등이 잘 되길 기원한다. 굿패는 지신밟기를 해주고 동네 사람들은 모여 술과 음식을 음복하고 마을이장이 당제를 결산한다.

(3) 장고도 당제

충남 보령시 대천항에서 배편으로 약 1시간 정도 걸리는 태안반도 서남쪽에 장고도가 있다(국립민속박물관, 1996: 344~345). 총 70여 호(1996년 기준) 가운데 선박을 소유하고 있는 가구는 25호 정도이다. 마을주민들은 농사와 어업을 겸하고 있다. 장고도에서는 매년 음력 정월에 마을제(당제)를 지내고 있다. 길일을 택해 하는데, 모시는 신은 '진대서낭'이라 불리는 뱀신이다. 뱀과 돼지는 상극이라 제물로는 물론 돼지 사육도 하지 않는다고 한다. 제사 음식을 마련하는 당주는 부정한 것을 보아서도 안 되는데, 가령 상가집은 물론 출산이 있는 집에도 방문하지 않는다. 과거엔 소를 잡고 가가호호마다 비용을 부담하는 등 성대하게 치뤄졌으나 점차 배를 소유한 사람들만의 제의로 변하였다. 당제는 아침에 당주가 음식을 가지고 당으로 가며 그 뒤를 선주들이 따른다. 음식을 진설한 후 절을 올리고 잔을 올리는 식의 비교적 약식으로 치러진 후, 당주가 소지를 올릴 때 선주들이 절을 한다. 제사를 마친 후 음식은 호수대로 분배되며 나머지는 당제 참석한 사람들이 음

복한다. 당제 후 선주들은 자기 배로 가 뱃고사를 올린다. 뱃고사 후
선주들은 다시 당으로 가 차렸던 음식을 내리고, 마을로 내려와 마을
공터에서 다시 제를 올린다. 이때 모든 주민이 참여한다. 마을신을 위
해 올린 제가 끝나면 모든 잡신들에 위한 헌식을 한다.

2) 생업을 위한 굿

(1) 별신굿

우리나라 동서남해안에는 별신굿이라는 풍어제가 전승되고 있다.
별신굿은 오랜 역사와 전통을 지닌 대표적 민간 신앙으로 마을의 풍
요와 다산, 안녕을 기원하기 위해 2-3년을 주기로 진행되는 해양 의례
이다. 또한 마을 어촌계를 중심으로 마을주민들이 참여하는 하나의
어민 축제이기도 하다.

별신굿의 이름은 다양하다. 동해안에서는 "벨신", "벨순", "배생에",
"별손", "뱃선"이라는 이름으로 불리고, 충남 은산에서는 "별신굿"이라
부르며, 남해안에서는 "배선굿, "별신굿," 별손", "벨슨", "벨신"이라 한
다. 이에 대한 해석으로는 먼저 '특별히 신을 모신다'해서 별신(別神)
이라 말이 생겼다고도 하고, 평야, 들을 의미하는 '벌'에 신을 붙였다
는 주장, 또 '뱃신[船神]'이 와전된 음이 뱃선이라는 말을 낳았다고도
하고, '밝다', '밝', '붉'에서 별이 왔다고도 한다. 별신굿에서 모시는 신
도 다양하다. 동신에서 무신, 산신, 장승, 국사신, 삼신이 모두 대상이
될 수 있다(김정하, 2005: 124~125). 별신굿의 일반적인 순서는 먼저,
신을 맞이하는 강신 ― 신을 즐겁게 해드리는 오신행사(하회별신굿에
서는 탈놀이) ― 신을 보내는 거리굿인 영송(迎送)의 순으로 행해진다.

굿을 하는 목적은 마을의 평안과 번영, 풍농과 풍어를 기원하며 마을
사람들의 무병장수와 만사형통을 축원하는 것이다. 별신굿은 우리나라
동서남해에서 모두 전승되고 있으나, 해안 마을 외에도 안동지방에서도

<하회별신굿>이 전해지는 등 별신굿은 모시는 신의 다양성만큼 넓은 지역에서 행해졌던 굿이다. 서해 연평도와 옹진군 일대에서 행해지는 배연신굿은 서해안의 대표적 별신굿이다. '연신'은 본래 '령신'으로 배의 수호신을 만드는 굿, 또는 령을 배에서 맞이하는 굿으로 해석하기도 한다.

배연신굿은 조기를 잡게 해준 임경업 장군을 섬기면서 시작한 굿이라고도 하나, 이보다 앞서 서해 뱃사람들이 물길이 빙빙도는 해류에서 제물을 바치고 굿을 한데서 유래했다고 보기도 한다. 심청이가 인당수에 제물로 바쳐진 배경도 이 바다의 상황과 연관이 있다. 조기잡이와 관련이 깊은 배연신굿에서는 제일 큰 조기를 물동이에 넣고 조기의 머리 방향에 따라 풍어를 점친다. 조기는 회유성 어족으로 칠산바다에서 북쪽으로 이동하는데 따라서 배도 함께 조기를 따라 움직였다.

그러나 별신굿은 어족의 감소와 함께 굿을 미신으로 보고 통제하였던 근대화 과정, 그리고 굿의 전승주체(무당, 당골)의 사회적 변화와 함께 굿의 세력이 약화되었다. 하지만 1990년대 이후 사라지던 굿들이 다시 복원되어 부흥하는 경우가 많은데 대개 어촌의 풍어제가 그 예이다. 부산시 기장 대변항은 멸치와 미역 등 대표적 동남해의 어항으로 이 지역과 인근 4개 마을이 서로 번갈아 3-5년의 주기로 별신굿을 올리고 있다. 한때는 어업세력의 약화 및 무속의 경시로 활성화되지 못하다가 지역경제의 활성화, 지역사

부산시 기장군 동해안별신굿(2013.2.14.)

회의 통합 및 지역문화의 정체성 회복 등의 차원에서 지역사회의 대표적 제의로서 되살아나고 있다.

(2) 뱃고사와 용왕제

뱃고사는 배를 소유한 선주가 주재한다(윤동환, 2011 참조). 집안에 상을 차려놓고 조상에게 뱃고사의 시작을 알리고 난 다음, 음식을 다시 차려 배로 가져간다. 배안의 배성주, 기관방, 기계방, 고물(배의 후미)에다 음식 차린 상을 놓는다. 짚단에 불을 붙여 뱃머리부터 훑은 후 무당이 부정을 없애달라며 거의 다 탄 짚단을 바다에 던져버린다.

부정을 친 후 배성주에게 먼저 의식을 올린다. 배성주신은 남녀신으로 구분되는데, 남성주는 흰 무명실에 명태포를 묶어두고, 여성주는 남성주와 마찬가지이지만 보다 화려한 천들로 장식한다. 성주신에게 빈 후 다음 차례는 기관방, 기계방의 차례가 된다. 끝으로 배의 후미에 상을 놓고 물에서 죽은 혼을 달래는 비념을 한다. 이 혼을 달래는 것은 배 뒤로 귀신들이 따라오지 말라는 의미가 있다. 뱃고사에는 대개 돼지머리를 쓰지 않는 경우가 많지만 돼지머리를 올리는 경우도 있다.

뱃고사 외에 선주는 용왕제를 올리기도 하는데, 조업이 잘 되지 않거나 선원이 탈이 났을 경우, 죽은 짐승을 본 경우 등 선주가 부정을 없애야 할 필요가 있을 때 풍어와 해상안전을 기원하며 올리는 의례이다. 용왕제를 지낼 때는 반드시 동네 서낭에 먼저 들른 후 바다로 향한다. 서낭에는 돼지머리를 바치는 반면 용왕에는 일체의 돼지고기를 쓰지 않는 것이 특징이다. 음식을 바칠 때마다 새로 음식이 차려지는데 이는 각각의 신들을 존중하는 의미라 여겨진다. 바다로 가 다시 음식을 차려 용왕에게 바치며 부정을 치고 바다에서의 무사안녕과 복을 기원하며 비념을 한다.

(3) 잠녀의 생업을 위한 굿: 줌녀굿와 요왕맞이

매년 음력 3월 8일, 바닷가에서 잠수들은 "요왕할망"에게 음식을 바친다. 이날은 요왕문이 열린 날이라고 하는데 바닷물이 만조를 이룰 때이다. 요왕할망은 잠수들이 해상안전과 풍요를 가져다 주는 "조상"이다. 이 조상신을 위해 마을 잠수들이 하루 동안 공동으로 조업하여 제물로 쓰일 전복, 소라, 문어 등을 잡고, 잠수회의 공동경비로 의례를 준비한다.

마을 잠녀들은 왜 바다 속에 신이 있다고 관념하여 애써 제물을 바치는 것일까? 자맥질하여 바다 속의 해산물을 채취하는 잠수들과 바다 속의 세계를 관장하는 여신과의 관계는 신화적으로 조상과 자손을 이루고 있다. 잠수들은 이 굿을 위해 쓰일 해산물을 함께 잡아 오고, 굿 전날에는 한 곳에서 잠을 자며, 제의 당일에는 요왕을 맞이하기 위해 길을 청소하는 의례적 퍼포먼스를 행하기도 한다. 의례의 목적과 잠녀들의 기원을 가장 극적으로 전개되는 의례과정은 바로 바닷가에 씨를 뿌리는 기원의식이다. 풍요를 기원하며 두 명의 잠녀가 뛰어다니며 바닷가에 좁씨를 뿌리며 나머지 잠수들이 이들을 힘껏 응원한다. 그 다음 남은 좁씨를 돗자리 위에 뿌려 그것으로 한해의 풍흉을 점침으로써 조상신의 뜻을 헤아린다. 이 의례를 집행하는 것은 마을의 여무(女巫)지만, 의례의 전 과정을 주관하는 것은 잠수회원들이다. 새벽부터 밤늦게까지 마을 잠수들은 온종일 굿을 하고 내방객(마을유지, 지역 정치인들, 수산관계 공무원, 마을 부녀자)들이 모두 돌아간 이후 회원들이 모여 결산을 한다.

요왕신에 대한 기원은 굿 외에도 일상적으로 이뤄진다. "요왕맞이"는 잠수 외에도 마을 부녀자들에게 흔히 볼 수 있는 것인데 대개는 가족의 평안을 기원하기 위해서이다. 요왕맞이의 형태도 다양하다. 줌녀굿을 할 때에도 집단적 의례와 별개로 음식을 싼 "요왕지"를 바다에 던지며 비념을 하고, 또 물질을 시작할 때 마찬가지의 비념을 올린다. 요왕지란 들어간 것은 흰쌀밥이거나 쌀, 그리고 동전을 한지에 말아 흰 무명실로 감싼 것이다. 물질하기 전 바치는 요왕지가 가장 간단하다. 그런데 요왕지는 하나가 아니라 가족 수만큼을 준비하여 신에게 바친다. 요왕신에게 가족 개개인의 안위를

좀녀굿에서 요왕맞이(2008.4.13)

기원하는 것은 가족이라는 하나의 공동체 안에서도 개개인의 개별성이 인지되고 있는 것이라 여겨진다.

(4) 고부갈등과 풍어 기원: 영등제

영등제가 어촌에서 중요한 신앙으로 자리잡은 것은 영등제에 모시는 영등할머니와 관련된 믿음 때문이다(이승철, 2004: 169~170). 동해안에서 영등할머니는 일명 '풍신할머니'라고도 하며 음력 2월 2일 천계에서 지상으로 내려온다. 이때 딸을 데리고 오는 경우와 며느리를 데리고 오는 경우가 있는데 딸을 데리고 내려오면 날씨가 좋고 며느리를 데리고 오면 그 해 날씨가 매우 사나워 비바람이 불며 풍파를 일으킨다고 한다. 영등제는 강원도 동해안 어촌마을에 민속놀이로도 잘 전승되고 있다. 민속놀이 때 부르는 영등풍신놀이의 축원가가 전해지고 있다.

남산부주 해동대한	강원도라 이십육관
중도잡아 들어서니	동해시가 좋을시구
대동안에 왔습니다.	
영등할머니 모시어라	조왕으로 모시어라
옥쟁반에 모시리까	은쟁반에 모십니까
구름타고 오셨나요	바람몰고 왔습니까
바람타고 오셨거든	바람몰고 가시옵소
며느리를 남겨두고	딸 데리고 왔습니다.
비나이다 비나이다	영등할머니 비나이다
불영등은 당치않소	바람영등 더욱 싫소
물영등을 점지하사	바다풍년 들게하소
영등할머니 은공으로	사해바다 고기떼가
후리터에 모여든다	비나이다 비나이다
오든 액운 물리치고	구만리장천 등천하니
물영등이 분명하고	바다풍년 들었구나
어구신나 대신이야	

2. 해양 민속과 놀이

1) 어로 관습과 금기

배를 타고 나가 고기잡이 하는 어부들에게는 풍어를 바라는 마음과
함께 풍어를 달성하기 위한 다양한 금기의 풍속들이 있다. 자신들이 타
고 갈 배에서부터 회항하여 돌아오는 때까지의 어로 관습을 경기만 일
대의 어민들의 사례를 중심으로 살펴보도록 하겠다(정연학, 2007 참조).

(1) 배의 작명

배를 짓고 이름을 지을 때 목선을 만든 도목수에게 배 이름 또한 짓는

것이 경기만 도서지방의 관습이다. 만약 선주가 이름을 고쳐달라고 하면 이는 불길한 것으로 여긴다. 이름은 사람처럼 작명소나 한학에 능통한 사람이 짓기도 한다. 배 이름은 마을명이나 길상의 의미를 가진 단어나 선주의 이름을 따서 명명하기도 하는데, 만약 고기가 잘 안 잡히면 배의 이름을 바꾸기도 한다. 덕적도에서 배 이름은 기존 집안에서 쓰던 이름을 그대로 사용하거나 자신이 생각하는 특정 이름을 붙이기도 한다 (정연학, 2007: 190). 또 배이름에는 'ㅇ'자를 곧잘 사용하는데 이는 바다에서 물살을 잘 가르며 나가기를 바라는 뜻에서 선호하는 것이다.

(2) 출어

첫 출어할 때 선주가 물때를 보고 직접 정하기도 하지만 뱃고사를 지내는 가정에서는 만신(무당)이 정해주기도 한다. 만신들은 선주의 생시를 보고서 결정하고, 보통 소와 말, 양, 돼지날 등 털이 많고 큰 동물 날로 정한다. 새해 출어하여 잡은 첫 번째 물고기는 팔거나 먹지 않고 말렸다가 다음 출항 때 고사 제물로 쓴다. 제사에 쓰는 고기는 조기를 으뜸으로 친다. 새해 첫 출어할 날이 잡히면 경기만 도서지역 어부들은 몸가짐과 언행을 조심히 한다. 또 부정한 외부인이 집안에 들어오는 것을 막기 위해 선주집 대문 앞에 청솔가지를 꽂아두고 황토를 뿌리기도 한다. 청솔가지는 침과 양기가 강한 초록의 힘으로 잡기를 물리치기 위함이고, 황토는 황색이 잡귀를 쫓는 벽사의 힘을 가지고 있기 때문이다. 출어할 날이 잡히면 선주들은 부부와 잠자리도 하지 않고 초상집에도 가지 않는다. 또 개고기 등 부정하다고 여기는 동물을 먹지도 않으며 잡는 곳에 가지도 않는다. 만약 이를 어길 경우 소금 등을 뿌려 부정치기를 한다. 심하게 부정을 탄 경우에는 쌀을 뿌리기도 한다. 배에서는 휘파람을 불거나 물건을 물에 떨어뜨리는 것을 금기시한다. 휘파람을 불면 뱀이나 귀신이 몰려든다고 하고, 물건을 물에 떨어뜨리는 것은 용왕의 등을 때리는 행위로 간주하기 때문이다.

(3) 여자

경기만 도서지역에서는 용띠 해에 난 여자와 접촉하면 재수가 좋다는 말이 있는데 이는 용이 수신(水神)적 존재이기 때문이다. 그러나 고깃배에는 여자들이 승선하지 못하며 그렇지 않으면 부정이 타서 고기가 잡히지 않는다고 하며 선원과 여자는 상극이라 해서 첫 출어하는 날 길가에서 여자를 보는 것을 꺼린다. 또 출어할 날을 잡아 놓은 날 여자가 선주집을 방문하는 것도 부정하게 본다. 선주와 선원들은 출산한 집을 방문하지 않으며 선원들 가운데 가정에 출산이 있으면 삼칠일이 지난 다음에 들어간다. 만약 그전에 들어가면 그물이 찢어진다고 한다. 부녀자들끼리 말다툼을 하는 것도 금한다. 그러나 근래에는 선원을 구하기 어렵고 인건비의 조달이 어려운 어가의 경제사정으로 부부가 함께 조업하는 경우를 흔히 볼 수 있다.

(4) 동물

예전에는 쥐가 위험한 징조를 알려준다고 하였으나, 요즘은 그물과 어구를 갉아 먹어 고기잡이가 어렵기 때문에 오히려 쥐를 잡는다. 개나 고양이를 태우고 항해하는 일은 금하지만, 소나 돼지, 닭은 괜찮다. 거북이는 영물이라 조업 중에 잡히면 막걸리를 대접하여 다시 바다로 보낸다. 만약 죽은 거북이를 잡으면 바닷가에 묻어주고 술 한 잔을 올리기도 한다. 조업 중 날아다니는 갈매기는 친구라 여겨 잡지 않으며, 갈매기가 바다에 떠서 물속으로 고개를 담갔다 뺐다 하면 날이 궂을 징조로 여겨 출어를 삼가한다. 또 물뱀이 잡히면 재수가 없는 것으로 생각한다.

(5) 꿈

꿈을 통해 다음 조업의 길흉을 점칠 수 있다. 좋은 꿈으로는 ㈎바닷물이 집안으로 가득 들어오는 꿈, ㈏노란 솔가루를 많이 해서 집이나 배에다 싣는 꿈, ㈐파산당하는 꿈, ㈑꿈에 시체를 보는 꿈, ㈒돼지를 보는 꿈, ㈓닭이 돛대 위에서 우는 것을 본 꿈, ㈔불이 나서 다 탄 꿈, ㈕나무를 쌓는 꿈, ㈖송장, 상여, 상주가 되는 꿈 등이다. 나쁜 꿈으로는 ㈎혼례를 치르는 꿈, ㈏그물을 푸는 꿈, ㈐돌아가신 부모를 보는 꿈, ㈑여자를 보는 꿈, ㈒배가 육상으로 올라오는 꿈 등이다.

(6) 만선

만선했을 때, 경기도 도서지방에서는 풍어를 알리는 표식을 하고 악기를 치며 포구로 들어왔다고 한다. 통돼지를 잡아 선주는 고생한 선원과 가족을 위해 잔치를 벌였다. 또 만선 배에는 봉죽(鳳竹)을 세우는데, 봉죽의 끝에 닭 깃털을 걸었다. 봉죽은 풍어를 기원하는 축원제의에 쓰인 다음 마디마다 짚이나 백지로 꼬아 맨 다음 출어 후에 어획량을 재는 도구로 쓰였다. 덕적도에서는 만선 때 부엌일을 담당하는 화장(火長)이 재물을 만들어 용왕에게 제를 올렸다. 배가 포구에 도착하면 선주는 선원을 위해 누룩으로 빚은 마짓술(앙주)를 대접하고, 음주가무를 벌인다. 선주 집에서는 보통 돼지를 잡으며 첫 번째 어획하여 번 돈은 1년 동안 쓰지 않는데 그래야 그 해 돈을 많이 번다고 한다.

2) 용에 얽힌 민속

해양신의 대표격인 용신은 바다만이 아니라 수신으로서의 성격을 가지고 있기에 풍년을 기원하는 민속에서도 곧잘 등장한다(표인주, 2007 참조). 바다에서만이 아니라 육지의 농경문화에 이르기까지 물의 신으로서 용은 한국의 문화적 전통에서 빼놓을 수 없는 중요한 신이었음을 보여준다.

(1) 줄 감기

부안군 보안면 우동리, 무안군 현경면 모촌, 고창군 고창읍 오거리 등에서 볼 수 있다. 줄다리기 후에 줄 감기를 하는데, 이것은 용신앙과 연관이 있다. 줄은 용을 상징하고 용은 물을 관장하는 신이다. 논농사가 많은 지역에서도 나타난다. 줄을 입석이나 당산나무에 감는 것은 당산 신에게 용신을 봉헌하는 의미도 있을 수 있고, 당신으로 하여금 용신을 붙잡아 두어 풍요를 기원하는 것이라 보인다. 이 지역은 해안과 떨어진 내륙 지역에 위치한 마을들이다. 때문에 용신앙이 해안마을의 어로분만 아니라 농경에도 연관이 있는 수신(水神)의 성격을 보여준다.

(2) 정월보름 용알뜨기

보름 전날 밤 닭이 울 때를 기다려 집집마다 바가지를 가지고 앞을 다투어 우물의 물을 길어오는 것을 "용알뜨기"라고 한다. 섣달그믐에 용이 맑은 샘물에 알을 낳으며 남들보다 먼저 용알뜨기를 하면 그 해의 농사를 잘 짓는다는 속신이 있고, 우물에 비치는 보름달에 빌면 그 달을 용란 삼아 아이를 낳게 된다고 믿는 경우도 있다. 이것은 알이 생명의 근원을 상징한다는 것에서 비롯된 행위이다. 용알을 떠가는 사람은 물 위에 지푸라기 하나를 넣어두고 간다.

3) 세상살이의 해학: 소금장수 설화

소금장수 설화는 전국적으로 분포하고 있는 대표적 민간설화이다(유승훈, 2008 참조). 『한국구비문학대계』에 수록된 소금장수설화 총 101개 가운데 경상도에서 채집된 설화는 19개에 이른다. 소금은 음식의 재원이자 민간의료에 널리 쓰였다. 소금을 운반하였던 소금장수는 떠돌이 행상으로 민간설화에서 그 존재는 음담형, 횡재형, 출세형, 수난형, 해학형 등의 인물로 분류가 가능하다. 설화 속 소금장수는 "소금장수가 밤이 깊어 이곳저곳을 헤매다 산 깊은 어느 집에 간신히 도착하니"라며 타지로 행상을 다녔던 소금장수의 특징으로 이야기가 시작되곤 한다. 이러한 이야기 속에서 '소금'의 그 상징적 의미를 파악할 수 있다.

음담형의 소금장수 이야기 속에서 소금은 다산의 특성을 가진 것으로 생각되며, 또한 부패와 변질을 막아주는 속성으로 부활과 재생의 이미지로 나타나기도 한다. 횡재형 이야기 속에서 소금은 행운과 재물을 주는 부의 상징이 되며, 역사적으로도 소금의 생산과 유통을 장악한 상인들이 큰 부를 축적하기도 하였다. 그 예로 경기도 화성군 남양 박씨 집안, 충남 서산의 이씨 집안, 전남 암태도의 문씨 집안과 천씨 집안, 자은도의 허씨 집안, 비금도의 유씨 집안이 그런 경우이다. 이 중 일제 시기 문씨 집안과 천씨 칩안은 소금을 제조하여 영산포, 하동포, 강경포 등지로 선상무역을 전개하여 지주가로 성장할 수 있었다고 한다.

이들 소금장사의 이야기는 지금도 구전을 통해 전해지고 있다. 그 이야기는, 소금을 가득 실은 배가 영산포로 소금을 팔러 가는데 소금 위에 커다란 구렁이가 앉아 있어서 그 소금을 팔지 못하고 전전긍하다 며칠을 허비하고 말았는데, 그 사이에 소금 값이 몇 배로 올랐다. 다시 배 안을 살펴보니 구렁이는 진짜 구렁이가 아니라 닻줄이었다. 결국 몇 배의 값을 받고 소금장수는 큰 부자가 되었다. 이 이야기는 곧 하늘이 이들을 부자가 되도록 도왔다(점지했다)는 것이다.

이외에 수난형 이야기 속에서 소금장수는 호랑이나 도적과 마주하는 일이 흔해 그 노동의 고됨을 표현하기도 하고, 또 자신의 속임수에 당하거나 사회를 풍자하는 해학도 볼 수 있다. 산간벽지를 다니는 용감함과 경험과 지식이 풍부한 인물, 또는 통정한 여인에게 속아 넘어가는 순진

함 등 소금장수는 소금의 여러 쓰임새만큼이나 다양한 인물로 묘사되면서 재물과 복, 운과 수산 등 세상살이의 이모저모를 비춰주고 있다. 오늘날 소금장수에 비견할 우리 시대의 설화 속 주인공은 누구일까?

4) 놀이와 축제

(1) 나룻배싸움 놀이

속초시의 만천동에서 전해지고 있는 구비전설에 의하면(해양수산부, 2002 참조), 청초호에는 숫룡이 살고, 영랑호에는 암룡이 살아 서로 땅 속으로 물길을 따라 오가며 지냈다. 어느 날 한 어부의 실수로 큰 불이나 청초호 주변의 솔밭을 태우게 되어 그 연기와 불길로 인해 숫룡이 죽고 말았다. 그때 영랑호에 살던 암룡이 크게 노하여 이 지역에 가뭄과 흉어로 벌이 내렸다. 이후로 어민들은 정월 대보름날을 기해 무당을 불러 정성껏 기우제와 용신제를 지내 암룡을 달래고 숫룡의 죽음을 위로했다. 또 이때 만천동과 청대리를 왕래하는 나룻배의 무사고를 기원하는 뜻에서 한 쌍의 나룻배로 힘을 겨루는 민속놀이를 했다. 이 나룻배싸움놀이에서 진 마을은 술과 음식을 대접하고 이긴 쪽 마을은 풍어와 풍년을 거둔다고 믿으며 나룻배를 타고 하루 종일 가무를 하며 놀았다.

나룻배싸움놀이의 시작은 음력 정월보름 마을사람들이 모여 용신제를 올릴 길일을 택하는 것으로 시작된다. 제주와 제관은 목욕재계하고 부정을 금한다. 동네 청년들이 용신제를 올리는데 나룻배를 타고 상대편 마을로 찾아가 동네 어른들께 인사하고 함께 음복을 한다. 서로간 인사가 끝나면 나룻배를 타고 각자 마을로 돌아와 나룻배 신주에게 제물을 차려 호수로 나가 음식을 뿌리며 무사고를 기원한다. 이런 의식 후 음식과 술을 나누며 서로 힘겨루기를 한다. 양편의 나룻배를 타고 호수 한 가운데로 나가 배끼리 부딪쳐 상대편 마을로 밀고 나가면 이기게 된다. 상대의 힘에 밀려 나룻배가 되돌아오면 지게 되므로 힘껏 줄을 당기고 노를 젓거나 막대로 서로 민다. 나룻배싸움은 결혼하여 가마를 타고 오다가 나룻배에서 만나게 되어도 이와 같이 하는데, '혼례나룻배싸움'에서 이기면 신부가 첫아들을 낳는다고 한다. 육지의 가마싸움놀이와 비슷한 형태이다. 암수 용으로 상징되는 나룻배싸움 놀이는 하나로 화합하기 위한 풍요제의이며 용선희와 같은 성격의 해양 민속놀이라 하겠다.

(2) 홍어음식 축제

축제는 현대인들의 여가와 놀이의 공간이 되고 있다. 여가시간이 증가하고 삶의 질 향상에 대한 사회적 수요가 증대하면서 지방자치단체들을 중심으로 한 이색적 축제개발이 이뤄지고 있다. 지역의 토속음식은 축제의 특성을 부각시킴으로 축제개발에서 없어서는 안 될 소재가 되고 있으며, 이를 통한 지역경제의 부흥이 기대되고 있다. 축제는 지역경제와 지역문화의 결합을 통한 문화상품화의 공간이라 할만하다.

이때 지역의 어떤 문화를 상품화의 소재로 동원하며, 어떻게 상품화 하는가 및 이미지의 재현이 이뤄지는가는 곧 지역의 이미지 창출과 문화적 정체성에도 영향을 미친다. 해양 민속놀이와 축제의 연관성은 일단 그 소재에 있어서 채택되는 음식에서 찾을 수 있다. 여기서 예를 드는 전라남도 영산포와 흑산도의 홍어축제는 홍어잡이가 이뤄지는 지역 어민의 축제이자 놀이형식, 그리고 이를 문화자원화 한 지자체 및 사회단체들이 함께 만들어낸 해양문화이다.

간략히 영산포와 흑산도의 홍어축제를 살펴보도록 하겠다(박정석, 2009 참조). 영산포는 1970년대까지 영산포는 영산강 뱃길을 따라 서해안 도서지역에서 포획한 어류와 젓갈류가 모여드는 집산지였다. 영산포의 홍어 소비는 1363년 흑산도에 소개령이 내려지고 흑산도 인근 영산도 사람들이 지금의 영산포 지역에 정착하면서 시작되었다고 한다. 풍선을 이용해 잡은 홍어를 소비지인 영산포까지 운반하는 데 시일이 소요되었기 때문에 내륙에 위치한 영산포는 운반 도중 이미 숙성된 홍어만을 먹을 수밖에 없었다. 따라서 도서지역이나 서해안과 달리 영산포 인근 지역에서는 삭힌 홍어를 즐겨먹는 음식문화가 생긴 것이다. 조선시대 나주사람들은 복결병(정확한 병명은 알려지지 않음)이나 술병에 걸렸을 때 홍어로 국을 끓여 먹어 몸에 스며든 나쁜 기운을 없앴다고 한다. 삭힌 홍어는 탁주와 어우러지면 홍탁(洪濁)이 되고, 홍어에 돼지수육과 묵은 김치를 곁들여 먹는 삼합도 유명하다. 또 삭힌 홍어 내장을 재료로 하여 보리싹과 무을 넣고 끓이면 홍어애국이 된다. 1970년대까지 영산포는 홍어의 최종 소비처였고, 이곳을 중심으로 여러 지역으로 삭힌 홍어가 팔려나갔다. 이렇게 영산포는 영산강 유역에서 다른 지역과 달리 삭힌 홍어라는 독특한 맛과 향을 가진 음식이 개발된 것이다. 그러나 철도의 발달로 수운교통이 침체하게 되고, 영산강 하구언 공사(1972년)로 포구의 기능이 상실되면서 홍어 집산지로서의 명성도 점차 사라졌다.

2007년, 영산포는 나주시 주관으로 개최되었다 중단된 홍어축제를 부활시켰다. 축제예산은 나주시와 더불어 홍어상인 연합회가 분담하고 축제의 준비와 기획을 축제추진위원회가 맡아서 함으로써, 지역주민들을 위한 축제로 자리매김 되고 있다. 홍어라는 토속음식을 주제로 영산포의 역사와 근대유물, 유채꽃을 감상하는 이벤트를 결합하여 마케팅하였다. "조선시대 택리지에서 배가 잘 통하여 교역 이익이 많은 곳"이었던 영산포는 "남도의 숱한 어선들이 모여들어 도회를 이루었던" 곳이었고, 이러한 역사는 홍어라는 하나의 물고기, 그것을 이용한 주민의 음식문화가 또 다른 시대에 이르러 새로운 축제문화를 만들어내고 있는 것이다. 물론 축제에 쓰이는 홍어가 칠레나 미국으로부터 수입한 것이라는 점은 홍어축제의 진정성에 대한 물음을 낳고 있지만, 이를 가공하고 숙성시켜 삭힌 홍어를 만들어내는 전통적 기술이 있어 이 축제가 지역주민의 축제로 자리하는 이유가 되고 있다.

홍어축제는 흑산도에서도 열리고 있다. 홍어가 점차 고갈되면서 흑산도의 홍어는 사라져가는 전통 음식으로 주목받았고, IMF이후 수입산 홍어들이 국내시장을 석권하여, 흑산 홍어는 '참홍어'라는 이름으로 외국산 홍어와 구별되기 시작했다. 2007년 흑산도 홍어축제는 다른 지역과 차별화된 전략으로 '귀족 흑산 홍어축제'라는 이름으로 홍어야말로 흑산도의 것이 귀족의 맛을 지니고 있음을 강조하였다. 흑산도의 홍어축제는 홍어의 '대표성'이 흑산도에 있음을 알리고 동시에 관광객 유치를 목적으로 한 행사였다. 영산포와 흑산도의 두 홍어축제는 홍어라는 토속음식의 상품화와 주민들의 적극적인 축제 참여, 사회경제적 동기가 부여됨으로써 축제의 성공과 지속 여부가 결정될 것이다.

또한 홍어축제는 홍어의 생산, 가공, 소비에 이르기까지를 포괄하는 해양축제로서의 함의를 가지기 위해서는 전통적 가공기술만이 아니라 홍어의 생산과 다양한 음식개발로의 연계가 지역사회를 중심으로 자리 잡아야 지역과 괴리되지 않는 홍어축제의 의미가 있을 것이다.

제4장 해양생태와 공생적 자원운영

제1절 잠녀의 역사와 현황

1. 잠수(潛水) 어로

하나의 어업으로서 잠수하여 해산물을 채취하는 어로는 한국과 일본 외에도 아시아·태평양의 여러 지역 및 마다카스카르 등 아프리카 등에서도 볼 수 있다. 흔히 바다의 유목민이라 알려진 동남아시아의 바조우족 역시 일상적인 잠수로 고기를 잡고 어획물을 시장에 내다 판다. 어로법으로서 잠수법이라는 것은 인류의 식량획득방법으로서 보편성을 가지고 있으나, 한국과 일본에서는 일정한 권한을 가진 집단만이 어업활동이 가능한 법이 제도화 되어 있고, 그 어획물 또한 정해진 계통을 따라 시장으로 유통되는 등 국가의 중앙집권적 체제 하에서 어업활동이 이뤄지고 있다.

역사적으로 보면《삼국사기》「고구려본기」문자왕 13년(504년)조에 제주도에서 생산된 진주를 위나라에 조공했다는 기록이 있고, 「백제

본기」와 「신라본기」 등에도 사신을 일본에 보낼 때 진주를 선물로 보냈다는 기록이 있다. 또한 《동국여지승람》(1481년) 「제주목 토산조」에도 진주조개가 소개되어 있다. 이런 기록들을 보면 고대로부터 잠수하여 어패류를 채취했을 것으로 짐작된다(국립해양유물전시관, 2003: 6). 이외에도 한반도와 제주도 등 연안의 패총에서 발굴된 전복 조개 껍데기와 전복채취 도구인 사슴뼈 비창(빗창)은 일찌기 식량획득을 목적으로 잠수가 이뤄졌다는 것을 뒷받침하고 있다. 또한 한국만이 아니라 일본의 여러 곳에서 발견되는 고대 유물들을 감안할 때 수중의 잠수어로는 보편적인 어로였음을 말해주고 있다.

그런데, 잠수 어로는 세계 여러 곳에서 볼 수 있는 보편성이 있지만 흥미롭게도 이 어로의 성별 종사자가 유독 한국에서는 여성들이 많다. 현재 한국의 잠수 어로는 여성의 일로 간주되고 있으나 이는 여성에게 강요된 정치적 산물이다. 역사학자 박찬식(2004)은 이러한 사실을 문헌을 통해 밝혔다.

그의 주장에 따르면, 17세기 말 지영록 『知瀛錄』(李益泰, 增減十事 [1694년])에는 물질이 봉건왕조에 의해 여성에게 전담되었음을 보여준다. 본래 해산물 채취에 "포작인(浦作人, 남성)"과 잠녀가 함께 동원되었으나 조선왕조의 지배체제가 확립됨에 따라 공물 진상과 노역 징발, 수령과 토호들의 수탈, 왜구의 침범 등 고통이 가중되자 15세기 후반부터 진상 부역을 피한 출륙(出陸) 현상이 시작되었다. 이로 인하여 17세기 이후 포작인의 수가 감소하고 미역을 주로 캐던 잠녀들에게 그 역(役)이 전가된 것이다. 19세기 중반(1849년)에 이르러서야 진상과 공납의 고역에서 잠녀들은 벗어날 수 있었다.

오늘날 잠수어업이 여성들의 일처럼 간주되는 그 배경에는 봉건왕조의 지배체제와 무관하지 않은 것이다. 또한 유교적 가부장제 하에서 남녀의 나잠어로가 천시되었고, 게다가 남성보다 여성의 일로 공고화되었다. 정치적 성별 분업의 결과 20세기는 이 분야의 남성과 미혼 여성들이 이 일에 종사하기를 꺼리게 되어 잠수어업인구가 감소하게 되었고, 더불어 기혼여성들의 일이라는 인식 또한 확산되었다. 반면 이러한 현상은 역으로 기존 잠수업자들이 마을어장에 대한 주도적 권한이 형성되어 '물질'은 여성의 '영역'이라는 사회적 인지도가 문화적 규범으로 더욱 강화되기에 이르렀다.

현재 한국의 잠수어업은 크게 두 가지로 대별해 볼 수 있다. 하나는 잠수부(潛水夫, 스쿠버)들이 심해의 조개를 채취하는 어업으로, 이들은 선상에 있는 산소통에서 호스를 통해 산소를 공급받는다. 잠수기선(潛水器船)은 일제시대부터 번성하여 1970년대 중반 경 퇴조하였으나 현재 제주도를 제외한 한국의 동서남해안에서 잠수기조합이 구성되어 있으며, 주로 강이나 바다의 심해 조개를 채취하는 남성들로 구성된 특징이 있다.

이와 달리 잠녀(해녀)들의 어업은 수산업법상 마을어업에 속하며, 잠수부에 비해 얕은 연안바다(마을어장)에서 해초를 포함 어류, 패류, 연체류 등을 포획하고 주로 여성들이 종사하다는 점에서 비교된다. 이들의 어로는 잠수기나, 산소탱크를 매는 스쿠버 다이버들과 달리 오직 자신의 호흡을 조절하여 끊임없이 반복적인 자맥질을 하는 어로법이다. 이를 제주에서는 흔히 "물질"이라고 하고, 남해안에서는 "무레질" 및 "나잠"이라는 말로 표현되기도 한다. 잠수부들의 어업과 전문 다이버들의 레져는 잠수 기계기술의 발달에 따라 이뤄진 근대적 형태라고 할 수 있는 반면, 이 책에서 소개하는 잠녀의 어로법, 곧 '나잠어로' 혹은 '물질(무레질)'은 한·일 양국 모두 고대사에 그 기원을 두고 있는 오래된 인류의 어로법이다. 엄밀한 의미에서, 이 책에서 거론하는 잠수어업이란 이들의 나잠어업을 의미하는 것이다.

이와 같이 여성의 수중어로는 '나잠어로(裸潛漁撈)', 'plain diving',

18세기 좀녀(〈耽羅巡歷圖〉, 1702)

제주 사계리 물질(2004.2.16)

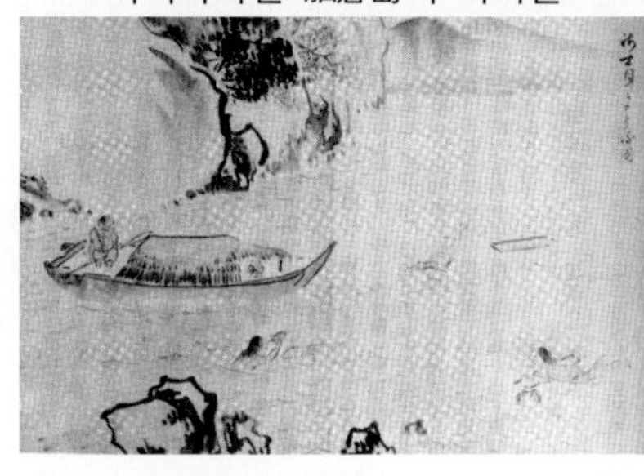

이시카와현 舳倉島의 아마들

미에현 笒志島 해삼잡이(2008.12.14)

자료: 〈能登国探魚図絵(1838)〉, 北國新聞社
編集局 編, 1986, p. 81.

'breath-holding divers' 등으로 학자들마다 다양하게 일컬어지는데, 일본에서는 수모구리(素潛り), 하다카모구리(裸潛り)라 하고, 서양에서는 free diving이 이에 해당한다. 그러나 free diving은 인간이 별다른 기계장치 없이 자신의 호흡에 의존하여 잠수한다는 점에서는 같지만 그 목적이 생업이 아니라 레저 또는 인간의 심해 잠수능력에 대한 도전으로 이뤄진다는 점에서 성격이 다른 해양 활동이라 말할 수 있다.

● 2. 흑조와 잠수어업

잠수어업이 한·일간에 유사한 형태를 띠는 것은, 일본의 식민지 지배라는 역사적 특수성에 의해 공유되는 부분과 난류인 흑조(黑潮, 쿠로시오)가 일본 열도 및 한반도의 동해로 흘러가는 해류의 흐름과도 깊은 연관성을 가지고 있다.

흑조는 태평양 동안으로 북상하면서 해수온도를 높여 수중의 다양한 식생들을 만들어 내는데, 전복과 소라, 성게 등이나 각종 해초들도 모두 흑조의 산물이다. 현재 가장 많이 채취되고 있는 소라(Batillus comutus)는 조간대에서부터 수심 15미터의 암초와 갈색 해조류가 있는 곳에서 서식한다. 한국 동해남부와 남해안 및 제주도 연안 일대에 서식하며 일본 연안의 난류영향연안과 중국의 황해연안 등지의 암초성 해안에도 서식하고 있는 정착성 패류이다(변충규·윤정수, 1990: 90).

흑조(黑潮)라는 이름은 그 물빛이 검푸른 데서 붙여진 것이다. 이 해류는 태평양의 강한 표층 해류로 필리핀의 루손 섬 부근에서 북동쪽으로 흘러 제주도와 한반도의 동쪽, 일본의 동부 해안까지 흐르는 난류이다. 다른 바닷물에 비해 온도와 염도가 비교적 높고(20℃와 34.5‰), 50~300m/s의 속도로 약 400m의 깊이를 가지고 있다. 흑조는 해양생태와 항해에 있어서도 중요한 해류이다. 이 해류가 지나가는 필리핀, 타이완, 오키나와, 큐슈, 쓰시마, 대한해협, 일본 열도의 동서부 및 캐나다 연안 등 북태평양의 어업은 이 해류와 불가분한 관계를 이루고 있고, 17세기 중반 유럽의 지리학자들과 제임스 쿡 선장이 이끈 영국탐험대(1776~1780)도 이 해류를 알고 있었다고 한다.

흑조는 지구를 도는 거대한 해류로, 그러한 물리적 특성은 다양한 지역의 문화를 만들어내는 토대가 되었다. 대표적으로 잠수어업과 쿠로시오의 상관성을 들 수 있다. 잠수어업은 흑조가 만들어내는 해양생태를 전제로 하며 상품자원인 해양동식물을 채취할 수 있는 권리가 제도화되는 등 이러한 측면에서 생활 방식에 깊이 개입되어 있는 해류, 곧 바다라고 말 할 수 있다.

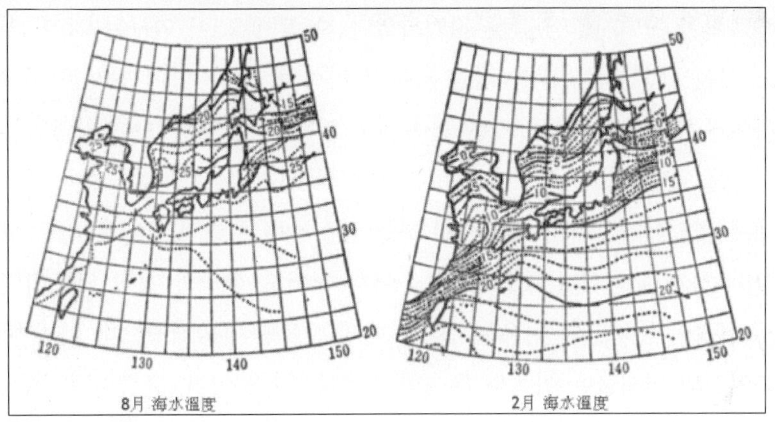

계절에 따른 해류 온도와 잠수어업의 분포

자료: 香原志勢, 1990, p. 203.

위 지도에서 나타나는 등온선은 여름과 겨울철 해수온도를 나타낸 것이다. 이 지도에서 해수온도와 아마(일본의 잠수업자)의 분포지역을 비교하여 아마의 분포선이 형성되어 있다고 한다(香原, 1990: 203). 한반도와 일본열도 사이에 걸친 여름철 25℃의 등온선과 겨울철 10℃ 등온선과 비슷하게 형성되는데 그 등온선 안에서 일본의 아마들이 분포하고 있다는 것이다. 그러나 이 등온선과 실제 일본의 잠수업자들의 분포가 완전히 일치하는 것은 아니다. 25℃와 10℃의 등온선 밖에 있는 일본의 홋카이도와 동북지방에도 아마가 있다. 게다가 경상북도와 강원도 지역에도 많은 해녀들이 어로를 하고 있기 때문이다. 그럼에도 불구하고 이 등온선이 중요성한 까닭은 잠수업자들의 지역적 분포의 명확성보다 이들 어업이 해류와 관계가 있다는 상관성을 부분적으로 가시화해 보여주기 때문이다.

1960년대 말 미 국무성의 지원으로 이뤄진 한일 잠수업자들의 신체에 관한 연구(Hong and Rahn, 1967)는 당시 이들에 대한 사회적 관심을 반영하는 것이기도 했는데, 이 연구 결과 잠수업자들의 기술은 타고난 신체적 특질에 의한 것이라기보다 오랜 경험과 숙련의 결과로서 자맥질이 이뤄지고 있음을 지적하였다. 이 외에도 이 연구는 왜 이 일을 여성들이 하는가라는 점에 있어서 여성의 피하지방이 남성과 비교하여 두텁고 따라서 차가운 물속에서 견디는 힘(냉한력)이 강하다는 이유를 들었다. 이 연구결과는 그 의도와 상관없이, 잠수어업이 여성에게 적합한 일, 나아가 여성이 하는 일이라는 사회적 통념을 더욱 고착화 시키게 되었다. 2000년대 들어서 적어도 한국의 경우 나잠어업에 여성이 대부분인 이유는 봉건시대의 산물임이 밝혀졌으나 이미 마을어장의 어획물은 아무나 채취할 수 없는 '자원'이며, 그 권한을 여성들에게 제한하는 문화적 규범이 전국적으로 정착한 후였다. 따라서 수협 조합원과 마을 어촌계에 가입한 계원이라 하더라도 그가 남성이라면 그는 나잠어업을 할 수 없는 경우가 일반화된 것이다.

3. 식민지 시대 저항과 이동

1) 잠녀항쟁

제주도 북동쪽 해안에 위치한 세화리와 하도리 경계가 되는 도로변에 한눈에도 알 수 있는 제주도 잠녀항쟁 기념탑이 세워져 있다. 그 뒤로 해녀박물관이 있어 많은 관광객이나 도민들의 발길이 연중 이어지는 도로변에 위치하여 한 눈에 띄고, 기념탑을 기점으로 한 '올레길'도 조성되어 있다. 이 기념탑은 1931~1932년에 구좌읍, 성산읍, 우도면 등 당시 제주 동쪽 해안마을 잠녀들이 일제의 수탈에 항의하며 1만 7천여 명이 시위를 벌인 것을 기념하여 1998년 8월 15일 건립한 것이다. 이 기념탑은 제주도의 3대 항일운동의 하나로 기념되고 있으며 현재 국가보훈처 지정 현충시설이다(지정 2004.12.9).

기념탑에는 한자로 '제주해녀항일운동기념탑'이라는 큰 글씨가 새겨
져 있고, 그 아래로 한손에는 비창과 또 한 손에는 테왁(부이), 망사리
(그물자루)를 든 세 명의 잠녀가 전진하는 모습으로 서있다. 탑의 오른
편에는 당시 야학당에서 불려졌던 〈해녀노래〉의 노랫말이 또 다른 비
석에 새겨져 있다. 이 노래는 민요가 아니라 일제시기 엔카(演歌)에 한
사회주의 운동가가 가사를 바꾸어 불렀던 것으로 해녀의 애환과 함께
일제의 저항의식을 담고 있다. 탑의 왼편에는 야학하는 여성들의 모습
이 그려져 있어 이 운동이 민족의식을 깨친 여성들이 일제에 저항한
항일운동이었음을 강조하고 있다.

매년 3·1절이 되면 이곳에 인근의 마을주민과 공무원들이 모여 만
세삼창하고 다시 가까운 체육관으로 이동하여 3·1절 기념식과 함께
기량 좋고 오랫동안 물질한 모범적인 잠수를 지역에서 추천하여 제주
도가 표창을 수여하고 있다. 2013년에는 항쟁이 일어났던 1월 12일에
맞춰 기념식이 거행되었다.

이처럼 기념되고 있는 "해녀항쟁"이란 무엇인가? 간략히 그 내용을
강대원의 『濟州潛嫂權益鬪爭史』(2001)을 중심으로 살펴보기로 하겠다.

항쟁의 시작은 이렇다. 1932년 1월 7일, 당시 구좌면(제주도 동북쪽
위치) 관내 약 300여 해녀들이 자신들의 요구사항을 제출한 진정서에
대해 아무런 반응이 없자 해녀조합까지 시위를 하려다가 경찰의 제지
로 해산되었다. 1월 12일에는 6개 마을 해녀 1천여 명이 작업복 차림
을 하고 초도 순시중인 도사의 차를 정지시켜 진정서에 대해 따져 물
으며 항의하자 도사가 세화주재소로 피신하였다. 이 일로 해녀 주모
자 20여 명을 경찰이 검거하였고, 다시 이에 화가 난 해녀들 5백여 명
이 1월 24일 세화주재소를 찾아 싸움을 벌이다 경찰과 해녀들이 부상
당하는 일이 벌어졌다. 이에 놀란 경찰 측에서는 전라남도의 경찰들
을 제주도로 파견하였다.

1월 26일에는 우도에 은신 중인 해녀 30여 명을 체포하자 우도 선창에서 8백여 명의 해녀 군중들이 저항하였고 이에 경찰이 공포를 쏘아 진압하게 된다. 동시에 김시곤 등 청년운동가 40여 명을 배후조종협의로 검거하였고, 이에 27일 저녁 해녀 100여 명이 세화주재소로 몰려가 항의하였으나 경찰이 이들을 해산시켰다. 이 사건으로 부춘화(당시 24세), 김옥련(당시 23세) 등 해녀대표들이 6개월간 옥살이를 하였다. 당시 동아일보에는 〈500여명 해녀단 주재소를 대거 습격〉(1월 26일자)이라는 표제 하에 해녀들의 항의를 보도하기도 하였다.

해녀들의 집단항의 결과, 해녀는 물론 경찰은 청년 운동가들을 검거하여 치안유지법과 가택무단침입 등으로 이들을 재판에 회부하였다. 이 청년 운동가들을 검거한 이유는 야학을 통해 해녀들을 조종했다고 보았기 때문이다. 이러한 연유로 오늘날 해녀항쟁은 '항일'항쟁으로서 인식되고 있다.

그런데 널리 알려진 이 해녀항쟁의 이야기에는 항쟁의 주체와 목적이 전도되어버린 부분이 있다. 우선, 일제는 청년 운동가들을 항쟁의 배후세력으로 봄으로써 이들을 대대적으로 검거하게 되었는데 이는 곧 이 항쟁의 주체를 해녀라고 보지 않는다는 것을 의미한다. 즉 해녀들의 항의를 빌미로 청년 운동가들을 검거하는 계기로 삼았던 것이다. 또, 이렇게 전도되어 버린 항쟁의 주체가 등장함으로써 애당초 해녀들이 주장했던 요구조건에 대해서는 누구도 주목하지 않고 간과되어 버렸다. 해녀들이 나선 근본적 이유는 사라지고 청년 운동가들을 검거 탄압한 일제의 폭압성이 항일성을 보여주는 근거가 되어, 이들의 항쟁은 3·1절에 맞추어 기념되어 왔던 것이다.

그러면 당시 이들이 제주도사(해녀조합장 겸임)에게 요구하였던 9개 항목이란 무엇이었을까?

① 미성년해녀와 노년해녀들이 출가(出稼/타지출어)할 때는 출가증명서
　　없이 그대로 출가하도록 할 것.
② 일본 상인들에게 상권을 부여하지 말도록 할 것.
③ 제주도사는 해녀조합장직을 사임할 것.
④ 물품은 등조제(等組制/등급제)로 하지 말고 지정된 가격을 지불할 것.
⑤ 일기에 구애되지 말고 생산품은 매입할 것.
⑥ 허위계약을 발급한 책임을 지고 물품대중 차액을 즉시 지불할 것.
⑦ 주재원제를 철폐할 것.
⑧ 조합비를 받으면서 해녀를 괴롭히지 말 것.
⑨ 물품은 반드시 경쟁입찰에 부쳐서 처리할 것.

이상의 9개의 요구사항들은 잠수어업과 어업제도에 대한 불합리성을 지적하고 있는 것들이다(강대원, 2001: 162~163). 그리고 이것은 당시의 일제 식민지통치체제와 긴밀히 연관되어 있었다. 흔히 이 시대를 민족 수탈의 시기로 일컬어지는 까닭 중의 하나는 각종 자원 관리를 담당하는 조합의 주체가 총독부 산하의 지방행정관인 도사(오늘날 도지사 격)가 관할하며 체계적으로 이뤄졌기 때문이다. 축산조합, 임야조합, 도로보호조합, 연초조합, 어업조합 등 다양한 조합들이 설치되었고, 이들 관제조합의 대표가 지방행정관 도사였던 것이다.

1920년 설립된 제주도해녀어업조합 역시 마찬가지였다. 당시 이 조합은 전국으로 나간 제주도 잠녀들이 수천 명에 달함으로써 이들에 의한 어획고가 높아지고(당시 50여 만 원), 각지에서 벌어진 객주들의 횡포와 금전착복 등 여러 사회문제에 대응하기 위해 조직되었던 것이다(제주시 수산업협동조합, 1989: 79). 조합원은 잠녀(해녀), 사공으로 하고 제주도 내뿐만 아니라 부산, 목포, 여수 등지에 출장소를 설치하여 이들의 어로 활동을 지원하고 있었다. 그러나 1936년 12월 조선총독부의 인가를 받은 새로운 〈제주도어업조합〉이 도내의 모든 어업조합과 해녀어업조합을

제주해녀항일운동기념탑(2013.1.12)

기념탑에서의 삼일절 기념식(2013.1.12)

통폐합하였다(제주시수산업협동조합, 1989: 86).

이러한 배경으로 미뤄 볼 때, 잠녀들이 왜 해녀조합으로 시위를 하러 갔으며, 왜 도사를 만나려고 했는지가 이해된다. 그리고 위 9개의 요구사항들은 모두 잠수어업과 관련한 것들로 어업제도에 대한 불합리성을 지적하며 그 개선을 촉구하는 것들이었다. 도사와 면담을 요구했던 잠녀 대표의 주장은 모두 조합과 관련한 것들이었다. 해산물의 지정 판매 반대, 노약자의 해녀조합비 면제, 출가증(일종의 타지 출어증)의 무료 교부, 생산자가 계약보증금을 보관할 수 있도록 하는 등 모두 잠수어업에 관련한 것이자 생산자 권익을 주장하는 것들이었다(강대원, 2001: 154). 이들이 주장한 잠수어업의 제도개선은 해방 이후까지 개선되지 않았다. 해방 후 제주도와 경상북도 사이의 지역 분쟁과 타지에서 벌어지는 성차별적 인권유린 등의 갈등이 빚어진 것도 당시 이들의 주장이 관철되거

나 그것을 계기로 여타의 제도적 개선이 뒷받침 되었다면 갈등을 최
소화하고 잠수어업의 발전도 도모하게 되었을 것이다.

2) 제주 잠녀들의 이동

현금을 조달할 수 있는 어로로서 잠수어업은 이전과 달리 식민지
시대에 들어 활발히 전개되었다. 그러나 그러한 경제적 활동이 이들
의 사회적 지위향상으로 이어진 것은 아니었다. 1920년 설립된 제주
도해녀어업조합은 잠녀들의 어로활동과 관련한 최초의 공식 조직이
었으나 관주도 하에 1936년 제주도어업조합으로 통폐합되었다. 연안
자원에 대한 체계적 투자와 관리 없이 제주도 연안의 수자원은 남획
되었고 수산물의 불합리한 처리과정으로 말미암아 잠녀항쟁(1931
년~1932년)이 일어난 것이었다. 제주도 잠녀들은 일제의 식민지 통치
기간 동안 수산물 상품화에 의해 여성이 현금소득을 얻을 수 있는 노
동으로 전환되었다. 잠녀 인구수가 증가하였고 국내뿐만 아니라 일본
과 러시아, 중국 등지로 이동이 전개되었다. 1926년 한 마을의 잠수
가구의 어로소득을 보면 총소득의 절반을 차지할 정도로 잠수어업의
경제적 비중이 높았다.

해방 후까지도 국내에서의 이동은 지속되었다. 1980년에서 1990년
까지 제주도 수산물 수출에서 잠수들의 물질에 의한 수출 비중을 추
산하였을 때 평균 69%의 비중을 차지하였을 만큼 제주 잠녀들의 물질
은 지역 경제에서 높은 비중을 차지했다. 그러나 해방 후 수산업법의
정비와 더불어 이들의 이동은 불가하게 되었고, 동시에 정주한 마을
에서 어촌계원으로서 마을어업의 종사자가 된다. 이들의 이동이 가까
운 이들 사이의 소규모 집단을 이루어 모집꾼이나 선주를 통해 이동
했다면, 이제 연안 바다에 우선적 면허권을 가진 마을 어촌계원으로
서 어로권을 행사하게 된 것이다. 현재 제주도에는 100개의 마을 어촌

계에 하부조직으로 잠녀회(潛女會, 해녀회)가 있다.

어촌계는 어촌 새마을 사업에 주도적으로 참여하며 1975년 수산업 협동조합(이하 수협)보다 마을어업에 있어 '우선적' 면허 주체가 되었다. 1975년 마을어장도의 측량이 완비됨으로써 마을간 어장경계가 법적 문서화되고 마을주민에 의한 마을어장의 배타적 어로권이 구체화되었다. 마을어장에 대한 배타적 권리는 마을 잠녀들이 주민으로서 마을어장에 대한 권리가 한층 강화되었다는 것을 의미한다. 동시에 타지에서 하는 어로보다 자신이 정주(定住)하고 있는 마을어장에서 어로하도록 함으로써 마을어장에 대한 의존도도 더욱 커진 것이다. 잠녀들이 각종 연안사업에 대해 집단적으로 반발하는 것은 해양 생태의 변동이 곧 자신들의 소득변화와 직결된 문제가 되고 다른 주민들에 비하여 그들이 마을어장에 크게 의존하고 있기 때문이다. 1980년 대부터 마을어장 안에 조성되기 시작한 잠녀회의 '자연양식장'(마을어장 내 일부구역을 지정하여 어족자원의 보호하기 위해 금채구역으로 설정)도 이러한 맥락에서 이해할 수 있을 것이다.

4. 잠수업자의 인구 변동

잠녀(해녀)는 어떻게 이 일을 자신의 생업으로 삼게 되는 것일까? 다시 말해 어떻게 잠녀(해녀)가 되는 것일까? 한국에서나 일본에서도 어릴 적부터 바닷가에서 놀던 어린아이가 성장하며 잠수업자가 되는 것이 보편적인 양상이다. 그러나 '자연스러운' 잠수업의 계승은 이제 더 이상 보편적인 양상이 아니며 나아가 이 일의 소멸이 점쳐지고 있다.

통계청이 조사한 바에 따르면, 다음 표에서와 같이 한국 잠수업자는 2010년 기준 총 5,460명이다. 집계된 인구수가 기관에 따라 다르게

2010년 전국 지역별 잠수어업 종사자 수 (단위: 명)

구분	나잠어업 종사자		
	남자	여자	계
전국	190	5,270	5,460
서울특별시	-	-	-
부산광역시	5	468	473
대구광역시	-	-	-
인천광역시	9	5	14
광주광역시	-	-	-
대전광역시	-	-	-
울산광역시	6	445	451
경기도	3	-	3
강원도	25	158	183
충청남도	15	108	123
전라북도	-	6	6
전라남도	22	142	164
경상북도	63	658	721
경상남도	26	228	254
제주특별자치도	16	3,052	3,068

자료: 통계청 조사관리국 인구총조사과 〈15세 이상 어업 종사부문 및 성별어가인구〉 항목에서 연구자가 나잠어업만 별도 작성(http://kosis.kr).

나타나기도 하는데 이는 잠수어업자에 대한 법률을 적용하는 데에서 나타나는 차이와 고령의 잠수어업자들의 비정기적 어로활동이 이어지는 특성이 있기 때문이다. 지역별로는 제주도 외 부산시와 울산시, 경상북도 등에서 주로 이뤄지고 있다. 2006년 이전 한 가구당 1인이 가능하였던 잠수어업은 이후 2인 이상이 가능하도록 바뀌었으나 그럼에도 잠수업자 인구는 계속 감소하고 있다. 실제 표의 숫자보다는 더 많은 사람들이 잠수어업을 비정기적으로 하고 있다고 감안하더라도 한국의 잠녀(해녀)는 현재 종사하는 이들의 고령화와 더불어 당분간은 계속 감소할 것이라 예상된다.

그런데 이처럼 감소하는 이유는 무엇일까? 이 일이 고된 일이기 때문일까? 그렇다면 1910~1960년대에 이르기까지 이 어업에 종사하는 여성들이 증가했던 것은 어떻게 설명할 수 있을까?

현재 잠수업자가 가장 많은 제주도의 사례를 통해 살펴보도록 하자. 다음에서 보듯이 1960년대 말까지 2만여 명에 이르던 잠수업자들이 1970년부터 1975년 사이에 약 8천여 명으로 급감하였고, 이후 감소는 해마다 지속되어 온 것을 알 수 있다. 그리고 앞 표와 비교할 때 2007년부터 2010년 사이 5천여 명의 제주 잠녀들은 약 3천 명으로 감소하였다.

제주도 잠녀 인구 변화 (단위: 명)

연도 \ 인구	전국 어업인구수 (A)	제주 어업인구수 (B)	잠녀 인구수 (C)	인구점유율(%)	
				A/C	B/C
1913[1]	-	-	8,391	-	-
1932[2]	-	-	8,862	-	-
1960[3]	-	-	19,319	-	-
1969[4]	-	-	20,832	-	-
1970	1,165,232	85,230	14,143	1.21	16.59
1975	894,364	68,038	8,402	0.93	12.34
1980	844,184	49,195	7,804	0.92	15.86
1985	689,351	42,730	7,649	1.10	17.90
1990	496,089	37,643	6,827	1.37	18.13
1995	347,070	26,477	5,886	1.69	22.23
2000	251,349	21,281	5,789	2.30	27.20
2001	234,434	19,487	5,047	2.15	25.90
2002	215,174	20,390	5,659	2.63	27.75
2003	212,104	19,381	5,650	2.66	29.15
2004	209,855	19,737	5,650	2.69	28.63
2005	221,267	18,617	5,545	2.50	29.78
2006	211,610	19,388	5,406	2.55	27.88
2007	201,512	19,186	5,279	2.61	27.51

자료: 1) 윤유녕(1997: 5)의 글을 참고함. 2) 桝田一二(1935)의 글을 재인용(원학희 1985: 180). 3),4) 泉靖一(1966)의 글을 재인용(원학희 1985: 180). 그 외 1970년부터 제주도해양수산과 〈해양수산현황〉(2005년, 2006년, 2008년)을 참고로 재작성함(안미정 2010(2008), 72쪽 재인용).

이러한 감소 요인은 여러 가지로 지적되고 있다. 우선, 환금작물(유채, 감귤 등)의 재배로 인해 어로인구가 농사로 전환하게 된 산업의 변화와 여성의 교육 기회 확산과 대중매체에 영향으로 여성상이 변화한 데에 따른 감소, 수산업법 정비에 따라 타지로 나가 돈벌이 할 수 있는 기회가 줄어든 점, 그리고 고된 노동과 못 배운 여성의 일이라는 사회적 인식 등이 작용한 결과로 고려되고 있다.

그리고 이뿐만은 아니다. 잠수어업과 관련한 어로도구 및 시장의 변화도 주요한 감소 요인이었다. 1900년대부터 1940년대까지 전복과 감태가 가장 많이 어획되었던 시장상품이었는데 당시 전복은 일본 잠수기선에 의해 대량 어획되었으며, 감태는 화약원료로 일제의 군수산업과 연관되어 있었던 식민지 자원이었다. 해방 후에는 감태 대신 식용 미역이 그 자리를 대신하였으나, 1963년부터 미역의 양식기술이 보급되기 시작하여 1960년대 말에 이르러서는 자연산 미역은 시장성을 상실하였다. 그럼에도 불구하고 잠녀들의 어로작업이 경제적 타격을 입지 않은 것은 한일협정이 체결됨에 따라 새로운 자원인 소라가 일본으로 수출할 수 있는 길이 열렸기 때문이었다. 이와 같이 채취된 수산물은 계속 변화하였으며, 이는 곧 유통시장이 안정적으로 형성되지 못하고 이들 어업의 불안정성을 초래하였다는 것이다. 게다가 소라가 일본 수출되는 시점과 거의 동시에 기존의 작업복이 무명옷에서 고무 옷으로 변화하게 된다. "물소중이"라 불리던 전통적 작업복을 대신하여 등장한 고무 잠수복은 허리에 납을 차고 오리발을 착용하여 더 깊이 오랫동안 잠수하는 것을 가능케 하였다. 그로 인해 어획량은 늘어났으나 노동 강도가 강해졌고 잠시간씩 휴식을 취하던 패턴도 사라지게 된다. 이전에는 한 시간을 작업한 후 30분가량 모여 앉아 휴식을 하였으나 새 고무 잠수복은 한 번 입수하면 일을 마칠 때까지 대여섯 시간씩 자맥질을 해야 했던 것이다.

　이러한 노동강도를 견디지 못한 사람은 자연 이 일을 그만두게 되었다. 현재 대부분의 현직 잠녀(해녀)들은 고무 잠수복이 도입되던 때로부터 일을 시작한 사람들이며, 예전 무명옷을 입었던 이들은 이제 고령이거나 일을 그만둔 사람들이다. 다시 말해 잠수인구의 양적 변화와 함께 질적인 변화가 시장상품의 변동 및 새로운 어로도구의 등장으로 크게 일어났던 것이다.

물옷 입은 줌녀들

고무 잠수복 모습(사계리, 2004)

자료: 서재철·김영돈, 1990, p. 17.

5. 잠녀(줌녀)와 해녀라는 이름

　한국에서 잠수 어업자를 일컫는 용어로는 '해녀'와 '잠녀(줌녀, 潛女)', '잠수(줌수, 潛嫂)', '무레꾼(물에꾼)' 등으로 다양하다. 잠녀와 잠수, 무레꾼이란 말은 제주를 비롯 남해안 지역 등 일부 지역을 중심으로 자주 쓰이는 데에 반해 해녀는 가장 널리 쓰이고 있는 일반적 용어이다. 그런데 이 '해녀'의 용어에 관해서는 현재 학자들 간에도 논쟁적인 부분으로 남아 있다. 그 이유는 이 용어의 쓰임이 일제의 식민지 지배와 함께 공식적으로 사용되기 시작하였던 역사가 자리하기 때문에 전경수 교수는 이 용어의 탈식민성을 주장하였다(전경수, 1992).

반면 해녀라는 말이 일본 내에서도 천시한 용어가 아니라는 점과 이미 한국사회에서 통상적으로 사용된다는 점을 들어 해녀의 계속적 사용을 주장하는 입장도 있다(김영돈, 1999).

한편, '해녀'와 '잠녀'의 표기는 중세 한·일 양국의 문헌 기록에서 모두 나타나며, 이에 대한 해석이 유보된 가운데, 해녀라는 한자어를 한일이 공히 쓰고 있는 것이 오늘날의 양상이다. 물론 음독에 있어 일본은 아마이고 한국은 해녀라는 발음의 차이로 구분될 뿐이다.

그러나 조금만 더 이 어로자들의 역사를 거슬러 올라간다면 한국(조선)의 잠녀와 일본의 해녀는 중세시기에 서로 다른 문화적 계보 속에 있음을 알 수 있다. 그것은 일본의 해녀 연구자들의 성과 속에서 찾을 수 있는데, 오늘날 일본이 아마는 단지 자맥질 하던 어로자들만이 아니라 소금을 굽거나, 가선을 타고 다니는 표해민(漂海民) 등을 포괄하는 폭넓은 의미로 사용되었으며, 그것이 18세기를 지나며 아마라는 하나의 용어로 통합된 것이라 추정되기 때문이다. 게다가 잠녀는 "조선식"이라는 언급이 있어, 전근대 조선의 여성 잠수업자들을 일컫는 일반적 용어가 잠녀였음을 시사한다. 그러나 이 용어는 현재 현상적으로 볼 때 제주도를 제외하면, 일본에서 더 자주 접할 수 있는 용어이다. 문헌기록을 포함 일부 지역에서는 신사의 이름 속에서도 발견된다. 그러나 일본에서 '잠녀'를 가즈쿠, 가즈키, 가즈키메라 부르고, 한국에서는 제주도에서 좀녀라는 호칭으로 지금도 쓰이고 있다(안미정, 2012).

따라서 지금의 국민국가 체제에서 두 용어를 이분법적 분류로 보는 것은 이 시대의 눈으로 과거를 보는 격이 된다. 국경이 명확하지 않았던 오늘날과 달리 중세에 한일의 바다를 오갔던 해민, 혹은 어민들의 역사 속에 조선의 잠녀와 일본의 해녀, 해사들은 오늘날 시각에서 상상하는 것처럼 단 하나의 직종에 종사하거나 한 곳에만 정주하여 삶을 영위하였던 것은 아니었다. 일본 구자키에 있는 〈해사잠녀신사〉나

<탐라복(耽羅鰒)>이라는 목간이 시사하는 것은 한일 교류사이자 해양을 통한 하나의 문화권이 일찌이 형성되어 있었음을 말하고 있다. 그리고 그 속에서도 중세의 한일 나잠업자들은 일본의 경우 아마(海女, 海士), 조선의 경우 잠녀라 일별하여 불렸던 것임은 분명하다(德島縣立博物館, 2006).

서귀포 잠녀	미에현 토바시의 해녀 가족

자료: 秋葉隆, 『朝鮮民俗誌』, 1954.　　자료: James Hornell, 1950, plate ⅩⅩⅪ.

서로 유사하고 섞인 해양문화가 일본의 식민지 통치를 거치며 '해녀'라는 용어로 보편화되기 시작한 것도 사실이다. 그 결과 잠녀라는 말은 제주도와 같은 특정 지역에 국한된 용어로 쓰이고 또 오늘날 제주말로 인식하게 된 것이라 고려된다. 때문에 오늘날 한국사회에서 '해녀'라는 용어가 널리 쓰인 배경에는 식민지 시대로 되돌아 가 그것을 시원으로 하는 역사적 특수성이 그 속에 배어 있으며, 그 시점에서의 출발은 이전(고대와 중세)의 역사를 간과 혹은 망각시켜 버리는 역사적 오류가 파생될 수 있다. 즉 이들을 어떻게 지칭하는가의 문제는 단지 호칭에 국한된, 그리고 일제의 잔재로서 청산해야 하는 식민성 그 이상의 이 잠수어로에 대한 역사적 왜곡이 어떤 형태로든 가능할 수도 있다는 데 문제의 심각성이 있는 것이다. 이러한 배경으로 인해 이 책에서도 해녀와 잠녀를 병기해야 하는 '번거로움'이 있는 것이다.

통상적으로 사용하는 언어에 숨겨진 역사가 오늘날 그리 간단하게만 볼 수 없는 문제가 이들 여성의 역사에도 남아 있는 것이다.

제 2 절 공존을 향한 지속적 생활방식[2]

1. 왜 모두 같이 할까? 집단적 공동어로의 이유

각 해안마을의 어촌계에 소속된 잠수회원들은 그들이 정한 날짜에만 집단적으로 어로한다. 집단적 어로를 행하는 이유는, 우선 "물때"라 부르는 조수의 흐름을 이용하는 생태적 조건과 관련이 있다. 바다는 한 달에 두 번 조금과 사리가 일어나고 이때를 이용하여 각 마을의 잠녀회에서도 한 달에 2번, 총 15일 내지 16일 가량 해산물을 채취하고 있다. 연중 3~4개월 가량의 금채기를 빼면 8~9개월 동안 채취 작업을 한다. 만약 8개월 간 한 달에 16일을 한다면 연중 총 조업일수는 128일이 된다. 그러나 일기 사정을 고려한다면 연간 총 작업일수는 100회 이내라고 추산할 수 있다. 마을 앞바다의 채집어로는 조업환경이 가능한 안정적일 때 하는 어로이며, 낮 동안 수심이 낮아지는 때를 이용한 어로패턴을 만들고 있는 것이다.

둘째, 집단적 어로는 잠녀들의 위험을 예방하는 기능이 있다. 기계장비에 의존하지 않으므로 가까이에서 일하는 잠녀들끼리 서로 위험에 대비와 협력하는 역할을 한다. 흔히 "벗이 있어야 물질을 한다"라

---

[2] 이 절의 내용은 저자가 발표한 "제주 잠녀의 해양 어로와 지속가능성"(『사멸위기의 문화유산』, 전경수 편, 민속원, 2009, pp. 310~336)과 "흑조와 한·일잠수어업의 문화적 다양성"(〈흑조문화의 재검토〉, 제7회 오키나와 국제학술회의 발표자료집, 2012.6.11., 서울대학교)에서 인용하여 그 내용이 부분적으로 겹치며, 본서의 내용에 맞게 보완 및 재구성하였음을 밝혀둔다.

는 말에는 물리적 위험성을 동료를 통해 극복한다는 의미를 담고 있다. 잠녀들은 조류의 흐름을 따라 가며 함께 일을 시작하고 함께 일을 끝낸다. 거의 같은 구역에서 일을 하게 되므로 주변 동료는 상호 채취 경쟁자이기도 한 셈이지만 한 동료가 위험에 처하면 가장 먼저 도와줄 수 있는 동료이기도 하다. 물질은 기계 장비를 사용하지 않는다는 점에서 다른 어로방식에 비해 더 위험한 어로라고 생각할 수도 있으나, 기계 대신 동료의 신뢰를 바탕으로 서로의 위험에 대비한다는 점에서 위험에 대처하는 방법이 다르다고 하겠다.

셋째, 잠녀들의 물질은 공동자산에 대한 "공동권리"를 행사하는 것이므로 집단성을 띠고 있다. 마을어장은 마을의 공유자산이며, 주민들이 상호 동등한 권리를 가지고 있는 재산이다. 따라서 어장의 자원에 대한 개인(가구)의 개별적인 어로행위를 금하는 것이다. 잠녀회의 물질, 어촌계원 모두의 해초 채취도 법정 금채기 외에 자율적으로 채취 시기와 시간을 정하고 있는데 이러한 상호 합의는 상호 동등한 작업 조건, 곧 동등한 권리를 행사하기 위함인 것이다. 그런데 이 공동권리는 자신의 노동을 통해서 성취되는 것이므로 물질에 의한 개별적 소득의 격차는 개별적 노동기량에 따른 것으로서 정당화 되는 것이다.

● 2. 왜 스쿠버다이빙을 하지 않을까?

잠녀들은 왜 스쿠버다이버들처럼 보다 손쉬운 방법으로 어획하지 않는 것일까? 이들이 고령이라서 그런 것일까? 아니면 새로운 다이빙 기술을 배워야 하는 난감함 때문일까? 스쿠버다이버와 잠수기선 등 전문 잠수부들이 채취하는 방법은 잠녀들과 경쟁관계에 있는 어로법이다. 제주도에서 스쿠버다이버와 잠수기선은 1970년대 중반을 지나 이

제는 자취를 감추었으나, 동서남해안에서는 양식 조개채취 등에 전문
잠수부들에 의한 어업이 이뤄지고 있다. 이는 채취되는 해양생물이 다
르고 해양생태가 다른 점에 따른 것이기도 하지만, 해산물에 대한 수
요 및 이를 채취할 수 있는 전문인력의 부족과 같은 복합적 요인이 작
용한 결과라 볼 수 있겠다. 그런데 제주에서는 왜 그런 방식이 보이지
않는 것일까? 제주도의 잠녀들은 마을어장에서의 이들 어로법을 금지
하고 있다. 이는 스쿠버다이버식 어로법을 마을어업이 가능하도록 허
용해달라는 타 지역 어촌계의 요구와는 아주 다른 양상이다. 이것은
제주도 연안 마을마다 조직된 잠녀회, 즉 잠수어업자들의 단단한 어로
조직과 그것이 가능한 어업 인구가 있기 때문에 가능한 것이다.

　육상양식장 또한 잠녀들과 같은 어로공간, 곧 연안바다를 이용한다
는 점에서 서로 경쟁관계에 있다고 볼 수 있다. 육상양식장은 연안수
를 이용하므로 여기서 흘러나온 폐수와 부유물이 어장오염을 초래할
것이라는 위험성이 경험적 사실로 예측되기 때문이다. 때문에 연안에
설립된 육상양식장은 그 시설이 육상에 위치하나 시설의 실질적 영향
은 바다로 돌아간다는 점에서 잠녀들의 원성을 사고 있는 어업 중의
하나이다. 그러나 활어를 수출하여 벌어들이는 경제적 수익은 지역경
제에서 무시할 수 없는 산업으로 자리 잡았고, 여기에 기르는 어업으
로 전환한 국가 정책에 따라 양식장의 설립은 전국 연안에서 볼 수 있
는 보편적 양상이 되었다.

　이와 같이 어로조직으로서 잠녀회는 채취 방법, 곧 어로기술을 통
제하는데 간접적으로 영향력을 발휘하고 있는 것을 알 수 있다. 그런
데 왜 이들은 새로운 어로기술로의 전환에 부정적인가? 어로방식의
변화는 이에 얽혀 있는 어로자들의 사회관계의 변화를 동반한다. 때
문에 하나의 어로방식이 유지되고 있다는 것은 곧 그러한 어로에 얽
혀 있는 사회관계 측면을 살펴봐야 한다는 것을 말한다. 잠녀가 스쿠

버다이버가 된다면 다량의 해산물을 채취할 수 있으나 반면에 생태적으로는 마을어장의 자원 고갈을 우려할 수밖에 없으며, 또한 기존 잠녀들 사이에서 새로운 방식으로 전환할 수 있는 자와 없는 자가 발생함으로써 자원에 대한 접근에서 차이가 생긴다. 어획물의 양은 늘어나나 어획할 수 있는 인구(즉 잠녀들)는 감소하게 되며, 결국 기존 잠녀회의 구성원이 달라질 뿐 아니라 지역사회(및 마을)의 사회관계 또한 변화할 것이다. 이처럼 이 문제는 소량의 양이지만 다수가 잡는 것에 만족할 것인가 아니면 소수의 사람이 대량으로 어획하는 것을 지향할 것인가의 문제인 것이다. 이들은 전자를 선택한 것이다.

이상과 같이 잠녀회원들이 스쿠버다이버들을 퇴출시키고, 어장을 경계에 나서며, 독자적 물질을 하지 않고 집단의 규율을 지키고 있는 데에는 만약 새로운 어로기술이 도입되면 결국 사회관계 변화와 함께 자신들의 어로권리도 변화될 것임을 분명히 인식한 속에서 나오는 행동이다. 새로운 어로기술의 통제는 그들의 지속적 자원 권리를 유지하는 것이다. 그리고 그것은 또한 다른 어로법에 비해 상대적으로 해양자원을 지속적으로 재생산 체계가 이들에 의해 이뤄지고 있다는 점이다. 따라서 잠녀들의 물질이라는 어로법은 자원을 둘러싼 주민들 상호간의 권리를 변화시키지 않으며, 마을의 공유어장에서 자원고갈이라는 비극을 방지하는 기제이라 말 할 수 있다. 사실 이들이 변화에 우둔해서 물질을 하고 있는 것이 아니라, 그들의 사회관계와 자신들의 권리를 지속시키는 어로기술로서 이어지고 있는 것이다. 그러한 방식이 사회적으로는 어장의 풍요나 지속성에 긍정적 효과를 발휘할 뿐만 아니라 문화적으로도 연안의 해양생태와 결합된 다양한 생활양식을 보여준다는 점에서 큰 의의가 있는 것이다.

  잠녀들은 마을어장의 전 구역을 이용하지만 자체적으로 규율을 정해 어로공간을 한정하고 있다. 대표적인 것인 "자연 양식장"의 운영이다. 자연 양식장이란 육상양식과 달리 마을어장의 한 구역을 일정기간 동안 금채하여 각종 패류와 해초류의 번식을 꾀하는 것으로 잠녀회가 자율적으로 운영하는 곳이다. 연중 1~2회 가량 이곳에서 어로가 행해져 그동안 번식한 해산물들을 채취한다. 자연양식장은 어장을 풍요롭게 하는 산실이 되어 마을어장 전체가 황폐화 되는 것을 방지하는 것이다.

  또한, 잠녀회는 하루 작업시간을 정하고, 채취할 해산물의 종류를 한정하고 있다. 만약 욕심이 지나치게 앞서 규칙을 지키지 않은 회원이 있다면 그녀는 벌금이나 입소문을 통한 제재를 받게 될 것이다. 이러한 규칙은 잠녀회의 불문율로 된 경우가 많으며 집단적 규범으로서 자리 잡고 있다. 잠녀회의 자율적 활동은 자원고갈이 생계의 위협과 직결되어 있기 때문이다. 잠녀회는 어장이 오염될 수 있는 위협에 있어서도 가장 적극적인 항의단체이며, 바다의 오염은 생계뿐만 아니라 그녀 자신의 몸에 의해 직접적으로 인지되는 위험이다.

  따라서 잠녀들에게 바다는 자신의 몸과 분리된 대상이 아니라 그 자체와 다름이 없는 생활세계의 비중 있는 일부이다. 이와 같이 잠녀들의 물질은 자연 생태계와 직접적으로 교감하는 어로이며 어장 자원과 공생 관계에 있다.

  어민은 농부가 씨앗을 뿌려 수확하는 것과 다르다는 점에서 자연에 '기생적'이라고 볼 수도 있다(한상복, 1976: 88). 농경과 다른 어로의 이 같은 일반적 특징은 현대사회의 잠수업자들에게 있어서는 보다 세밀하게 그 관계를 살펴보아야 한다. 즉 기생적 관계는 상호 공존이 필요한 공생의 관계를 형성하는 면도 있기 때문이다. 그것은 어디까지나

인간이 자연산물을 어떻게 이용, 활용하는가의 문제이나 인간이 자연
에 대한 높은 의존성을 가지고 있는 경우 자연적 산물들에 대한 중요
성이 결국 사회적 힘을 발휘할 수 있다는 것을 시사한다. 여기서 자연
은 객체로서 당연히 존재하는 사물이 아니라 인간과의 관계에서 상호
주체성을 가진 존재로 인간에게 인지되며 이로부터 공존에 대한 인식
과 사유가 시작되는 것이라 여겨진다.

그 관계를 잘 보여주는 것이 다음의 그림인데, 일반적으로 잠수업
자들이 채취하는 수중의 생물들의 서식지와 이를 채취하는 잠수업자
들의 분류화를 나타낸 것이다. 가령 상군이 가는 곳을 하군이 갈 수
없는 것은 신체적 제한이라 하더라도, 하군이 작업하는 얕은 해안에
서 노련한 상군이 작업하지 않는 까닭은 왜일까? 채취물과 채취자 간
에는 긴밀한 상관관계가 형성되어 있기 때문이다.

한 가지 예를 들면, 전복의 어린 종패를 방류하는 일을 해야 할 때,―
이 일은 행정적 지원에 따라 흔히 자연양식장에 방류하는 작업이다―하
군보다 상군이 자발적으로 참여해야 함이 요구되곤 하는데, 그 까닭은 누
가봐도 상군이 하군보다 전복을 채취할 가능성이 더 높기 때문이다. 즉

조개와 해초의 서식지 분포와 채취자 분류

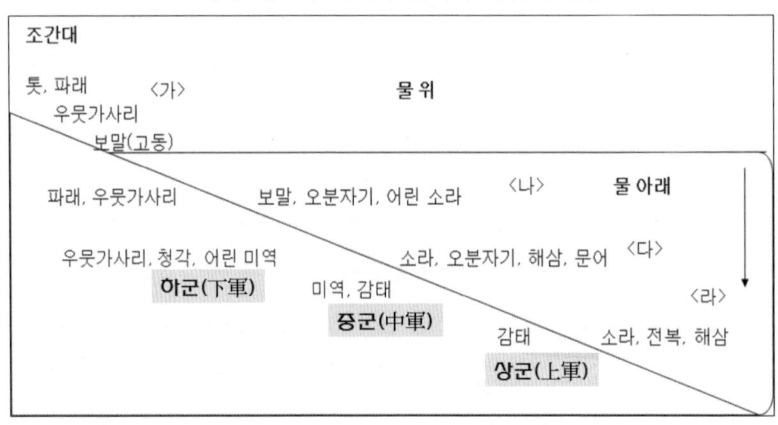

*자료: 안미정, 2010(2008), p. 146.

전복과 가까운 존재는 상군이기 때문이다. 따라서 자신이 잡는 생물의 번식에도 그것을 잡아 올 채취자에게 상대적 의무가 요구되는 것이다.

이처럼 전복을 잡아 소득을 올릴 수 있는 경제적 측면만이 아니라 그것을 지속적으로 번식시켜야 하는 도덕적 의무감도 함께 따라 가고 있는 것이다. 제주도 김녕리 잠녀들의 의례를 보면 그들은 자신들이 잡는 해양생물들을 자신들의 조상신인 바다의 여신("요왕할망")이 키워 준 것으로 상징화 하는 것을 알 수 있는데, 이곳 잠녀들은 수중에서 잡는 소라나 전복 모두를 "조상"이 준 것으로 여기는 것이다. 해양생물들은 채취자에게 '생물'이나 '자원' 이상의 의미를 가지고 있음을 보여준다. 또한 그들의 생업인 잠수어업은 경제적 생산 활동으로 표면화 되지만 그 이면에는 조상이 키워준 것을 수확하는 것이라는 관념이 내재된 복합적인 행위임을 고려해야 하는 것이다.

이러한 채취활동을 수렵채집 사회의 먹잇감과 사냥꾼에 비유해보자면, 소라, 전복과 잠녀는 서로 공생 관계에 있다. 이를 극명하게 보여주는 것은 바닷물이 따뜻한 여름철 소라의 산란기에 이뤄진다. 마을의 잠녀들은 갯가의 어린 소라들을 바다 멀리, 더 깊은 수심 속으로 옮겨버림으로써 잠수하지 않고는 잡을 수 없도록 한다. 이것은 잠녀의 소라에 대한 독점적 행위인 동시에 또한 소라의 산란과 번식을 도모하는 일이기도 하다. 그만큼 소라에 대한 의존도를 보여준다. 그리고 이러한 의존도는 소라가 시장의 '상품'이기 때문에 나타난 것이라는 점도 중요한 시사점을 준다.

그러나 만약 소라가 더 이상의 시장상품이 아니라면 잠녀들은 소라를 어떻게 할까? 그녀들은 더 이상 어린 소라의 안정적 산란이나 번식을 도모하지 않을 것이다. 그러나 바다, 혹은 바다의 모든 산물들을 '조상이 준 것'으로 여기는 관념도 사라질까? 잠녀와 해양생물의 관계는 하나하나의 생물들과의 관계가 아니라 '바다'라는 공간을 그녀들의 조상의 세계로 관념한다는 점에서 그곳의 모든 생물들은 상품성을 잃더라도 조상이 준 것이라는 관념 속에서는 변하지 않는다. 가령, 미역이 1960년대 말 이후 시장성을 잃어버렸으나 여전히 미역을 비롯 바다 속이 해초는 잠녀들의 늘 관심 속에 있다. 우선은 해초가 소라와 전복의 먹이가 되는 해양생태계가 변화하지 않기 때문이다. 소라와 전복을 잡는 잠녀에게 미역은 시장성을 잃었다 할 수 있지만, 여전히 조상의 세계 안에서 조상이 준 산물로 존재한다. 물론 이는 흑조가 변화하지 않는다는 의미에 한해서임은 굳이 말할 필요가 없을 것이다.

● 4. 굿을 하는 이유: 상징의 해석

일반적으로 어민들이 해신을 모시는 신앙의식은 바다에서 일하며 닥치게 되는 위험성 때문이라고 한다. 어민들이 각종 굿과 같은 의례를 중시여기는 것도 바다에서 직면하게 될 여러 위험에 대비하여 무사고와 또 만선이나 풍어를 해신(海神)에게 기원하기 위해서인 것이다. 바다는 육상과 달리 조류(潮流)가 만들어내는 변화무쌍함과 끊임없는 유동성으로 말미암아 언제 어떠한 상황이 일어날지 모르는 예측 불가능한 상황을 곧잘 만들어낸다. 그 변화에 인간이 대응할 수 있는 방법은 육상과 비교할 때 훨씬 제한적이다. 끊임없이 거대하게 흔들리고 요동치는 바다의 물리적 특성에 인간은 공포와 동시에 경외심을 가져왔고, 혹은 적극적으로 도전하는 탐험 의식이 만들어지기도 하였다.

지금도 어민들은 자신이 굿을 하거나 가내의 여러 신을 모시는 등의 의례 행위에 대해 물었을 때 곧잘 '안하면 탈이 났다', '전통으로 내려온 것이다'라고 말한다. 위험에 대한 불안과 전통의 계승이 오늘날 해양 민간 신앙의 전승을 이끌고 있는 주요한 힘인 것만은 분명해 보인다. 한편, 이와 같은 해양 의례의 문화적 전통은 사회적으로 어떠한 성격과 의미를 가지고 있는 것일까? 어민 집단이 공동으로 집단적 의례를 준비하고 거행하며, 또 해를 바꾸어 준비하는 그 반복적 연례행위 속에 어민들은 어떠한 목적과 기대, 혹은 의미를 투영하며, 또 그 내용은 과연 의례의 모든 참여자들에게 동일한 것일까?

이제 소개하려는 제주도 김녕리 잠녀들의 해신제(줌녀굿)을 보면, 삼라만상의 신들과 더불어 이 마을에 '좌정'한 여러 신들이 잠녀들과의 신화적 친족 관계를 이루고 있음을 보여준다.

김녕리의 마을 신들 가운데 가장 으뜸은 본향당 신으로 강남천자국에서 왔다고 하는 "큰도안전부인"으로 여신이다. 새해가 되어 마을 부녀자들이 마을 신들에게 새해인사를 올릴 때에도 이 신에게 먼저 절을 올린 후 다른 마을당 신들을 방문한다. 이 본향당신의 수양아들이 내륙에서와 용왕의 막내딸과 혼인한 "소천국과 백주또"의 막내아들 "궤내깃또"이다. 혼인은 남녀의 결합 뿐 아니라 집단간의 동맹(alliance)을 의미한다. 여자를 통해 인척관계를 형성한 두 집단이 상호 협력을 맺는 문화적 전통을 말한다. 다음 그림에서도 "동해요왕황제국"의 딸들이 김녕리에 좌정한 신들과 혼인을 맺고 있음을 보여주는데, 외부의 해양세력과 마을이 인척관계라는 상징적 결합이 이루어졌음을 상징하고 있다.

굿은 참여하는 집단과 개인들의 사회적 위치와 상황, 특징, 목적, 소원을 반영하며 의례의 장 안에서 여러 상징들을 통해 가시화 된다. 따라서 그 상징의 해석을 둘러싼 다양한 의미가 형성되고, 곧잘 의례

이러한 신화적 관계의 형상화는 굿을 통해 재현된다. 김녕리 동쪽 잠녀회는 해마다 하는 해신제, 곧 "잠녀굿"을 위해 온갖 정성으로 의례를 거행하며 또 공동으로 제물을 준비한다. 굿을 하는 의례공간에서 잠녀들은 스스로 바다 속 여신("요왕할망")의 자손으로 관념한다. 이 여신은 바람의 신인 영등신과 달리 바다의 풍흉을 관장하는 '바다

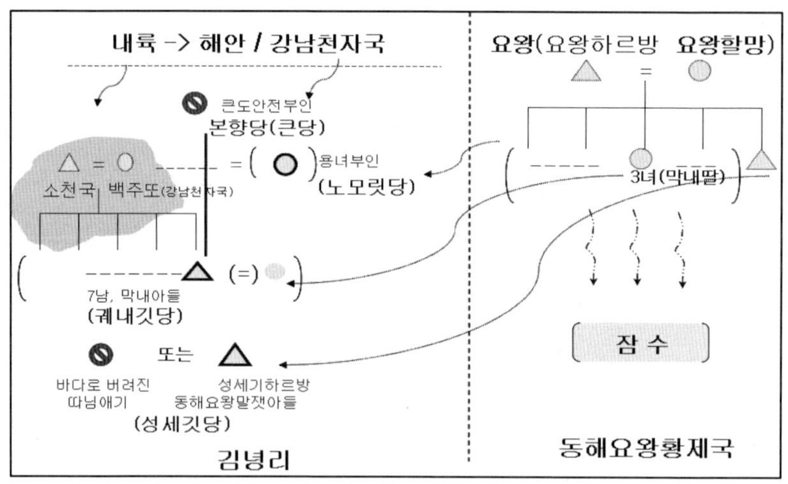

자료: 안미정, 2010(2008), p. 111.

밭(해저세계)'의 여신이다. 그리고 그 바다밭의 풍년을 기원하며 의례 과정에서는 바닷가에 씨를 뿌리는 연행이 신나게 벌어진다. 이 같은 신화적 사고는 의례과정을 통해 마을어장의 주인은 바다 속 여신의 자손이자 물질을 할 줄 아는 잠녀들이며 자원 또한 그들의 것이라는 논리를 지지한다. 의례를 통해 잠녀들은 바다의 주인이 누구인지를 상징적으로 재현하며, 그들의 아이덴티티 또한 스스로 재확인하게 된다(안미정, 2009: 329). 이처럼 제주도 해안 마을의 마을당 신앙(샤머니즘)이 왕성한 것은 잠녀들이 생업인 물질이 지속되고 있는 것과 관련이 깊다는 지적이 있다(하순애, 2003).

그들의 "조상"은 물질을 할 때마다 인지되는 살아있는 신이다. 가령, 매번 물질을 할 때마다 잠수들은 하얀 한지에다 쌀(혹은 쌀밥)과 동전을 무명실로 싸서 바다에 던지고는 기도를 올리며 하루의 무사안녕을 빈다. 신을 형상화 하고 또 그 신과 교환관계를 맺는 잠녀들의 신앙은 인간을 살리는 신, 신을 살리는 인간의 삶이 이들의 의례 속에서 상징화되고 있으며, 잠수들은 이러한 신의 존재를 그들의 문화적 문법 속에서 "조상"이라고 표현하는 것이다(안미정, 2013).

● 5. 돼지 한 마리 먹는 의례: 사회관계를 살리는 "돗제"

잠수들만이 아니라 마을사람들에게는 이러한 상호 공생의 원리를 보여주는 의례가 있다. 이를 "돗제"라고 부른다. "돼지 한 마리"를 잡아 마을사람들에게 베푸는 것이 이 의례의 주요 목적 중의 하나이다. 각 가정에서는 3년에서 5년을 주기로 이 의례를 거행하는데 그럼으로써 집안이 번성한다고 생각한다. 2005년 필자가 현지조사를 하는 동안, 이 의례를 위해 일본에 사는 교포가 고향을 방문하기도 했었다. 노년의 여성은 돗제를 하는 까닭을 묻자 그곳(마을)의 "땅이 세기 때문"이라고 말하였다. '땅이 세다'라는 그 말 뜻은 그 터의 신들을 잘 모시지 않으면 안 된다는 의미로 받아들여진다.

새해가 되기 전, 11월부터 12월—이때를 놓친 집에서는 정월이 지난 다음—, "돗제 먹으러 가자"라는 곧잘 들을 수 있다. 돗제를 올린 집에서는 오전부터 무당("심방")을 불러다 현관문을 향해 돼지의 각 부위를 조금씩 잘라 제물로 차려 놓고—이 때 상이 없이 바닥에 차려놓는다—소박한 굿이 시작된다. 이 음식을 먹는 신은 마을 본향당신의 수양아들이며 궤내깃당에 좌정한 궤내깃또이다. 이 신에게 "돼지 한 마리"를 바치게 연유는 그 신의 아버지(소천국)가 소 한 마리를 잡아 먹었던 데에서 유래된 것이다. 이 신이 마을에 좌정할 때 소 한 마리 바칠 것을 요구했으나 마을사람들이 소가 어려워 돼지 한 마리를 바치겠다고 신과 계약한 결과이다. 이러한 신화에 바탕하여, 이 의례의 특징은 돼지 한 마리를 잡아 신에게 바치고 그 고기와 뼈를 우려낸 국물에 모자반을 넣은 국과, 죽, 그리고 돼지고기와 술을 모든 내방객들에게 대접하는 것이 중요하다. 가능한 많은 사람들이 이 음식을 먹는 것이 주인에게는 중요한 일이고, 그럼으로써 집안이 번성하게 된다고 여긴다. 돗제를 먹으로 찾아가는 내방객은 그저 가서 먹기만 하면 되는 것이다.

한눈에 보아도 이 의례는 한 집에서 축적한 부(富)를 그 주인이 마을 주민들과 돼지음식을 통해 나누고 있다는 것을 알 수 있다. 그리고 그럼으로써 그 집이 번성하게 한다는 논리를 보여주고 있다. 돗제는 마을 사람들이 상호 호혜적 관계 형성을 통해 각 집안이 번성하는 것임을 암시하며, 그리고 그것을 의례를 통해 체계화시킨 문화적 장치인 것이다.

이러한 배경 속에 마을주민인 잠녀들의 사회관계 또한 중층적으로 엮여 있으며, 복합적 사회관계를 통해 교환되는 내용들 또한 다양하다. 일상생활 속에서 마을 잠녀들은 한 조상의 자손으로서 언제나 단단한 하나의 공동체로 존재하고 있는 것은 아니라, 복잡하게 연결된 여러 개의 그물 속에 중층적 관계를 형성함으로써 서로의 일상을 공유하고 있는 집단인 것이다. 그 관계망을 통해 각종 정보들이 한 사람에게서 또 한 사람에게로 흘러가며, 그 정보들이란 경조사나 농사일에 관련된 것 외에도 마을 정치에 관련된 것 등 다양하다. 또, 일부 잠녀들은 한 집에 모여 음식을 먹고 TV 를 보며 이야기를 하는 작은 담화 그룹을 형성하기도 한다. 이 이야기 그룹의 성격은 친목회와 같지만, 흔히 "회(會)", "모임"이라고 불린다. 그리고 이런 회는 젊은 잠녀일수록 10개 안팎에 이르는 등 때론 모임이 연이어 이어져 "회 메러 가는" 일이 하루하루 있는 사람들도 있다. 이처럼 회가 많다는 것은 개인들이 다양한 모임 구성을 조합함으로써 상호 엮여 있는 관계 형성이 이루어지고, 또 정보의 유통을 빠르게 확산시킨다. 이렇게 모이고 흩어지면서 소통되는 정보를 통해 잠수회원들 간에는 여러 사안에 대한 사전 의견 조율과 통합이 이뤄지는 것인지도 모른다.

제5장 해양자원의 남획과 선주민 사회

　　인류는 바다에서 생존에 필요한 식량뿐만 아니라 사회발전에 필요한 에너지 자원을 획득해 왔다. 산업의 '발전'은 에너지 자원에 대한 수요를 꾸준히 증가시키고 있으며, 환경재난 및 자원고갈의 높아지는 위험에도 불구하고 강대국을 중심으로 '문명'을 위한 자원 탐사는 계속되고 있다. 원시림으로 덮힌 오지나 우주를 불문하고 끊임없이 탐사와 개발 현장이 확장되고 있음을 우리는 일상적으로 접하고 있다.

　　그리고 바다가 '새로운' 자원의 보고(寶庫)로 각광받기 시작한 것도 이러한 맥락과 닿아 있다. 육상에서 고갈되어 가고 있는 자원의 대체지이자 새로운 에너지원을 찾을 수 있다는 국가적 기대가 바다로 모아지고 있는 것이다. 지금껏 어부들의 영역이었던 바다를 국가의 미래를 좌우할 에너지원의 거처로서 주목함에 따라 국가 간 경쟁은 더욱 치열해지고 있으며 해양영토분쟁도 그 가운데 하나인 것이다. 자원 경쟁과 남획으로 치달은 결과 위험에 놓인 해양생물과 이를 생계기반으로 하는 사회들이 속출하고 있다. 더군다나 이러한 자원을 두고 벌이는 강대국들 간의 경쟁은 또 다른 국제분쟁을 야기할 수 있다.

그러한 맥락에서, 이 장에서 '위험한' 자원이라는 의미는 우선, 해양생물의 멸종과, 나아가 특정 자원의 획득을 두고 벌이는 분쟁의 가능성을 포함한 뜻이다.

분명 바다는 인류의 생존과 지속 및 발전에 불가분하게 존재하고 있다. 그러나 강대국들이 보여주는 최근의 자원 탐사 및 개발은 해양의 자원이 일국의 부강으로 귀속되는 데 반해 현지민의 생활이 위험을 받거나 또 다른 환경재난으로 이어질 가능성이 높다. 때문에 인류사회에 미칠 그 위험성 또한 높은 것이다. 자원의 경제적 가치가 한정적인데 반해 개발과 탐사에 의한 환경재난의 위협은 무차별적이며, 남획으로 말미암은 환경변화는 생태계의 의존도가 높은 소수민족 사회의 그 기반자체를 흔들어버리고 있다.

이 장에서는 자원 남획과 자원 경쟁의 문제를 살펴볼 것이다. 그리고 이러한 문제를 둘러싸고 분쟁화 되고 있는 선주민사회를 통해 해양 분쟁의 또 다른 면을 생각해보고자 한다. 선주민사회가 겪고 있는 문제는 비단 자원이란 산업동력으로서 뿐만 아니라, 보다 폭 넓은 관점에서 접근해야 할 필요성을 제기하고 있다. 테사 모리스-스즈키(2006)는 선주민 사회의 중요성을 이렇게 말한다. 선주민의 역사는 그들의 역사 그 자체로도 중요하지만, 우리에게 일깨워주는 점이 있다는 측면에서도 그 중요성이 있다. 선주민 역사가 없이, 근대의 국사와 세계사에 대한 이해, 그리고 국민의 지위와 근대성, 시민권과 자결이라는 관념에 대한 우리들의 이해는 불환전할 것이기 때문이다. 지역 고유의 환경과 경험은 극히 다양하고 다르지만, 세계의 각종 선주민 사회들은 국민국가에 의한 식민지화라고 하는 대개는 유사한 과정에 종속당해 왔다는 것을 직시할 필요 있다(테사 모리스-스즈끼, 2006: 48). 게다가 이들 사회의 해양자원은 육상의 자원과 달리 공유적 성격이 강하고, 이러한 점에 우리가 주목할 때 국가와 기업, 개인의 전유물이 아니라 공동체와 인류가 지속적으로 공유하고 지속시켜야 할 미래의 자산(資産)임을 깨닫게 된다. 공유자산으로서 바다를 바라보는 시각은 이미 여러 해양사회에 널리 존재해 왔으며 이를 통해 우리는 인류와 바다의 '오래된 미래'를 생각해 볼 수 있을 것이다.

제1절 멸종 '위험'에 직면한 고래

● 1. 고래잡이 어로문화

고래잡이는 인류의 오래된 어로문화이다. 고래에 대한 기록을 살펴보면, 1세기 플리니우스가 북아프리카까지 여행하면서 쓴 『박물지』 속에 등장한다. "갈리아의 대양에서 피세테르(physeter: 희랍어로 숨을 내뿜는 자라는 뜻이며 향고래의 속명)라고 부르는 거대한 물고기를 발견했는데, 이 물고기가 바닷속에서 기둥처럼 솟아오르면 그 높이가 배의 돛보다 높다. 또한 이것은 엄청난 양의 물을 하늘 높이 뿜어낸다." 성경의 시편에는 배를 부술 듯이 광란하는 풍랑을 진정시키기 위해 선원들이 바다에 던져버린 요나의 이야기가 있다. 요나는 고래에 먹혔다가 사흘 후에 빠져 나왔다는 것이 그것이다. 또 "심해를 가마솥같이 끓게 하며"라고 묘사된 '리바이턴'이라는 괴수가 고래이다(이브 코아, 1999: 18).

기록보다 더 오래된 고래와 인간의 관계는 울주 암각화에서 찾을 수 있다. 울산시 울주군 대곡리 반구대암각화(국보 제285호)에는 귀신고래를 비롯해 각종 고래들이 등장하는데, 포획 방법과 고래의 각을 떠서 분배하는 모습 등이 그려져 있다. 이 암각화로 한반도에서 고래잡이 기원은 신석기 시대 혹은 청동기 시대로 추정되고 있다(제11장 참조).

고래에 대한 과학적 지식이 없었던 시절 고래사냥꾼은 사냥할 고래와 피해야 할 고래의 종류, 작살을 꽂는 방식, 1년 중 가장 좋은 사냥철, 그리고 가장 좋은 어장 등을 경험을 통해 잘 알고 있었다. 그리고 그들은 고래의 가족관계까지도 잘 알고 있어서 항상 새끼고래에서 어미고래, 마지막에는 아비고래의 순으로 작살을 던졌다. 그러면 아무 고래도 달아나지 않는다는 것을 알았기 때문이다(이브 코아, 1999: 28). 허먼 멜빌의 『레드 번』이라는 소설에서 뱃사람이 바다코끼리의 무리를 보고, "저것이 고래다"라고 경탄하는 모습을 묘사하고 있다. 그 때 이를 본 고참 포경선원이 이렇게 말한다. "저것은 향고래가 아냐. 물뿜기가 충분치 않으니까. 그리고 혹등고래도 아냐, 혹이 없으니까. 저건 참고래도 아냐. 참고래라면 배와 부딪힐 정도로 가까이 다가오지를 않아……저것은 지그재그, 바다코끼리야, 알겠지?"(이브 코아, 1999: 28).

여기서 잠시 우리나라에 전래되어 온 설화 중 고래 이야기 하나를 소개하려 한다.『조선의 설화집』(손진태, 2009)에는 실린 이야기로 옛 사람들의 해학을 엿볼 수 있어 이를 인용해 본다. 제목은「고래 뱃속에서」이다.

- 고래 뱃속에서 -

고래는 배를 통째 삼키는 수도 있다. 어느 사람이 배를 타고 바다에서 고기 잡이를 하고 있는데 고래가 삼켜버려 고래 뱃속에 들어갔다. 들어가 보니 그곳에는 이미 먼저 들어온 많은 사람들이 도박을 하고 있었으며 그 곁에서는 한 사람의 항아리 장수가 그의 지게에 항아리를 지고 선 채 도박을 구경하면서 담배를 피우고 있었다. 이겼다는 둥 졌다는 둥 실랑이 하며 내라 내지 못 하겠다 하며 다툼이 시작되었는데 그 중 한 사람이 항아리가 얹힌 지게에 부딪혀 물독 된장독이 박살이 났다. 그 깨진 조작에 찔려 고래는 아프기 시작하여 여기저기

고래에 대한 인식이나 잡는 방법도 다양했다. 중세 아이슬란드 선원들은 그들이 '악마고래'라고 고래를 두려워하였고, 바다에서 고래 이름을 부르면 고래가 배를 파괴해 버릴 것이라고 생각했다. 따라서 고래라는 말을 한 뱃사람은 음식을 얻어먹지도 못했고, 그 결과 바다 위에서 굳이 고래라는 말을 하고 싶을 때에는 '대어'라는 명칭을 대신 사용했다고 한다(이브 코아, 1999: 21). 일본에서는 죽은 고래의 영혼과 뱃속에 든 새끼고래를 위해 제례를 지내는 풍습이 있다. 야마구치 현의 센자키만에 있는 오미시마 섬에는 포경선에 잡혀 죽은 고래의 혼이 성불하기를 기리는 의식이 행해져 왔고, 고래의 사리를 납골한 관음당도 있었다. 만약 고래를 해체할 때 뱃속에서 새끼가 나오면 관음당으로 가져가서 화장하여 가마니로 싸서 그곳에 납골했다고 한다. 어부들은 어미고래가 새끼고래한테 품고 있는 깊은 애정에 감동하여 이것들을 위해 일부러 무덤을 만들고 공양의식을 치렀다. 게다가 고래의 망자명부까지 작성했는데 여기에는 고래 포획날짜와 사후에 부여한 계명을 기입하는 것이 관습이었다(이브 코아, 1999: 22~23).

알류샨 열도 사람들이나 그린란드의 에스키모는 해마의 이빨로 만든 작살에 독을 발라 이것으로 고래를 찌른 뒤, 숨이 끊어질 때까지 쫓아다니며 고래사냥을 시작했을 것이다. 중세 초기 노르웨이인은 작은 고래를 해안으로 몰면서 포위망을 좁히는 방법을 사용했다. 그들은 고래를 좁은 피오르드에 갇히게 한 후 창을 던졌다. 이 기술을 그들은 그라인드라고 불렀다(이브 코아, 1999: 25). 에스키모는 고래로부터 일상에 필요한 많은 재화를 얻었다. 고래는 마을 전체에 식량과 원자재를 제공해 주었다. 뼈는 썰매와 배를 만드는 재료에, 턱과 갈비뼈는 움막집의 뼈대로 사용된다. 가죽은 끈과 신발을, 상아는 작살을 그리고 수염은 활과 올가미를 만드는 데 사용하였다. 지방은 사냥용 미끼와 식품으로 고기는 추운 겨울 동안의 식량으로 쓰였다. 기름은 조명과 난방에 이용하였다(이브 코아, 1999: 28). 에스키모에게 고래는 생활의 기반을 이루고 있는 것이라 해도 과언이 아니다. 그리고 이것은 상업적 목적으로 이뤄지는 포경과는 다른 의미를 가지고 있는 것이다.

중세 초기 바스크인(Basque)은 대양에서 처음 고래잡이를 시도한 민족이다. 이들은 자타가 공인하는 작살잡이의 명수로, 이들의 뒤를 이어 다른 민족도 고래사냥에 나섰다. 바스크인이 사용한 작살은 부표에 매달아 놓은 자유작살이었다. 그들은 사냥개떼 같은 소형정을 타고 나와 고래 한 마리를 향해서 가능한 많은 작살을 던졌다(이브 코아, 1999: 47). 9세기부터 바스크 지방에서 고래사냥은 가장 중요한 일이었다. 매년 엄청난 수의 고래가 난류를 따라 비스케만에서 새끼를 낳으려고 몰려들었기 때문이다. 바스크인이 잡은 수염고래는 그들의 말로 '사르다'라고 불렀다. 고래사냥은 바스크인의 생활수단이 되었고, 고래를 취급하는 최초의 상점이 프랑스와 스페인 해안에 생겨났다. 고래에서 얻어 낸 고기, 지방, 수염 등이 거래되었다. 맛있다고 알려진 고래의 혓바닥도 비아리츠와 바이욘, 시부르 등 도시로 팔려 나갔다. 고래의 피지는 염장을 한 후 프랑스 전역으로 보내졌다. 고래가 상업적으로 거래되기 시작한 것이다.

그러나 15세기 무렵, 더 이상 바스크 해안으로 고래가 오지 않았다. 바스크인은 대형 원양어선을 타고 북쪽으로 사냥을 나갔고, 돛이 세 개 달린 캐럭을 타고 노르망디인을 승무원으로 채용하고, 작살 던지는 일과 고래 해체 같은 '고상한' 역할을 그들이 하였다. 16세기 고래사냥은 전환점을 맞이하게 되었다. 프랑스 왕국과 스페인 왕국 사이의 충돌로 바스크족 기업이 몰락하였고, 동시에 네덜란드와 영국이 주요 항로 지배권을 둘러싸고 싸움을 벌이며 항로를 장악해 바스크인을 기술자로 고용하였다. 하지만 그 기술을 전수받은 후 바스크인들은 해고되었고, 바스크인이 북유럽 바다로 취항하는 것까지 금지하였다. 이로부터 네덜란드와 영국의 그린란드 고래를 독차지하기 위한 치열한 경쟁이 시작되었다(이브 코아, 1999: 48~50). 고래는 왕국의 재정기반을 이루는 든든한 자원으로서 이를 포획하려는 경쟁의 한 가운데 있게 된 것이다.

● 2. 포경산업의 발달

고래잡이의 긴 역사에 비해 고래에 대한 인류의 과학적 지식은 극히 짧은 역사를 가지고 있다. 고래는 물고기인가 포유동물인가? 고래는 오랫동안 물고기로 여겨져 왔고, 육상의 포유류로 밝혀진 것은 18세기 중엽에 이르러서였다. 고래를 포유류로 분류한 최초의 사람은 BC 4세기 그리스 철학자 아리스토텔레스였다. 그럼에도 고래가 물고기라는 플리니우스의 주장은 1600년 동안 걸쳐 계속 이어졌다. 스웨덴의 박물학자 샤를 드 린네가 1758년에 펴낸『자연의 체계』에서 고래를 포유류로 재분류하고, 프랑스의 동물학자 퀴비에가 "고래는 뒷다리가 없는 포유동물"이라는 주장을 뒤이어 내놓았다. 또 동물학자들은 고래뼈를 화석 상태에 있는 육지 포유동물의 뼈와 비교해 고래가 포유류 가운데에서도 아주 오래된 과(科)에 속하고 육지 포유동물과 조상이 같을 것이라고 추정하였다(이브 코아, 1999: 29~30).

이것은 만약 우리가 고래고기를 먹을 때 물고기가 아니라 포유류 동물을 먹는다는 것을 의미하는 것이 된다. 그러나 포경산업은 고래의 고기가 아니라 지방(脂肪)을 얻는 데 목적이 있었고, 고래기름 덕에 도시가 흥망성쇠를 겪으며 19세기까지 포경산업은 꾸준히 성장하였다.

네덜란드인은 17세기 초 스피츠베르겐섬 지역에 포경기지를 세웠다. 스메렌베르겐이라는 이 소도시는 오로지 포경선원을 위해서 만들어진 포경기지였다. 신흥도시인 스메렌베르겐은 고래사냥철 외에는 죽은 도시나 마찬가지였다. 한참 절정을 이루던 1630년대 지방(脂肪) 도시라는 별명이 붙을 정도였다. 이 도시는 300척의 포경선과 1만 2,000에서 1만 8,000명의 선원을 수용하고 있었다. 잘 조직된 포경업으로 그린란드 근해로 오던 수염고래는 멸종위기에 몰렸고, 고래잡이 해역은 원양으로 방향을 돌리게 되어, 포경기지는 순식간에 몰락했다(이브 코아, 1999: 52~53).

영국의 식민지였던 뉴잉글랜드 지방에서도 17세기 말부터 포경업이 시작되었다. 그러나 훨씬 이전부터 인디언들이 보트를 타고 나가 고래를 잡고 있었다. 유럽에서 건너온 사람들은 소규모 포경기업을 세웠고 1670년대 그 규모는 작았으나 이곳에서 생산된 고래제품은 영국과 다른 식민지, 유럽 대륙으로 수출되기 시작했다. 많은 항구들이 포경항으로 발전하였고, 그 가운데 낸터킷항도 뉴잉글랜드에서 제일의 포경함으로 성장하였다. 그리고 또 낸터킷은 최초의 향고래 포경항이었다. 향고래는 수염고래에 비해 품질이 좋은 기름을 갖고 있었다. 1775년 낸터킷시는 향고래 잡이 덕분에 엄청난 수익을 올렸고, 연간 향고래 기름 4만 5000배럴, 수염고래 수염 7,500파운드, 수염고래 기름 8,500배럴을 생산했다(이브 코아, 1999: 56~58).

1789년 개척된 태평양 항로를 19세기에는 미국인이 거의 독점했고, 1820년대에는 120척이상의 미국 포경선이 태평양을 누볐다. 절정기인 1841년에는 미국의 선단이 500척 이상으로 늘었다. 미국의 포경산업은 큰 호황을 누렸고, 매사추세츠 주 뉴베드포드는 포경산업의 중심지 역할을 하였다. 1854년 미국 신문에는 이 도시가 미국 내에서 가장 개인 소득이 높은 부유한 도시였다고 한다. 미국의 포경산업은 1816년에서 1850년에 이르기까지 매년 14배 정도로 증가하였고, 뉴베드포드시는 미국 전체 포경산업 생산량의 절반 수준을 차지하였다. 포경산업의 호황은 고래기름이 갖는 경제적 가치 때문이었다. 고래기름은 기계의 윤활유로 이용되고, 실내조명의 등잔유, 비누 등을 만들 수 있었다. 또 고래연골은 여성의 코르셋용으로 사용되기도 하였다. 고래라는 이 자원을 포획하기 위해 미국은 해양지도법에 의해 정교해진 해도를 작성하고 더 나은 선박을 생산해서 포경산업에 투입하였다.

1864년에는 고래사냥에 일대 기술 혁신이 일어났다. 바다표범의 사냥꾼이었던 노르웨이 스벤드 포원 선장이 50미터 거리에서 고래를 공격할 수 있는 작살을 고안해낸 것이다. 지금까지 손으로 던지던 작살과 창을 대신해 새로이 등장한 작살 발사포는 고래사냥을 더 용이하게 했다. 1868년 그는 이것으로 사냥철 대왕고래를 30마리나 잡았다. 또한 고래사냥의 확대는 제1차 세계대전의 영향도 있었다. 전쟁기간 중 노르웨이 포경산업은 더 발전하였는데, 폭발물 재료인 글리세린의 구입이 쉬워진 덕에 전기작살과 로켓 발사 기구 등 새로운 고래잡이 기구들이 등장했다. 또 일본인이 고안해 낸 음파탐지기는 고래에게 있어서는 가장 치명적인 것이었다. 이를 이용해 고래의 이동방향, 선박과의 거리를 알 수 있게 되었고, 전쟁 후 고래사냥은 더욱 더 심해졌다. 북극에서 남극에 이르기까지 고래의 종류와 크기, 연령과 암수를 가리지 않고 포획하였다. 제2차 세계대전 이후엔 세계 곳곳에서 식량부족 현상이 나타나 식용유에 대한 수요가 높아져, 노르웨이, 영국, 남아공화국, 일본 등 포경선단이 재구축되었다. 1946년 고래의 멸종문제를 논의하기 위해 국제위원회가 워싱턴에서 개최되었다. 이후 20년에 걸쳐 수없이 회의를 거듭한 끝에, 수염고래와 귀신고래를 '보호대상 종족'으로 지정했고, 또 새끼고래와 임신한 암컷의 포획을 금

지하게 되었다. 그러나 이 조치는 실효를 거두지 못하고 있다(이브 코
아, 1999: 115~120).

● 3. 생물·산업 자원의 양면성

노르웨이는 세계에서 유일하게 상업적인 고래 포획을 허락하는 국
가이다. 이들은 고래 고기를 잡아 스테이크, 햄버거, 소시지 형태로 먹
는다. 하지만 많은 수의 고래 사냥과 불법 고래 포획으로 인해 환경 보
호단체와 갈등이 있다. 일본의 경우도 정부의 고래 실험이 목적이라고
하여 포경을 하지만 실질적으로는 상업적인 목적이 크다고 하여 국제
적인 비난을 받고 있는 것이 현실이다. 석유가 등장하기 이전 포경산
업은 부(富)의 원천으로 각광받아 왔다. 그러나 오늘날 고래의 남획은
개체수를 급감시켜 환경보존의 논란을 초래하였고, 이후 석유자원의
등장으로 개체 수가 보전되는 데에는 일정부분 기여하였으나 이미 고
래는 멸종의 위기를 벗어나지 못하고 있는 해양생물이 되어버렸다.

고래의 보존과 포경산업의 '질서 있는 발전'을 위해 1946년 국제포
경위원회(IWC)가 설립되었다. 남획으로 전 세계의 고래가 절멸위기에
놓이자 이 위원회는 1982년 총회를 거쳐 12종의 고래에 대한 상업포
경을 1986년부터 중지하기로 결정하였고, 우리나라는 이때부터 돌고
래를 포함한 모든 고래에 대한 상업적 포경을 금지해 왔다. 그러나 일
본, 노르웨이, 페루, 소련은 처음부터 포경 중단에 반대했었고, 노르웨
이는 세계적으로 유일하게 상업적 포경을 허가하고 있는 국가이며,
아이슬란드는 위원회를 탈퇴하였다가 포경금지를 받지 않겠다는 조
건으로 재가입한 상태로 포경을 지속하고 있다. 일본은 실험 목적이
라는 '과학 포경'을 하고 있는 유일한 나라이다.

오랜 포경의 전통이 있는 러시아와 미국의 이누이트 등 원주민의 생계형 포경도 예외적으로 허용되고 있다. 우리나라는 1986년 국제협약에 따라 고래잡이를 금지하여 왔으나 2012년 일본과 같이 '과학 포경'으로 선회하려는 움직임이 있었으나 국내외 비난이 쏟아져 입장을 철회한 상태이다. 그러나 고래잡이로 유명한 울산을 중심으로 한 지역 여론은 포경을 허가해야 한다는 입장을 보이고 있어 일본과 같이 '과학 포경'으로 선회할 가능성은 여전히 남아 있다.

앞서 본 것과 같이, 고래잡이는 17세기부터 대규모화되기 시작했으며 런던, 파리, 뉴욕 등 세계적 대도시 가로등을 밝힌 것이 모두 고래기름이었다. 추운 날씨에도 얼지 않는 고래기름은 윤활유로 쓰였고, 고래수염과 각종 부산물은 마가린, 글리세린, 양초, 비누, 합성수지, 향수, 의약품, 호르몬제, 여성 내의 코르셋 등 500여 가지 공산품의 원료로 쓰였다. 우리나라에서도 고래 기름에 대한 기록이 《고려사(원종 계유 14년)》에 나오며, 조선시대 고래수염은 왕의 하사품이기도 하였다.

그러나 19세기 중반에 이르러 황해, 전라, 경상, 강원, 함경 등지에 이양선이 나타나 고래를 잡아갔다는 《조선왕조실록》의 기록을 보아, 한반도 주변 해역이 서구 열강의 포경선단이 몰려든 마지막 고래어장이었음을 알 수 있다. 반구대암각화가 시사하는 것처럼, 선사시대로부터 한반도 연안에서도 고래잡이가 있었으나, 우리나라의 포경 역사는 일제시기에 본격화 되었다고 하는 것이 일반적이다. 즉 한국의 포경산업은 선주민의 토착적 문화와 달리 일제의 식민지 산업으로서 전개된 성격이 강하다는 것을 염두에 둘 필요가 있다.

한편, 토착적 포경문화가 발달하지 않았고, 포경반대의 여론이 지배적인 한국에서 2012년 정부가 일본과 같이 '과학 포경'으로 선회하려고 했던 배경은 무엇일까? 여기에는 일본의 연안포경 추진에 따라 국가 간 자원경쟁이 부추겨진 면이 있다. 이에 고래시장을 확보하려는 국내 수산업계의 요구를 정부가 수용한 측면이 있으나, 결국 국제적 비난을 받는 일본의 '과학 포경'을 따라가려 한다는 국제적 비난여론만 좌초했다고 지적받았다.

고래를 보존해야 한다는 국가들과 환경단체들의 입장과 반대로 "배를 갈라봐야 안다"고 과학 포경을 주장하는 일본, 그린란드 원주민의 생존형 포획을 요구하는 덴마크의 경우는 실제 현지 관광객을 대상으로 고래고기를 판매하는 등 생존형 포획의 범위를 넘어섰다는 주장들이 제기되고 있다. 반면 미국의 알래스카, 러시아, 카리브해 국가인 세인트빈센트 그레나딘 원주민의 포경은 연장 승인되기도 하였다.

다음 표에서 현재 가장 많이 고래를 잡아들이는 국가는 노르웨이, 덴마크(그린란드), 일본 순으로 나타나고 있다. 일부 원주민들이 전통적 생계로서 이뤄져 온 고래잡이 외에, 노르웨이와 일본, 아이슬란드의 고래잡이가 전체적으로 볼 때 상당함을 알 수 있다. 또 노르웨이는 밍크고래만을 잡는 반면, 일본은 밍크고래, 수염고래, 열대고래 등 다양한 고래를 포획하고 있는 특징이 있다. 우리나라 역시 국제포경위원회 회원국이지만 2012년 밍크고래, 열대고래를 불법으로 포획한 사실이 보고되었다.

2010~2011년 국제포경회원국들의 고래 포획량

	Fin	Humpback	Sei	Bryde's	Minke	Sperm	Bowhead	Gray	Operation
North Atlantic									
Denmark									
(West Greenland)	5[1]	9	-	-	186[2]	-	3	-	Aboriginal subsistence
(East Greenland)	-	-	-	-	9	-	-	-	Aboriginal subsistence
Iceland	148[3]	-	-	-	60[3]	-	-	-	Whaling under reservation
Norway	-	-	-	-	468[4]	-	-	-	Whaling under objection
St. Vincent and The Grenadines	-	3	-	-	-	-	-	-	Aboriginal subsistence
North Pacific									
Japan	-	-	100	50	119	3	-	-	Special Permit
Korea	-	-	-	1[5]	11[6]	-	-	-	
Russian Federation	-	-	-	-	-	-	2	118	Aboriginal subsistence
USA	-	-	-	-	-	-	71[7]	-	Aboriginal subsistence
Antarctic									
Japan	2	-	-	-	171[1]	-	-	-	Special Permit

Note: bycatches are not included.
[1]Including 1 struck and lost; [2]including 7 struck and lost and 2 reported as infractions; [3]including 6 struck and lost and 2 reported as infractions; [4]including 2 struck and lost; [5]the Republic of Korea reported the taking of 1 Bryde's whale as infractions; [6]the Republic of Korea reported the taking of 11 minke whales as infractions; [7]including 26 struck and lost.

*출처: Annual Report of the International Whaling Commission 2012: 115.

국제포경위원회(2012년 기준 89개국)는 고래잡이가 전통문화이고 생존을 위해 필요한 조건에 한에 포경금지협약은 예외를 두고 있다. 그러나 그 전통과 토착성에 대해서는 여전히 애매한 부분이 남아 있다. 가령, 세인트빈센트 그레나딘의 고래잡이는 미국 포경선원에게 130년 전 배운 것이다. 또 한국의 경우도 8000~9000년 전 고래잡이 선사문화를 보여주지만 일제시기에 도입(?)된 포경문화를 토착 및 전통문화라고 하기엔 한계가 있다. 게다가 현대적 장비와 달리 전통적 방식의 고래잡이는 더 잔혹하여 인도적 방법의 고래잡이는 존재하지 않는다고 지적되고 있다.

포경산업의 호황기는 곧 고래의 수난기 속에 고래에 관한 최고의 문학작품이 탄생했다. 허먼 멜빌의 백경(白鯨), 『모비딕』이다. 한때 태평양을 항해하였던 멜빌의 경험은 그의 작품 속에서 흰 고래(향유고래)를 찾는 주인공 이스마엘을 통해 묘사되었다. 그는 이 작품을 하나의 고래학으로써 쓰고 있음을 작품 곳곳에서 강조하였다. 이 작품은 고래에 대한 지식이나 문학작품으로서의 중요성 외에도 우리에게 몇 가지 시사점을 던지고 있다. 작품 속에 등장하는 여러 인물들 가운데에서도 그가 이교도라 부르기도 한 아메리카 원주민 작살잡이 퀴퀘그에 대한 그의 묘사는 '야만'과 '미개'라 구분지어 버렸던 서구사회의 편견을 드러내어 독자로 하여금 비판적 시각을 제공한다.

19세기 중반, 서구사회가 비서구사회에 대한 오리엔탈리즘이 이 작품에도 배어 있으나, 멜빌은 그것이 허구와 편견임을 동시에 은근히 드러내고 있다. 작품 속 이야기의 전개는 피쿼드호가 당시 큰돈을 벌 수 있는 고래를 잡으려는 데 있는 것이지만, 이야기를 이끌어가는 것은 흰 고래에 대한 선장의 집념이다. 선장 에이허브는 자신의 한쪽 다리를 잘라버린 흰 고래를 찾아 복수하려 하지만, 결국 배의 침몰과 죽음으로 무모하게 끝나버린다. 독자의 해석에 달려있는 것이겠지만,

멜빌은 바다에 대한 맹목적 도전이 낳은 결과를 그렇게 암시하고 있는 듯하다.

맥닐은 고래만큼 인간의 잔악한 행위로 크게 희생된 동물도 별로 없다고 말한다. 고래는 지난 5000만 년 동안 포식자가 없었기에 아주 평화로운 삶을 누렸다. 그러나 원양포경이 일어난 17세기 이후 북극고래가 멸종 지경에 이르렀고, 향유고래의 기름을 찾아 포경선단을 조직해 태평양 곳곳을 누볐던 19세기 미국 포경산업으로 고래의 씨가 말라버렸다. 이 때문에 베링해 연안에서 고래잡이로 생활을 유지하던 알류트족과 추크치족 원주민들은 갑자기 혹독한 기아 상태를 감수해야만 했다(맥닐, 2009: 379~380).

"누구나 다 접근할 수 있는 자원"이라는 점에서 어로 작업에서는 남획은 일상적이며, 대부분의 어류와 고래가 이동성을 가지며 국경을 가볍게 넘나들기 때문에 어느 한 어부나 한 나라가 그런 노력을 한다고 해도 자원의 보전은 큰 효과를 보기 어렵다. 이런 어려움들 때문에 20세기 대부분의 기간 동안 어업에 종사하는 사람들의 삶은 고단하고 빈곤했을 뿐 아니라 상업성 있는 어류와 고래들의 수명을 단축시켰다(맥닐, 2009: 379).

고래는 국경에 관계없이 먼저 포획하는 사람이 가져갈 수 있는 '자유'로운 자원이었고, 포경산업은 도시를 번창시켰고 산업을 발달시켜 경제성장의 주춧돌이었다. 그러나 포경산업은 고래를 산업경제적 가치를 부각시켰으나 그 멸종 위기에 있어서는 어떠한 대안도 내놓고 있지 않다. 고래는 산업자원이기 전에 해양생물 자원이다. 잡는 자가 잡히는 먹잇감을 보호하지 않는 포경이야말로 현재 사라져가는 고래를 둘러싼 딜레마인 것이다.

제 2 절 산업자원과 선주민 사회

현대 산업사회는 석탄과 석유, 가스 등 천연에너지 자원에 힘입어 근대문명을 이룰 수 있었다. 고래가 그 멸종의 위기로 직면할 때쯤 석유는 대체에너지로서 각광을 받았으며, 20세기를 통틀어 선진자본주의의 사회로의 변화를 이끌어냈다. 그러나 이러한 에너지의 산업자본주의의 수요는 그 공급처와 다르다는 점, 그리고 과학기술의 진보를 앞서 달성한 선진국들의 차지가 되었다. 서구사회와 다른 문화를 형성하고 있던 많은 아시아 외에도, 남미와 아프리카의 여러 나라 및 부족사회들은 탐험과 조사단으로 구성된 서구세력에게 자신의 노동력 및 자원을 빼앗겼다는 것은 두말할 필요 없는 인류의 역사이다. 이 절에서는 식민지화를 거치며 사회정치적으로 배제된 선주민(원주민) 사회의 자원 문제를 살펴보고자 한다.

아이누는 근대적 국민국가 건설과정에서 일본인으로의 동화를 거듭 강요당해 왔으며, 현재는 일본 홋카이도를 중심으로 거주하는 대표적 선주민으로 알려지고 있다. 아이누의 거주는 쿠릴열도와 사할린을 중심으로 넓게 분포하고 있었으나 제2차 세계대전 이후 사할린의 아이누는 일본으로 추방되었다. 때문에 오늘날 사할린에서 아이누의 존재를 찾기란 어렵게 되었다. 그렇다고 하여 사할린에서 선주민이 사라진 것은 아니다. 아이누와 함께 전근대 교역에 참여하였던 니브히족이 사할린의 북부지역을 중심으로 거주하고 있으며, 이들의 전통적 어로와 수렵채집 지역은 현재 석유와 천연가스의 개발 지구와 겹치고 있다.

눈을 다시 남쪽으로 돌려, 태평양의 남쪽, 멜라네시아에 있는 누벨칼레도니의 경우에는 어떠한가? 이곳은 빼어난 경관 및 산호초의 아름다움으로 세계자연유산이자 세계적 휴양지로 각광을 받는 곳이나,

섬에 매장된 고품질의 니켈은 군수산업에 필요한 광물로서 한국을 포함한 강대국들의 이목을 집중시키고 있다. 19세기 중반 이 섬을 식민지화 프랑스는 원주민인 카나크인과의 갈등 속에서도 현재 해외 영토로서 이 섬을 지배하고 있다. 식민지적 지배는 영토에 대한 지배로서 자연자원의 사용처분의 권리를 당연시 하지만 이러한 사고는 당초 이를 이용해온 원주민들의 사고와는 다른 것이었다. 대개 낭만적 감성으로 소개되는 선주민 사회의 자연관은 실제 이들의 삶의 양식과 불가분의 것을 이룬다. 따라서 산업사회의 에너지로서 하나의 자원을 획득하여 소유한다는 것은 이들 사회로서는 불가해적인 것이다. 자원에 대한 사고, 즉 자연에 대한 세계관이 다름을 들여다봄으로써 자원획득을 위한 경쟁이 당연시 되고 또 그것을 절대화하는 시각에 대해 생각해보도록 하자.

1. 사할린의 선주민 사회: 아이누와 니브히

1) 아이누와 니브히

사할린은 일본의 홋카이도 북쪽에 위치한 길쭉한 섬으로, 오호츠크해와 동해에 둘러싸여 있으며 대륙과 최단 거리가 약 8km인 타타르해협을 끼고 있다. 섬의 전체면적은 72,492 km²이며 해발은 1,609m이다. 섬의 가장 큰 도시는 유즈노사할린스크로 섬의 남부, 즉 홋카이도와 마주하고 있다.

현재 사할린 섬의 주민구성은 이곳이 다민족사회임을 보여주는데, 여기에는 부침(浮沈)을 거듭해온 이 지역의 역사가 깊이 각인되어 있다. 2005년 기준으로, 섬에 거주하는 전체 인구는 58만 명이며 이 가운데 약 17만 명이 유주노사할린스크에 살고 있다. 섬 주민은 대부분 러시아인(78%)이며, 그 외 우크라이나인(7.4%), 한인(6.5%), 소수의 일본인이 거주하고 있고 원주민(0.4%)으로 아이누와 길랴크(니브히족·월타족) 있다. 우리에게 사할린이 익숙한 까닭은 제2차 세계대전 중 이곳의 탄광과 군수공장으로 징용당한 한인들이 많았기 때문일 것이다. 이들 중 일부가 귀환동포로 국내에 정착하고 있으며, 지금도 사할린에 거주하는 후손들과의 네트워크가 형성되어 있다.

사할린의 대표적 선주민으로서는 아이누와 니브히족을 언급할 수 있을 것이다.아이누는 홋카이도와 혼슈의 동북지방, 러시아의 쿠릴열도, 사할린 섬, 캄차카 반도에 정착해 살던 선주민이다. 그러나 지금은 러시아와 일본의 사할린 지배를 둘러싼 각축전 속에 지금은 홋카이도를 중심으로 거주하는 소수민족이다. 다음 그림에서 보듯이, 사할린의 소수민족은 8,10,11,12에 해당하는 아이누와 니브히가 대표적이다(Walker, 2006: 140).

러시아의 소수민족 분포

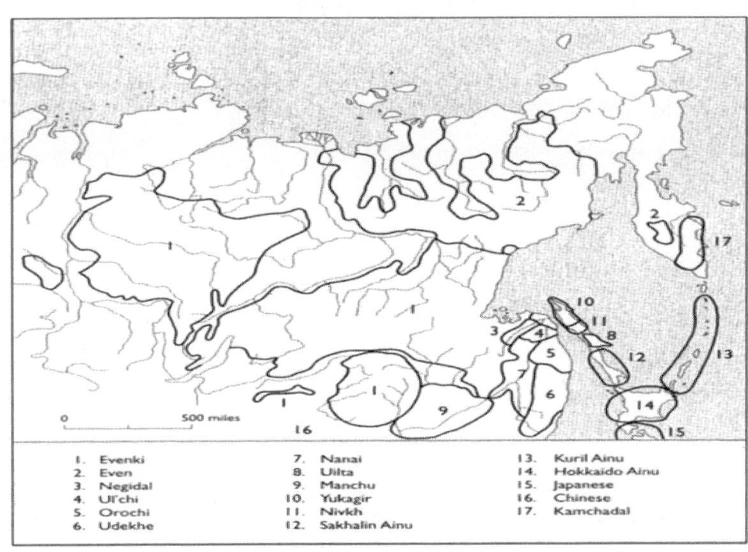

자료: Walker, 2006, p. 140에서 재인용

아이누(Ainu)란 본래 '인간'이라는 의미이며, 일본어로는 '에미시', '에조(蝦夷)'로 불리어 왔다. 일본 민족과는 다른 북방 몽골리안의 한 민족으로 역사적으로 개별적인 부족 국가 형태를 지녔으며, 독자적인 언어인 아이누어를 가지고 있다. 러시아에서는 거주지별로 아이누를 다시 나눌 수 있는데, 캄차카 아이누, 북쿠릴 아이누, 남쿠릴 아이누, 아무르강 아이누, 북사할린 아이누, 남사할린 아이누로 분류된다.

그러나 현재 러시아에서 아이누는 일본으로 추방되거나 슬라브 민족으로 동화된 것으로 파악하여 공식적 집계가 이뤄지고 있지 않으나 약 5만 명가량이 살고 있는 것으로 보인다. 일본에서의 아이누는 홋카이도를 중심으로 약 2만 5천 명에서 20만 명으로 추정되고 있다. 정확한 집계가 이뤄지고 있지 않은 것은 류큐(오키나와)와 같이 일본 국민으로의 동화정책 속에 극심한 차별을 받았기 때문에 이들은 스스로 아이누임을 감추는 등 고통을 겪었기 때문이다. 아이누 문화는 15세기에서 18세기를 거치며 번성하였고, 이때가 앞서 본 바와 같이 아이누가 교역의 주체로 참여하였던 시대이다. 오늘날 우리가 알고 있는 아이누인의 문화는 이 시기에 형성된 것이라 할 수 있다.

한편, 니브히족(Nivkhs)은 아무르강 하류, 사할린 섬 및 일본 홋카이도에 사는 민족으로 이들은 1990년대 초반 기준, 약 4천4백여 명이 있는 것으로 알려진 소수민족이다(중앙일보 1992 참조). 니브히족은 길랴크족이라고 불렸다. 마을은 보통 하구 근처에 있고 대부분 어로와 수렵에 종사하였다. 지금은 모터보도나 윈치(감아올리는 기계)를 사용하여 연어를 잡는 것으로 알려져 있다. 고래, 해마, 바다사자를 잡는 수렵이 발달하였고, 썰매를 끄는 개는 이들 사회에서 부의 척도로 여겨질 만큼 중요하였다.

니브흐족의 니브흐어는 아이누어를 비롯하여 이웃의 퉁구스·만주어 계통의 여러 부족과 밀접한 관계를 맺고 있는 것으로 알려지고 있다. 이들은 사할린의 북부지방에 주로 거주하지만, 제2차 세계대전 이전 일본령이었던 남사할린에 거주하고 있던 아이누와 마찬가지로 니브흐족은 일본이 패망한 후에 일본으로 송환되기도 하였다.

　구소련의 지배체제에서 아이누의 정체성은 인정되지 않았다. 일보 홋카이도의 아이누와 마찬가지로 구소련의 아이누는 민족정체성을 부정당하고 변방의 국민으로 통치되었다. 2차 대전 후 일본으로 송환된 일부 아이누 외에, 순수혈통을 가진 나이든 약 100명의 사람들만이 사할린에 거주하였으며, 1945년 이후 태어난 아이누의 아이들은 자신들의 신분을 아이누로 택할 수 없었다. 아이누의 성씨는 종종 일본인으로 오인되어 강제수용소와 노동수용소로 보내지기도 하였다. 그 결과 많은 아이누들이 슬라브식의 성씨로 바뀌게 되었다.

아이누의 전통 의상과 가옥(일본 국립민족학박물관, 2008.10.24)

2) 전근대 사할린 선주민의 교역사

　오늘날 일본의 북쪽 국경지대에 살고 있는 이들의 생활권은 오늘날처럼 고정된 것이 아니었다. 아이누인은 북방 인근의 다른 민족들과 교역을 하고 전투를 치르기도 하였다. 아이누인은 아무르강(흑룡강) 하류나 사할린의 나나이, 울치, 니브히 등 여러 민족들과 같이 중국의 느슨한 조공관계 속에 편입되어 있었으나, 17세기 말부터 이들 민족이 분포한 오오츠크해역은 새로운 형태의 영향력 아래 종속당하기 시작했다.

선주민사회은 고립된 사회로 생각하기 쉬우나 17세기 중반부터 19세기 초에 이르기까지 극동아시아 선주민의 생활권역의 교역상은 이곳이 결코 고립된 사회가 아니었음을 알 수 있다. 다음 페이지의 그림에서와 같이, 캄차카반도로부터, 그리고 연해주와 사할린, 홋카이도를 통해 혼슈로 이어지는 두 개의 교역루트 속에 존재하고 있었다.

선주민사회는 남으로 접한 거대시장과의 관계 속에 있었으며, 일면 사회경제적 제약 속에서 산물을 생산 공급하는 특화된 측면이 있었다. 쿠릴 아이누의 경우에는 수피(獸皮)를 상품으로 생산, 홋카이도 동쪽 지역과 교역하였고, 이 지역의 문화전통은 환태평양 북단의 여러 민족과 공통적 요소를 포함하고 있다. 이들이 생산한 수피는 서구와 청나라의 시장에서 고가를 받을 수 있는 상품이었고, 러시아의 진출을 두려워하여 홋카이도(당시는 에조) 지역을 직할했던 막부는 이러한 쿠릴 아이누의 상황을 경계하여 19세기 초반에 에토로후섬(擇捉島) 이남에 러시아의 내항을 금지한 조치를 취하기도 했다(谷本晃久·深澤秋人, 2008: 131).

18세기 초까지 모피, 연어, 수렵용 매에 한정되었으나, 이후 건해삼과 전복이 나가사키를 통해 중국으로 수출되던 타와라모노(俵物)로 중요한 비중을 차지하게 되었다. 이로써 극동의 선주민 사회는 중국 시장에 수출하기 위한 건해삼을 제공하면서 좀 더 큰 교역네트워크에 참여하고 있었다.

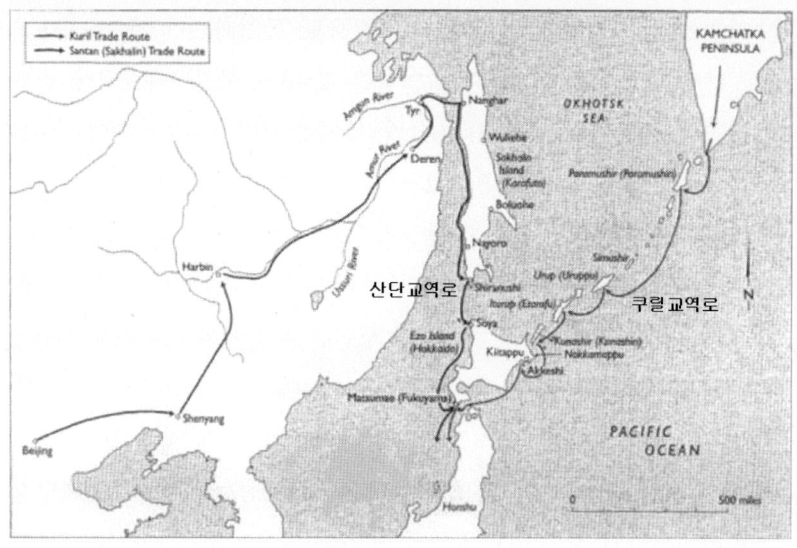

자료: Walker, 2006, p. 137에서 재인용.

 사할린 지역의 아이누는 명조교체 이전부터 아무르강 방면과의 활발한 교류를 지속해왔다. 또 홋카이도의 아이누를 통해 간접적으로 일본시장에 진출할 목적으로 교역활동을 전개하였다. 사할린의 아이누를 통해 아무루 강 유역에는 모피 외에, 철과(鐵鍋), 칠기품 등의 일본제품이 건너갔다. 그러나 이러한 교역도 19세기 초반 막부가 직거래 형태로 이행함에 따라 아이누인들은 산단교역으로부터 멀어지게 되었다(谷本晁久·深澤秋人, 2008: 132). 자칫 전근대의 아이누 사회는 "자연과 공생"한 원시적인 사회로 그 정적인 이미지로 언급되거나 혹은 중세의 자립적인 교역자가 근세에 이르러 고용노동자화로 되었다는 단계론적 이미지로 말하는 경우가 많았다(谷本晁久·深澤秋人, 2008: 333). 그러나 위의 사실들은 이러한 시각이 아이누인과 그 사회에 대한 편견과 왜곡임을 보여주고 있다.

사할린을 두고 '동양의 알자스-로렌'이라고 말하기도 하는데, 그것은 알자스-로렌이 17세기 이후 지속적으로 독일과 프랑스 사이에서 영토 분쟁 지역이었던 데에서 말미암은 것이다. 신성로마제국에 속했던 이곳은 1648년 프랑스령, 1871년 독일령(프랑그쿠프트조약), 1919년 프랑스령(베르사이유조약), 2차 대전 중 독일점령지구, 2차 대전 후 프랑스령으로 바뀌었다. 라인강과 보주산맥 사이에 위치하여 기후가 온화하고 드넓은 평야에서 농산물이 생산되고, 목재가 풍부하며, 석탄과 철산지로 유명하다. 특히 철 생산은 유럽에서 1위를 차지한다. 사할린이 알자스로렌에 비유되는 것은 이처럼 강대국의 영토분쟁 틈바귀에서 그 지배자가 거듭 바뀌어 온 역사가 있기 때문이다.

1790년대 이전, 난파한 카자크 몇 명과 황금 섬을 찾아 나선 네덜란드인을 제외하면 사할린에 관심을 보인 사람은 아무도 없었다. 그러나 1790년대 일본 상인들이 홋카이도 맞은편 사할린 남부에 어항을 건설하기 시작했고, 러시아는 일본과 교역관계를 맺고 자국의 영토로 인정받고자 항해하였으나 이것은 일본에 의해 좌절되었고, 그 영향으로 사할린을 무력으로 병합하자는 제안이 나왔다. 청어가 잡히는 철이면 원주민들이 청어 한 양동이를 저녁으로 먹을 만큼 물 좋은 어장이기 때문에 사할린은 정복할 가치가 충분하다고 보았고, 게다가 일본이 사할린을 방어할 전력이 안 되는 상태이므로 사할린 병합은 '피한 방울 흘리지 않고도' 정복가능하다고 본 것이다. 1855년 러일간에는 쿠릴열도를 분할하고 사할린을 공동점유한다는 시모다조약을 체결, 1875년 소련은 사할린을 완전히 통치할 목적으로 대신 쿠릴열도를 일본에게 내준다. 그러나 1905년 러일전쟁에서 일본은 3주 만에 사할린을 점령하였고, 미국 루즈벨트 대통령의 주선으로 두 국가가 50도선을 경계로 섬을 분할 지배하는 포츠모스조약을 체결하였다. 15년 후 러시아가 내전에 휩싸이자 일본은 북부를 재점령하였다.

1799년 일본 에도 막부가 사할린 섬 남쪽 끝에 영향력 행사.

1821년 일본 마쓰마에 번이 일부를 영유.

1853년 러시아제국이 영유 선언.

1867년 러 · 일 양국의 협동 관할지.

1875년 러 · 일 상트페테르부르크 조약에 조인.
　　　사할린 섬 전체가 러시아제국의 영토화.

1905년 러 · 일 전쟁의 승리로 일본제국이 북위 50도선 이남의 사할린 섬 남부
　　　에 <가라후토 민정서> 설치. (*가라후토(樺太)는 일본이 사할린을 일컬었
　　　던 옛 이름)

1907년 <가라후토 민정서>를 <가라후토청>으로 개편.

1918년-1925년 러시아의 내전을 틈타 일본군이 사할린 섬 북부 점령.

1942년 일본 내무성이 가라후토청을 편입.
　　　(*사할린 섬 남부가 식민지에서 내지로 바뀜, 즉 일본 본토로 편입됨을
　　　의미.)

1945년 8월 말, 소비에트 연방이 일본제국에 선전포고하고 사할린 섬 남부 차지.

1946년 소련이 사할린 섬 남부에 대한 영유권 선언.

1951년 샌프란시스코 강화조약으로 일본이 사할린 섬 남부에 대한 영유권 포기.
　　　섬 전체가 소비에트 연방의 영토화, 현재 러시아의 영토.

1946년부터 1949년 사이, 사할린에 남아 있던 312,452명의 일본인이 홋카이도로 추방됐다. 오늘날 일본은 사할린에 대해 직접적인 영유권 주장을 제기하지는 않지만, 최소한 원칙적으로는 사할린을 일본 영토로 간주하고 있다. 그런 점에서 사할린의 국제적 지위는 아직 결론이 나지 않은 상태라고 말할 수 있겠다(안나 레이드, 2003: 248~252). 이처럼 사할린은 두 제국의 영토 확장 속에 지배자가 거듭 바뀌어 온 섬이다. 그러나 정작 이 섬의 원 주인은 양국가의 소수민족 사람들이다.

3) 석유개발 사업과 선주민

사할린의 영토적 지배에 대한 러 · 일의 관심은 역시 자원 확보에 있다고 말할 수 있을 것이다. 석유, 석탄, 천연가스, 임산물 등 천연자

원이 풍부하며 많은 수산자원은 일본과 한국으로 수출되고 있다. 현재 러시아 영토로 이곳의 석유와 석탄 산업은 러시아의 극동산업의 주축을 이루며, 북부에 있는 오하유전으로부터 해저터널을 통해 러시아의 콤소몰리스크, 하바로프스크에 송유되고 있다.

사할린의 북쪽 오호츠크해는 약 석유 70억 배럴에 달하는 사할린 대륙붕과 그에 못지않은 높은 부존잠재력을 가진 서캄차카 대륙붕을 포함하는 거대한 미개척 석유지역으로 지적되고 있다(고재홍, 2010). 이 지역은 우리나라와 근거리에 위치하여 적극적인 석유개발 참여 및 도입의 필요가 있는 전략적으로 매우 중요한 지역이다. 우리나라는 가스공사가 2009년부터 연간 150만톤 규모로 가스를 도입하고 있고, 2006년부터는 캄차카 대륙붕 및 육상 광구에서 탐사사업을 수행중이다. 이 지역은 풍부한 자원 부존량과 함께 동북아시아 국가들의 지정학적 근접성으로 에너지 공급선 확보 및 자원 개발 투자의 각축장으로 전략적 중요성이 큰 곳이다(고재홍, 2010: 956~972).

사할린 대륙붕에 대한 탐사는 1970년대 1차 석유파동으로 촉발되어 러-일이 합작으로 유전을 발견하였으나 80년대 저유가로 인한 낮은 경제성으로 개발 탐사가 진척되지 않았다. 1990년대 들어 해상 유전 개발 및 LNG 생산 경험이 없는 러시아가 기발견 유전들을 개발하고자 서방의 경제적 기술적 지원을 끌어들여 〈사할린 프로젝트〉를 실행하게 되었다.

사할린 프로젝트의 자원개발 현황

프로젝트	주요광구	매장량(mbl, bcm)	참여사 및 지분(%)	생산량
사할린1	Odoptu Chaivo Arkutun-Dagi	원유: 2,125 가스: 485	ExxonMobil(30%) SODECO(30%) ONGC(20%) Rosneft(20%)	140,000 b/d ('05.10월 생산개시)
사할린2	Lunskoye, Piltun-Astokhsk oye	원유: 1,099 가스: 432	Gazprom(50%) Shell(27.5%) Mitsui(12.5%), Mitsubishi(10%)	146,000b/d ('99년 생산개시)

지금까지 사할린 프로젝트 Ⅰ·Ⅱ를 통해 생산된 석유와 천연가스 생산량은 앞의 표와 같다. 그리고 사할린 프로젝트는 현재 Ⅸ까지 계획되어 있고 지금도 탐사 중이며, 이러한 자원개발을 담당하고 있는 주요 기관으로 사할린 에너지사(Sakhalin Energy Investment Company Ltd., 이하 SEICL)가 있다.

우리나라 역시 사할린의 석유, 천연가스를 수입하고 있으며, 그 외에도 일본, 중국, 인도네시아, 대만, 필리핀 등 동아시아 여러 국가들이 이 지역의 자원에 의존하고 있다. 특히 일본, 한국, 중국은 사할린의 자원의 수입국이다.

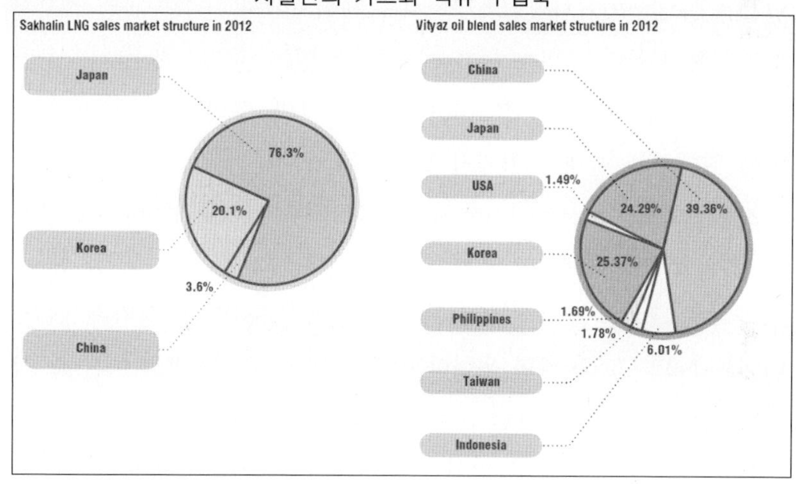

자료: Sakhalin Energy Ltd., 2012, pp.19~20.

한편, 이들 자원이 개발되고 있는 사할린과 쿠릴열도로 이어지는 북동쪽 해안지대는 여러 개의 구역으로 구획되어 개발·탐사 중이다 (고재홍, 2010: 960). 그리고 이들 지역은 선주민의 전통적 생업(수렵, 채집, 어로) 지역과 겹치고 있다(SEICL, 2006: 19). 따라서 이들의 생활

방식이 이전과 다르게 크게 변화하고 있음을 어렵지 않게 짐작할 수 있다.

사할린에너지사(SEICL)는 자원 탐사, 개발과 함께 이곳 지역의 선주민 커뮤니티와 고래와 북극여우 같은 생물자원의 보존에도 관심을 기울이고 있음을 알 수 있다. 가령, 선주민을 위한 생활개선과 교육, 의료복지와 사회적 능력 배양을 위한 캠페인과 프로그램들이 실행되고 있다. 그러나 이러한 프로그램이 얼마나 실효성을 발휘하고 있는지에 관한 평가도 필요하다. 제한적이나마 사할린 에너지사의 보고서들에 기초할 때, 선주민 커뮤니티와의 면담에서 그들의 질문은 개발 에너지자원을 자신들도 이용할 수 있는가에 관한 문제가 종종 등장하고 있음을 볼 수 있다(사할린에너지사 홈페이지에서 선주민 관련 보고서 참조). 즉 사할린 섬의 자원을 이용할 수 있는 권리가 애초부터 보장되어 있지 않았으며, 이 섬의 '선주민'으로서의 권리가 자원이용과 개발에 있어서는 별개로 이뤄지고 있음을 보여준다.

2006 SEICL의 조사보고서에서 사할린 북부지역에 거주하는 선주민은 3,513명으로 집계하고 있다(사할린 선주민의 약 30%). 이들 중 니브히족이 2,649명으로 가장 많았으며, 윌타족 387명, 에벤키족 266명, 네네츠 140명 그 외 71명 등이다(SEICL, 2006: 14). 그리고 이들 중 사할린 에너지사의 프로그램에 따라 새로운 지역에 재정착한 선주민이 2000명이다(이 가운데 857명이 니브히족이었다(SEICL, 2006: 18).

2. 누벨칼레도니의 카나크

1) 카나키에서 누벨칼로도니로의 역사

누벨칼레도니(Nouvelle-Calédonie)의 영어식 이름은 뉴칼레도니아

(New Caledonia)로 이 섬은 오스트레일리아와 뉴질랜드에서 거의 같은 거리만큼 떨어져 있는 태평양 남서부의 섬이다. 여러 개의 섬으로 이뤄진 이 나라는 천국과 가장 가까운 섬이라 할 만큼 이곳의 자연경관은 빼어난 아름다움을 자랑한다. 이 섬의 원주민은 카나크인(Kanak, Canaque)이다. 이들은 자신들의 나라를 카나키(Kanaky)라 부르고, 식민모국(프랑스)에서 이주해온 백인들을 칼도슈(Caldoche)라 부른다.

누벨칼레도니(뉴칼레도니아)의 섬들

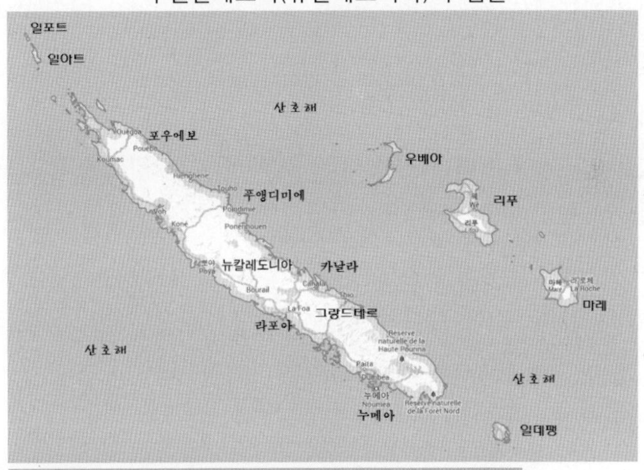

카나크는 '사람'을 뜻하는 하와이어 카나카(Kanaka)에서 유래되었다고 한다(디디에 데냉크스, 2007: 14).

이 섬에 사람이 살기 시작한 것은 기원전 3000년경으로 추정되고 있다. 수도 누메아가 있는 그랑드테르 섬 아래에 있는 팽 섬에서는 장거리 무역이 이루어졌음을 입증하는 뉴브리튼 섬의 흑요석이 발견되었으며 유럽인들이 이 섬에 들어오기 전, 계단식 토란밭을 일구며 살았던 원주민 문화가 있었다. 1775년 이 섬에 상륙하여 오늘날에 불리는 누벨칼레도니(뉴칼레도니아)라는 이름을 지은 것은 영국의 제임스 쿡 선장이었다. 쿡 선장은 자신이 태어난 스코틀랜드의 라틴어식 이름(칼레도니아)을 이 섬에 붙였던 것이다.

누벨칼레도니의 주변은 산호해로, 섬과 바다의 생태계의 지구의 생물다양성의 성지나 마찬가지이다. 이곳에는 3,500종류의 식물이 분포하고 이중 3/4이 누벨칼레도니의 고유종이다. 그리고 4,300여 종의 지상동물과 1,000여 종의 물고기, 6,500여 종의 해양무척추 동물들이 보고되고 있다. 빼어난 자연환경으로 말미암아 세계적 휴양지로 널리 알려지고 있다.

2009년 기준, 누벨칼레도니에는 약 9만 9천여 명의 인구가 거주하고 있다. 이 섬에 원주민이라 할 수 있는 카나크는 전체 인구의 2/5를 차지하며, 주로 프랑스계 유럽인이 1/3, 그외 타히티 주민이나 자바와 베트남을 포함 이민족들이 거주하고 있다.

1775년 영국 제임스 쿡 선장이 처음 이 섬에 상륙할 때 군도에는 7만인 가량의 원주민이 살고 있었다고 한다. 1843년 로마 가톨릭 프랑스 선교단이 들어왔고 뒤이어 영국의 개신교가 이 섬에 들어왔다. 두 종교사이의 갈등이 벌어졌으며, 1853년 누벨칼레도니는 프랑스로 병합되었다. 이후 이 섬은 프랑스의 유형지이자 식민지로 이용되었고 이 기간 동안(19세기) 카나크인들은 모집(Unfree labour) 또는 노예로,

호주와 미국, 캐나다, 칠레, 피지 등에서 일했다. 이들은 프랑스인의 농장과 목장 및 공공 취로사업 등에 노예노동을 강요당했었다.

현재 이 섬의 주요산업은 농업과 광업이다. 농업은 주로 환금작물로서 커피, 코츠라, 코코야자유 등이 재배되며, 주식으로는 마, 토란, 고구마 등을 재배한다. 이외 젖소, 돼지, 염소를 사육하거나 고기잡이와 새우, 굴, 고둥 양식이 이뤄지고 있다. 또 다른 산업으로서 광업은 GNP의 12%를 차지하고 있다. 세계적으로 유명한 니켈 광산업이 이곳에서 이뤄지고 있기 때문이다. 니켈 원광, 니켈 철, 니켈 매트는 총수출의 3/4을 차지하는 주요품목이며 이밖에도 크롬, 철광, 수산물, 커피, 코프라 등이 수출되고 있다. 주요 무역상대국은 프랑스, 일본, 미국, 호주 등이다. 그리고 관광산업이 중요한 외화수입원이 되고 있다.

현재 해외준주이지만, 이 섬의 원주민들은 꾸준히 독립을 요구하고 있다. 토착 멜라네시아 원주민, 즉 카나크인들은 1980년대부터 프랑스측에 독립을 요구했다. 소수민족이었으나 이들의 운동이 원동력이 되어 1984년 프랑스의 프랑수아 미테랑 대통령으로부터 5년간의 자치를 제안 받았고, 1989년 투표를 통해 독립 여부를 결정짓기로 하였다. 그러나 대부분 프랑스계의 반독립파로 인해 1984년 독립계획안이 부결되었고, 이에 격렬한 폭동, 총파업, 분리운동 등의 격렬한 저항이 뒤를 이었다. 프랑스정부가 독립을 유보함에 따라 1987년 실시한 국민투표에 많은 카나크인들이 참여를 거부하여 투표결과는 프랑스의 일부가 되는 찬성 쪽으로 결정되었다.

독립운동을 이끈 조직은 카나키 민족해방전선(Front de Libération Nationale Kanak Socialiste, FLNKS)이다. FLNKS의 독립투쟁은 1985년에 시작되었다. 1989년에 암살된 장 마리 티바우(Jean-Marie Tjibaou)가 이끌고 있던 카나키 민족해방전선은 "카나키(Kanaky)"의 독립을 주장하였다. 이 분쟁은 우베아에서 일어난 유혈 인질극으로 1988년에 절정에 달하였고, 그 결과 1988년의 마티뇽 협약과 1998년의 누메아 협약에서 자치권을 향상하는 합의를 이끌어냈다. 이 협약은 취소불가능한 권력의 이양과 누벨칼레도니 시민권, 국기와 같이 누벨칼레도니의 정체성을 상징하는 공식적인 상징, 2014년 이후에는 언제나 가능한 프랑스로부터의 독립과 관련한 첨예한 문제에 대하여 국민투표에 상정하는 권한의 위임 등을 규정하고 있다. 이러한 배경으로 현재 이 섬은 프랑스의 해외준주(1946년 이후)라고 하는 것이다.

빼어난 섬의 자연경관이 세계적 자연유산과 관광객들의 휴양지로 이 섬을 탈바꿈 시키고 있지만, 이러한 관심의 이면에는 이 섬이 가진 자원의 경제적 가치가 자리하고 있다. '이색적' 자연과 '이색적' 원주민 문화는 외부 관광객들을 불러들이는 상품으로 변화하고 있는 반면, 카나크인이 바라는 독립은 아직 묘연한 상태이다. 한국 또한 누벨칼레도니의 니켈 광산권을 포스코가 획득하여 이 지역 광산업에 참여하고 있으며, 이국의 낙원으로 홍보하여 관광객들의 눈길을 모으고 있다.

2) 니켈과 카나크인

쿡 선장이 이 섬을 스코틀랜드의 라틴식 이름에서 차용하였다지만, 사실 이 섬은 산이 많다는 것을 제외하면 스코틀랜드와 닮은 점이 없다. 1870년대 탐험가들이 이 섬에서 니켈 광산을 발견한 후 광산업자들이 니켈을 찾아 산맥의 곳곳을 절단하기 시작했다. 니켈의 매장량은 전 세계 총 매장량의 1/3~1/4를 차지하며, 그 대부분은 높은 산악지대에 있었다. 니켈은 녹이 슬지 않아 용도가 다양하고 최근에는 항공기, 군용 무기, 원자력 시설 등에 사용된다. 사실 이 섬의 원주민에게는 '의미 없는' 자원이 산업강대국들의 필요에 따라 섬이 절단 나고 있는 셈이다.

맥닐이 지적한 이 섬의 광산업에 대해서 살펴보면, 니켈 채굴의 역사는 암권을 극단적으로 변형시켰을 뿐만 아니라 사회적 불안을 야기한 사례로 손꼽힌다(맥닐 2009: 94~97). 그에 따르면, 초창기 채굴은 삽과 괭이로 이뤄졌으며, 주로 일본, 자바, 베트남 등지에서 이주한 노동자들이 이 일을 하였다고 한다. 1926년 누벨칼레도니 섬은 니켈 생산에서 세계 시장을 주도했으며, 제2차 세계대전 이후에도 캐나다와 소련에 이어 그 순위를 이었다. 1890년에서 1990년 사이 백년간 소시에테 르 니켈(Société le Nickel)사는 5억 톤의 광석을 채취해 250만 톤의 니켈을 추출했다. 누벨칼레도니 섬의 니켈 광산은 전형적인 노천광이었는데 2차대전 후에는 아예 산허리가 통째로 잘려나갔다. 과도한 광산 개발의 환경적 사회적 영향은 대단히 심각했다. 광산업자들은 더 많은 니켈을 얻기 위해 산맥 곳곳을 절단했으며, 하천들은 폐광석으로 넘쳐나고 물고기가 살 수 없는 것은 물론 선박의 하천 통행까지도 불가능해졌다. 홍수와 산사태가 빈번해지고 자갈이 하류 지역 농경지들을 휩쓸어버렸으며 코코넛 농장들도 결딴냈다. 급기야 세계적 규모를 자랑하던 해안의 산호초들이 실트(silt, 모래보다 작고 점토보다 큰 토양입자)로 파괴되어버렸다. 니켈 광산이 문을 연 첫 10년 동안 상당수의 카나크인들이 생명과 토지, 집을 잃었다. 해안에는 제련소들이 들어섰고 심각한 공장의 매연은 심지어 교회당의 천장까지 구멍을 내는 일도 있었다. 여기에 노동자 고용, 환금작물 재배, 세금의 현금 납부, 외국인 광부들의 이주가 가세하면서 카나크인의 생활은 그야말로 나락으로 떨어졌다.

　1950년 이후 불도저, 수압식 채굴삽, 40톤 트럭 등이 괭이와 삽을 대신하면서 채광방식이 바뀌었다. 그리하여 생산규모는 1960년대까지 10배, 1970년대까지 100배로 증가했다. 당시 일본의 산업화가 확대되고 냉전의 장기화로 군수산업이 호황을 누리며 니켈의 수요가 급증했기 때문이다. 독립을 요구하는 사회운동과 정치 폭력이 나무하면서 1980년대 누벨칼레도니에는 환경적·사회적 불안정이 더욱 심화되었다. 맥닐은 이 섬의 이러한 상황을 이렇게 지적한다. "만약 그 광산이 프랑스에 있었다면 상황은 전혀 다르게 전개되었을 것이다." 1880년 이후 심화되고 있던 제국주의와 산업화는 전 세계 광산들에 대한 규제를 어렵게 하였고, 최근에도 그러한 일은 빈번히 일어나고 있다.

게다가 세계적 니켈 광산들은 여러 섬들에 분포하고 있다는 점을 지적하지 않을 수 없다. 물론 칠레나 호주, 미국, 시베리아에도 있으나, 섬 지역의 경우 특히 원주민 사회와의 관계가 쉽게 간과되어 버린다. 맥닐 교수가 언급한 곳으로는, 파푸아뉴기니 부건빌 섬의 판구나 광산, 뉴기니의 오크 테디 광산, 이리안 자야 섬의 프리포트 광산이 누벨칼레도니와 같은 사례들에 해당한다.

우리나라 역시 니켈의 최대 수요국의 하나로 부상하였다. 2006년 한 신문기사에 따르면, 한국의 4개 기업(한국광물자원공사, 대우인터내셔널 등) 컨소시엄을 구성해 세계 3대 니켈 광산이 하나인 마다가스카르의 암바토비 광산개발에 참여하여, 5년 동안 11억 달러를 투자하기로 하였으며, 이는 해외 일반 광산 투자로서는 국내 최대 규모라고 한다. 전략 비축 광물로 꼽히는 니켈은 스테인리스강, 특수 합금강, 도금, 건전지 등에 필요한 산업소재로 쓰이며 국제가격도 크게 올랐다. 한국은 중국, 일본, 미국에 이어 네 번째 니켈 수요국가이며, 2013년 암바토비 광산의 니켈이 국내에 처음 들어왔다. 한국은 연간 최대 6만 톤의 니켈 생산량 가운데 50%인 3만 톤의 우선 구매권을 가지고 있다. 이로써 전 세계 니켈 생산량의 10%를 소비하는 국내 철강 산업을 비롯해 제조업 전반의 경쟁력 향상에 도움이 될 것이라 전망하였다(한국경제 213.2.11 기사).

2013년 1월, 영국 BBC 아시아-태평양 뉴스(2013.1.16)는 프랑스의 해외영토로서 누벨칼레도니를 소개하면서 누메아의 니켈 공장을 소개하였다. 또한 이 섬의 프랑스 식민지 역사와 함께 독립운동을 소개하며,

식민지 건축들과 아름다운 해변이 니켈 공장과 대비를 이루고 있다고
보도하였다. 낭만을 꿈꾸게 하는 이 섬의 풍광과 달리 니켈이라는 '전
략적 비축 광물'을 둘러싼 현대산업 국가들의 이기적 관심으로 속살이
파헤쳐지고 있는 이 섬은 언제쯤 자유로운 꿈을 꿀 수 있을까?

프랑스와 누벨칼레도시 사이에 독립의 발판을 마련한 누메아 협정이
체결된 1998년, 한 작가의 소설이 발표되었다. 『파리의 식인종』(김병욱
역, 2007)은 누메아 협정이 체결되기 전 식민 통치에 반대하는 저항의
불길이 한창 타오르던 1980년대를 시점으로 한 작품이다. 그리고 그 속
의 이야기는 1931년 프랑스 식민지박람회에 '전시'되고 악어와 맞교환
된 누벨칼레도니 원주민들의 "치욕의 여행"에 관한 실화를 바탕으로 한
것이다. 이 소설의 작가 디디에 테넹크스가 작품 첫 표지에 인용한 빅
토르 위고의 말과, 주인공을 통해 등장하는 한 추장의 말은 식민주의를
비판하며 독립을 향한 카낙인의 생각을 압축적으로 대변하고 있다.

무슨 권리로 새들을 새장에 가두는가?
무슨 권리로 저 노래하는 것들을
작은 숲과 샘과 여명과 구름과 바람으로부터 떼어내는가?
무슨 권리로 저 산 것들의 생명을 훔치는가? -빅토르 위고-

어째서 이 나라는 이토록 어두운가
무엇이 태양의 빛을 퇴색시켜
구름 걷힌 공간마저 어둡게 하는가
날은 어둠을 물리치지 못한 채
구름 사이에서 망설이고 있다
우리는 구름을 깨트릴 것이다
우리는 안개를 찢을 것이다… -누벨칼레도니 세우 추장-

제6장 해양의 공유성과 시민사회

제1절 해양의 공유자원 성격과 관리원칙

1. 공유자원으로서의 해양

　현대사회에서 오늘날 사람들이 이용하는 대다수 공공재(public good)는 소위 비배제성(non-exclusiveness)과 비경합성(non-rivalry)을 가진다. 이 때의 비배제성은 재화를 소비함에 있어 특별한 가격을 지불하지 않더라도 그 재화의 소비로부터 배제되지 않는 성질을 말하며, 비경합성은 재화를 다른 사람이 추가로 사용하여도 다른 사람들의 소비와 경합되지 않는 성질을 말한다. 공공재가 시장경제 원리에 의해 배분된다면 공공재에 대한 개인의 수요가 많은 사람에게는 가격이 높아지고, 개인의 수요가 작은 사람에게는 가격이 낮게 결정된다. 그러나 공공재의 비배제성과 비경합성 때문에 수요가 많은 사람은 자신의 수요(선호)를 은폐하고 축소해서 표현하는 소위 무임승차(free-rider)의 문제가 생기게 된다.

특히 이러한 공공재 중에는 해양이나 연안바다가 가장 대표적인 사례로 뽑힌다. 근본적으로 해양과 연안바다는 공유자원(commons)적인 성격에 기인하여 효율적인 관리체계가 확립되지 않으면 좀처럼 문제들이 해결되기 어려운 점이 있다. 일상에서 우리가 자주 이용하는 바닷가의 풍경이나 백사장 등도 역시 그러한 경우이다. 이렇듯 해양의 공유자원적 성격은 불특정 다수 이용자간 갈등이 발생하기 쉬우므로 관련자, 예를 들면 대다수의 시민들의 집합체인 시민사회 전체에서 실로 다양한 이해관계를 조정하는 것이 바람직하다. 소위 정책과 행정의 시민적 거버넌스 방식이 반드시 필요한 것이다.

사용자의 강제적 배제가 불가능하기 때문에 누구나 이용이 가능한 해양, 연안바다는 이른바 공유자원(common-pool resources)의 성격을 가지고 있다는 점은 이미 오래 전부터 학문적으로 주장되어 왔다. 즉 오늘날 해양 및 연안바다와 관련된 많은 문제점이 발생함에도 불구하고 바다의 공유재적 속성 때문에 이를 사전에 막기는 무척이나 어렵다는 것이다(Ostrom, 1990; McCay, 2002; 이명석, 2006). 이에 해양이나 연안바다는 소위 공유재의 비극(the tragedy of commons)이 만연되기 쉬우며, 정부가 일방적으로 이용을 규제하거나 관리활동을 함에 있어서도 이용자는 불만을 토로할 가능성이 높은 것이다.

이에 정부활동의 거버넌스 방식을 요구하는 해양의 공유자원적 성격은 이용자간 갈등현상이라는 측면에 주목하여 관련자들의 다양한 이해관계를 조정하는 자원의 효율적 배분(efficient resource allocation)이라는 관점에서의 새로운 논의를 요구한다(Hackett, 1992; Tang, 1992). 또한 이러한 문제를 해결하기 위해서는 해양의 공유자원적 성격과 여기에 대한 이용자들의 자율적 관리 원칙을 자세히 검토할 필요가 있다.

해양을 대상으로 한 공유자원 관점의 기존 학문적 이론을 토대로 효율적 관리원칙을 정립할 수 있다. 가장 대표적인 공유자원으로서 해양이나 연안바다의 자율적 관리를 위한 제도적 장치는 매우 중요하게 다루어져왔다. 그리고 이러한 제도적 장치를 마련함에 있어 주요 지침이 되고 있는 원칙들은 대략 7가지로 요약되고 있으며, 이론적으로 다음과 같이 소개할 수 있다(Ostrom, 1990; Tang, 1992; Hackett, 1992; Ostrom, Gardner & Walker, 1994; Ostrom, et. al, 1999).

첫째, 각종 해양자원의 이용자에 대해 경계(boundary)를 분명히 해야 하며, 과연 누가 그 자원을 이용할 자격(membership)이 있는지 분명히 정해 주어야 한다.

둘째, 해양자원의 이용 및 자원공급의 규칙(rules)을 그 지역의 환경(circumstances)이나 사정(situation)과 일치(unity)시켜 주어야 한다.

셋째, 해양자원 이용 및 관리체계(management)에 있어서 운영규칙에 영향을 받는 대부분의 개인들이 그 운영규칙의 조정(correction)과 수정(rectification)에 반드시 관여(engagement)하거나 최소한 참여(participation)를 할 수 있어야 한다.

넷째, 해양자원의 물리적 상황과 이용자의 행태를 감시(observation)하는 사람은 이용자들에게 반드시 그 결과에 대한 책임을 지도록 하거나, 혹은 최소한 이용자들이 자기 스스로 감시자(self-management)가 되어야 한다.

다섯째, 해양자원에 대한 운영상의 자율적 관리규칙을 실수나 고의적으로 위반(violation)한 사람들은 위반사항이나 그 심각성에 따라 다른 이용자나 책임권한이 있는 관리자들에 의해 누진적으로 제재 혹은 처벌(progressive scale system of restriction)을 받게 해야 한다.

여섯째, 해양자원의 이용자들과 책임 있는 관리자(person in charge)들 사이에 생기는 갈등을 해소(conflict resolution)하기 위해 적은 비용으로 신속히 갈등의제에 접근(agenda setting)할 수 있는 지역 내의 어떤 장(場, arena)을 가져야 한다.

일곱째, 해양자원의 이용자들이 스스로 제도를 마련하는 권리를 가지면서 이는 정부행정(government action)으로부터 제한되지 않아야 하며, 보다 큰 사회적 이용체제의 일부분을 이루는 공유자원을 위해서는 이용, 공급, 시행, 갈등해결, 통치활동이 사회적 다계층(multi-level)의 상하위계체제의 일부로 조직화(nested enterprises) 되어야 한다.

3. 해양과 시민사회의 관계

앞서 소개된 이러한 해양의 효율적인 관리를 위한 주요원칙들은 해양과 시민사회의 관계에서 앞으로 나아갈 새로운 방향을 제시하고 있다. 그리고 이는 해양과 관련된 정부활동, 즉 해양행정에 있어 부작용을 제어하고 자원을 효율적 관리할 수 있는 원칙을 도출하는 데에도 상당히 중요하다. 그 구체적인 현실적 원칙은 다음과 같이 구현될 수 있다.

첫째, 항만이나 연안바다와 관련되는 정부의 일련의 제도나 규칙을 그 지역사회의 특수한 사정에 일치시켜 주어야 한다. 현재 우리나라는 항만이나 연안바다와 관련된 법·제도가 대부분 정해져 있으나, 실제 그것이 현지의 사정에 맞지 않다고 생각하거나 현실적합성이 낮다고 생각하는 경우가 있을 수 있다. 이럴 경우 그 지역의 제도나 행정방식은 시민사회를 중심으로 하여 새롭게 수정되어야 한다는 것이다.

둘째, 항만과 연안바다의 이용 및 관리에 관련된 규칙의 수정에 정부 이외의 행위자들이 참여할 수 있어야 한다. 즉 그 지역에서 살아가는 주민이나 시민사회의 참여가 배제된 상태에서의 일반적인 제도, 규칙의 적용은 결코 올바른 것이 아니다. 이제는 바다를 친수공간으로 이용하는 데 있어 시민들이 불편함을 느끼지 않도록 기존의 제도와 정책은 시의적으로 적절하게 수정되는 것이 타당하다.

셋째, 항만 및 연안바다에 대한 감시·감독의 문제는 정부 단독에 의한 것이 아니라 이해관계가 있는 그 지역사회의 대표들과 공동으로 책임을 져야 한다. 항만과 연안바다를 이용하는 지역의 대표는 시민 전체를 위해서 관리·감독할 수 있도록 하고, 공정하게 감시할 수 있도록 해야 한다. 그러기 위해서는 바다를 잘 관리하는 공식적인 권한을 정부와 시민사회가 서로 나누어 갖고, 그 책임도 함께 공유하는 과정이 필수적으로 전제되어야 한다.

넷째, 지역의 항만과 연안바다에 대한 각종 행정적 지도나 규제는 정부에 의해 자의적으로 이루어져서는 안 되며, 문제의 심각성과 상황에 대한 정보 등을 이해관계자 및 지역사회의 구성원과 공유해야 한다. 이러한 과정에 따라 해양과 바다에 갑작스런 문제가 생길 경우 기존보다 오히려 빠르고 합당한 처방과 해결책을 제시할 수 있다.

다섯째, 항만과 연안바다에서의 활동과 관련된 기업이나 시민들의 불만이 있을 때 쉽게 의견을 개진할 수 있는 제도적 장치가 마련되어 있어야 한다. 바다가 지금 시민들의 경제활동이나 여가활동의 중요한 수단이 된 이상, 여기에 대한 빠른 민의의 수렴과 손쉬운 민원의 처리는 효율적인 관리를 하는데 있어 가장 좋은 방법이 된다.

이상 소개된 해양의 공유자원적 속성과 효율적 관리원칙은 분명 전통적인 정부 단독의 일방적 관리방식이 아님을 우리는 쉽게 알 수 있다. 이는 지역사회의 시민과 이해관계자 모두가 해양이용의 편익을 함께 누리고, 의무와 책임을 같이하는 새로운 관계설정(Hackett, 1992; Allison, 2001; McCay, 2002). 즉 해양에 대한 시민사회의 주체적 역할과 시민중심의 거버넌스 구축을 요구하는 규범들이다.

4. 해양과 시민사회의 역할

　현대사회에서 중요한 사회적 행위주체이자, 제3섹터 부문으로서의 시민사회는 우선 학습을 통해 해양문제에 대한 관심을 높이며, 이에 대한 참여의식과 해양자치의 역량을 함양하여야 한다. 특히 실천적 측면에서 우리나라와 세계 주요 해양NGO(시민단체)의 개념을 이해하고, 이들의 활동을 통해 시민사회의 역할을 모색하는 것이 적절하다. 해양에 대한 시민사회의 위상은 현재보다 전문성과 대표성을 제고하여 바다를 통한 공익과 사회적 책임성을 수호하되, 해양문제 해결의 합리적 대안을 제시하고 책임도 공유할 수 있는 것이며, 이렇게 되기 위해서 여러 가지 대안과 방법을 모색하는 것이 필요하다.

　그러면 이제 여기에 대한 세부적인 내용으로 더 나아가, 일반적인 해양 부문에 있어서 적용할 수 있는 시민사회의 역할요소를 논의할 필요가 있다. 현재까지 국·내외에서 해양에 대한 시민사회 역할에 관한 이론은 대부분 이를 형성하고 구축하는 핵심적인 요소로서 참여의 자율성, 상호의존성, 협력과 조정, 공동의 의사결정과 네트워크 등을 제시하고 있다. 그리고 이들 조건 중에서 참여, 협력, 공동의 의사결정에 관한 3가지 요인은 시민 중심의 역할체제 구축을 판단하는 공통적 요인들이 되고 있다. 물론 이들 하위 요소들이 완전한 상호 독립성과 배타성을 가진다고 보기 어렵지만, 우리나라 해양행정과 해양정책 부문에서의 시민사회 역할의 형성을 제시하기 위한 기본요인으로서 의미는 충분하다. 결국 해양에 있어서 시민사회 역할의 구성요소나 조건에는 크게 참여나 관여, 협력, 공동의 의사결정이 핵심적으로 제시될 수 있는 것이다. 각 역할의 요소들에 대한 구체적인 설명은 다음과 같다.

1) 참여와 관여

해양문제에 대한 시민사회의 참여(participation)는 정부의 해양행정과 해양정책에 대한 외부행위자의 자발적 참여와 독자적인 의견제시를 말하는 동시에, 정부에게 동원(mobilization)된 참여가 아닌 정부와 대등한 자격으로서 해양의제(agenda)에 관여(engagement)하는 것을 의미한다. 일반적으로 참여는 이해관계자 집단들이 추구하는 목표가 어느 정도 양립 가능할 때 발생하는 현상이다. 특히 참여의 단계에서 나타나는 특징적 현상으로서의 상호의존성(interdependence)은 공공의 문제, 혹은 해당문제의 해결에 있어서 상호 협력의 필요성을 인식하고 있어야 하며 동시에 상호 관계형성이 문제해결에 상당히 유용하다는 인식이 전제됨을 뜻한다(김석준, 2000; 유재원·소순창, 2005; Sutherland, & Nichols, 2004; Vallega, 2008; Tanaka, 2008).

2) 협력과 조정

해양문제에 대한 시민사회의 협력(cooperation)이나 조정(coordination)은 정부의 해양행정과 해양정책에 대한 참여를 한 이후에 나타난다. 이 협력이나 조정은 이해관계를 달리 하는 행위자간 관계에서 이슈에 대한 어느 일방의 의견개진이 아니라, 상호 신뢰를 바탕으로 상이한 견해를 지속적인 대화와 설득의 과정을 거쳐 합의(compromising)에 이르도록 만드는 것을 의미한다. 이는 참여자간에 존재하는 이해의 교차지역에서 나타나는 행위로 상호이익의 확대(extension), 비정상적 상황복구(normalization), 이익배분의 교정(redistribution), 새로운 관계의 설정(innovation)의 과정을 모두 포함한다(Allison, 2001; Gardiner, 2002; Hinds, 2003; 유재원·소순창, 2005; Robin, 2006; Tanaka, 2008; Roe, 2009; Vince & Haward, 2009).

3) 공동의사결정

해양문제에 대한 시민사회의 공동의사결정(collective decision making)
은 참여와 협력이 어느 정도 완성된 단계로부터 시작한다. 시민사회
가 참여한 공동의 의사결정은 전체의 공식적인 의사결정 체제에서 의
결과정에 대한 권한이 편중되어 있지 않고 상호 대등한 권한을 가지
고 있으며, 이러한 결정에 대한 책임도 모두가 공유하는 상태를 의미
한다. 공동의사결정은 시민사회 역할의 결과에 대한 공동책임과 이후
공식, 비공식적 모임의 지속적 운영을 의미하기도 한다. 또한 해양에
대한 시민사회 역할의 관점에서 기존 의사결정과 공동의사결정의 결정
적 차이는 해양문제에 대한 결정권 일부나 전부를 정부의 공식적인 관료
제적 의사결정구조 밖으로 위임한다는 점이다(Gardiner, 2002; Kullenberg,
2004; Sutherland, & Nichols, 2004; Terashima, 2004; Vallega, 2008).

흔히 현대 정부의 조직구조라 볼 수 있는 관료제가 가진 해양정책
의 결정권이나 해양문제에 대한 시민사회의 관리의 권한을 위임하는
방식에는 두 가지의 방식이 있을 수 있다. 하나는 지방의회의 조례를
통해 위임하는 것이고, 다른 하나는 지방단체장의 권한을 재량으로
위임하는 방식이다. 지방단체장의 권한을 위임하는 방식에도 내부적
인 위임과 외부적인 위임이 있을 수 있다. 내부적인 위임은 관료제 조
직구조상의 전통적 권한위임(empowerment)이고, 외부적인 위임은 위
원회나 심의회, 자문회의 등의 방식으로 결정권을 위임하는 것이다.
그리고 이들 위원회나 심의회, 자문회의에 대한 위원장을 외부전문가
나 시민단체, 직능단체, 지역단체의 대표자에게 위임하는 방식과 지
방단체장이 직접 위원장이 되는 경우도 있을 수 있다.

제 2 절 해양과 시민사회의 의의

● 1. 해양과 시민사회의 현실

1) 해양에서의 시민사회의 원리

(1) 규모의 원리

현대사회에서 해양의 문제인식과 해결에 관한 시민사회의 원리는 여러 가지가 있을 수 있다. 먼저 규모의 원리(scale principle)는 해양에 대한 공공의 문제를 해결하기 위해 가장 적절한 정부의 행위수준을 결정할 때 상의 하달적(top-down) 과정보다는 차라리 시민사회로부터의 하의 상달적(bottom-up) 과정을 추구한다는 것이다. 공익과 관련된 많은 공공정책의 결정과 집행은 가능하면 정책에 의해 영향을 받게 되는 사람들과의 밀접한 관련성이 유지되는 것이 좋다. 이것은 시민들이 자기통치의 원리(self-governance) 속에서 해양에 관한 문제의 해결과정에 직접적이면서 의미 있게 참여하는 것을 주요 내용으로 하고 있다. 즉 규모의 원리에서 가능한 한 가장 작은 수준의 정부단계에서 결정되는 정책을 유지한다는 것은 만약 그 정책이 정책문제와 대안적 해결책의 본질에 부합된다면, 시민의 일상생활과 근린수준에서 결정되는 정책이 가장 최선이라는 사실을 가정하는 것이다. 이러한 일상생활에서 출발하는 작은 규모와 유형의 시민사회 체제에서 출발하여 차츰 큰 것을 만들어 나가는 과정은 자연스럽게 그 시민사회에서 참여자들 모두의 몫이 된다. 또한 규모의 원리에서는 정부 프로그램들이 처음에 만들어졌던 이유에 대해 합리적인 관계를 유지하면서도 이후에 제기되는 모든 변화 속에서 유연성을 유지하도록 한다는 것이 중요한 의미를 갖는다.

(2) 민주성의 원리

해양의 문제인식과 해결에 관한 시민사회의 원리에서 민주성의 원리(democracy principle)는 공개적이고 투명한 결정과 집행의 과정을 중요시한다. 즉 민주적으로 가장 최선의 공공 정책결정은 특정 소수나 엘리트 집단의 선호 혹은 정치권이나 정부에 한정되어 결정된 것보다는 일반시민에 대한 정보의 제공과 더불어 자유롭고 공개적인 논의를 통해 결정될 수 있도록 공공의 접근이 허용된 상태에서 도출된 것이다. 민주성의 원리는 시민들이 그들의 미래를 형성하는데 있어서 의견을 행사할 수 있는 선택과 권리 측면에서 뿐만이 아니라, 스스로 새로운 관심과 참여의 기회를 제공하게 만드는 측면에서 높은 도덕적, 윤리적 가치를 지닌다. 이러한 원리에 의해 형성된 지역사회에서 시민은 행동이 자유롭고 공개적인 담론과 더불어 정책이 결정되는 상황과 일치하는 가장 낮은 수준에서 행위들이 취해지게 된다. 바람직한 해양시민사회의 가치는 결국 사회적 공익성을 핵심적 가치기준으로 하여, 보다 활성화된 시민사회에다가 새로운 기능과 역할을 부여받은 정부가 유기적으로 결합됨으로써 당면한 사회적 과제를 보다 효과적이고 민주적으로 해결할 수 있는 모습을 말한다.

(3) 책임성의 원리

해양의 문제인식과 해결에 관한 시민사회의 원리에서는 책임성의 원리(accountability principle)도 무척이나 강조된다. 즉 현대사회에서 해양에 대한 시민사회의 성립과정을 살펴보면, 바다를 통한 공익(public interest)의 창출에 기반을 두고서 높은 시민적 책임성(civic responsibility)을 토대로 한 강한 시민사회가 생기고, 본격적인 활동이 추진되었다고 할 수 있다. 그러나 수많은 시민들이 가지고 있는 이해관계의 직접적인 분출과 여과과정 없이 의사결정과정에 이것을 투입시키는 과정이 과연 바람직한 결과를 가져다주는가에 대한 의문점을 깊이 인식할 필요가 있다. 해양에 대한 시민사회의 활성화는 단순히 시민사회의 영향력과 권력자원의 정도가 높다는 차원을 넘어서서, 자기 성찰성과 공익적 가치에 대한 책임성을 동반하는 것을 의미한다. 이는 활성화된 시민사회를 중심으로 다양한 사회적 거버넌스 기제를 형성하는 동시에 새로운 공적 영역을 창출하고 확장시켜 나가면서 다각적인 토론과정을 통해 서로의 이해관계와 선호도를 재정의 한다. 그럼으로써 참여자들 스스로 공익적 가치에 대한 이해와 합의형성이 이루어지도록 하는 것이다.

해양에 대한 의식 있는 시민은 대체로 그 해항도시와 연안지역의 생활자들이기 때문에 어떤 해양정책과 관련 공적서비스가 어떠한 방식으로 제공되어야 하는가에 대해 필요한 결정을 내리는 사람들이어야 한다. 즉 시민들이 뽑은 정치인이나 행정가는 지역에서 이루어지는 시민의 일상생활에서 중요한 역할을 수행하고 있으므로, 그들은 민주사회의 역할논리상 함께 숨쉬고 행동하는 시민보다 상위에 군림하기보다는 시민의 지원자적인 역할을 수행해야만 한다는 것이다. 해양문제와 관련한 시민사회가 시민 스스로에 대한 책임성을 스스로 성취한다는 것은 실천적인 행동옵션에 대한 논의에서부터 구체적인 프로그램 결정, 그리고 결정된 프로그램을 관리하고 나아가 실시된 업무성과에 근거해서 발생할 변화를 처방하는 등의 내용을 모두 포함한다. 그리고 이러한 업무의 범위와 내용을 결정하기 위해 시민들이 정치인이나 행정가와 함께 가야만 하고, 해양에 대한 모든 정책이나 행정의 과정 속에 반드시 함께 포함되면서 발생할 수 있는 결과에 대한 책임도 같이 져야 한다.

(4) 합리성의 원리

해양의 문제인식과 해결에 관한 시민사회가 갖는 합리성의 원리(rationality principle)는 해양정책과 정부의 해양관리 행정의 궁극적인 수요자이자, 수혜자인 시민 개인과 시민사회의 충분한 이해를 기반으로 한다. 이것은 공공정책과 프로그램에 대한 결정과정에 참여를 한 시민, 정치인, 행정가가 공공정책과 프로그램을 이해하기 위해 노력하고 그들이 선택하는 이유와 그들의 가치, 가정 등을 명백하게 표현해 주어야만 한다는 의미이다. 해양문제의 인식과 해결에 있어 시민사회가 가지는 정책결정에서의 합리성이란 크게 두 가지이다. 그것은 해양정책의 결정이 현실적으로 매우 중요한 업무라는 사실을 모두가 인식하는 것과 더불어, 참여한 모든 사람들이 자신의 의견을 충분히 개진하며 다른 사람들의 관점을 경청하고 존중할 수 있도록 하는 충분한 시간, 신중한 사고, 기회들이 모두에게 가치 있는 일임을 올바르게 인지하는 것에 실질적인 의미가 두어진다.

2) 해양분야에서 시민사회의 활동실태

21세기 현재 해양의 이용이 급격히 증가하고 있는 신(新) 해양시대를 맞이하여, 우리는 시대적 소명의식을 바탕으로 바다와 인간의 소통을 위한 탈 산업시대의 새로운 해양시민의 위상(seatizen)을 제시할 필요가 있다. 그러나 우리나라의 경우 수도권과 내륙중심, 경제성장의 논리가 지배한 사회였던 이유로 전국의 연안지방과 해양의 문제는 사회적 관심에서 소외되어 왔다는 약점을 가지고 있다. 이런 이유에 따라, 해양분야에서 시민사회가 비교적 짧은 시간에 형성되었고 활동의 역사가 길지 않은 문제가 있다. 아직 양적으로 커지고 질적으로 세분화되지 못했다는 점에서 미성숙한 해양분야의 시민사회론은 우리에게 강한 설득력을 가질 수 있다. 예컨대, 우리나라 대표적인 해항도시이자 해양수도인 부산에서는 오래 전부터 방송매체나 지역언론을 통하여 시민들에게 지속적인 해양수도, 동북아 교역수도의 비전에 대한 홍보를 하고 있다. 그리고 여전히 부족한 해양시민의 의식과 자세에 대한 여러 소양교육을 강좌 등을 통해 실시하고 있다.

이는 시민에게 해양영토나 주권의식을 함양하고 새로운 해양문화를 인식시킨다는 차원에서 정부가 주도적으로 시행하고 있으나, 그 효과는 객관적으로 평가되지 않고 있다. 또한 해양부문에 있어서 시민단체(해양NGO)의 수가 다른 시민단체들(복지단체, 환경단체, 여성단체 등)에 비해 너무 적고, 지역사회에서의 활동도 뚜렷하지 않다는 점에서 해양부문에 있어서의 시민거버넌스를 위한 하부토대를 잘 갖추었다고 말하기도 어려운 상황이다.

일례를 들자면 해항도시 부산의 경우, 2013년에 약 500여 개가 넘는 비영리민간단체(NGO)가 등록되어 있다. 이 리스트를 보면, 수많은 단체 중에서 해양/바다/수산관련 NGO는 고작 12개(전체의 약 2.3%) 정도에 불과하다. 이와는 대조적으로 부산의 환경NGO의 수는 약 32%를 차지하며, 복지NGO는 28%, 여성NGO는 16%에 이르고 있다. 일단 숫자적으로 나타나는 차이는 해양에 대한 시민사회의 자양분이 적고, 미래의 전망도 불투명하게 만들고 있다.

구체적으로 해양/바다/수산관련 NGO 중에서 항만관련 시민단체는 〈부산항을 사랑하는 시민모임〉, 〈바다와 강 살리기 운동본부〉, 〈바다사랑실천운동시민연합〉, 〈바다 살리기 국민운동〉, 〈해양환경오염감시협의회〉, 〈한국해양환경안전협회부산본부〉, 〈맑은 물 되찾기 운동연합〉, 〈한국해양청소년단부산연맹〉 등이었다. 수산관련 시민단체는 〈전국해양수산선원복지협회〉, 〈전국참여해양수산복지연대〉, 〈생태보전시민모임생명그물〉, 〈한국해양특수구조단〉 등이 활동하고 있다. 전반적으로 이들 해양관련 시민단체는 주로 해양생태 및 환경보전, 해양안전과 불법어로 및 해상활동감시, 해난구조, 어업인자활과 복지 등의 역할에 제한적으로 관여하고 있다.

그러나 역설적이게도 이러한 해양관련 시민단체와 시민사회의 미성숙(immature)은 차제에 성숙(mature)을 위한 여지를 남기고 있다. 거버넌스 관점에서 주장하는 시민의 미성숙은 다소 실수와 시행착오를 반복하면서 점차 성숙단계로 발전해 간다(Sutherland, & Nichols, 2004). 무릇 해양문제에 대한 시민거버넌스의 핵심적 당사자로서 미성숙한 시민사회가 문제라면, 해양의 이용은 곧 시민의 삶과 밀접한 문제이며 그 해결의 중심은 바로 시민이 되어야 한다는 또 다른 맥락을 주목해야 하는 것이다. 또한 지금 열악한 정부의 해양행정 인력과 재원의 여건 하에서 자원봉사, 민관협력(partnership)을 통한 시민의 협조와 지지는 해양행정이나 해양정책의 성패를 좌우할 중요한 요소가 된다.

　결국 해양에 있어서 시민단체(NGO)를 위시한 시민사회의 기능은 최근에 더욱 중요해졌고, 이들의 역량강화(capacity building)가 우리 사회에서 중요한 해양관리와 해양정책 상의 이슈로 제기되고 있다. 해양시민 개개인으로 구성된 시민사회의 역량요소 중에서 특히 개방성과 민주성, 전문성, 투명성 등에 근거한 시민단체의 활동역량이 중요한 기제로 작용하는 것은 해외 해양선진국의 사례에서도 충분히 밝혀지고 있다. 따라서 지금 우리는 미래 해양의 장기적인 발전을 위해 시민사회와 해양NGO의 역량을 강화하면서, 그 자주적인 활동을 격려하고 지원하는데 힘을 쏟아야 할 때이다.

2. 시민사회와 거버넌스의 대두

1) 개념적 기초

　오늘날 정부의 정책과 공공의 활동은 그 종류나 유형을 떠나 사회구성인자로서의 개인과 집단의 형성, 유지, 활동, 소멸에 직접 혹은 간접적으로 영향을 미치고 있다. 이러한 가운데 사회 각 분야에서 나타난 시민사회의 성숙은 지방화와 더불어 민주화의 열풍도 몰고 왔으며, IT산업과 정보화의 발전은 이러한 요구를 더욱 확산시킨 바 있다. 그런데 중요한 것은 근래 모든 정부활동(government)과 관련한 이러한 개혁의 중심에는 시민이 중심이 된 새로운 거버넌스(governance)의 개념이 자리하고 있다는 점이다.

국가의 기능과 역할이 증대된 현대사회에서는 여러 가지 정부의 공적 활동(public activity)도 역시 증가하고 있다. 많은 정부의 활동이나 기능에 있어서 특히 국민들의 일상생활과 관련되는 다양한 공적 활동은 현대 정부의 가장 본질적이고 중요한 요소이다. 그러므로 현대사회에서 정부에 관한 많은 이론들은 국민의 삶의 기회와 양식을 결정하는 요인으로서 공적인 여러 활동이 아주 중요한 역할을 수행한다고 주장한다. 그리고 이러한 중심에는 중요한 사회적 행위자로서의 시민사회가 자리하고 있으며, 학자들은 이러한 현상을 소위 거버넌스의 출현이라고 부르고 있다.

일반적으로 거버넌스는 사회과학에서 학문적으로 관점에 따라 다양하게 정의되고 있다. 행정학 분야에서는 새로운 국가통치행위를 의미하는 신 국정관리(new governance)로, 정치학 분야에서는 다원적 통치주체들간의 협력적 통치방식으로, 사회학 분야에서는 국가와 시장과 구별되는 시민사회의 자율적 조정양식으로, 제도주의 경제학 분야에서는 한정된 자원에 대한 공동체적 자율관리체계 등으로 이해되고 있다.

학문에 따라 어떤 방식으로 이해하든 거버넌스는 정부와 민간부문 및 시민사회를 포함하는 넓은 개념이며, 지속가능한 인간개발을 위해 서로 참여와 협력을 요구한다는 점은 분명하다. 즉 거버넌스는 정부를 포함하는 동시에 비공식적이고 비정부적인 여러 메커니즘들(특히 시민사회, 민간기업, 기타 행위자)도 포함한다. 그리하여 그러한 거버넌스의 범위 안에 있는 사람이나 조직들은 목적달성을 위해 함께 행동하고 필요를 충족시키며 고차원적인 욕구를 협력적으로 완성한다.

따라서 사회적 조정양식으로서의 거버넌스는 일단 광의의 의미로서 "다양한 현대사회의 행위주체들이 공동의 목표달성을 위해 상호조종, 협력을 이루어 가는 과정"이라고 정의할 수 있다. 이를 보다 실질적으로 표현하면 "현대사회에서의 과거 시장의 실패와 정부의 실패를 모두 극복하기 위한 새로운 다원적 주체간의 협력적 통치방식, 혹은 사회적 조정양식"이라고 말할 수 있다.

이와 약간 다르게 거버넌스에 대한 협의의 의미는 보다 현실적인 실천상황에서 비롯될 수 있다. 그것은 바로 사회의 모든 문제와 관련된 정책의 전부 혹은 일부를 외부로 위임하여 정부와의 상호작용을 통한 참여와 협력, 공동의사결정의 한 기제로 규정할 수 있다는 설명이다. 또한 거버넌스는 실제적 문제의 해결을 위하여 중앙(지방)정부, 시민단체와 민간기업, 이익단체, 언론, 주민 등을 포괄하는 참여자간의 동반자 관계를 형성하고 이에 의하여 공·사간의 구분이 없이 협력과 참여라는 파트너십과 네트워크를 통한 문제해결 방식이다. 즉 협의의 거버넌스는 "공공의 문제를 해결하는 데 상호의존적인 정부, 시장, 시민사회가 자발적 참여와 자율성을 바탕으로 수평적 네트워크를 구축하여 새로운 형태의 상호 작용과 협력을 하는 조정양식"이라고 정의할 수 있다.

새로운 의미에서 바라본다면, 시민사회의 손에 의해 탄생한 시민거버넌스 체제는 민주국가에서 20세기 이후 기존의 사회체제와는 확연히 다른 양상을 보여준다. 시민사회의 거버넌스는 기존에 정부 중심의 공식적 제도 영역에 제한되어 있던 공공영역을 시민사회 안으로 확장시켜 내고, 다시 시민사회 내에서 새로운 공공영역을 창출해 내었다. 그렇게 함으로써 정부와 기업, 시민사회의 다양한 주체들이 공동으로 참여하여 당면한 공동의 과제를 함께 해결해 나는 협력체제를

지향하고 있다. 정부와 시민사회, 기업 등 다양한 주체들이 함께 참여
하고 협력하기 위해 등장한 시민거버넌스의 형태는 지금 현재 새로운
사회적 조정과 협력의 유형으로서 미래의 거버넌스의 성공가능성에
대한 중요한 실험의 무대(arena)를 제공해 주고 있다.

2) 정부와 거버넌스의 관계

최근에 사회 전반에 등장한 거버넌스라는 용어는 이러한 정부의 의
미의 변화, 또는 공적인 업무의 수행방법의 변화를 지칭한다. 전통적
으로 정부(government)의 정책이나 행정은 공식적인 권위, 소위 공권력
에 근거한 활동을 지칭한다. 반면에 거버넌스는 사회적으로 공유된 목
적에 의해 일어나는 모든 공식적, 비공식적 활동을 의미한다. 이러한
새로운 논리에 근거하여 최근에는 많은 학자들이 21세기를 "정부에서
거버넌스로(from government to governance)", 혹은 "정부 없는 거버넌스
(governance without government) 출현"의 말들로 표현하기도 한다.

거버넌스는 현대 민주국가가 행하는 공공행정의 새로운 패러다임
으로서 종래의 전통적인 관료제 방식(Bureaucracy)인 계층제적 통제에
의한 소위 일방적인 통치양태가 아니다. 현대 민주사회 체제의 분권
화와 민영화, 시장화 등에 의하여 크게는 정부와 국민을 동반자적 관
계로 보고 국민의 복지증진, 질서유지를 위한 단지 방향키 조종
(steering)의 역할을 정부의 주된 임무로 인식하는 것이다. 즉 과거와
같이 모든 문제에 대해 직접 노를 젓는 것(rowing)과 개입하는 임무는
아니게 되었다. 이는 여태까지의 구태의연하고 권위주의적인 정치나
행정이 아닌 좀 더 혁신적이고 새로운 국정관리의 양식이다.

그러면 거버넌스 관점에 의한 해양의 문제해결과 기존의 정부관료
제에 의한 문제해결 방식과는 어떠한 차이가 있는가? 먼저 기존 정부
관료제 중심의 해양정책은 정부가 독자적으로 정책을 수립하고 집행

하는 것이다. 이런 관점에 따르면 공공재로서의 해양과 연안의 사회 문제 해결을 위한 기본적인 정책적 논리는 두 가지로 요약된다. 그것은 먼저 장래 제한된 자원에 대해 정책의 방향을 수요에 부응할 만한 공급량으로 대폭 늘려 줄 것인가, 아니면 억제 중심의 소극적 방안을 설정할 것인가에 대한 검토가 그것이다. 쉽게 말해 해양과 연안바다를 무분별하게 남용하도록 놔둘 것인가, 아니면 아주 철저하게 규제하고 통제할 것인가의 이분법적 사고가 나올 수 있다.

반면에 거버넌스의 관점에 따른다면 해양과 연관된 공공의 문제해결 사안에 대한 논의의 장과 결정권을 나눔으로써 경우의 수가 훨씬 많아지게 된다. 왜냐하면, 원래 이 방식은 정부와 시민단체, 민간기업 등 관료제 밖의 여러 기관이나 단체들과의 협력 내지는 권한의 위임을 통해 이루어지기 때문이다. 그리고 이러한 논의와 결정의 방식은 정부가 가진 정책결정권이나 해결의 권한을 다양한 방식으로 위임하도록 만든다. 통상적인 방법은 두 가지가 많이 사용된다. 하나는 법률상의 하위 제도(시행령, 조례, 규칙 등)를 통해 위임하는 것이고 다른 하나는 정부의 공식적 권위(소위 공권력)를 재량으로 위임하는 방식이다. 따라서 새로운 거버넌스 방법은 기존의 해양문제 해결방법보다 다양하고 현실맞춤형, 지역맞춤형 대안을 마련할 가능성이 높다는 점은 확실하다. 그렇기 때문에 이러한 개념이 새로운 시대에 걸맞는 사회적 합의, 조정의 수단으로서 학자들에 의해 많이 권고되고 있는 것이다.

3. 현대사회와 시민사회의 발전

1) 현대의 사회변화와 거버넌스

현대사회의 전개과정에서 나온 여러 가지 이론들의 적실성과 이에 대한 시대별 패러다임이 변해야 한다는 것은 이제 더 이상 새로운 주장이 아니다. 지금까지 세계 각 나라에서 많은 정부, 도시, 조직들이 시대적 상황의 요구에 따라 만들어지고 그에 따른 다양한 가치들이 추구되었다. 하지만 역사적으로 특정한 이론이나 패러다임이 지배적인 지위를 누리는 동안에도 다른 이론과 패러다임들이 전적으로 무시되었던 것은 아니었다. 한 이론과 패러다임이 특정한 시기에 우월적인 지위를 향유하는 동안 다른 패러다임들도 크지는 않지만 의미 있는 역할을 담당해 왔다. 오늘날 현대사회의 거버넌스 현상도 역사적으로 이것과 비슷한 현상이 이전에 전혀 없는 상태에서 완전히 새롭게 등장한 개념은 아니다.

지금 세계적으로 각 국가나 정부에서 여러 사회부문이나 공공의 문제를 다루는 데에 있어서 정부나 기업, 시민단체(NGO) 중 어느 한 부문의 역할만으로는 이를 완전하게 해결하지 못하는 현실에 처해 있다는 사실은 누구나 인정하고 있다. 또한 어느 한 주체나 부문이 각종 사회문제의 인식과 해결을 전담하는 것이 반드시 바람직하거나 효율적인 상태라고도 단정할 수 없는 것이 지금의 현실이다.

실제로 지금 현재 서구의 많은 선진국가는 물론 아시아의 저개발국가에서까지도 공공정책과 프로그램은 지역, 특별행정구역, 서비스 전달 구역, 지방행정기관, 비영리조직, 협력, 네트워크, 파트너십 등의 복잡한 사회적 망(social grid)을 통해서 관장되는 경우가 점차 늘고 있다. 그리고 이런 노력이나 변화의 움직임은 역시 우리나라에서도 많이 보이고 있다.

같은 맥락에서 점점 불확실성이 증대되어 가고 있는 현대사회 속에서 그동안 정부나 기업들도 경험해 보지도 못했던 복잡한 문제가 발생하고 있다. 이러한 상황에서 거버넌스는 정부가 주도적으로 행위를 하는 전통적 상황에 대해서 보다 유용하고 현실적인 대안이 되고 있다. 이전에 비해 심각해지고 복잡해진 사회문제를 기존과 같이 모두 정부 혼자서 풀기란 쉽지 않다. 즉 그것은 정부와 정부 이외의 다른 사람, 혹은 공동체가 함께 문제를 인식하고 해결하려는 노력과 협력 없이는 결코 해결되지 않는 어려운 문제일 수도 있다.

공공부문이나 민간부문을 막론하고 어떠한 조직도 혼자의 힘으로는 해결할 수 없는 사회문제가 증가함에 따라, 사회 구성원간의 협조가 절실히 요구되고 있는 것이다. 그리하여 오늘날에는 사회의 다원화와 민주적 의사결정구조의 영향으로 정부와 사회 사이에서 상호 역할분담의 균형점이 이동하고 있으며, 새로운 거버넌스가 필요한 방향으로 빠르게 이동되고 있다. 또한 21세기에 접어든 이후, 새로운 의제로 등장한 세계화(globalization)와 이양(devolution)이라는 두 개념이 전통적인 정부관료제 구조는 물론이고 국가의 기능과 역할에 지대한 영향을 끼칠 것이라는 관점에서 새로운 거버넌스가 요구되기 시작했다. 따라서 현대사회에서 해양문제의 관리와 해결에 있어 새로운 거버넌스를 구축하기 위해 요구되는 것들을 살펴보면 다음과 같다.

첫째, 적응의 문제로 세계화와 이양이라는 도전에 적합하게 전통적 수직적 체계를 새로운 수평적 체계와 통합해 나가는 것이다. 이는 변화된 환경 속에서 효과적으로 국정을 관리할 수 있도록 정부의 능력을 제고하는 일이다. 즉 기존 기능에 따른 부처 편제에 기초한 업무의 수직적 과정과 수평적 문제간에 긴장이 고조되고 있으며, 또한 다른 한편으로는 민주적 책임성을 유지하면서 관리 능력을 강화해 나가야 하는 부담을 안고 있는 정부는 더욱 어려운 상황에 처할 가능성이 높아졌다.

둘째, 이양과 관련된 역할의 배분 문제로서 국가와 도시, 중앙과 지방이 해야 할 일을 명료하게 분류할 필요가 있다. 세계화의 추세와 함께 정부와 정책집행에 참여하는 시민단체(NGO)의 중요성은 점차 커지고 있다. 이에 따라 이양과 관련해 중앙정부가 해야 할 새로운 역할

정립에 대한 요구가 증대하고 있음에도 불구하고, 이들은 추가된 새로운 기능들을 수행하기 위해 특별기구(adhocracy) 등을 신설해 나가는 추세에 있다. 이러한 점은 해양부문에서도 예외가 아니다.

2) 우리나라 사회변화와 거버넌스

세계적으로 국가 간의 경쟁에 따른 효율성의 추구와 더불어 민주화에 따른 국가나 지역사회에서의 시민이나 NGO의 역할에 대한 새로운 인식은 정부나 공공부문의 개혁을 추진해 나가는 데 있어서도 정부역할의 새로운 패러다임을 모색하도록 하고 있다. 특히 최근 우리나라에서 시민사회의 발전과 성숙은 지방화와 더불어 민주화의 열풍도 거세게 몰고 왔다. 첨단 IT산업과 온라인 상의 네트워크서비스(SNS)의 발전에 따른 정보화의 심화는 이러한 사회적 개혁의 요구와 열풍을 전 세계적으로 확산시킨 바 있다. 정부활동과 관련한 이러한 개혁의 중심에는 시민들의 보이지 않는 새로운 사회적 거버넌스 구축 열망이 자리하고 있는 것이다.

우리나라에서 나타난 사회적 차원의 개혁요구와 그 확산은 정부와 리더, 그리고 공무원들로 하여금 국정관리를 보다 잘 할 수 있는 방법을 찾으려는 노력을 계속하도록 만들고 있다. 그런 노력의 대표적 전형이 정부의 공적활동 패턴의 변화이다. 즉 과거 1980년대와 1990년 초반까지 선호되는 표준적인 관료모형(bureau model)으로서 정부기관과 공무원이 모든 것을 직접 하던 패턴에서, 이제 정부 이외의 다른 행위자들이 그러한 패턴에 새로 포함이 되고 있다. 이러한 이유 때문에 기존의 정부나 관료의 직접적인 공급방식보다 아주 복잡한 형태를 통해 서비스를 공급하는 패턴인 거버넌스 모형(governance model)으로 바뀌고 있는 것이다. 이런 변화는 기존의 정부활동을 어떻게 구조화하고 관리하는 것이 높은 성과를 낼 수 있는가에 대한 깊은 관심에 기인하는 것이다.

우리나라에서 1990년대 정치적 민주화와 함께 시민사회의 폭발이라고 할 수 있을 정도로 급성장한 시민사회단체(NGO)의 경우, 기존 정치권과 정부의 시각에서는 효율적인 정책결정과 시행과정의 장애물이자 반대자로 인식되어 왔다. 오랜 권위주의 시대와 군사정권 하에서 이러한 편견은 더욱 심했음을 우리는 잘 안다. 그러나 오늘날에는 여러 공적인 분야에서 이들을 협력자로 인식하고, 부문간의 상호 협력관계를 기본으로 하는 거버넌스(governance) 제도가 필연적으로 요구되고 있다는 사실을 정부나 시민사회(NGO) 및 민간기업 등도 크게 인정하고 있다.

지금 현재 우리 사회도 오랜 관(官)과 정부 주도적인 방식에서 민(民)이 참여하는 거버넌스(governance) 방식으로의 전환이 많이 이루어졌다. 오늘날 현대 민주주의 국가에서 정부는 전통적인 행정(administration) 개념에서 성과중심의 정부경영 내지 거버넌스(governance)의 개념으로 전환되고 있으므로, 1990년대 이후 우리나라도 이러한 흐름을 적용하여 공공부문과 사회구조 혁신의 기준으로 삼아야 할 필요가 있다는 사실이 학문적으로 강조되었다.

최근 대두되었던 우리나라 사회에서의 거버넌스 개념은 정부기관과 공무원에 의해 직접 서비스를 공급하는 패턴으로서 소위 표준적인 관료모형(bureau model)을 벗어난 것으로 이해된다. 우리나라 정치와 행정에 있어 거버넌스 모형(governance model)은 보다 복잡한 형태와 네트워크를 통해 정책, 재화, 서비스 등을 사회에 공급하는 형태로 알려져 있다. 전통적 모형에서 거버넌스 모형으로의 전환은 최근 정부가 겪는 심각한 자원의 제약, 투표자의 점증하는 정부에 대한 불신과 조세에 대한 저항, 선출된 공직자들에 의한 여러 부조리 등의 복합적인 요인 때문이다.

이에 최근 우리나라 공공부문에서의 거버넌스(governance) 개념의 도입과 적용은 국가뿐만 아니라 해양문제나 해양정책과 같은 지역의 공공부문에도 긍정적으로 많은 영향을 미치고 있다. 즉 사회환경의 변화과정에 대응하여 거버넌스 개념과 양식이 해양문제와 같은 연안 지역사회의 문제해결에 있어서도 새로운 관점과 방향을 제시해 주고 있다. 거버넌스는 권력을 주요수단으로 하는 정부, 이윤추구를 주요 목적으로 하는 기업, 사명을 중심으로 하는 시민(단체) 간의 관계성에 초점을 두는 지역사회의 주요 부문간의 협력과 참여라는 동반자적 관계를 통하여 사회 전체적으로 공공의 문제를 해결해 나가는 방식을 제안하고 있다.

지금 우리 사회에서 국가와 시장, 시민사회의 관계에 중심에 두고 전개된 거버넌스의 재편 및 사회구조 개혁을 둘러싼 논란은 결국 민주적 거버넌스에 대한 규범적 가치논쟁의 성격을 띤다고 할 수 있다. 거버넌스는 급증하고 있는 시민 참여의 확대, 공익의 다원성에 대한 논의, 민주적 거버넌스가 활발하게 논의되고 있는 상황에서 정책과 행정의 역할을 규범적으로 제시하고 있다는 점에서 그 의의를 찾을 수 있다.

특히 장기적인 민주주의의 실현에 기여해야 하는 역할자로서, 관료의 의무와 시민의식의 발휘가 공동체 사회의 발전에 핵심적인 성패요인으로 작용하고 있음을 지적한다. 이런 점에서 거버넌스는 앞으로도 정부 이외에 다른 주체들의 사회참여와 민주주의 실현에도 의미있는 기여를 할 것으로 기대된다. 우리나라 거의 모든 사회부문에서 거버넌스 이론의 출현과 실천은 한 정부에 의한 획일적인 서비스 제공방식 보다는 정부 외적인 행위자와의 협치, 공동생산, 자원봉사 등의 방식을 통해 보다 효과적일 수 있음을 보여주었다.

3) 해양NGO와 시민사회의 역량

지금 부산, 인천, 울산 등의 주요 항만(port)과 해항도시(sea port

cities)에서는 항만물류, 수산업 등의 대규모 산업문제에서부터 해양오염과 안전, 관리단속의 난맥상에 이르기까지 수많은 난제가 쌓여가고 있다. 우리나라에서 해양과 항만이 국가적으로 차지하는 비중과 중요성을 굳이 논외로 하더라도, 주요 항만의 운영과 수산업 분야에는 그 결정의 복잡성, 집행과정의 난맥상이 여전히 상존하고 있다. 그런데도 정부는 해양문제에 관한 행정과 정책에서 과거 오랜 전통적 방식, 즉 관(官) 주도의 방식을 아직까지 고수하고 있는 것 같다. 즉 해양과 연안지역 문제, 그리고 이와 관련된 여러 분야에서 기존의 일반적인 거버넌스는 협력의 당사자로 정부와 기업부문이 대부분으로, 시민사회 영역이 개념적으로 파트너십 체제 속에 들어갈 여지는 별로 없었다.

이런 이유에는 해양시민사회의 핵심인 해양NGO와 해양의식을 가진 시민사회 기저의 기초역량(capacity)이 부족한 이유가 크게 자리하고 있다. 그러나 시민의 손에 의한 이른바 해양시민사회(seatizen society)의 등장은 현재 양적으로나 질적으로 폭발적인 성장을 하게 된 시민사회(citizen society)를 중심으로 전개가 되도록 조정되기 시작하였다. 이는 주로 시민들의 자원봉사 분야(voluntary sector)에서 아주 다양한 주체들이 협력의 중요한 파트너로 새롭게 참여한다는 점에서 기존의 거버넌스 유형과는 다른 특징을 가지고 있다.

그러므로 우리나라에서 주요 해항도시나 연안지역 차원에서 해양문제 해결의 시민적 거버넌스 구축을 위해서는 시민의 해양행정에 대한 기본 지식과 이해가 있어야 하며, 애향심과 성숙한 시민의식의 함양도 필요하다. 이 때의 시민의식은 수동적이 아니라 투철한 해양의식과 사상을 가진 시민들의 적극적이고 능동적인 행동상태를 뜻한다(Robin, 2006). 이는 해양이 가진 공익적 가치에 대한 사회적 합의를 토대로 한 새로운 제도나 가치, 문화를 함께 만들어 나가야 하는 창조적 노력을 의미하는 것이라 할 수 있다. 즉 기존의 해양관리와 정책의

관료적 모형(bureaucratic model)에 대한 새로운 시민거버넌스 모형
(citizen governance model)은 기존의 비전문가 혹은 외부인으로서 시
민, 전문가로서의 실무자, 엘리트 이익집단의 대표로서의 의회가 스
스로 그 틀을 형성하고 변화를 주도해야 한다는 것이다.

해양과 관련된 여러 문제에 대하여 시민사회가 만들어야 하는 시민
거버넌스의 목적은 단순히 말하면 해양을 관리하고 통제하는 기존의
정부와 해양정책의 결정에 시민들이 직접적인 영향을 미치는 것이다.
이는 지금까지 해왔던 것처럼, 단순히 선거를 통해 정책결정의 지위
를 가진 공직자를 선출하는 것뿐만이 아니라, 여러 가지 형태로 의사
결정권자에게 압력이나 영향력을 행사한다. 구체적으로 시민들이 소
환, 집회, 민원, 청원, 진정 등의 직접적인 방법으로 법률 및 규칙의
제정 등에 영향을 미치고자 하는 목적의식에서 이루어지는 행동이 바
로 시민거버넌스인 것이다. 가장 중요한 점은 시민거버넌스에서 강조
하는 사항은 곧 시민의 행위나 행동을 의미한다는 것인데, 이는 단순
히 투표행위만이 아니라 시위, 집회, 캠페인, 청원에의 서명, 기부, 자
발적 대응조직의 설립 및 이러한 조직에의 가입과 활동 등과 같은 다
양한 형태의 행동을 포괄한다.

우리나라에서 시민들의 성숙된 해양의식은 자신이 살고 있는 항구
와 연안을 쾌적한 환경으로 보전하고 해양을 통한 새로운 가치창조의
주역이자 그 향유자인 것이 자랑스러운, 그래서 시민들 모두가 자부
심과 자긍심을 갖게 만든다. 해양강국이 지리적 요인과 정신적 요인
에 의해 결정된다고 전제한다면, 3면이 바다인 우리나라는 지리적으
로는 분명 해양국가이고, 경제적으로도 이제 세계적인 해양국가이지
만, 정부나 국민들의 바다에 대한 이해와 관심을 기준으로 한다면 해
양국가라고 하기에는 충분치 않은 것이다.

하지만 이제 우리도 해양에 대한 시민사회와 시민거버넌스의 등장

으로 인해 시민 개개인은 그 역할자의 측면에서 새로운 전환을 자연스럽게 요구받고 있다. 우선 해양의 문제인식과 해결방안에 관해서 시민들은 지역사회의 수요자나 고객 대신에 스스로 공급자나 관리자가 되고 있다. 정부는 시민을 위해 그들이 정책결정을 하는 대신 시민들의 노력을 조정하는 조정자가 될 필요성을 요구받고 있다. 최근으로 올수록 행정관료들은 해양에 대해 공공기관의 통제력 확보 및 강화보다는 시민들이 원하고 그들의 목표를 성취할 수 있도록 돕는데 중점을 두게 되었다.

이에 해양에 대한 시민사회의 거버넌스는 실제로 현실에 적용 가능한 묘사적(descriptive) 측면과 다가오는 미래에 우리가 달성해야하는 규범적(normative) 측면으로 구분할 수 있다. 현재 우리가 살아가면서 빈번하게 접하고 있는 해양의 문제와 그 해결방향은 이제 많은 사람들이 이해하고 적극 활용하기 바라는 측면에서 비로소 시민사회의 가치가 인정을 받게 된 것이다. 시민의 손에 의한 해양의 거버넌스의 구축은 기본적으로 공공정책의 결정과정과 실제적인 집행에서 시민이 좀 더 많은 통제력을 확보할 수 있고, 또한 확보해야만 한다는 그러한 규범적 측면을 강조한다.

그러므로 해양의 이용과 관리상의 진정한 시민 중심의 역할과 시민 주체적인 거버넌스 구축을 위해서는 지금보다 시민사회의 역량이 크게 제고되어야 한다. 해양의 가치에 대한 뚜렷한 철학과 신념을 가진 성숙된 시민사회는 해양거버넌스 구축의 촉매(catalyst)가 되지만, 그렇지 못하면 정부행정에 포획된 시민(citizen capture)에 지나지 않는다. 각 연안지역의 해양정책과 행정분야에서도 지역시민사회를 통한 이른바 해양로컬거버넌스(ocean governance of local society)의 구축은 지역 각계각층에 포진한 이해관계자(행위자)들의 대등한 관계가 중요하며, 이들이 정부의 진정한 파트너로 역할하기 위해서는 행위자들 사이의 역할인식과 역량함양이 전제되어야 하기 때문이다. 이를 위해 해양시민으로서의 개인은 학습을 통해 해양문제에 관심을 높이며, 참여의식과 해양자치역량을 지금보다 크게 함양하여야 한다.

앞으로 우리에게 진정 필요한 해양NGO는 현재보다 전문성과 대표성을 제고하여 바다를 통한 공익과 사회적 책임을 다하되, 해양문제 해결의 합리적 대안을 제시할 수 있어야 한다. 물론 오랫동안 중앙정부와 수도권 중심, 급격한 경제성장의 논리가 지배한 사회였던 이유로 해양과 연안의 문제는 사회적 관심에서 소외되었다는 점, 해양의 중요성에 대한 국민적 관심과 시민사회가 활성화되지 못했다는 점에서 우리는 일정한 약점을 안고 있다. 그러나 사회의 다방면에서 거버넌스가 실험되고 있는 지금, 해양행정과 정책분야에서도 시민사회는 효과적인 거버넌스 구성과 운영을 위해 자체역량을 함양하는 과정이 우선되어야 할 것임은 자명하다.

이제 공식적인 권위체계 없이도 시민들이 집합적 행동에서 언제 어디서 어떻게 참여해야 하는지에 대해 알 수 있도록 함으로써 자신을 힘을 키워나갈 수 있는 기회를 제공한다는 점에서 분명 해양분야에서 나타난 시민사회의 등장은 새로운 기회로 여겨지고 있다. 과거와 같이 정부가 관리하고 혜택을 주는 대상이나 고객이 아닌 실질적 주인의 자세로 자발성에 기초한 능동적인 시민들이 중심이 되어 시민사회 내에서 소통적 체계(communicative system)를 구축하는 노력은 우리에게 반드시 필요하다. 이럴 경우 우리 사회는 해양을 통한 시민의 삶의 질 향상과 국익의 창출이라는 밝은 미래를 담보할 수 있다.

제7장 연안관리의 문제와 협력적 해결

제1절 연안관리 문제의 중요성

연안해양의 생산성과 동시에 연안생태계의 건강성을 지속하는 것은 세계적으로 해항도시와 국가의 중요한 해양정책 과제 중의 하나이다. 이것은 연안의 유망한 자원에 대한 수요와 연안환경 보존에 대한 국민의 정치적 지지 사이의 균형의 문제라고도 할 수 있으며, 결국 연안의 '지속가능한 발전'의 문제이다. 최근 미국을 비롯한 세계의 주요 연안에서는 연안자원 이용에 관한 갈등이 계속 고조되고 있으며, 이를 해결할 연안관리정책 및 거버넌스의 중요성이 증가되고 있다(Beatley et al, 2002).

연안의 석유·천연가스 산업개발과 연안관광·휴양기능 간의 갈등, 해양보호지역 설정과 상업어업의 접근제약 간의 갈등, 연안리조트 개발과 연안공원 팽창 및 공공적 접근의 제약 간의 갈등, 연안지역 주민 증가와 허리케인 같은 자연재해로부터 연안지역 주민보호 업무증가 간의 갈등 등이 대표적인 연안관리 갈등의 예이다.

오늘날 연안관리의 새로운 비전과 아이디어, 정책도구 개발과 더불어 연안관리 당면과제들을 해결하는 관리시스템으로서 거버넌스 역할을 재정립해야 한다고 많은 이들이 보고 있다(Beatley, 2002). 따라서 여기서는 최근 해양선진국인 미국을 사례로 세계적으로 당면하고 있는 연안관리정책의 주요 이슈들을 검토하고, 이를 해결하는 관리체제로서 연안관리 거버넌스의 특징, 문제점, 미래 개선방향을 종합적·체계적으로 살펴보고자 한다. 이러한 미국 연안관리정책의 주요 이슈 및 거버넌스에 관한 연구는 향후 아직 연안관리의 제도화 과정에 있는 우리나라 연안관리정책의 제도적 틀을 탐색하고 확립하는데 도움과 시사점을 줄 것이다.

제 2 절 연안의 특성과 위협요인

1. 연안의 특성

연안은 육지와 바다 사이의 상호작용이 있고, 특이한 지리적·생태적·생물학적 영역이라고 볼 수 있다. 연안은 사람들이 접근가능한 가장 생산성 있는 지역 중의 하나로서, 사람들의 식생활 욕구 충족을 위한 물고기와 해초들이 있고, 연안지역 공동체의 어업 및 양식산업이 있다. 연안해양 가까이 사는 사람들의 안전과 관련된 특징은 여러 가지 연안형태들이 자연재해로부터 장벽을 제공해 주고 있다는 점이다. 예컨대 비치, 사구, 절벽, 장벽을 이루는 섬 등이 완충지역(buffer)으로서 역할을 하고 있다.

연안지역의 휴양적 측면으로는 휴양과 레저를 위한 비치와 바위절벽이 뻗어 있고, 보트타기, 낚시, 수영, 산책, 비치에서 놀기, 태양욕

등이 가능하다. 또한 연안은 영감과 평화의 원천으로서 심미적 영상적 요소들이 있으며, 동물과 식물 종들을 위한 특이한 서식처로서 연안생태계가 존재한다. 담수와 해수가 혼합되는 강어귀는 수많은 종류의 어자원을 살리는 곳이 되고 있고, 연안습지는 다양한 조류와 식물들의 고향이 되며 물을 정화하는 역할을 하고 있다.

연안생태계의 부분들은 균형화가 이루어져 있지만, 다양한 위협들에 의해 파괴되기 쉽다. 또한 연안은 파괴되기도 쉽지만, 놀랄 만큼의 복원력도 갖고 있다. 전체 생태계는 역동적이고 재생적인 힘이 있다. 자연적 메커니즘은 생물과 환경 간의 균형을 유지할 수 있다. 그러나 연안생태계가 외부 공격으로부터 그것의 순결성을 지킬 수 있는 정도에는 한계가 있다. 인간 활동들에서 생기는 압박이 특히 위협이 많이 되고 있다. 자연과정에 대한 인간의 간섭은 자연적 역동성을 변경할 수 있다. 침식을 예방하기 위해 지어진 견고한 구조(예: groin, jetty)가 한 지역의 모래를 덮음으로써, 그리고 그 지역의 자연적 횡적 이동이 아래로 흘러가는 것을 막음으로써 침식을 더 촉진할 수도 있다.

연안지역에 사람이 살고 있다는 사실 그 자체가 바로 압박인 것이다. 증가하는 연안지역의 인구밀도가 또 다른 압력이 되면서 제한된 자원을 과도하게 많은 사람들이 사용하고 있을 때, 그 지역의 부담능력은 초과될 수 있다. 휴가시즌 동안 연안의 인구밀도와 숫자는 더욱 극단적으로 증가한다.

연안에 있는 사람들은 거주민이건 방문객이건 간에 거주해야 하고, 먹어야 하고 즐기는 것을 요구한다. 연안지역에서 인간에 의해 수행된 압박은 이러한 필요성으로부터 발생되며, 이것은 숲과 습지, 그리고 다른 자연적 땅을 훼손하게 한다. 예컨대, 주택, 호텔, 콘도미니엄, 식당, 주유소, 쇼핑몰, 골프장, 부두, 휴게장소 등은 모든 연안선에 걸쳐 퍼지고 있다. 도로, 다리, 주차장, 하수도 등의 개발사업들은 환경에 대한 압박을 주거나, 또는 다양한 부정적 영향들을 야기한다. 육지의 물이 오염원이 될 수도 있다. 사람들은 연안선으로부터 멀지 않은 바다와 연안지역을 쓰레기 투기지역 또는 쓰레기 매립장으로 사용한다. 예컨대, 연안과 비치지역에 의료쓰레기를 버리거나, 쓰레기로 가득한 바지선이 연·근해에서 멀지 않는 바다에 그것을 버리기도 한다.

최근까지 개발의 축적된 영향이 연안오염의 심각한 문제로 간주되지 않았다. 왜냐하면, 인간과 개발압력은 일반적으로 자연시스템의 부담능력을 넘지 않았기 때문이다. 그러나 연안인구가 계속 증가하고 있기 때문에, 장기적으로 축적된 영향은 좀 더 자명하게 드러날 것이다. 민감한 연안자원(예: 습지, 수역, 어자원 및 야생물 서식지)을 가진 지역들은 특히 축적된 영향에 의해 파괴되기 쉽다.

오늘날 연안에 대한 인간압박의 결과로 직면한 많은 위협들은 크기와 범위에서 전례가 없는 것이다. 세계 어족자원 및 수산물의 남획과 과잉채취는 해양생태계의 지속가능성을 위협하고 있다. 앞으로도 세계 어자원의 약 3분의 2는 과잉 채취될 것으로 보며, 참치나 아틀란틱 대구 같은 어종은 소멸의 위험을 받고 있다. 전 지구적 기후변화는 산호초, 연안습지, 다른 연안해양생태계에 엄청난 위협을 만들고 있다.

연안에 기반을 둔 사람들의 활동들은 한정된 자원을 어떻게 사용할 것인가에 대한 갈등을 제고시킨다. 예컨대, 에너지 생산을 확대하는 계획은 비치와 연안의 휴양적, 심미적 질을 보존하려는 욕망과 충돌하고 있다. 또 다른 예로, 별장과 리조트를 건설하려는 욕망은 모든 연안주민들이 의존하는 생태계 기능을 보존하려는 필요성과 충돌하

고 있다. 연안지역은 많은 사람들이 거기에 살고 있기 때문에 위험하
다. 허리케인과 폭풍은 연안공동체 전체와 재산, 그리고 사업과 인프
라를 파괴할 수도 있다.

3. 공공부문에 의한 연안 압박

공공부문의 정책들은 그 의도와 상관없이 연안지역에 압력을 촉진할
수 있다. 다양한 수준의 정부에서 공급되는 인프라들이 연안지역을 팽
창시키고 개발할 수 있는 것이다. 공공부문의 정책들은 안전한 교통루
트, 포장된 도로, 고속도로 등을 연안지역에 확보하도록 한다. 교량의
건설, 하수시스템과 도시쓰레기처리 공장의 건설은 이전에 고립되었던
지역을 수용능력 이상의 많은 사람에게 개방할 수 있도록 만들고 있다.
다양한 종류의 재해보험(hazard insurance) 또한 연안지역의 발전을
고무시킬 수 있다. 연방정부의 홍수보험은 위험한 연안개발이 어떻게
보조를 받고, 얼마나 잘못된 유형의 인센티브가 창조될 수 있는지를
보여주는 중요한 사례이다. 연안 폭풍과 홍수로 인해 손해를 입은 재
산소유주는 종종 동일한 것으로 재건설을 하거나 또는 동일하게 위험
한 지역에서 재건설을 하도록 허락되고 있다. 그 결과, '손해→건설→
손해'의 악순환이 일어나고 있다. 재난을 받기 쉬운 지역에서 개발을
피할 조금의 유인도 없게 된 것이다.
연안개발 보조금(coastal development subsidy)이 세금지출, 면제 또
는 연방 또는 주정부 세금코드 상의 다른 보조금의 형태로 제공되고
있는 것도 또한 문제라고 할 수 있다. 재난손실공제제도(casualty loss
deduction)는 보험으로 커버되지 않은 재산손해에 대해 소유주에게 보
상하고 있다. 미국의 경우, 전국적으로 시행 중인 공제제도(deduction)

는 전형적 연안개발의 한 유형인 별장(second home) 건축에 대해 이
자세와 재산세 일부 혹은 전부를 공제해 주고 있다.

제3절 연안관리의 접근방법과 필요성

● 1. 연안관리목표로서의 지속가능한 발전

현대사회에서 인간들의 각종 활동은 연안지역 자연자원의 용량을
초과하고 있고, 동시에 많은 부담이 되고 있다. 그렇다고 연안에 살지
말아야 한다고 주장하는 것은 현실적인 해답이 아니다. 모든 건축된
구조물을 해체하고, 모든 길을 제거하고, 모든 사람들이 연안을 떠날
것을 제안할 수는 없다. 대신에 연안을 이용하는 인간의 태도와 행동
이 변화해야 한다. 지금 필요한 것은 생각하는 방식을 새롭게 변화시
키는 것이다. 생태계의 주인으로서가 아니라 그것의 한 부분으로서
인간을 생각해야 한다.

인간행동을 변화시키고 파괴적 성장사이클을 깨뜨릴 수 있는 하나의
주요 개념은 지속가능성(sustainability) 또는 지속가능한 발전(sustainable
development)이다. 브런트랜드 보고서(Brundtland Report)가 지적하다
시피, '지속가능한 발전이란 그들 자신의 수요에 대처하기 위해 미래
세대의 능력과 타협함이 없이 현재 세대의 수요에 대처하는 발전'을
말한다. 보고서에서는 보다 정교하게 '지속가능한 발전이란 고정된 상
태의 조화가 아니라, 개발과 투자방향과 기술발전 및 제도변화의 방
향이 현재 수요 뿐 아니라 미래수요와 일관성을 가지는 변화과정'을
말한다. 이는 무성장(no growth)을 의미하지 않으며, 자원의 낭비를
의미하지도 않는다. 왜냐하면, 만일 성장이 없다면 어떤 공동체도 주

민에게 환경을 개선시킬 만한 고상한 수준의 생계와 일자리를 제공할
수 없기 때문이다.

지속가능한 발전의 옹호자들은 자연세계에 대한 지식과 존중이 본
질적인 것임을 강조하고 있다. 이런 목적을 위해, 우리 환경에 대한
교육과 의식제고가 최우선이고 가장 중요함에는 틀림이 없다. 모든
시민의 적극적이고 전폭적인 참여가 절실히 요구되는 것이다. 마찬가
지로 우리에게는 현재 과잉소비 생태스타일의 파괴성에 대한 자각이
이루어져야 한다. 우리는 효율적인 자원활용에 몰두하면서도 자원낭
비와 오염을 예방해야 한다. 아마도 가장 중요한 점이 있다면, 모든
인간 활동을 장기적 환경영향의 관점에 따라 판단해야 하며, 단기적
이익의 관점에서 판단해서는 안된다는 점이다.

2. 연안관리의 개념 및 필요성

연안의 생태지형학적 시스템에 대한 견고한 이해는 연안지역의 복
잡하고 역동적인 환경을 관리하는데 본질적인 요소이다. 그러나 우리
가 가진 관심의 초점은 자연시스템 그 자체를 관리하는데 두지 말고,
오히려 자연시스템에 영향을 주거나 또는 영향을 받고 있는 인간의
행동을 관리하는 방안을 탐색하는 데 두어야 한다. 따라서 연안관리
라 함은 연안지역의 자연자원을 보호하기 위해 인간활동을 관리하고,
연안의 위험으로부터 인간을 보호하는 것을 말한다. 이를 효과적으로
수행하기 위해 만들어지는 연안관리프로그램의 경계는 그 연안자원
의 경계와 일치해야 한다. 그러나 자연시스템은 일시에 변하기 쉽고
종종 경계가 흐릿하기 때문에 일치하기 어려운 경우가 있다.

인간은 자연의 과정들에 영향을 주고, 자연의 과정에 반응한다. 연

안환경은 고도로 역동적이고 생태적으로 매우 생산적이다. 연안관리의 모든 인위적인 시도는 연안환경의 이해로부터 시작되어야 한다. 특히 연안관리는 역동적인 연안지역에서 개발을 하는 행위에 특별한 관심이 주어져야 한다. 그리고 생태계에 관한 부정적 영향을 최소화하고, 연해침식, 허리케인, 다른 자연의 힘과 같은 위험으로부터 인명과 재산의 피해를 줄이는 것에 관심을 두어야 한다.

인구통계학적 추세를 보면, 전 세계 연안지역은 심각한 인구성장 압력을 겪고 있다. 미국 인구의 절반 이상이 이미 연안을 따라 연안수역 내에 살고 있다. 2025년이 되면, 미국에서 인구의 거의 75%가 연안을 따라 살게 될 것이라 한다. 그래서 인구밀도는 연안지역에 직면한 또 다른 스트레스이다. 1999년에 이미 지구 인구의 약 3분의 2는 좁은 400km 연안지역에 살고 있다. 2010년 이후에 지구촌 인구 800만 이상을 가진 세계 30대 대도시 중에서 20개는 연안지역에 입지할 것으로 주장되었다(Beatley, 2002).

대개 교통상의 이유 때문에 주요 산업과 상업센터들은 항구도시들 근처에 발달했다. 최근에는 연안선의 활용에 있어서 좀 더 휴양적이고 보존적인 활용 개념이 포함되도록 전환되어 왔다. 이 때문에 휴양지와 리조트 개발은 급속히 증가해 왔다. 연안지역의 자원 이용은 농업, 어업, 그리고 오일가스 및 광물채취를 포함하여 큰 중요성을 유지하고 있다. 연안지역은 재화와 서비스 측면에서 약 540억 불, 일자리 측면에서 2천 8백만 개를 생산하는 경제적 엔진이다(Marlowe, 1999). 그러나 미국 연안의 경제적 이용에서 장기적 지속가능성을 해친다는 심각한 징후들이 있다. 예컨대, 전 세계적인 어업자원의 고갈과 황폐화, 연·근해 오일가스 개발이 비치와 연안환경에 미치는 영향, 오염으로 인한 비치의 폐쇄, 오염된 조개더미 운동장 등을 들 수 있다.

그럼에도 불구하고 연안지역 관광의 증가와 휴가지로서의 매력에 따라 극적인 개발과 건축붐이 지금도 계속 일어나고 있다. 미국에서는 연안지역을 따라 75만 이상의 주거 단위들이 건설되고 있다 (Bookman et al, 1999). 이러한 새로운 건축물들은 대부분 취약한 지형에서 일어나고 있다. 추정컨대, 매년 섬(barrier island)에서 건설되는 새로운 집이 약 5만개 정도이다. 연안지역의 재산가치는 하늘을 찌르고 있다. 예컨대, 미국의 뉴저지는 최근 30년 동안 부동산이 3배 상승했다. 이에 개발은 숲과 습지의 파괴, 수질의 악화를 초래하고 있다. 자연적 연안환경이 많은 지역에서 심각하게 인간이 관리하는 조형물로 대치되고 있다. 예컨대, seawall, revetment, groin, jetty, dam, 다른 홍수 통제사업 등이 건설되고 있다.

제 4 절 연안관리정책의 주요 이슈들과 대안

● 1. 연안폭풍 위협 완화

미국을 사례로 보면, 연안지역이 당면하고 있는 주요 관리이슈들과 그것을 해결하기 위해 가능한 정책대안들을 논의하면 다음과 같다. 비록 이러한 이슈들을 분리해서 논의하지만, 그들은 명백히 상호관련이 되어 있고, 복잡하고 엉켜있는 정책매트릭스의 한 부분들이다.

미국연안관리의 주요 이슈 가운데 첫 번째는 연안폭풍(coastal storm)의 위협 완화에 관한 것이다. 걸프와 대서양 연안을 따라, 허리케인과 열대 폭풍들이 정기적으로 일어나고 있다. 이러한 현상은 물리적 힘과 영향이 심하고 재난적 수준이어서, 연안의 주들과 지방들은 이런 위협을 가장 잘 대처하기 위한 방법을 찾으려 하고 있었다. 허리케인은 인명 손실과 재산파괴의 주요 원인이 된다. 최근 신뢰할 만한 허리케인 추적 및 경보체제의 개발로 많은 사상자들이 점차 줄어들게 되었다.

그러나 연안에서 재산파괴는 현저하게 증가되어 왔다. 연안인구와 부(wealth)의 극적 상승은 폭풍으로 인한 손실증가의 원인이 되고 있다. 고위험의 연안지역 내에서 많은 개발이 이루어지고, 많은 인구가 급격하게 증가하고 있기 때문에 그 위협도 역시 함께 증가되고 있다. 특히 많은 개발들은 연안폭풍 활동이 이상하게 잠잠하던 1950년대 시기에 일어났다. 이 기간동안 연안인구 중 단지 소수만이 실제로 허리케인 또는 주요 연안폭풍을 경험해 왔다.

현재 연안의 재산을 보호하기 위해 미국의 주와 지방정부는 수많은 정책대안들을 가지고 있다. 예컨대, 구조적 강화방안으로서의 seawall, 부드러운 해안선 강화방안으로서의 beach renourishment, 위험지역 피난방안으로서의 coastal setback과 density restriction, 기타 법 규정의 설치 및 강화방안 등이 이에 해당된다. 정책 중에는 고위험 연안재해지역 밖으로 건축을 하도록 하는 위험회피 전략, 해안장벽(seawall) 건설과 같이 자연력에 대항해서 방어해 보려는 전략, 특히 섬(barrier island)이나 곶(cape)에서 대피(evaculation)하는 전략 등도 포함되고 있다.

2. 해안선 침식과 해수면 상승

두 번째 연안관리의 주요 이슈는 해안선 침식과 해수면 상승에 관한 것이다. 해안선 침식의 원인은 지구온난화로 인한 해수면 상승, 다양한 인간이 만든 대체물들(예: jetty, groins, seawall), 댐 건설과 강의 방향 변화 등이 그 원인이 된다. 이에 대한 정책대안은 해안선으로부터 전략적 후퇴(strategic retreat)와 연안강화방안, 즉 연안선을 seawall 등으로 강화하는 방법이 있다.

장기적으로 해안선 침식과 해수면 상승은 연안 주정부와 도시들에게 중요한 미래의 도전이 되고 있다. 많은 주정부와 도시들이 침식을 해결하기 위한 약간의 조치들(예: coastal setback)을 채택하고 있는 반면에, 명백하게 이러한 이슈를 생각하기 시작했음에도 불구하고 그들의 정책대안에 잠재적인 해수면상승 영향을 포함하지 않고 있는 곳들도 있다(Klarin and Hershman, 1990). 오히려 종종 연방정부의 프로그램과 보조금이 연안선을 따라 위험한 개발 형태를 고무해 왔다. 즉 미국의 경우에 연방정부는 위험하고 비합리적 건축형태를 고무하는 부당한 유인체계를 창조해 왔다. 이런 보조금들에는 연방홍수보험(federal flood insurance), 재난보조금(disaster assistance), 연방소득세법에서 재난손실공제(casualty loss deduction) 등이 있다.

미국 하인즈(Heinz) 센터 보고서(2000)에 의하면, 대략 35만개 구조물들이 해안선에서 500피트 내에 위치해 있고, 8만 7천 개의 구조물들은 60년 안에 침식되는 지역 내에 위치해 있다. 대서양의 평균 침식률은 연간 2~3피트이고, 걸프는 연간 6피트이다. 하인즈 센터의 한 연구는 침식으로 인한 재산손실을 연간 약 5억불의 경제적 가치로 추정하고 있다.

● 3. 전략적 후퇴와 연안의 강화

미국연안관리정책의 이슈 가운데 세 번째는 전략적 후퇴(strategic retreat)를 택할 것인가 아니면 연안강화(coastal reinforcement)를 택할 것인가에 관한 내용이다. 장기적 침식, 허리케인, 연안의 폭풍, 해수면 상승에 대한 정책대안으로 가장 적합한 것은 전략적 후퇴이다. 전략적 후퇴에는 고 침식지역에서의 이동불가능 구조물 건설 방지방안(setback restriction), 폭풍 후 건설의 제한방안(resstriction on building after storms), 육지방향으로의 재입지 촉진방안(policy to promote landward relocation) 등이 있다.

그러나 이런 대안들은 논란이 많고 연안의 주택소유자나 도시정부의 관리들로부터 잘 수용되지 않는다. 그들이 반대하는 이유는 급진적 후퇴 정책이 위협에 빠진 많은 공적·사적 재산의 가치를 무시하고, 그리고 공사 재산을 자연력으로부터 보호하지 않는 비효율성이 있다는 것이다. 공적·사적 재산을 보호하기 위한 몇 가지 대안들은 seawall, revetment, groin, jetty, offshore breakwater, 다른 연안보호 장치 등을 포함한 구조적 접근법들이 옹호되고 있다.

그러나 설사 이런 장치들은 일시적으로 홍수나 침식으로부터 막아줄 수 있을지라도, seawalls의 설치는 침식을 촉진할 수 있고, 섬(barrier island)의 육지방향 정상 이동을 방해하며, 궁극적으로 자연적 비치가 없는 고도로 인공적 기술로 만들어진 고립된 해안성(海岸城)을 만들 수 있다(Beatley et al, 2002). 예컨대, 노스캐롤라이나 아웃뱅크 지역 Cape Hatteras 등대의 육지방향 이동을 예로 들 수 있다. 1803년에 이 등대는 육지 쪽 1,500피트에 건설했다. 육지 방향으로의 이동으로 최초 등대는 파도가 그 기초를 넘나드는 파도지역(surf zone)에 위치하게 되었다. 미국 공병단은 등대주변의 seawall 보강을 제안했고, 국립과학원 패널들은 등대를 다른 쪽으로 이동할 것을 제안했다. 결국 1999년 등대는 전략적 후퇴정책의 채택으로 재입지를 하게 된다. 이는 연안 완화정책 접근 성공의 극적 증거이자, 전략적 후퇴정책의 상징적 증거이다. 이 사례는 해안개발의 또 다른 형식으로 다른 것에도 적용될 수 있을 것이다.

한편, 점차 인기를 더해 가는 중간 해결책으로서 비치모래보강(beach renourishment)이 있다. beach renourishment는 비치의 휴양기능을 회복하고, 어느 정도 해안선 구조물을 침식과 폭풍력으로부터 보호할 수 있다. 그러나 그것은 매우 값이 비싸고 수명이 짧다. 이는 전형적으로 해안 모래지역을 준설하여 침식된 비치에 뿌리는 것이다. renourishing 전략은 공동체로 봐서는 결코 끝나지 않는 값비싼 과정을 겪게 한다. 부가적으로 renourishing하는 시간의 길이가 미국 공병단에 의해 너무 과잉 추정되어 왔다. 그럼에도 불구하고 연방지역공동체에서 그것은 수용가능한 것처럼 보고 있다. 왜냐하면 그곳에는 수백만 달러의 재산이 위험에 처해 있고, 휴양비치를 유지하는 것이 경제활동(예: beachfront hotel, boardwalk business)을 제공하기 때문이다. beach renourishment 활용은 해안선 침식과 폭풍으로부터 보호에 대한 대응으로 지난 20여 년에 걸쳐 엄청나게 증가되어 왔다.

그러나 그것은 오래 지속할 수 없는 사업이고, 실제 renourishment의 장기비용에 대해 정확한 추정을 해 볼 필요가 있다. 그렇다고 beach renourishment를 부정적인 빨간 색깔 안경으로 보지 말아야 한다. 미래 세대를 위한 비치의 보호방법은 전략적 후퇴정책과 공정하고도 실현가능하게 비교해 보아야 한다. 미국 연안에서 beach renourishment에 대한 경제적 지불은 앞으로 몇 년 내에 중요한 도전이 될 것이다. 대부분의 renourishment 사업은 연방기금이 수반된다. 미래를 위한 의미 있는 질문은 이 사업에 대해 그런 연방보조금을 지불하는 것이 공평성과 적절성이 있는지에 대한 것이다.

● 4. 연안습지와 자원보호

미국에서 연안관리의 네 번째 이슈는 연안습지와 자원보호에 관한 것이다. 연안습지에 대한 위협에는 농업, 도로 건설, 도시 및 휴양시설 개발을 위한 물의 배수 등이 포함된다. 비점 오염원을 통한 악화는 중요한 문제로 남아 있다. 미래 해수면 상승은 습지에 가장 심각한 장기적 위협이 될 수 있고, 연안습지의 규모가 큰 부분은 범람될 수 있다. 이에 대한 정책대안으로 미국은 연방 수준에서 습지를 맑은 물 법(clean water act) 404조를 통해 보호하고 있다. 대부분의 연안 주들은 연방 조항보다 종종 더 엄격하고 더 포괄적으로 연안습지보호법을 채택해 왔다. 이로 인해 중요한 대규모 연안습지의 배수사업의 대부분이 중단되어 왔다.

그러나 대규모 습지파괴가 거의 중단되어 왔음에도 불구하고, 도로와 마리나, 다른 개발을 위해 습지 파괴가 여전히 계속 일어나고 있다. 비록 대규모 연안습지의 손실이 보편적이지 않음에도 불구하고, 습지자원 기반이 서서히 조금씩 죽어갈 운명이라는 것과 단계적 점진적 손실의 문제가 여전히 남아 있다는 것이다. 미국에서 어떤 주들은 단지 최근에 와서야 이런 습지 손실들의 변화상태를 모니터링하고 유지하기 시작했다. 그러나 많은 주들은 매년 손실되는 수많은 에이커 또는 이런 손실의 질을 추적할 수 없었고, 또 하지도 않고 있다.

자연습지를 보존하거나 반대로 파괴하려할 때, 미국에서는 연방법 404조 프로그램 또는 주법에 따라 연안습지 손실이 완화되도록 하고 있다. 이러한 완화는 습지를 새로 만든 습지와 대체 또는 보상하거나 또는 악화된 습지를 회복하는 형태를 요구하고 있다. 많은 '완화은행(mitigation bank)'이 이런 과정을 촉진하기 위해 설치되어 왔다. 누구나 습지를 이용하기 위해 채권(credit) 또는 완화프로젝트의 증권(share)을 구입해야 한다.

다섯 번째 미국 연안관리의 이슈는 연안수역 보호에 관한 것이다.

연안수역의 보호는 연안관리 프로그램의 중요한 목표이다. 만(bay), 강어귀, 다른 연안수역은 다양한 점오염원 및 비점오염원의 영향을 받는다. 역사적으로, 산업분야의 점오염원들은 수역을 따라 위치한 공장과 다른 제조활동처럼 중요한 문제였다. 물의 질에 대한 최근 연구는 조개더미와 다른 양식 생물체, 그리고 침전물에서 고도의 오염물이 집중되어 있다는 점을 발견했다.

또한 농업에서 발생되는 비점 오염원들도 큰 문제이다. 그것은 초과적 수준의 영양소 특히 비료와 거름에서 발견되는 질소와 인을 만든다. 예컨대, 체사피크 만과 맥시코의 걸프만에서 그러하다. 도시의 비점 오염원은 도로와 다른 스며들지 않는 표면으로부터 흘러나온 것(runoff), 오수정화탱크로부터 걸러진 것, 그리고 건축장소로부터 나온 것을 포함한다. 엑슨 발데즈호 기름 유출사고 이후에는 오일과 가스개발, 그리고 해상교통이 수질에 미치는 영향에 관해 큰 관심이 일고 있다. 이에 대한 정책대안으로는 주와 지방정부의 비점오염원 관리(BMPs), 연방정부의 주요 점오염원 관리(맑은물법, 연안관리법), 석유가스개발 제한, 운송선박의 구조강화(예: double hull) 등에서 규정하고 있다.

● 6. 연안지역에서의 에너지 개발

최근 연안지역에서의 에너지 개발이 또 하나의 주요 정책이슈가 되고 있다. 2001년 미국의 에너지 위기는 새로운 오일가스 생산지로서 미국 연안과 해양에 관심의 초점을 두었다. 플로리다, 캘리포니아의 시추 반대로 인해 결국 알래스카와 걸프만, 알라바마, 미시시피, 루이지애나에 대한 시추가 의회의 승인을 받았다. 연·근해 개발과 시추는 비치와 연안환경의 손실 없이 동시에 일어날 수 없다고 주장이 되

고 있지만, 그 반대자들은 보존방안 등 다른 선택이 존재하기 때문에
그런 걱정과 위험은 불필요한 것이 아니냐고 반박하고 있다.

한편, 연안지역은 다른 방식으로 에너지 수요를 해결하기 위한 새
로운 기회를 표출하고 있다. 즉 연·근해 풍력, 조류체계, 조수간만 발
전소 등 환경적으로 손실을 덜 주는 방법에 관한 것이다. 그러나 이런
사업들도 보다 환경적으로 지속가능하도록 만들기 위해서는 논란이
생기고 있다. 예컨대, 근래 미국에서 이루어진 Nantucket 프로젝트는
해양경관에 영향을 준다는 비난을 받고 있다.

● 7. 연안 생물다양성과 서식처 보호

생물다양성과 서식처 보존에 관한 것 역시 연안관리관련 주요 이슈
중의 하나이다. 연안지역은 거대한 생물다양성이 존재하고 있다. 생
물다양성은 종의 다양성을 의미하지만, 이와 더불어 종 내의 다양성
과 더 광범한 생태적 공동체와 과정의 다양성을 의미한다. 그러나 연
안지역의 개발이 계속되면서 서식처 손실이 중요한 문제로 대두되었
다. 휴양지와 별장의 개발, 다른 개발수요에 따라 종의 서식처 수요
감소 사이에는 직접적인 갈등이 나타난 수많은 사례들이 있다.

연안의 생물다양성을 보존하려는 노력은 직접적으로 리스트 상의
종을 금지한 연방 위험종보호법(Endangered Species Act)이 있다. 토지
의 획득방안은 연안 생물다양성을 보존하기 위한 중요한 전략이 되고
있는데, 이는 연방정부, 주정부, 사적 수단을 통해 일어나고 있다. 예컨
대, 플로리다는 '보존 및 휴양토지 프로그램(conservation and Recreation
Lands Program)'을 통해 민감한 토지를 획득하거나 보류하는데 지도적
역할을 수행하고 있다.

또 다른 중요한 연안관리의 이슈는 연안해양에서의 어업관리에 관한 것이다. 많은 연안보존 노력이 육지의 서식처 보호에 초점을 두어 왔지만, 점차 바다 서식처와 종을 위한 보호를 강화할 필요성이 증가하고 있다. 산호초와 같은 특이한 해안 서식처는 상실되고 있다. 전 세계적으로 어업량은 감축 추세에 있으나, 이미 전 세계적 어장 40% 이상에서 어자원이 남획 혹은 과잉으로 채취되고 있다. 어자원 고갈의 원인들은 많지만 과잉 어로행위와 더불어 느슨한 법규와 관리적 레짐이 주로 비난받고 있다.

이에 현재와 미래 연안에 대한 관리레짐은 다음을 포함하려 하고 있다. 어업에 있어 보다 강력한 제한조치로서 '보다 보존적인 지속가능한 채취수준'을 설정하려 한다. 그리고 그 구성요소로서 어업금지구역이 포함된 '해양보존지역(MPA)'의 네트워크를 만들려 한다. 예컨대, 캘리포니아와 같은 연안지역 주정부는 이 분야에서 중요한 조치를 취하기 시작했는데. 1999년 "Marine Life Protection Act"를 제정했고 "Turning the Ocean into One Big Aquarium"이라는 목표를 설정한 바 있다.

다음으로 휴양 공공재(Recreational Commons)로서 연안, 즉 비치와 해안선에 대한 접근성을 보장하는 것과 관련된 것이 미국의 연안관리에서 이슈가 되고 있다. 연안은 수많은 사람들이 즐기는 거대한 휴양자원이다. 연안개발자, 별장소유자, 사적 재산소유자가 해안선 입지를 확보하고 보호하는 욕망과 함께 연안지역의 즐거움과 대중의 접근을 확보하려는 목표간에 실제 갈등이 일어나고 있다. 대부분의 주 법률은 적어도 대중들이 비치를 따라 침해받지 않고 걸어다닐 수 있는 권리를 보장한다. 그러나 많은 연안 지역에서 사적 개발물의 벽이 존재하기 때문에 비치에 대한 실질적 접근은 아주 제한된다.

연안의 많은 부분들이 개발되어 왔고 또 개발 중이기 때문에 비록 대중들이 비치를 방문하고 걸어다닐 자격이 있다해도, 이 지역에 대한 물리적 길(physical way)이 존재하지 않을 수 있다. 과연 개발을 통해 공공자원을 사적으로 이용할 수 있는 것인지, 그리고 대중의 비치 접근이 개발 승인의 조건으로서 요구되어야 마땅한 것인지에 대해 논란이 여전히 남아 있다.

● 10. 연안개발과 사회적 형평성 문제

또 다른 하나의 연안관리 이슈는 연안지역개발과 사회적 형평성에 관한 것이다. 최근 많은 연안공동체가 사회적 상위계층의 리조트나 휴양지로 개발되는 경향이 있다. 그 결과 연안 토지가치가 상승하여, 중·하위 소득 거주자를 대체하고 있다. 즉 시간이 지나면서, 연안지역은 점차 고급주택화, 신사계급화(gentrification)되고 있다.

많은 연안 주에서 새로운 배타적 비치리조트 공동체와 주변의 시골 공동체 간에 날카로운 공간적 차이가 나타나고 있다. 후자 지역은 아주 가난하고 낮은 소득과 교육수준, 그리고 낮은 주택과 생활조건을 보인다. 따라서 과연 주변공동체가 연안개발로 경제적으로 얻은 편익은 어느 정도인지, 그리고 이런 공간적 불평등성이 중요한 사회적 부정의를 표상하는 것인지에 대해 논란이 있다. 그들은 리조트지역에 집을 사서 거주할 여유가 없다. 그래서 여유 있는 주택의 제공(housing affordability)은 연안지역에 당면한 중요한 정책이슈이다.

미국의 오레곤과 뉴저지주 등 일부 주정부의 연안허가프로그램 (Coastal Permitting Programs)에는 '최소 서민주택 제공조건(minimum affordable housing requirement)'을 포함하고 있다. 주정부는 보다 여유 있는 연안지역공동체를 촉진하기 위해 여유 있는 주택을 위한 증권 (fairshare of afforadable housing), 세금혜택(tax credit), 이자대부프로그 램(interest loan program) 등의 역할을 수행하고 있고, 또한 지역주민들 비치에 쉽게 왕래할 수 있는 비치 접근통로(beach accessway) 만드는 역할도 수행하려 하고 있다.

● 11. 연안지역의 성장과 확산

연안관리의 열한 번째 이슈는 연안확대, 토지이용 압박, 삶의 질에 관한 것이다. 연안지역은 심각한 개발과 토지이용 압박에 직면하고 있다. 약 9천명의 새로운 독신자 가족의 집이 매주 연안을 따라 건설 되고 있다. 게다가 연안의 집들은 점점 더 커지고 있고, 더 큰 대지위 에 지어지고 있다. 연안의 성장은 나선형 확산의 형태(sprawl)이고, 분 산되어 있고, 저밀도이며, 차량의존적 개발을 나타내고 있다. 그래서 교통 혼잡, 공공서비스 비용 상승, 녹지공간과 자연토지의 상실이 연 안지역 나선형 확대와 관련해서 나타나고 있는 문제이다.

이것은 전통적 농업, 어업, 자원의존적 산업에 위협을 주는 낭비적 개발형태이다. 숲으로 덥힌 토지의 상실과 자연적 질에 변화가 일어나 고 있는 것이다. 많은 연안관리 이슈들이 직접적으로 연안 나선형 확 대의 형태와 관련된다. 서식처 파괴, 수실문제, 연안재해의 위험 등을 포함해서 말이다. 토지이용 압박을 넘어서, 연안지역 인구성장률의 극적 증가는 거대한 다른 심각한 환경자원적 수요를 야기하고 있다.

● 12. 연안지역 사유재산과 공공이익 간의 갈등

마지막으로 미국연안관리의 주요 이슈는 연안계획에서 사유재산 대 공공이익 간의 갈등에 관한 것이다. 현재 연안관리에서 가장 중요한 정책적 딜레마 중의 하나는 연안토지에 대한 정부 권력규제와 사유재산의 신성함 간의 적절한 균형을 이루는 문제이다. 연안의 재산소유자는 연방 규제(예: setback, 습지급수 제한)에 의해 영향을 받는다. 그들은 종종 이런 규제가 미국 헌법 수정안 제5조인 "사유재산은 정당한 보상 없이 공공이용에 적용될 수 없다"에 위반된다고 주장한다. 이 수정안 제5조는 정부의 적절한 권력행사를 부정하는 것은 아니다. 정부의 권력은 공동체의 건강, 보건, 안전, 복지를 위한 법률 제정권과 관련되며, 해당 법률을 통해 사유재산의 향유와 이용에 부담을 지울 수 있기 때문이다. 물론 이 경우에 법원은 이런 침해가 일어날 때 명백하고 결정적인 판단기준을 명확하게 해야 하지만 말이다.

제5절 연안관리의 거버넌스

● 1. 연안관리 거버넌스 현황

미국의 연안지역들은 최근 십 수년간 인구확대와 지역개발에서 실질적인 성장을 경험해 왔으며, 1960년에서 2015년 사이에 약 50% 이상의 성장이 예상되고 있다(Bealtley et al, 2002). 그러나 이러한 개발성장과 함께, 환경과 토지이용 측면에서 거대한 갈등도 일어나고 있다. 앞에서 논의된 연안관리의 다양한 주요 이슈, 문제, 도전, 대안들은 이러한 특성을 잘 확인해 주고 있다. 따라서 이러한 연안관리 이슈들을 얼마나 효율적으로 잘 해결할 수 있는 연안관리 거버넌스(coastal management governance)를 만들고 그 역할을 잘 수행하도록 하느냐가 매우 중요한 것이라 할 수 있다.

연안관리 거버넌스는 연방정부 · 주정부 · 지방정부 수준의 공식적인 행정활동과 기타 비공식적 정책관련 사적 이해당사자들을 포함해서 논의할 수 있다. 미국의 연안관리 분야에는 공공부분과 민간부문 양쪽에서 광범위하게 다양한 행위자들이 관여하고 있기 때문이다. 여기서는 미국 연안관리정책을 수행하는 주요 행위자들과 연안관리 거버넌스에서 그들의 역할을 검토해 보려 하는데. 우선 공공부문에서 미국 연안관리정책의 책임은 맡은 세 가지 다른 수준의 정부부터 살펴보고자 한다.

1) 정부수준별 공식적 정책행위자들

(1) 연방정부

우선 연방수준에서 다음 몇 개의 연방정부기관들이 분산적으로 관리 책임을 맡고 있다. 국가해양대기청(NOAA: national oceanic and atmospheric administration)과 특히 NOAA내 해양연안자원관리국(OCRM: office of ocean and coastal resources management), 환경청(EPA: environment protection agency), 육군 공병단(COE: U.S. Army Corps of Engineers), 연방재난관리청(FEMA: federal emergency management agency), 국토안보부(HSD: Homeland Security Dep.) 내의 국립공원관리국(national park service)과 수산야생물관리국(U.S. Fish and Wildlife Service), 그리고 국립해양수산국(national maritime and fishery service) 등이 해당되며, 이

들 연방정부기관들과 관련 근거법률들을 정리하면 다음 표와 같다.

먼저 NOAA 내의 OCRM은 연방의 연안관리법(CZMA: coastal zone management act)을 집행하는 중요한 책임을 가지고 있다. OCRM의 임무

연안관리정책 담당하는 주요 미국 연방정부기관들

연방정부기관	주요 연안관리 활동	근거법률
국가해양대기청 해양연안자원관리국 (OCRM within NOAA)	- 연안지역관리프로그램 집행 - 각주의 연안지역개발, 관리업무에 협조	- 연안역관리법(CZMA: coastal zone management act)
미육군공병대 (U. S. Army Corps of Engineers)	- 습지허가 프로그램 제404조 집행 - 근해보존 및 비치보존, 해로준설 등의 기술적 지원 및 재정보조	- 연방홍수통제법(Federal flood control act) - 맑은물법 404조(clear water act)
환경청(EPA)	- 연안 비점 오염원 통제프로그램을 NOAA와 공동 책임 - 습지허가프로그램 404조 감시 - 공기오염 및 수질오염의 방출기준 설정	- CZMA - Clean Air Act(CAA) - Clean Water Act(CWA)
연방재난관리청 (FEMA)	- 국가홍수보험프로그램(NFIP) 집행 - 연안 주·지방정부의 사전 사후적 재난지원	- National Flood Insurance Act - Flood Disaster Protection Act - Stafford Disaster Relief and Emergency Assistance Act - Disaster Mitigation Act
국토안보부 국립공원관리국 (NPS within HSD)	- 국립 해양공원 및 국립공원의 유지 관리 - 연안장벽자원관리시스템(CBRS)의 감시	- Site-Specific legislation - Coastal Barrier Resource Act(CBRA)
국토안보부 수산야생물관리국(FWA within HSD)	- 연방 야생물 및 종위기종보호법의 집행 - 종 복구 프로그램의 준비, 집행 - 국가 야생물 피난시스템의 설치, 유지	- Endangered Species Act (ESA)
국토안보부 국립해양수산국 (NMFS within HSD)	- 수산관리 - 해양포유물 보존	- Marine Mammal Protection Act(MMPA)

는 배타적으로 연안수역을 관리하는 것이다. 그러나 그 권한은 제한적인데, 다른 기관들이 중요한 책임을 가지고 있고 OCRM은 연안지역에서 일어나는 활동들에 의미있는 영향을 줄 수 있을 뿐이다. OCRM은 연안관리법에 의해 장려된 프로그램을 수행하기 위해 거의 전적으로 주정부 기관의 관리 프로그램과 법안에 의존한다. 연방수준의 어떤 단일기관도 연안관리에 관한 배타적 통제력을 가지고 있지 않으며, 연방정부의 행동 또는 프로그램을 조정하거나 유도하는 어떤 단일 혹은 통일된 국가적 연안관리정책이나 전략도 없다. 비록 연안관리법(CZMA)이 연방수준에서 연안관리의 국가적 목표를 설정하기 위한 시도라 할지라도, 연안에 영향을 주는 연방기관들의 활동을 위한 관리틀을 제공하는 데는 부족한 면이 있다. 그래서 연안지역 관리의 책임은 연방수준에서 파편화되어 있고, 여러 곳에 산재되어 있다고 말할 수 있다.

　이러한 파편화된 시스템의 특성을 보이는 연방정부기관들이 행사하는 정책은 세 가지 유형이 있다고 할 수 있다. 첫째, 직접 연안지역에 영향을 주는 정책, 즉 연안지역과 여타 일부지역에 영향을 주도록 특별히 설계된 정책(예: CZMA)이다. 둘째, 비록 연안지역 밖에서 잘 적용되는 이슈에 영향을 주도록 설계되었지만 연안지역 관리와 연결되는 정책(예: 맑은 물법Clean Water Act)이다. 셋째, 비록 연안지역이 공식적으로 고려되는 것은 아닐 것 같지만 사실상 연안지역에 영향을 주는 연안관리 정책이다. 세 번째 유형은 연안지역에 대한 영향이 비의도적인 정책의 결과를 나타내는 경우이다. 연방의 조세체계가 연안의 토지이용과 개발패턴에 의미 있는 영향을 줄 수 있다. 예컨대, 현재 연방조세규정에는 위험개발 보조규정이 있는데, 즉 허리케인 등 폭풍으로 인한 비보험 피해를 연안재산소유자에게 인정하고 공제(deduction)를 해 준다. 그리고 다시 집을 지을 때는 이자와 재산세 공제(deduction) 혜택을 주고 있다. 다시 한번 요약하면, 미국 연방정부기관의 연안관

리 프로그램들과 권한들이 많이 흩어져 있고, 그리고 연안지역을 관리
하기 위한 통일된 국가적 전략이 없는 특성을 나타내고 있다.

(2) 주정부와 지방정부

미국에서는 연방정부가 연안관리에서 메이저 역할을 수행하지만,
대부분의 연안지역내 개발 관리의 책임은 연안의 주정부와 지방정부
에 있다. 물론 주정부와 지방정부의 관할권을 넘어서 특정 자연생태
계를 공동으로 관할하는 특별지역관리 거버넌스가 있는데, 연안 생태
계들은 주 또는 지방의 관할경계를 거의 따르지 않기 때문이다. 그래
서 주 하부의 특별지역(special regional sub-state) 또는 다수 주의 관리
프로그램(multi management programs)의 존재가 필요하다. 예컨대, 연
안만과 강어귀 등에 대해 San Fransiso Bay, Chesapeake Bay 등이 이런
특별관리지역에 해당된다. 효과적이고 포괄적인 연안관리는 토지이
용의 통제나 관리와도 관련되는데, 이렇게 된 것은 역사적으로 연안
지역 또는 다른 지역에서 토지이용 통제를 수행하려는 연방정부의 노력
이 주민들에 의해 의심받아 왔으며 실질적 반발을 가져왔기 때문이다.

현재 미국의 주정부는 연안관리에 있어서 실제적으로 중요한
역할을 수행한다. 연방정부처럼 주정부도 직접적으로 연안지역
에 영향을 주는 정책들을 가지고 있다(예: North Carolina Coastal
Area Management Act). 또한 연안지역에 영향을 주고 있을 뿐만 아
니라 그 주의 다른 지역에도 영향을 주는 연결된 정책을 가지고 있다
(예: water quality programs). 그리고 정책집행의 비의도적 결과로서 연
안지역에 영향을 주는 정책을 가지고 있기도 하다(예: 주정부의 교통,
고속도로, 교량 입지 및 건설).

주정부는 연안역관리법(CZMA) 하의 연안지역에 대한 통제력을 행
사한다. 거의 모두 OCRM이 승인한 연안관리 프로그램들을 가지고 있

고, OCRM의 지원 하에 연안관리 프로그램과 정책을 집행하고 있다. 예컨대, 주정부가 다루는 프로그램에는 침식대비 setback, 연안토지 획득, 비치접근 및 휴양시설의 제공, 연안 소택지 등 민감한 연안토지에서의 개발 등의 사안이 포함된다.

역사적으로 토지이용과 개발을 관리하는 권한은 주정부에 의해 지방정부로 위임되어 왔다. 전형적으로 연안의 지방정부들은 적어도 기본적 토지이용 관리도구들을 채택할 권한을 가지고 있다. 예컨대 지방정부는 토지이용계획, 용도지역지구제(zoning) 및 분할조례(subdivision), 자본(capital)개선 프로그램, 역사구역 규제, 토지획득 프로그램, 목적세 평가(targeted taxation assessment), 영향부담금(impact fees), 합병(annexation) 프로그램 등을 다루고 있다. 주정부의 연안관리 프로그램의 입법화는 지방정부에 대한 새로운 계획 요구를 부담하도록 하는 것과 관련된다. 이런 계획들은 어떤 최소한의 주정부 기준(minimum state standards)에 의한 충족과 주정부에 의한 승인이 있어야 한다.

2) 기타 연안관리 거버넌스의 이해당사자와 특징

연안정책과 그 결과는 서로 다른 당파와 이익집단들이 자원과 관심사에 대해 경쟁한 정치과정(politics)의 결과이다. 즉 연안관리는 정치과정 속에서 발생하는 것으로 이해되어야 한다. 실제 연안관리 결정은 이런 서로 다른 집단들 사이의 상호작용의 결과적 성격이 아주 많다.

연안관리정책의 이해당사자에는 연안자원들의 할당에 영향을 주거나 또는 영향을 받는 주요 이익집단들이 포함된다. 미국의 연안정책은 대개 이해당사자에 의해, 이해당사자를 위해 형성이 된다. 그들은 공적·사적 거버넌스로서 복잡한 네트워크를 이루고 있다. 물론 이해당사자의 전체 덩어리는 이보다 훨씬 클 수 있다. 예컨대, 연안지역 거주와 상관없이 단지 연안임대, 캠핑, 낚시, 보팅(boating), 수영, 휴양

등을 위해 연안에서 시간을 보내는 모든 사람들이 포함될 수 있다. 또한 해산물을 먹는 모든 사람들도 포함된다. 그들은 해산물이 건강에 유익하고 독소나 다른 유해 오염물질이 없는 것을 원한다. 그리고 연안과 약간의 관련성을 가진 모든 사람들도 포함한다.

이런 네트워크는 연안정책의 결정과정과 구조를 형성하고 있고, 또한 집행에서도 중요하게 작용한다. 미국의 연안관리는 정부와 비정부 조직들, 영리집단과 비영리집단들, 개발옹호자와 환경옹호자들의 특이한 혼합과 경쟁에 의해 수행되고 있다. 이들은 종종 정책연합(policy coalition)을 통해 서로 서로 경합도 하고, 각자 연안자원의 파이(pie) 중에서 자신의 조각을 확보하는 방안을 탐색하기도 한다. 연안관리정책의 이해당사자는 구체적으로 다음과 같이 소개된다.

먼저 첫 번째 주요 이해당사자 집단은 연안의 주정부들로 구성된다. 그들 대부분은 공식적으로 연안관리법(CZMA)을 통해 국가적 연안관리 프로그램의 부분들을 구성한다. 주정부 프로그램의 관리자들은 정기적으로 모여서, OCRM 관료들, 연안주정부협회(CSO: coastal states organizations from 1970) 등과 함께 서로 공통의 이익과 관련된 이슈들을 논의한다. 연안 주정부들은 주로 그들이 관할권을 가진 연안관리 법률안들을 통제하는데 관심을 가진다. 그들은 어떤 연방의 연안정책들도 신축성을 유지하고 정책집행에서 개별 주정부의 재량권이 허용되는 것을 확보하려고 노력한다.

연안관리법(CZMA)의 성공은 주로 법률안의 자발적 특성 때문이다. NOAA에 의해 설정된 국가적 기준이 있지만, 그 프로그램에 참여할 것인가의 여부와 어떻게 참여할 것인지에 대해 전적으로 개별 주에 맡기고 있다. 또한 연안 주정부들은 CZMA 참여에 대한 유인을 확보하는데 강한 관심을 가지고 있다. 연안관리법의 유인 중 첫 번째는 재정적인 것이다. CZMA에 의한 보조금(grants)은 많은 주들로 하여금 그들 연안지역을 위한 혁신적이고 효과적인 프로그램을 창안하고 지속하게 하는 것을 고무해 왔다. 두 번째 중요한 유인은 CZMA 307조의 일관성(consistency) 선언이다. 승인된 연안프로그램의 한 부분으로서 정책을 창조함으로써, 주정부 관할권 내의 연방정부 활동들이 주정부의 정책을 저해하지 않는 것을 주정부 스스로가 확보할 수 있다. 이러한 두 가지 유인들, 즉 연방의 재정지원과 정책일치성의 유지는 연안의 주정부들에 의해 거의 만장일치로 참여를 유도해 왔다.

두 번째로 연안의 정책결정과정에서 중요한 이해당사자 집단은 연안 환경주의자들이다. National Resources Defense Council, Sierra Club, Nature Conservancy, Center for Marine Conservation 등과 같은 사적 조직들과 공적인 환경관련 이익단체들이 포함된다.

세 번째로 연안개발 관련 이익단체들이 또 다른 이해당사자 집단을 구성한다. 이 집단은 American Petroleum Institute 등과 같은 강력한 에너지 단체들로 구성된다. 그들은 연·근해 오일탐사와 시추와 같은 것을 요구한다. National Association of Homebuilders와 같은 개발단체는 연안지역에서 보다 많은 개발이 허용되도록 하기 위해 사유재산에 대한 규제가 적어지도록 다각적인 압력을 행사한다. 종종 이런 이익집단들은 지역경제개발 옹호자와 상공회의소에 의해 지지를 받게 된다. 그리고 그들은 그들 지역의 성장을 도모하는데 열렬한 집단이 된다.

네 번째로 약간의 다른 정부기관들 또한 중요한 이해당사자이다. 특히 미 육군 공병단(COE)이 그러하다. 비록 공병단이 어떤 연안습지의 보전에 대한 규제적 책임을 부여받고도 있지만, 한편으로 공병단은 연안 물의 순환이 유지되도록 항만을 준설하고 통로를 깊게 하고, buckhead를 건설하고 비치를 renourishing하는 등의 일을 하는데 있어서도 중요한 역할을 수행한다.

다섯 번째로 의회, 의원, 의회관료가 중요한 이해당사자이다. 바로 그들은 국가의 연안법률을 만들고, 연안정책을 형성하는데 주요 역할을 수행하기 때문이다. 이 집단은 전문경력을 가진 관료들, 정치적 임명직, 선거로 당선된 정치적 선출직 멤버로 구성된다. 참모들은 CZMA을 집행하는데 중요한 역할을 수행한다. 또한 OCRM은 주정부, 환경단체, 개발단체, 그리고 의회의 연합과 압력에 대응하고 있다.

여섯 번째로 연안에 관한 정책결정의 최전선에 있지 않은, 아직은 연안지역에 명백한 이해관계가 없는 집단들과 개인들이 있다. 지역 사람들은 연안생태계의 생명력(vitality)에 의존하고 있지만, 그들은 연안정책이 형성되는 토론 테이블에 잘 초대받지 못한다. 그들은 종종 인식되지 않는 이해당사자의 범주로 취급된다. 물고기가 사는 건강한 바다를 원하는 어부, 강 오염이 갯벌에 악영향을 우려하는 조개 캐는 사람들, 비치가 보이는 별장의 소유자들, 이 모든 사람들은 삶의 형태(way of life)로 연안에 간접적으로 의존한다. 그러나 아직 이런 사람들은 그들 미래와 이해관계에 영향을 주는 토론이나 결정의 모임에 관여하지 못한다.

일곱 번째로 연안관리정책의 이해당사자 논의에서 선거직 공무원을 포함해야 한다. 지방, 주, 연방의 수준에서, 사람들의 대표들은 연안관리의 대의명분(예: 연안생태계 보존과 지역공동체의 경제적 번영)을 성취해야만 한다. 연안정책이 형성될 때, 그들은 연안지역에 이해관계를 갖고 있는 주민들, 노동자, 방문객 등의 목소리를 들어야만 한다.

이상에서 말한 대부분의 이해당사자들은 연안지역 내 환경보호와 개발을 균형화하기 위해 성장을 관리하는 것이 국가적 우선순위라는데 동의하고 있다. 또한 연안정책의 결정과정에서 대부분의 행위자들은 주정부가 그들의 특수한 필요와 요구를 반영하기 위해 개별 연안프로그램을 정의하는데 재량권과 자율성을 부여받아야 한다고 믿고 있다. 국가적 관심은 모든 참여자들에 적용 가능한 어떤 보편적인 기준을 가지며, 개별 주의 계획의 한 부분이 되어야 한다. 대부분 이해당사자들은 일치성 선언의 운영에 동의한다. 일치성 선언은 연안지역

내 연방의 활동이 승인된 주 계획과 일치해야 한다는 것을 요구한다.

약간의 이슈에서 합의를 보는데도 불구하고, 이해당사자들은 확실히 국가적 연안 프로그램의 모든 요소들에 대해 합의를 하지는 않는다. 연안자원을 실현 가능한 수준에서 최대한 개발하고 이용하는 자유와 함께 신축적인 기준과 재량의 증가를 원하는 이익집단들과, 자연환경에 영향을 주는 개발에 대한 보다 조건부의 규제를 하고 모든 주 계획에서 보다 명백한 기준을 요구하는 것을 찬성하는 집단들 간에는 지속적인 갈등이 있어 왔다. 결과는 신축성과 엄격함, 개발과 보존, 규제와 방임 사이의 균형화라는 항상적 과정을 보인다.

결국 미국의 경우에서 연안관리는 파편화된 틀에서 연방-주-지방에 의해 나누어진 책임과 권한에서 이루어지고 있다. 연방수준에서 OCRM, 육군공병단, 연방재난관리청, 환경청과 같은 기관들이 중요한 정책행위자(actors)이지만, 미국의 틀 속에서 많은 실제 관리가 주정부와 지방 수준에서 이루어지고 있다. 연안의 도시와 지방정부들은 역사적으로 토지이용계획과 지역의 토지이용 결정과 관련된 중요한 책임을 가지고 있었기 때문이다. 비록 주정부가 연안지역에서 개발과 다른 활동에 대한 직접적 통제력을 행사하는 일이 증가하고 있지만 말이다. 그러나 연안관리 정책결정과정은 매우 정치적이며, 정부기관들 뿐 아니라 많은 다양한 정책행위자와 이익집단들이 관련되고 있다. 이런 서로 다른 이해당사자 집단들은 연안관리에 관해 서로 다른 관점을 가지고 있고, 연안관리 정책결정은 이들 서로 다른 집단 간의 상호작용의 결과라고 할 수 있다.

2. 연안관리 거버넌스의 문제와 개선

일반적으로 토지이용 분야와 관련된 정부의 행동을 침해적인 것으로 생각하는 사람들은 정부에 대해 강한 혐오감을 갖고 있다. 사유재산권은 미국 사회에서 거의 절대적 불가침으로 생각되기 때문이다. 이러한 사고방식 때문에 연안지역에 개발이 부적절하게 매우 가속적으로 일어나고 있다. 미국의 토지이용 법규는 대부분 지방정부 관할이다. 토지이용 법규에 대해 지방이 특권을 가지는 것이 적절한데, 그 이유는 규제자가 반드시 특정지역에 존재해 있어야 하기 때문이다.

그러나 연안생태계의 특성과 관련해서, 지방정부는 연안지역의 공식적 보호자와 보존자의 역할을 수행할 재정자원, 기술능력, 정치적 의지력을 가지고 있지 않다. 자연자원의 경계는 반드시 인간이 만든 인공적 정치·행정적 경계와 일치하지 않는다. 생태계는 종종 지역적 관할범위를 초월한다. 지방정부는 연안생태계의 광범위한 이슈들을 다룰 수 있는 충분한 권한을 가지고 있지 않다. 지방정부의 권한은 너무 국지적이어서 연안공동체 전반의 지속가능한 개발의 원리를 실행하는데 효과를 발휘하지 못한다.

연안지역을 효과적으로 관리하는데 있어 지방정부의 권한이 불충분하다는 점을 감안하여, 주정부와 연방정부가 어느 정도 그 간격을 메우기 위한 조치를 취해야 한다. 그러나 토지와 자연자원 이용, 그리고 연안지역에 영향을 주는 인간활동의 패턴을 통제하기 위한 연방정부와 주정부의 연안관리프로그램 역시 충분하지 못한 상태에 있다. 즉 이들 정부의 활동으로도 연안생태계의 장기적 건강과 활력을 촉진하는데 있어서는 아직 미흡한 상황이다. 따라서 정부 행동을 근본적으로 지원할 수 있는 새롭고 색다른 거버넌스가 필요하다.

최근 20~30년 동안, 연안관리는 경제개발과 환경보존의 균형(balancing)이라는 키워드에 초점을 두었다. 이것은 매우 좋은 일이나, 향후 미국의 연안관리는 균형을 넘어서 지속가능성의 원칙이 작동되는 데로 나가야 한다. 새로운 거버넌스는 지속가능성의 원리를 근본으로 하며, 통합적 연안관리프로그램을 수행해야 한다. 새로운 거버 넌스가 모든 수준의 정부에 작동해야 하며, 연안지역의 모든 관련자 들이 참여하여야 한다. 규제적 권한이나 재정적 자원 같은 많은 수단 들이 이미 존재하고 있지만, 빠진 것이 있다면 새로운 거버넌스와 프 로그램 속에 포함되는 창조하는 지혜와 의지 및 정치적 통찰력이 추 가로 요구된다는 사실이다.

지금 현재 미국의 국민들은 연안과 해변 가깝게 인접하면서 살고, 바다에서 휴양하는 것을 점점 더 선호하고 있다. 그래서 연안지역에 는 경고를 뜻하는 알람 벨소리가 여러 곳에서 울리고 있다. 최근 연안 환경은 줄지 않는 개발압박과 환경타락을 겨우겨우 견디고 있다. NOAA의 추정으로, 매년 75만 개 이상의 새로운 주택이 중요한 습지 와 서식처를 가진 연안인근에 건축되어 수질을 악화시키고, 자연재해 에의 위험노출을 증가시키고 있다. 2025년까지, 미국 국민인구의 거의 75%가 이런 생태적으로 취약한 위험지역에 거주할 것이라고 한다. 전 지구적 기후변화의 결과로 해수면 상승이 연안지역의 위험성을 훨씬 증가시킬 것임에도 불구하고 말이다.

한편, 연안 및 해양자원 활용에 관한 이용자간의 갈등이 증가되고 있다. 구체적으로 가스오일 생산과 휴양비치 옹호자간, 해양보호와 상업어업 옹호자간, 해안선 개발과 생태계 보호 옹호자간의 갈등이 심각하게 나타나고 있다. 지금은 심각하게 조화로운 관리가 필요한 시점인데, 불행하게도 현존 연안관리정책과 거버넌스의 상황은 이러 한 도전에 적절히 대응하기에는 쉽지 않다.

이에 보다 지속가능한 발전을 위해서는 연방, 주, 지역, 지방 수준 에서 연안관리 노력들의 중심이 되어야 할 것이다. 지속가능성과 지 속가능한 발전은 많은 개념적 정의들이 존재하고, 많은 이들이 이 용 어의 주관성과 애매모호함 때문에 다투고 있지만, 미국의 연안관리

프로그램들은 지속가능성의 철학과 관점을 더욱 깊이 받아들여야 할 것으로 본다. 설사 이것의 정확한 의미에서 토론의 여지가 다소 있다 하더라도 말이다. 지속가능한 연안개발은 환경과 생태의 한계에 대한 새로운 존경심을 의미하고, 미래를 향한 장기적인 연안계획의 타임 프레임(time frame)을 향한 새로운 정향을 의미한다.

물론 혹자에 따라 연안의 지속가능성 성취의 실현가능성에 대해 의문을 제기할 수 있다. 사실 인구와 경제성장에 따른 압력이 미국 연안에 지속적으로 증가하면서, 지속가능성이 환경적으로 성취되기에는 아마도 훨씬 어려워질 것이다. 그러나 지속가능성은 중요한 중심적 목표로 남아 있고, 연안영역에서 미국이 열망하는 것은 지속가능한 연안을 향해 분명히 이동하는 개발과 토지이용 패턴을 추구하는 것이다.

그렇다면 과연 앞으로 미국은 더 큰 지속가능성의 방향으로 연안을 변화시킬 수 있을까? 그리고 누가, 어떤 행위자와 관할권이 이런 진보를 위한 책임을 져야 하는가? 그 동안 연안활동과 토지이용을 규제하고 통제하는 중요한 책임은 주정부에 주어졌고, 권한의 위임을 통해 지역 정부에게도 주어졌다. 일상적 토지이용관리와 통제는 후자에게 적합하다. 그러나 연안지역에서 기본적 국가이익은 합법적으로 연방정부의 역할이다. 연방, 주, 지방정부의 각 수준에서 연안에 대한 미래 활동과 전략의 방향을 논의하면 다음과 같이 요약할 수 있다(Beatley, 2002).

첫째, 미래 연방정부의 연안관리 노력은 지속가능성에 목표를 두고 다음 행동사항들을 포함해야 한다. 즉 ⓐ국가적 연안관리정책의 개발과 집행, ⓑ통합적 국가연안관리를 향한 업무추진, ⓒ국가적 우선순위로 연안환경의 보호, ⓓ위험하고 파괴적 연안개발 패턴에 대한 보조금의 폐지 또는 축소, ⓔ주정부 연안관리 프로그램에 대한 재정적 기술적 지원의 지속적인 확대, ⓕ요구에 대한 성과와 책임성 강화, ⓖ현존 프로그램에서 완화(mitigation)에 관한 초점 강화와 현존 보호

적 프로그램의 엄격한 집행, ⓗ 민감한 연안지역의 추가적인 확대
(acquisition) 등을 포함해야 한다.

둘째, 주정부의 리더십 역할로서 다음과 같은 사항들이 포함돼야
한다. 즉 ⓐ 최소한의 연안개발 및 기획 표준 설정, ⓑ 연안 지속가능
성 지표의 개발, ⓒ 전략적 후퇴(retreat)의 촉진과 활성화, ⓓ 연안토지
의 획득, ⓔ 주정부 보조금 및 개발유인적 투자의 감소, ⓕ 맵핑
(mapping)과 데이터베이스 지원에 대한 책임 등이 해당한다.

셋째, 지방정부의 연안관리는 다음과 같은 사항들이 포함돼야 한
다. 즉 ⓐ 지속가능한 지역계획 개발, ⓑ 개별 지역계획의 수립단계에
지속가능성 감사 포함, ⓒ 전통적인 용도지역 지구제(zoning) 및 토지
이용 통제를 넘는 방법으로의 이동, ⓓ 통합적이고 전반적인 전략 개
발, ⓔ 연안회복 및 보존에 초점, ⓕ 지역의 전반적 생태흔적 감소, ⓖ
사적 개발업자에 대한 기대 확대, ⓗ 지속가능성을 위한 전략과 지역
적 제도의 중요성 인식, ⓘ 주민교육의 촉진 등이 해당한다.

결론적으로, 지속가능한 연안관리 거버넌스를 향한 진보는 각 관할
권 수준(연방, 주, 지역, 지방)의 조화된 노력에 달려있다고 할 수 있
다. 이에 더하여 연안관리 관련 정책협조가 사적 영역에까지 확대되
는 거버넌스를 구축해야 한다. 예컨대, Nature Conservancy와 같은 환
경단체, 은행과 금융기관, 개발업자, 개인토지소유자 등을 포함해서
모든 연안관리정책의 이해당사자들의 갈등관계와 협력관계들이 향후
새로운 연안관리 거버넌스 속에 용해되도록 해야 할 것이다.

제 6 절 연안관리의 미래와 발전방향

규범적으로 연안관리에 대한 사회과학적 접근은 연안생태계의 자

연적 모습 그 자체를 관찰하는데 초점을 두기보다는 연안 생태계가 인간사회에 미치는 영향이나 혹은 반대로 인간사회가 연안생태계에 미치는 영향과 관련된 현상을 분석하는 데 그 초점을 두어야 한다. 이에 더하여, 연안관리를 위한 정부활동으로 연안관리정책의 효용성을 체계적으로 평가하고 개선대안을 제시하는 일이나, 또는 연안관리정책을 결정·집행하는 거버넌스를 평가하고 개선대안을 제시하는 일이 바로 연안관리에 대한 행정학 및 정책학적 접근이라 할 수 있다.

최근 해외에서 미국이 당면하고 있는 연안관리관련 주요 당면과제와 이슈들에 대한 고찰이 전자의 접근방법을 통한 것이었고, 기존 연안관리정책의 대안들과 거버넌스 등에 대한 현재의 평가가 후자의 접근방법을 통한 것이었다. 연안관리정책의 궁극적 목적은 연안지역의 지속가능한 발전이라고 할 수 있다. 그러므로 연안지역의 경제개발과 환경보존이라는 두 가지 정책가치가 조화를 이룰 수 있는 연안지역의 정책결정체제, 거버넌스, 연안관리프로그램을 구축하도록 해야 한다.

근래 인간이 추구하는 연안자원 소유 및 활용욕구 그리고 연안에서의 휴양 및 거주욕구, 연안지역 주민의 지역사회 인프라 확대요구와 이에 부응하는 지방정부, 지역사회의 긍정적 수용정책(특히 지방세인 재산세 세수증가 유인) 등은 연안의 인위적 개발을 부추기는 요인이 되고 있다. 반면, 연안생태계의 종 다양성과 자연서식처 보존가치, 연안지역의 일반대중 접근성과 공공이익 보호, 연안지역 난개발 및 인구확대로 인한 연안의 고도위험 재해지역화 문제, 그에 대한 정부의 책임성 대두 문제 등은 연안환경 보존상의 필요성을 강조하는 요인이 된다.

여기에서 소개한 미국의 사례에 따르면, 연안관리의 당면 이슈들과 정책대안들, 그리고 이를 결정하고 집행하는 거버넌스는 그동안 꾸준히 개발되고 진화해 온 결과라고 할 수 있다. 앞으로 미래에는 연안지역의 지속가능한 발전이라는 장기적 목표와 정책철학, 원리 속에서 연안관리의 이슈, 대안들, 그리고 거버넌스가 상호 용해되고 발전되도록 해야 할 것이다. 그리고 이상의 미국 연안관리정책의 주요 이슈와 거버넌스에 대한 논의를 통해 아직 걸음마 수준이며 환경보존가치보다 개발가치를 더 중시하는 우리나라가 향후 어떻게 연안관리정책과 거버넌스를 제도화시키고 더욱 발전시켜 나갈 것인지에 대해 귀중한 경험을 얻도록 해주고 있다. 아마도 미래에도 미국의 사례는 여전히 세계최고로 앞서있는 연안관리정책의 정책실험무대이자 귀중한 타산지석이요, 좋은 벤치마킹의 대상이 되리라고 본다.

4. 연안관리의 발전과정과 신 연안관리제도

1) 우리나라 연안관리 발전과정

우리나라 연안관리의 변천은 연안관리법 제정 이전(1998년 이전), 연안관리법 제정부터 연안관리법 전면개정 전까지(1999년~2008년), 그리고 개정된 연안관리법 이후(2009년~현재)로 3단계로 구분된다.

(1) 제1단계

연안관리법 제정이전까지로 1990년대 초반부터 체계적 연안관리를 위한 다양한 준비작업이 수행된 시기이다. 그 주요 내용은 다음과 같다.

- 1992년 : 제3차 국토종합개발계획에서 연안관리법 제정 명시
- 1995~1996년 : 진해만 연안역 관리 시범사업 시행
- 1995년 12월 : 연안통합관리 구축계획 수립
- 1996년 : 해양수산부 발족
- 1996~1998년 : 제1차 연안실태조사 시행
- 1998년 : 연안통합관리체계 구축 국정과제로 선정

(2) 제2단계

연안관리법 제정부터 전면개정 이전(1999~2008)까지 효율적 연안관리를 위한 법·제도적 장치 마련과 더불어 개선방안과 연안모니터링의 지속적 추진이 이루어진 시기이다. 그 주요 내용은 다음과 같다.

- 2000년 : 연안통합관리계획의 수립 및 추진
- 2002년 이후 : 연안관리지역계획의 수립 및 추진
- 2003~2004년 : 제2차 연안실태조사 시행
- 2005년 : 연안용도제 및 자연해안총량관리제의 국정과제 채택
- 2006~2007년 : 연안관리제도 개편 및 재정비
- 2008년 : 해양수산부 폐지 및 국토해양부로 통폐합
- 2008~2009년 : 제3차 연안실태조사 시행

(3) 제3단계

연안관리법 전면시행(2009~)이후 지난 이명박 정부에서 국토해양부의 출범과 더불어 통합국토관리체계가 형성되어 보다 효율적인 연안관리시스템 도출을 통해 법·제도에 적용된 선진형 연안관리로 진입이 이루어진 시기이다. 그 주요 내용은 다음과 같다.

- 2009년 3월 : 연안관리법 전면 개정
- 2010년 : 개정 연안관리법 시행
- 2011년 : 제2차 연안통합관리계획 수립 및 시행
- 2013년 : 해양수산부 부활 및 발족

2) 1999년 이전 연안관리의 문제점과 해결방향

우리나라는 과거 경제성장중심의 국가발전정책으로 연안의 보전 및 관리보다는 적극적 이용 및 개발을 통해 연안의 큰 지형적 변경과

환경적 변화를 초래하였고 종종 사회경제적 물의를 초래하였다. 특히 연안의 이용과 개발과 관련하여 9개 정부부처에 50여 개 이상의 개별법에 의해 단편적으로 추진되어 갯벌 소실, 연안해역 환경오염 심화, 연안육역의 부적절한 이용, 자연재해로부터 피해 증가 등 연안의 부정적 영향이 대두됨에 따라 체계적인 관리의 필요성이 대두되었다.

1999년 이전의 우리나라 연안관리의 문제점으로는 첫째, 종합적 관리계획이 미비하였다. 여러 관련부처와 개별법에 의하여 이루어지는 단편적 연안관련 계획 및 사업은 수산자원 감소, 갯벌의 지속적 감소, 해양오염문제를 초래하였다. 둘째, 연안이용 이해상충의 해결을 위한 조정장치가 미흡하였다. 예를 들어 과거 이명박 정부의 국토해양부, 농림수산식품부, 환경부 등 정부부처와 각 지방자치단체 등 다수의 행정기관이 동일공간에 대해 개별적으로 연안정책을 추진하였다. 셋째, 정책집행에 따른 이해관계의 상호충돌 발생 시, 이를 조정·해결할 수 있는 장치나 정책결정전에 종합적으로 조정하기 위한 절차가 미비하였다.

따라서 이미 우리나라 정부는 이러한 여러 가지 문제점들을 해결 보완하기 위하여 1999년 연안관리법을 제정하고, 2000년 국가차원의 연안통합관리계획을 수립하였다. 또한 현재까지 약 76개 연안지역의 기초자치단체가 지역차원의 연안관리지역계획의 수립을 통한 체계적 연안관리를 추진 중에 있다. 하지만 지역연안관리계획을 수립한 부산시 연안자치구는 2010년 기준으로 사하구, 서구, 수영구, 해운대구, 영도구, 기장군 등 6개에 불과하였다. 이에 2009년부터 정부는 연안을 둘러싼 사회경제적 여건변화에 적극적 대응을 위해 연안관리법을 전면 개정하고, 2011년에 연안관리통합계획을 새롭게 수립하였으며, 이를 시행하고 있다.

3) 신 연안관리제도의 주요 내용

2009년 전면 개정되고 2010년 3월 시행된 신연안관리법(=신연안관

리제도)의 주요 개정항목은 연안용도해역과 연안해역 기능구, 자연해
안관리목표제 등이다. 이외에도 연안기본조사, 연안관리지역계획에
대한 공청회, 연안정보체계의 구축관리 등이 부분적으로 보완되었다.

(1) 연안용도해역 등의 지정 및 관리 (연안관리법 제15조~20조)

연안해역은 이용실태, 자연 환경적 특성, 장래의 이용방향 등을 고
려하여 이용연안해역, 특수연안해역, 보전연안해역, 관리연안해역의 4
대 해역으로 용도를 구분하고(제15조), 이를 해양수산부장관, 시장·
도지사, 시장·군수·구청장은 연안관리지역계획으로 연안용도해역
을 지정하거나 변경할 수 있다(제16조).

※ **이용연안해역** : 연안해역 중 이용 또는 개발이 확정되어 있거나
   예상되는 지역으로서 해양환경에 미치는 영향을 최소화하는 범
   위에서 이용 또는 개발행위를 우선적으로 실시할 수 있는 해역
   이다. 타 법률로 지정되어 이용연안해역으로 의제되는 구역에는
   항만구역(항만법), 신항만건설예정지역(신항만건설촉진법), 어항
   구역(어촌어항법), 산업단지(산업입지및개발에관한법률), 골재채
   취단지(골재채취법), 해저광구(해저광물자원개발법), 경제자유구
   역(경제자유구역의지정및운영에관한특별법)이 있다.

※ **특수연안해역** : 연안해역 중 군사시설 및 국가 중요시설의 보호
   를 위하여 특별한 관리가 필요한 해역이나 해양의 환경 및 생태
   계가 훼손되었거나 훼손될 우려가 있어 특별한 관리가 필요한
   해역으로, 타 법률로 지정되어 특수연안해역으로 의제되는 구역
   에는 군사기지 및 군사시설 보호구역(군사기지및군사시설보호
   법), 특별관리해역(해양환경관리법), 전원개발사업구역 및 전원
   개발사업 예정구역(전원개발촉진법)이 있다.

※ **보전연안해역** : 연안해역 중 연안환경 및 자연의 보호, 해양문화
의 보전 등을 위하여 관리가 필요한 해역으로, 타 법률로 지정
되어 보전연안해역으로 의제되는 구역에는 수산자원보호구역
(국토의계획및이용에관한법률), 해양보호구역(해양생태계의보
전및관리에관한법률), 환경보전구역(해양환경관리법), 생태·경
관보전지역(자연환경보존법), 습지보호지역(습지보전법), 자연
공원(자연공원법)이 있다.

※ **관리연안해역** : 연안해역 중 용도가 정해지지 않았거나 둘 이상
의 용도해역에 해당되어 용도구분이 곤란한 해역이다.

(2) 연안해역기능구의 지정 및 관리

해양수산부장관, 시장·도지사, 시장·군수·구청장은 연안용도해
역을 효율적으로 관리하기 위해 연안관리지역계획으로 다음 19가지
형태의 연안해역 기능구를 지정 또는 변경할 수 있다.

※ **이용연안해역 기능구** : ①항만구(항만건설과 항만의 기능유지를
위하여 필요한 구역), ②항로구(선박의 안전한 항해를 위하여
필요한 구역), ③어항구(어항건설과 어항의 기능 유지를 위하여
필요한 구역), ④레저관광구(연안에서의 레저관광활동을 지원하
기 위하여 필요한 구역), ⑤해수욕장구(해수욕장의 기능을 유지
하기 위하여 필요한 구역), ⑥광물자원구(광물 또는 골재를 채
취하기 위하여 필요한 구역), ⑦그 밖에 대통령령으로 정하는
기능구로서 해중문화시설구(수중수족관, 해양박물관 등 해중문
화시설의 설치운영을 위하여 필요한 구역)

※ **특수연안해역 기능구** : ①해양수질관리구(해수의 수질관리를 위
하여 필요한 구역), ②해양조사구(해수 수질 및 해양생태계의

조사를 위하여 필요한 구역), ③재해관리구(해일, 파랑, 지반의
침식 또는 적조 등 연안재해가 자주 발생하여 관리가 필요한 구
역), ④군사시설구(군사시설을 보호하기 위하여 필요한 구역),
⑤산업시설구(발전소 등 에너지 관련시설 및 유류비축시설 등
국가 기간산업시설을 유지하기 위하여 필요한 구역), ⑥그 밖에
대통령령으로 정하는 기능구로서 해양환경복원구(해양환경 및
생태계의 복원사업을 위하여 필요한 구역)

※ **보전연안해역 기능구** : ①수산생물자원보호구(수산자원을 보호
육성하기 위하여 필요한 구역), ②해양생태보호구(해양생물서식
지를 유지하기 위하여 필요한 구역), ③경관보호구(해안, 해상,
해중 또는 해저의 경관을 보호하기 위하여 필요한 구역), ④공
원구(자연공원의 기능을 유지하기 위하여 필요한 구역), ⑤어장
구(마을어업, 양식어업 등을 위한 어장의 기능을 유지하기 위하
여 필요한 구역), ⑥그 밖에 대통령령으로 정하는 기능구로서
해양문화자원기능구(보전가치가 있는 해양문화 및 역사유물의
관리를 위하여 필요한 구역)

(3) 자연해안관리목표제의 실시

자연해안이라 함은 연안관리법 제2조 7항에 의하면 "인위적으로 조
성된 시설 도로 등의 구조물이 없이 자연상태의 해안선이 유지되고
있는 해안"을 말한다. 우리나라 해안선 길이는 12,733㎞이고, 이중 자
연해안선은 9,841km(77.3%)이며, 인공해안선은 2,892km(22.7%)이다. 자
연해안관리목표제의 추진체계는 해양수산부장관이 자연해안의 효과
적 보전과 연안환경 기능 증진을 위하여 중앙연안관리심의회 심의를
거쳐 자연해안선의 길이 등 자연해안에 대한 관리목표를 설정하고,
시도지사 또는 시장/군수/구청장은 지역연안관리심의회 심의를 거쳐

관할 연안의 자연해안에 대한 관리목표를 설정하며, 자연해안관리목
표를 달성하기 위하여 연안정비사업의 일환으로 자연해안 복원사업
을 실시하게 된다.

연안에 접한 기초자치단체는 자연해안을 유지하기 위해 자연해안
조사 및 해안현황도를 작성하고, 자연해안의 보유실태 분석을 통해
지역특성에 맞는 자연해안관리목표를 설정하여 연안관리지역계획에
반영한다(5년 단위의 관리목표를 설정). 자연해안의 관리대상 중(자연
해안선 길이, 자연해안 면적, 연안서식지, 자연해안경관 등) 자연해안
선 길이에 대한 관리목표제를 우선적으로 적용하도록 한다.

4) 연안해역용도제 시행의 의미

연안해역용도제는 「국토의 이용 및 계획에 관한 법률」에 의해 전
국토를 도시지역, 농림지역, 자연환경보전지역, 관리지역으로 구분 관
리하는 용도지역제와 유사한 논리적 근거를 바탕으로 연안해역의 용
도를 지정하는 것으로, 향후 연안해역에 대해서 선(先)계획 후(後)이
용을 통해 연안환경과 해양생태계 보존 및 연안해역의 효율적 활용을
제고하고자 하는 것이다.

5) 자연해안관리목표제 시행의 의미

자연해안관리목표제는 자연해안을 체계적으로 보전 관리하기 위해
자연해안선의 길이, 연안서식지 등에 대한 관리목표를 설정하고 자연
해안복원사업을 실시하는 제도로서, 국가차원에서 자연해안의 환경
을 체계적 총량적으로 관리할 목적으로 도입한 것이다. 이에 따라 기
초자치단체는 향후 자연해안을 유지하기 위하여 자연해안조사 및 해
안현황도를 작성하고 목표를 설정하여 일정수준 이상의 자연해안을

유지하도록 하는 강제적이고 규제적인 성격을 갖는 제도이다.

6) 신 연안관리제도가 연안이용에 미치는 영향

(1) 연안해역의 이용질서 부여

육지에서의 용도지역과 같이 해역을 대상으로 특정한 용도를 지정하여 체계적으로 관리되기 때문에 향후 연안해역 활용에 있어서 새로운 질서가 부여된다. 예컨대, 연안해역을 대상으로 하는 각종 해양개발 사업들은 그 사업과 부합하는 해역에서만 사업을 추진해야하는 공간적 제약을 받게 된다. 따라서 향후 국가, 지방, 민간에서 계획하고 있는 각종 해양관련 사업을 추진할 경우 향후 사업의 성격에 맞는 용도해역 위치와 법적 제약사항 등을 사전에 검토하여 진행해야 한다.

(2) 연안해역의 경계획정 발생

용도를 해상에 지정한다는 것은 해상에 선을 긋고 경계를 획정하는 작업으로 이는 이해당사자들 간의 해상경계 분쟁을 야기하고 해역의 이용권과 관할권에 대한 다양한 논쟁을 촉발시킬 수 있다. 특히 우리나라와 같이 연안해역에 대한 지방단위의 경계 획정에 관한 법·제도가 마련되어 있지 않은 상태에서 연안용도해역제를 도입하는 것은 연안 인접 지방자치단체 사이의 해상경계 분쟁이나 인접지역 주민들 간의 어업권 분쟁 등을 야기할 가능성이 있다.

(3) 강력한 자연해안선 보호장치 마련

자연해안선관리목표제 도입으로 자연해안 보호와 난개발 방지, 그리고 훼손된 자연해안 복원을 위한 법·제도적 장치가 마련됨으로써, 지금까지 공유수면을 매립하여 신생토지를 확보하여 도시개발이나 농지로 활용할 수 있었던 것이 어렵게 된다. 즉 이 제도는 공유수면

매립을 통해 친수공간 조성사업이나 해안도로 건설 등과 같은 지역사
업을 규제하는 법·제도적 장치가 될 수 있으므로, 향후 연안개발에
큰 제약장치로 작용할 것이다.

● 5. 해항도시 부산의 연안관리 발전방안

1) 지역 연안통합관리에 근거한 거버넌스의 구축

연안통합관리의 궁극적인 목적은 연안생태계의 건강성을 유지하고,
연안거주환경에서 삶의 질을 향상시키며, 연안자원의 합리적 배분의
실현을 통해 연안의 지속가능한 개발을 성취하는 것이다(Cincin-Sain,
1993). 연안국가들이 연안통합관리제도를 도입하고 있는 주된 이유는
연안환경문제가 38%로 가장 높고, 경제발전 28%, 자원고갈 18%, 연안
재해 10% 등이 그 다음이다(Cicin-Sain and Knecht, 1997).

지역차원의 연안관리를 하는 이유는 지역연안의 개별적인 지역적
사회경제적 특성에 따라 '연안의 이용 및 보전에 대한 지역계획 수립',
'연안지역에 적절한 경제발전 촉진', '연안의 생태계 보호, 생물다양성
유지 등 자원관리', '연안이용자 간의 조화 및 갈등해결', '연안거주환
경의 안정성 도모' 등의 이슈와 문제에서 지역공동체의 합리적 의견
을 형성하기 위해서 이다. 지역연안의 개발·이용·보존 등 용도결정
의 합리성을 확보하기 위해서는 연안관리 이슈관련 결정 및 집행을
위한 지역 연안거버넌스가 제대로 구축되어야 한다. 이를 위하여 광
역단체장, 광역의회, 기초단체장, 기초의회 등 공식적 참여자뿐만 아
니라 환경시민단체, 이해관련집단, 지역주민들의 정책결정과정 및 집
행·평가과정에서의 적극적 참여가 보장되어야 한다.

2) 지역연안의 현안문제 해결을 위한 관리프로그램 개발

지역연안의 사회경제적 자연적 특성에 따라 다양한 실천계획을 위한 프로그램을 개발·추진해야 한다. 예컨대, 습지복원관리, 수질개선, 생태계복원, 해빈관리, 사구관리, 해안토지디자인, 해안선관리, 해안침식관리, 해빈조성, 해상국립공원 등의 다양한 프로그램이 개발되어야 한다. 이를 위해서는 특히 외국의 성공적인 지역연안관리 프로그램 사례를 연구해야 한다. 예컨대, 미국 매사추세츠주는 오래된 항구시설의 리모델링을 통한 생산적 항구로 재창조, 해저의 패류서식지에 대한 복원, 양식 촉진, 해안토지소유자에게 해안 침식 용이지역 고지, 해안의 공공접근성 확보 등을 추진한 바 있다. 또한 미국동부의 주정부들은 해안침식과 해빈모래 유실로 초래되는 해빈의 소실 및 협소화 등에 대해 해빈의 확대 복원프로그램 추진으로 지역의 연안문제를 해결한 바 있다.

3) 지역연안에 대한 연안정보관리센터의 운영

연안관리의 효율성 제고를 위하여 지역연안에 대한 체계적이고 과학적인 조사 및 연구와 더불어 지속적 모니터링을 통한 연안정보의 축적이 필요하다. 그리고 이렇게 수집된 정보와 자료들을 이용하여 정책집행자, 지역주민, 연안관련 사업자, 시민단체 등을 대상으로 지속적인 홍보와 교육을 추진해야 한다. 합리적인 연안정책은 기본적으로 과학적인 정보에 의존한다. 이를 위해 인문사회과학에서 자연과학에 이르는 폭넓은 정보에 대한 접근이 요구되고, 이러한 연안정보의 습득·관리·평가에 전문성 있는 기관의 설립·운영이 필요하다. 즉 연안생태, 해빈, 갯벌, 해안토지 이용, 과거와 현재의 항공사진, 해안선 변화 수질, 수산자원 등 연안에 관련되는 과학적 자료의 생성과 수치화를 위한 전문기관으로서 새로운 연안관리정보센터의 설립 및 운영이 필요하다.

4) 신 연안관리제도 도입에 따른 연안관리지역계획과 자연해안관리목표제 추진

현재 우리나라 연안관리법 제9조에 의하면 연안을 보유한 기초자치단체는 연안통합관리계획의 범위 내에서 연안관리지역계획을 의무적으로 수립토록 하고 있다. 부산 10개 기초자치단체는 구 연안관리법에 근거한 연안관리지역계획을 수립하였으나, 개정된 법률에 의거하여 기존 계획을 수정하거나 새롭게 수립해야 한다. 개정된 연안관리법은 연안용도해역 및 연안해역기능구를 새롭게 도입하여 연안관리지역계획에서 지정관리 및 자연해안관리목표제를 명시하고 있다.

이에 해항도시 부산과 10개 연안 기초자치단체는 정부의 연안통합관리계획이 완료되는 대로 다음 사항을 포함한 연안관리지역계획을 수립해야 한다. 이 과정에서 연안관리지역계획에 포함되어야 할 사항에는 ㉮ 관할 연안의 범위, ㉯ 계획수립 대상 연안, ㉰ 관할 연안의 관리에 관한 정책방향, ㉱ 통합계획의 시행에 필요한 사항, ㉲ 연안용도해역 및 연안해역기능구의 지정관리, ㉳ 자연해안관리목표제에 관한 사항, ㉴ 관할 연안의 연안정비사업 방향 등이 있다.

연안관리법 제32조에서는 자연해안선의 길이 등 자연해안에 대한 관리목표를 설정할 수 있도록 하고 있고, 연안 기초자치단체들은 자연해안관리도(대상: 자연해안선, 갯벌, 연안서식지, 해안사구 등)를 작성하여 관리해야 한다. 이에 관해 해양수산부는 5년 간의 연안의 개발 및 복원사업에 대한 수요조사를 실시하여 자연해안현황도를 작성하고 이를 토대로 지자체별 자연해안관리목표를 설정하고 있다. 즉 연안 지방정부들은 자연해안의 목표설정을 해야 하고, 부산 연안지방정부 역시 자연해안현황, 문제점, 복원사업 등을 철저히 준비해야 한다. 자연해안선, 해빈, 갯벌, 해안사구 등을 중심으로 자연해안의 일반적인 현황 파악과 문제점을 분석하고, 자연해안으로 복원해야 할 해안 등을 조사하여 연안정비사업에 포함되도록 유도해야 한다.

5) 계획수립 및 실행을 위한 중앙 및 연안 지방의 재정확보

지난 2010년 연안관리법의 전면 개정은 연안통합관리계획과 연안관리지역계획에 대한 큰 틀의 변화를 요구하였다. 즉 연안용도해역 지정, 연안해역기능구 지정, 자연해안관리목표제 등이 새로 도입되고 있기 때문에, 이에 근거하여 연안관리지역계획을 전면적으로 수정해야 한다. 연안관리지역계획은 연안통합관리계획의 정책방향을 실현할 수 있는 계획으로서 계획의 수립 및 실행을 위한 국가와 지방정부의 중장기적 예산확보가 필수적이다.

2부
해양과
도시·정책·행정

제8장 해양거버넌스와 해양행정

제1절 해양과 거버넌스

1. 거버넌스의 의의와 특성

1) 거버넌스의 이론적 의의

현대 사회과학의 이론적 전개에서 기존 권위주의와 전통적 사회체제에 대한 다소 비판적인 시각은 오랜 역사를 갖고 있다. 이들의 공통된 주장은 일반적으로 공공부문에 기대하고 있던 가치들인 책임성(accountability), 중립성(neutrality), 형평성(equity), 정당성(justice), 공정성(fairness) 등이 여전히 중요하다는 것이다. 그리고 현대국가나 정부의 모든 공공활동은 이러한 핵심 가치들을 실현하는 것이어야 한다는 관점에서 서로의 소통과 협력의 문제에 접근해 왔다고 할 수 있다. 이러한 점에서 최근 새로운 사회적 패러다임인 거버넌스 이론은 이와 비슷한 입장을 취한다.

그 이유는 국가 또는 공공행정이나 정부활동은 일방적으로 자신의 의지를 시민사회에 강요하는 지배적 행위자일 수 없다는 점 때문이다. 국가나 정부가 만약 사회에서 조종자(steering)로서의 역할을 한다면, 그것은 유일한 조종의 중심으로서가 아니라 시민사회와의 공조하에 같이 사회를 이끌어 가는 정책파트너로서의 신분이다. 현대 민주사회에서 정부는 결국 권위적 통치자가 아니라, 합리적 중재자로서의 역할에 충실하여야 하는 것이다.

거버넌스의 핵심적 개념인 참여주의나 공동체주의를 올바르게 바라보는 이론가들은 소위 공익(public interests)이라는 것을 개인들의 이익을 단순히 합해 놓은 것이 아니라고 생각한다. 즉 폭넓은 담론과 논의를 통해 모든 사람들이 공유할 수 있는 공익의 개념을 구축할 의무가 바로 정부에게 있다고 주장한다. 또한 시민을 공적 활동이나 정책의 소비자, 고객으로만 대하지 말고, 시민의 요구와 이해관계에 반응하는 실체적 존재로서 정부는 언제나 봉사하는 입장에 있어야 하며, 이를 위해 시민들에게 신뢰와 협동관계를 구축하는데 초점을 두어야 한다고 말한다.

사회적으로 거버넌스 이론은 이제 단순히 개인 이익의 극대화라는 근시안적인 시각을 버리고, 사익보다는 공익적인 관점에서 전체의 거버넌스를 위해 시민들이 참여해야 한다는 입장이다. 이를 위해 많은 시민들의 일상생활과 밀접한 공공의 문제에 대한 장기적인 시각의 소유와 함께 지역사회에 대해 소속감을 갖는 민주적 시민성이 요구되는 시점이라는 것이 규범적으로 주장된다. 따라서 거버넌스가 보는 정부의 책임은 단순히 시장 지향적인 이윤추구를 넘어서, 헌법, 법률, 공동체의 가치, 정치규범, 전문직업적 기준, 민주주의와 시민들의 폭넓은 이해 등에 이르기까지 매우 광범위하다고 본다.

거버넌스 이론은 공공행정의 다양한 정책이 기업이나 시민사회와의 네트워크를 통해서 수립되고 또한 당연히 그렇게 수행되어야 하는 것으로 본다. 시민사회가 다양한 목표와 이해관계의 입장을 취하고 있고, 서로 갈등적인 관계에 서 있기도 하며, 또한 네트워크를 구성하고 있는 자율적인 행위자로 구성되어 있는 경우, 이전의 전통적 이론이 취하고 있던 하향식 조종은 더 이상 효과를 얻을 수 없는 것으로 보는 것이다. 서구 선진사회에서 복지국가가 근래에 위기에 봉착하게 된 것은 바로 이러한 점이 무시되었기 때문이라는 것이다.

더 나아가 거버넌스 이론에서 정부와 시민사회의 공조관계를 주장하는 논의는 대응성(responsiveness)이 강조되는 경우에도 마찬가지라고 본다. 이는 자칫 시민사회가 공적 활동의 대상이 될 수 있는 가능성에 비판적으로 주목하면서, 정부와 시민사회가 국가-시민사회 관계를 구성하는 중요한 당사자로서 공조관계를 형성하는 수평적 구조를 제안한다. 이러한 거버넌스 이론의 입장은 정부와 시민사회 관계가 궁극적으로 소유지배권을 확보한 시민사회와 봉사자로서의 정책이나 행정이 시민권 중심 거버넌스 구조를 구성하는 이념형으로까지 나아가야 할 것이라고 보고 있다.

따라서 보다 실천적 의미에서 거버넌스의 의미를 바라보면, 정부를 중심으로 한 제도적이고 공식적인 관계보다는 행정기관, 기업, 시민집단 간에 있어서 각자의 전략적 목표와 이해관계를 비공식적인 네트워킹을 통해 반영, 조정, 통합을 해 나가는 데 그 핵심적 의의가 있다. 바다와 해양의 이용과 관리에 있어서도 이제 정부나 국가보다는 시민사회와 NGO 등의 역할이 중요한 이유가 바로 여기에 있는 것이다.

2) 거버넌스의 이론적 특성

먼저 거버넌스 이론의 특징은 그 근본적 가정의 출발점에 나타나고 있다. 즉 거버넌스 이론은 우선 공공부문에서의 관리와 민간부문에서의 관리가 서로 기본적으로 다른 특징을 지닌다는 것을 가정한다. 대부분의 도시나 국가에서 공공부문, 공적분야의 시책이나 관리는 근본적으로 정치적 민주주의(democracy)의 틀 내에서 작동하며, 민간부문의 관리는 이러한 정치적 환경보다는 시장 논리의 틀 내에서 작동한다는 것이다. 따라서 거버넌스 개념에서는 효과성 또는 효율성보다는 합법성 또는 정당성을 확보하는 것이 보다 중요하다고 본다.

거버넌스의 가장 중요한 특징은 중앙정부, 지방정부, 정치적 결사체 혹은 사회적 단체, NGO, 기타 민간부문 조직 등의 다양한 구성원들로 이루어진 네트워크를 강조한다는 사실이다. 다양한 참여자로 구성된 네트워크 상황은 참여자들이 상호 독립적이라는 것을 의미한다. 그러나 모든 구성요소들이 상호 독립적이라는 것이 곧 모든 참여자가 동등하다는 것을 의미하는 것은 아니다. 특히 현대사회에서 정부는 과거 전통적 정부처럼 권위적으로 우월한 것도 아니고, 항상 동등한 입장도 아니다. 즉 정부는 기본적으로 수평적 입장에서 전체 네트워크를 관리하는 조정자의 입장에 있다고 하여야 할 것이다. 그리고 이러한 네트워크의 연결성도 순수시장 메커니즘보다는 종속적이지만, 계층제적인 전통적 조직보다는 다소 덜 종속적이다.

사회과학에서 정부의 활동에 대한 전통적 통치이론과 거버넌스 이론의 사이의 관계는 외면적 상충관계(trade off)와 비슷하다. 그것은 사회가 추구해야 할 가치로서 권위와 효율성 못지 않게 우선순위를 놓아야 하는 다른 가치가 존재한다는 것이다. 예컨대 민주주의적 가치들인 시민정신이나 공동체 의식과 같은 덕목들, 급격하게 이루어지고 있는 사회의 다양성을 조화롭게 수용해야 하는 사회문화나 제도도 중요하다. 특히 우리나라 사회 각 분야에서 전통적 통치이론에 대비한 거버넌스 개념이 어느 정도 자리잡고 있으며 누가 더 적실한가에 대해서는 앞으로 체계적인 검증이 뒷받침되어야 한다. 이것은 해양과 관련된 정부와 시민사회 활동분야에서도 예외가 될 수 없다.

3) 뉴거버넌스(new governance) 이론

오늘날 사회적으로 통용되는 거버넌스의 개념은 대부분 뉴거버넌스로 볼 수 있다. 거번너스와 뉴거버넌스는 때로는 동의어로 인식되기도 한다. 이는 두 가지 개념, 특히 뉴거버넌스가 상당히 모호하게 정의되는 개념이기 때문이다. 뉴거버넌스는 전통적 국가통치 행위를 의미하는 일반 거버넌스와 구별되는 개념이다. 뉴거버넌스는 국민국가라는 한정된 범위가 아니라 정부조직(계층제)과 기업, 시민사회, 세계체제 등에 걸쳐 이들 모두가 공공의 문제와 관련하여 네트워크(연계, 상호작용)를 강조하는 개념으로 이해된다.

예를 들면, 대표적인 거버넌스 학자인 Guy Peters(1996)는 뉴거버넌스 정부의 형상으로 저서에서 시장적 정부 (market government), 참여적 정부(participative government), 유연한 정부(flexible government), 탈규제 정부(deregulated government) 등의 4가지의 유형을 제시하고 있다. 또한 정치학자인 로드(Rhodes)는 뉴거버넌스에 대해 최소국가, 기업적 거버넌스, 신공공관리, 좋은 거버넌스, 사회적 인공체계, 자기조직화 네트워크 등의 6가지 개념을 주장한다.

뉴거버넌스는 이론적으로 정부와 사회 간의 새로운 상호작용의 형태를 의미하면서도, 다소 정치적인 개념이다. 뉴거버넌스라는 용어는 정부의 의미의 변화, 또는 공적인 업무의 수행방법의 변화를 지칭한다. 즉 정부(government)는 공식적인 권위에 근거한 활동을 지칭하는 반면, 거버넌스는 공유된 목적에 의해 일어나는 활동을 의미한다. 이러한 논리에 근거하여 최근에는 뉴거버넌스가 '정부 없는 거버넌스(governance without government)' 또는 '정부에서 거버넌스로(from government to governance)'의 의미로 표현하기도 한다.

우리가 뉴거버넌스의 개념을 이해하는데 있어서 가장 중요한 특징은 바로 사회적 네트워크(social network)를 강조한다는 사실이다. 뉴거버넌스 이론은 이러한 네트워크적인 사회구조의 영향으로 현재 정부와 사회의 역할분담의 균형점이 이동하고 있다고 본다. 오늘날 사회의 뉴 거버넌스 시스템 하에서 네트워크 관리자로서의 정부의 역할은 예전보다 더욱 중요하다. 그것을 살펴보면 대개 3가지인데, 바람직한 목적의 달성을 지휘하는 지휘자의 역할, 협동과 연계를 촉진하는 중재자의 역할, 문제해결과 정책결정의 여건을 만드는 조성자의 역할 등이 있다.

그리고 정부의 기존 행정관료들은 새로운 역할(조정상황의 관리, 협동, 상호협상, 연결망 형성 등)에 따르는 새로운 기술을 습득하여야 한다. 그 새로운 기술은 다시 비정부 부문 여러 행위자들의 조정 및 협력능력을 신장시키기 위한 소위 민주시민의 능력의 향상을 돕는 것이 된다. 또한 이를 위해서는 보다 많은 정보가 국민이 실제로 손쉽게 이용할 수 있는 형태로 국민에게 제공되어야 함은 당연하다고 본다.

2. 해양거버넌스의 의미

학문적으로 논의된 이러한 일반적인 거버넌스의 여러 가지 개념을 기반으로 하여, 이제 해양분야에서의 거버넌스 의미를 연역적으로 설명해보면 다음과 같다. 먼저 해양거버넌스는 "해양을 둘러싼 충돌과 갈등을 넘어서서, 새로운 문화가 탄생하거나 또 다른 공생의 논리를 창조하는 하나의 방법"이며, "해양의 이용과 관리에 있어 정부, 기업, 시민이 함께 문제를 해결하는 사회적 조정 양식이자 기제"이다. 이는 오늘날 지역, 국가, 그리고 국제적 차원의 해양문제 해결과 현대인의 생활양식을 이해하는데 있어 필수적으로 반영되어야 하는 주제이다.

해양거버넌스(ocean governance)는 "해양의 이용과 관련된 규범, 제도적 장치, 그리고 실제적인 정책들을 포괄"하는 개념이다(Miles, 1999).

그리고 기존의 이론들에 따르면 해양거버넌스는 국가수준(national level)과 지역수준(regional level)의 개념으로 구분되고 있다(Payoyo, 1994; Ng'ang'a, et. al, 2004; Roe, 2009). 해양거버넌스의 수준을 구분하는 원리에 따르면, 국가차원의 해양거버넌스는 주로 나라간 영해(closed sea/marine belt)나 배타적 경제수역(exclusive economic zone)과 관계된 문제해결을 다루는 개념이다. 반면 지역차원의 해양거버넌스는 기능적으로나 공간적으로 다소 제한되어지는 개념인데, 이에 관한 기능적 범주는 주로 지역의 수산, 어업분야(1차 해양산업)나 항만의 해운, 조선, 물류, 관광분야(2-3차 해양산업)의 이해관계를 말한다(Mensah, 1996; Miles, 1999; Sutherland, & Nichols, 2004).

또한 이러한 국가차원과 지역차원의 해양거버넌스는 한 국가 내의 연안지역에 산재한 여러 지방정부의 항만거버넌스(port governance)나 연안관리 거버넌스(coastal governance)의 개념과도 다르다(Terashima, 2004). 다만 해양거버넌스의 공간적 범주로는 특정 연안지역에 위치한 해항도시나 지역정부의 자치행정구역(autonomous/administrative area)안에서 나타나는 관계현상을 말하기도 한다(Hanna, 1999; Murray, 2004).

따라서 해양거버넌스는 항만과 연안어업의 모든 문제를 포괄하는 넓은 의미로 받아들여지므로, 일반적인 생각보다 행위자(actor)간의 이해관계도 매우 복잡하다. 예를 들면, 현재 연안지역과 해항도시에서 행하는 모든 해양행정의 지침이 되는 관련 법·제도를 살펴봐도 그 복잡성을 쉽게 파악할 수 있다. 즉 우리나라 연안과 해역에 대한 해양행정과 해양정책은 대체로 해양환경관리법, 해양오염방지법, 공유수면관리법, 수산업법, 수산자원보호령, 항만법, 어촌어항법, 연안관리법, 습지보전법 등 다양한 법령과 제도의 규제를 복잡하게 적용받고 있는 상태이다.

해양행정과 해양정책에 있어서의 거버넌스가 지역차원의 문제라면,

구체적인 해양행정이나 해양관련 공적 서비스 공급과 관련하여 펼치
는 활동으로서의 거버넌스, 즉 지역차원에서 도시정부가 행하는 해양
행정의 거버넌스를 상정해 볼 수 있다. 즉 해양이나 항만에 대한 다양
한 정부활동과 동시에 정부, 기업, 시민단체가 함께 지역사회의 문제
해결을 시도한다면, 이는 전형적인 해양거버넌스의 모습인 것이다
(Hinds, 2003; Tanaka, 2008; Vince & Haward, 2009).

보다 구체적인 예를 들어 해항도시나 연안지역의 항만건설, 각종
연안개발의 문제를 지방정부, 공기업, 민간기업, 시민이 함께 해결한
다면, 이는 곧 해양거버넌스의 실천이라고 볼 수 있다. 수산자원의 불
법남획이나 어장의 환경보전과 관련해 지방정부, 해양경찰, 어촌계,
시민이 협력해 문제해결을 하는 경우도 마찬가지이다. 이렇듯 해양거
버넌스가 구축된다면 해양문제에서 야기될 수 있는 부작용, 해양정책
으로 인해 영향을 받는 수혜집단, 해양행정에 대한 당사자들간의 갈
등 등 다양한 형태의 이해관계를 적절한 네트워크 속에서 조절할 수
있는 이점이 있다.

그러므로 해양거버넌스 개념은 기존의 전통적 행정방식인 관료모
델(bureaucratic model) 직후 등장했던 초창기 거버넌스 모델과는 분명
다르다(Vallega, 2008). 전통적 거버넌스는 신자유주의와 신공공관리를
축으로 시장메커니즘을 표방하여 민영화, 민간위탁 등을 주요 실천방
법으로 하기 때문에, 엄밀히 말해 해양거버넌스 이론에서 다루고자
하는 거버넌스 모델은 아니다. 오히려 해양거버넌스는 의사결정에 대
한 모든 이해관계자의 참여메커니즘을 전제하고, 이들의 상호 신뢰와
협력체제를 통한 연계망 구축과 공동생산의 방법을 중요시하는 뉴거
버넌스(new governance) 주장에 더 가깝다. 즉 뉴거버넌스는 시장의
무정부 상태(anarchy)와 명령통일의 계층제적 정부(hierarchy)사이에
엄격한 양극화를 거부하고 시장, 국가, 시민사회 등에 걸친 상호의존

적 행위자들간 수평적 자율조직의 개념으로 구체화된다(김석준, 2000; 유재원·소순창, 2005).

결론적으로 해양거버넌스는 "해양 및 연안의 문제와 관련된 정책(주로 관리와 규제의 문제)의 일부 혹은 전부가 외부(주로 민간, 시민사회)로 위임되어 정부와의 상호작용을 통해 참여와 협력, 공동의사결정을 해나가는 행위기제"로 규정할 수 있다(Payoyo, 1994; Kullenberg, 2004; Ng'ang'a, et. al, 2004). 이를 토대로 종합적인 이론적 의의를 정의하자면, 해양거버넌스는 "우리나라에서 항만과 수산문제의 해결을 위하여 해항도시나 연안의 지역정부가 다른 이해관계자와 동반자 관계에 근거하여 실천하는 공·사간의 구분 없는 상호작용의 행위적 유형"으로 볼 수 있다.

3. 해양거버넌스의 구성요인

해양거버넌스를 형성하고 구축할 수 있는 주체적인 인자(factor)로는 크게 정부부문, 민간부문, 시민사회 등의 세 차원으로 논의될 수 있다. 특히 해외에서는 바람직하고 좋은 해양거버넌스(good ocean governance)를 형성하기 위해 각각의 행위자 사이에 올바른 균형점(balance point)을 확보하고, 이를 위해서 개별 분야 사이의 상호작용을 더욱 활성화시킬 필요성이 제기되고 있다. 앞으로 우리가 좋은 해양거버넌스를 형성하기 위해서는 정부, 기업, 시민의 범주에 속한 행위자 사이의 건설적인 상호작용을 촉진시키는 것이 필요하다. 최근 서구 해양선진국의 사례와 해양거버넌스 이론에 따르면 해양거버넌스를 구축하거나 형성시키는 원인으로서는 크게 정부차원, 기업차원, 시민차원에서 논의될 수 있고, 해양거버넌스를 구축하고 조성시키는 지역사회의 환경들도 매우 중요하게 다루어지고 있다.

1) 정부차원의 해양거버넌스 구성요인

해양거버넌스에서는 국가나 지방정부의 일방적인 통치가 아닌 정부, 시장, 시민(단체) 등이 지역사회의 공동문제에 대해 의사결정권을 공유하며, 지역시민의 참여의식을 고양시키고, 이를 통해 공공의 바다를 개발하는 일련의 과정을 제공하는 방식이 작동한다. 연안지역이나 해항도시에서 해양이 갖는 지역적 각별함은 이제 산업, 교통, 관광 등에 관한 경제적 문제뿐만 아니라 사회, 문화, 지역축제, 환경보전 등의 다양한 문제를 포괄해 나가고 있다. 그리고 이 문제들은 모두 지역적 이해를 담보하는 공동의 관심사로 등장하고 있다.

해양의 이용과 보전에 대한 기업과 시민의 요구 수준이 높아지고 있는 상황에서 정부는 공급자에서 조력자로의 역할 변화가 요청되고 있으며, 이에 기존의 이론은 정부가 해양문제에 대해 스스로 다른 부문과의 파트너십에 관심을 갖게 된 사실에 주목하고 있다(Cho, 2006). 예컨대, 과거 해양문제 해결의 방법은 주로 정부가 기업, 시민(단체) 등을 가급적 배제하는 것이었으며, 이러한 점에서 비민주적 문제해결 전략이라고 볼 수밖에 없었다. 그러나 최근 지역의 해양과 관련한 과거보다 복잡해진 문제해결에 있어서 의사결정구조상의 참여네트워크 및 사회자본을 형성하기 위한 혁신이 정부와 기업, 시민의 관계를 합리적 방향으로 정립시켜 나가고, 다시 이것이 해양거버넌스의 형성에 영향을 미친다고 지적되고 있다.

물론 정부주도의 비민주적 전략이 참여, 분권, 합의의 정신에 근거한 민주적 전략으로 전환되기 위해서는 정부 스스로의 내부 변화와 혁신이 가장 중요함을 전제한다. 구체적으로 이러한 정부변화의 특징적 요소로는 전문성(professionalism), 재량권(discretion), 개방성(openness)

등이 다루어지고 있다(Miles, 1999). 또한 정부는 계층제의 원리를 표방하는 관료제(bureaucracy)이므로, 최고관리자 및 중간관리층의 이슈에 대한 관심이 행정과 정책의 과정에서 상당히 중요하다. 만약 해양행정과 해양정책을 책임지는 시장(단체장)이 거버넌스에 대해 별로 중요하다고 생각하지 않으면, 다른 관료나 외부인이 아무리 중요하다고 주장하더라도 해양거버넌스는 의제로 설정(agenda setting)되기 어렵고, 나중에 시행될 가능성도 낮다(Hinds, 2003).

따라서 해양의 이용과 관리에 대한 정부차원의 거버넌스 형성원인은 다음과 같이 요약된다. 그것은 정부에서 해양행정과 정책실무자의 전문성이 높고 재량권이 클수록, 다른 외부의 이해관계자에 대한 조직풍토가 개방적이고 투명성이 클수록, 부서장(중간관리자)이 외부의 참여 등에 대해서 우호적일수록, 시장(최고관리자)의 해양에 대한 관심이 높을수록 해양거버넌스는 수월하게 형성될 수 있으며, 그 형성의 수준도 높을 가능성이 있다.

2) 기업차원의 해양거버넌스 구성요인

해양의 이용과 관리에는 민간기업의 이해관계와 활동이 깊이 관여되어 있으며, 해양거버넌스 형성에는 이들 기업들의 참여와 의사개진이 필수적이다. 현재 전국 연안과 항만의 이용 및 관리에 있어서 기업들은 해양산업(ocean industry) 전반에 분포하고 있으며, 해양행정과 정책에 있어서도 정부는 기업들과 일종의 공동생산(co-production)을 하고 있다. 예컨대, 부산항, 인천항, 울산항, 광양항, 평택항 등 주요 항만을 드나드는 선박은 대부분 해운·물류기업에 속해 있고, 이 외에 주요 어항에서는 수산업을 생업으로 하는 어선들이 활동하고 있다. 따라서 해항도시 및 연안지역에서는 해양산업이 그 지역의 경제적 부가가치와 고용에서 차지하는 비중이 자연히 크다.

이에 해양에 대한 관리주체인 정부는 1차 수산업에서부터 3차 항만
서비스업에 이르기까지 다방면에 존재하는 수많은 기업들의 이해와
협조가 필수적이다. 그리고 여기에 관한 문제의 해결에는 민간기업이
적극 참여된 해양거버넌스의 기제가 보다 효율적인 것이다. 정부 단
독의 관료 주도적 방식보다 민간기업의 참여로 인해 발생하는 해양거
버넌스의 효과는 세계적으로 많은 해양산업 관련기업이 산재해 있거
나, 항만의 규모가 큰 연안지역에서는 더욱 타당성이 높은 문제해결
방식으로 다루어지고 있는 추세이다.

이러한 당위성에 따라 우리나라에서도 현재 해양의 이용과 관리에
있어 해양거버넌스가 실험되고 있으나, 아직 기업들이 여기에 적극
참여하거나 관여하고 있는지는 불분명하다. 우리나라의 주요 해항도
시와 연안지역에서는 항만행정 및 수산정책에 항만경쟁력촉진협의회,
해양항만행정협의회, 해양산업발전협의회, 해양보호구역관리위원회,
해양항만기관장간담회 등의 제도적 장치를 마련해 두고 있기는 하다.
그런데 실제 현실에서 해운, 물류, 수산기업 등이 해양거버넌스에 참
여하기 위해서는 기업의 규모나 매출액, 지역경제에서의 위상과 비중
등 일정한 조건이 구비되어야 한다.

게다가 실제로 기업들은 문제가 자신들의 업종과 관련된 이해관계
와 얽혀있을 경우에만 민감하게 반응을 하며, 이는 거버넌스 참여의
중요한 기제(mechanism)가 되어 왔다(Hinds, 2003; Cho, 2006). 예컨대,
기업들은 기업의 매출액과 고용규모가 크고 수익성이 높을수록, 그리
고 사장(CEO)을 중심으로 한 고위경영진의 관심과 의지가 높을수록
해양거버넌스를 위한 제도나 기구에 참여를 잘 하는 것으로 나타나고
있다. 이는 해양거버넌스에 대한 참여와 의견개진이 곧 기업 스스로
의 궁극적 목표인 이윤창출이 도움이 되기 때문이라는 판단에 따른
것으로 볼 수 있다.

3) 시민차원의 해양거버넌스 구성요인

우리나라 각 지역과 공공의 이슈에 있어서 거버넌스 패러다임 (governance paradigm)이 확산되면서 해양분야에서도 이를 발생시키는 한 원인으로 바다에 대한 시민들의 열정과 관심, 선호와 지지 (preferences & support)가 한층 중요해지고 있다. 해양거버넌스에 있어 시민단체나 시민사회의 존재는 곧 해양관련 문제해결 방향에 대한 지역사회의 다양한 협조를 구하고 그 인재와 물적 자원을 활용할 수 있으며, 결과적으로는 정부와 관료에게 부족한 측면을 보완해 줄 수 있기 때문에 현실적으로 중요한 의미를 가진다.

이런 측면에서 먼저 시민들의 해양의식 수준은 무형적으로 해양거버넌스에 중요한 원인요소이다. 해양의식은 시민이 의식적으로 자신이 살고 있는 항구와 연안을 쾌적한 환경으로 보전하고 해양을 통한 새로운 가치창조의 주역이자 그 향유자인 것이 자랑스러운, 그래서 시민들 모두가 그에 대한 자부심과 자긍심을 갖게 만든다. 해양강국이 지리적 요인과 정신적 요인에 의해 결정된다고 전제한다면 우리나라는 분명 물리적으로는 해양국가이지만, 시민들의 바다에 대한 이해와 관심을 기준으로 한다면 무형적으로 해양국가라고 단언하기에 다소 미흡하다는 지적도 받고 있는 것이 현실이다.

다른 한편으로 최근 우리 사회의 각종 여론조사에서 시민들이 가장 신뢰할 수 있는 집단으로 시민단체(NGO)를 자주 선정하고 있다는 사실은 정부 독단에 대한 문제를 지적함과 아울러 정책과정에서 시민단체의 역할과 기능이 결코 무시될 수 없는 상황임을 엿볼 수 있게 한다. 또한 해양분야에서도 시민단체의 수가 점진적이나마 양적으로 증가하고 있다는 점은 점차 이들의 활동영역이 다양화 및 전문화되고 있는 현실을 반영한다. 그렇다면 이처럼 증가한 시민사회의 역량이 거버넌스 형성과 어떠한 연관이 있는가에 관심을 두지 않을 수 없다.

기존의 해외사례에서는 시민단체가 일반시민의 자원성과 신뢰를 근간으로 하고 있다는 점에서 자주적 역량의 원인을 평가하는데 주목하고 있다. 예컨대 시민단체의 역량과 가치는 신뢰성, 민주성의 가치에 근거하여 재정적 건전성과 전문성에 의해 좌우된다는 견해가 그것이다. 따라서 해양거버넌스 형성에 있어서도 해양관련 시민단체(NGO)의 이러한 역량과 가치는 중요한 요소이자 원인이 될 수 있다.

4) 환경차원의 요인

연안이나 해항도시의 지역차원에서 나타나는 해양거버넌스 형성에는 각 이해관계자들을 둘러싼 여러 가지 환경도 중요한 역할을 한다. 현실적으로 해양거버넌스 형성에서 고려되어야 될 대표적인 환경적 요인으로는 지역정치와 지역언론이 지적되고 있다. 즉 정치환경과 여론을 주도하는 언론이 해양문제와 이슈에 대해 과연 어느 정도의 역할을 하느냐에 따라 해양거버넌스 형성 여부와 그 수준이 결정될 수 있다는 것이다.

먼저 지역의 정치적 환경으로서 우리나라에서 1991년부터 민선지방자치가 실시되면서 등장한 지방의회는 모든 지방정부와 지역사회의 가장 중요한 정치적 의사결정기관으로서 헌법에 의한 공식적 기관으로의 성격을 가지고 있다. 광의의 의미에서 지방정부는 의회를 포괄하지만, 흔히 의회와 시민사회가 공통적으로 해양행정이나 정책집행부에 대한 견제 및 감시기능을 함으로 인해 의회는 분명히 정부(집행부)와는 별도의 관계에 있다.

해양거버넌스 형성과 관련하여 지방의회는 시민의 대표역할을 수행할 뿐만 아니라 여론을 수렴하여 해양행정 및 정책과정에 직접 반영하는 연결고리(link) 역할을 한다. 이러한 지방의회의 기능은 지역에서 해양거버넌스를 형성시키는 데 중요한 원인으로 볼 수 있다. 정치인과

의회가 해양거버넌스의 필요성을 인식한다면, 주요 정책의제로서의 채택을 오히려 역으로 최고관리자와 집행부에 촉구할 수도 있다.

다음으로 해양거버넌스에 대한 언론의 관심도 중요하게 고려되는 환경적 요소인데, 일단 해양이슈에 대한 언론의 관심은 곧 여론(public opinion)이 될 수 있고, 이러한 여론은 다시 사회적 변화나 대중 및 정치엘리트의 인지를 연결시켜 주는 매개역할을 담당하기 때문이다. 비단 모든 지역문제가 언론매체의 역할을 필요로 하는 것은 아니지만, 공유자원인 해양의 불특정 이해관계자와 해양거버넌스의 관점에서 바라보면 사정이 달라진다. 지역의 바람직한 해양이용과 관리문제에 대한 여론의 환기 및 지지확보를 위해서는 언론의 관심과 활용이 매우 중요한 것이다. 즉 해양문제에 대한 지역 언론매체의 관심이 높을수록 정부는 시민과 기업의 선호를 잘 반영시킨 해양정책을 채택할 가능성이 높아지게 된다.

해양거버넌스 구축과 형성을 위한 조건

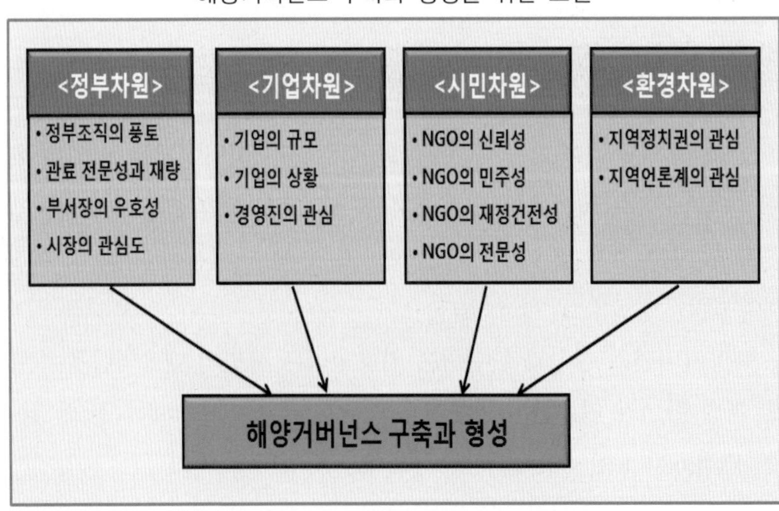

언론의 중요성에 관한 이러한 판단의 또 다른 근거도 있다. 그것은 해양문제에 대해 정부는 주로 독자적이고 조용한 해결을 원하는 경향이 있지만, 언론은 주로 이를 보도하고 여론화하여 공익(public interest)을 명분으로 정부를 지적하거나 압박하는 사례가 많다는 점이다. 특히 정부의 규모나 권력에 비해 상대적 약자인 기업, 시민의 편에 선 언론의 여론화 전략은 문제해결을 위한 협상에서 우위를 점하기 위한 수단이 되고 있다. 따라서 지역에서 해양문제에 대한 언론의 관심이 높고, 보도나 활동의 태도가 적극적일수록 해양거버넌스 구축의 환경이 우호적인 상태가 된다.

4. 해양거버넌스의 이해관계자

1) 해양행정의 분야별 구분

우리가 현실세계에서 해양거버넌스의 실체를 파악하기 위해서는 그 이해당사자나 네트워크 상에 누가 관여되어 있는지를 밝혀내는 것이 선행되어야 한다. 즉 논리적으로 누가 관여하고, 또 그렇게 되어야 하는지가 최우선적으로 밝혀져야 그 실태와 이후의 상황을 밝히고 유추할 수 있다. 해양거버넌스의 이해관계자를 도출하기 위해서는 현재 우리나라 해항도시와 연안지역에서 행해지는 기존 해양행정의 유형이나 범위를 먼저 알아볼 필요가 있다. 현행 중앙정부와 지방정부의 해양행정은 제도적으로 크게 항만행정(port administration)과 수산행정(fisheries administration)의 범주로 구분할 수 있다. 그러한 구분의 근거는 크게 역사와 제도의 차원으로 나뉘는데, 이에 대한 구체적인 설명은 다음과 같다.

(1) 역사적 차원의 구분

해양과 관련된 우리나라 정부행정의 역사에서는 1966년 2월 28일 수산청이 신설되고, 1976년 3월 31일 항만청이 신설된 후 수산행정과 해운항만행정을 이원 수행하는 분산체제가 지속되어 왔다. 1996년 8월 8일 김영삼 정부 말기부터 김대중 정부, 노무현 정부를 거쳐 이명박 정부가 2008년에 국토해양부로 통폐합하고, 2013년 박근혜 정부가 다시 부활시키기 전까지 존재했던 해양수산부(Ministry of Maritime Affairs and Fisheries)는 그 이전의 해운항만청과 수산청의 두 기능을 모태로 한 행정기구였다. 특히 우리나라 중앙정부에서 지난 이명박 정부의 정부조직 개편으로 인해 이 부처가 폐지될 때도 항만기능은 국토해양부로, 수산기능은 농림수산식품부로 분리 이관되었다. 그렇기 때문에 대부분의 해항도시와 연안의 지방정부도 항만파트와 수산파트로 구분된 해양행정조직을 구성하고 있다(정세욱, 1998). 해양수산부가 다시 부활한 현재에 있어서도 해양과 관련된 우리나라 정부행정의 체제는 이러한 기본적인 기능 분담에서 크게 벗어나지 않고 있다.

우리나라 정부에 의해 집행되는 모든 해양행정(maritime administration)의 현실적 의미는 "국가의 이익과 국민의 공공복리 증진을 위해 해양을 중심으로 발생하는 다양한 문제들을 해결하고자 하는 정부의 목표와 행동체계"라 할 수 있다. 해양행정은 해양에 대한 국가적 필요성을 충족시키는 공공활동으로, 넓은 의미에서 국가적 목적인 공공의 안보, 식량, 에너지, 광물자원, 경제안정, 공공위생, 환경, 안전확보 등을 달성하기 위한 것이며, 또한 해양과 관계되는 각종 산업활동의 육성을 통해 국가의 해양력을 증대시켜 나가는 일련의 공공정책이다(국토해양용어사전, 2012; 온라인행정학전자사전, 2013).

사실 우리나라 중앙정부 및 지방정부처럼 항만행정과 수산행정을 통합하여 운영하는 사례가 그다지 일반적인 경우는 아니었다. 통합된 해양행정체계는 미국, 인도네시아 등 소수에 그치고 있으며, 유럽과 캐나다의 수산해양부처는 대부분 수산중심의 행정을 펼치고 있었다 (정세욱, 1998). 그러나 현재 해양선진국인 미국, 영국, 캐나다, 노르웨이, 일본, 중국 등에서 나타나는 세계적인 추세는 강력한 해양통합행정과 일관된 정책을 추진하는 것으로 그 흐름이 바뀌고 있다. 따라서 우리나라 해양행정 전체에서 보면 분야별 이해관계자도 항만과 수산을 중심으로 나누어 보는 것이 가장 합리적이다.

(2) 제도적 차원의 구분

해양행정과 해양거버넌스의 이해관계자에 대한 제도적 구분은 국가에서 규정한 각 지방정부의 항만(부두)이 가진 성격에 따라서 달라질 수 있다. 기존의 어항에 물류기능을 갖춘 국가지정항만(무역항/연안항)을 가진 곳은 주로 중규모 이상의 해항도시이면서 항만과 수산행정을 구분하지만, 어항만을 갖춘 소규모 지방항만을 가진 곳은 주로 수산행정에 기능이 집중되기도 한다.

제도적으로 우리나라는 항만법(제2조)에서 모든 항만과 항구를 지정항만과 지방항만의 두 가지 형태로 구분한다. 지정항만은 국민경제와 공공의 이해에 밀접한 관계가 있는 항만으로서 대통령령으로 그 명칭과 위치 그리고 구역이 지정된 항만을 말한다. 지정항만은 다시 무역항과 연안항으로 구분된다. 무역항은 주로 외국 수출입품을 실은 선박이 출입하고, 연안항은 주로 연해구역을 항해하는 선박이 출입하며, 지방항만은 지정항만 이외의 항만으로서 광역단체장이 명칭과 구역을 지정하여 공고한 항만이다. 여기에 따라 우리나라 부산, 인천, 울산 등 주요 해항도시의 항만행정은 해양산업(과학기술, 바이오, 관광/레저, 기타 전략산업 등), 해양물류(물류소통, 해운/물류기업), 해양개발(연안관리/정비, 공유수면), 해양환경(해양오염, 자연/생태계)에 관한 행정으로 구성되어 있다.

반면에 우리나라 주요 연안지역의 수산행정은 전반적인 수산정책 및 진흥, 어업조정 및 지도단속, 수산자원관리, 수산경영기술 전반에 관한 사항을 담당하고 있다. 그리고 수산행정이나 수산정책은 주로 어촌 및 어민들의 생활과 직접적으로 연관이 되어 있다. 여기에서 가장 중요한 점은 해양행정의 제도적 차원에 있어서도 항만과 수산분야의 문제와 성격이 다름으로 인해 이해관계자(stakeholder)가 약간 다를 수 있다는 것이다. 따라서 제도적 구분에 따를 경우에도 이해관계자는 항만과 수산을 중심으로 나누어 보는 것이 타당하다.

2) 항만분야의 이해관계자

우리나라 연안지역과 해항도시에서 발생하는 해양행정과 정책 등에서 항만분야에서 발생하는 문제는 주로 임해산업, 물류단지와 해외교역을 위한 선박의 항해, 입항과 출항 등과 같은 경제적 측면과 더불어 관광 및 수변공간으로서 해안환경의 보전 및 개발, 해상안전 등에 관한 사회적 요구와 연관이 되어 있다(김안호·기성래, 2005; 강원덕·김형일·안승범 2005). 즉 항만거버넌스는 주로 항만을 중심으로 한 경제·산업적 기능과 사회적 기능에 초점이 두어져 있는 것이다.

그러므로 주요 해항도시와 연안항만을 가진 지역의 항만행정에 있어서 이해관계자는 중앙정부, 지방정부, 지방의회, 항만공사, 부두인력(노조), 민간기업(해운/물류/조선/관광레저/해양안전), 해양경찰, 시민단체, 학계/전문가, 언론 등이 있다(이원일·김상구, 1999b; 김안호·기성래, 2005; 강윤호, 2006; 김승철, 2007). 이러한 항만분야의 항만거버넌스 이해관계자를 전체적인 그림으로 나타내면 다음과 같다.

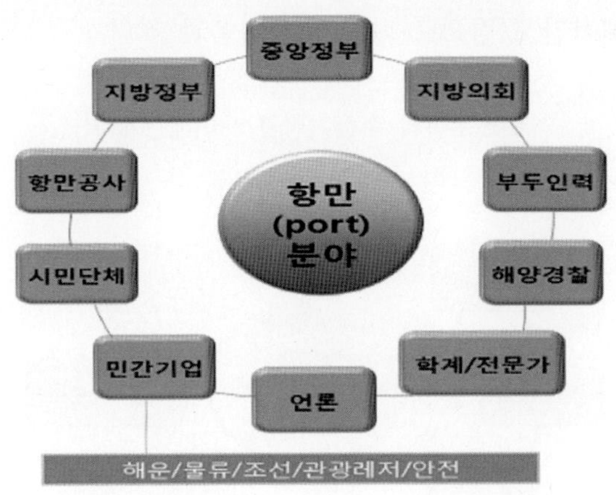

3) 수산분야의 이해관계자

수산분야에서 발생하는 문제는 주로 1차 산업인 어업과 연관된 것으로 어업인 집단(어촌계, 수협, 기타조합)에 의한 수산자원의 획득과 관리에 관한 제반 과정, 그리고 가공 및 유통 등에 관련된 것들이 많다. 즉 수산행정의 의사결정과 집행에서 발생하는 문제는 주로 규제(regulation)에 관한 문제인데(Murray, 2004). 이는 공유수면의 관리, 연안지역의 환경관리, 어업/양식면허의 발급과 관리, 어업활동과 어선의 민원처리, 불법행위에 대한 행정처분, 불법어업 지도단속, 해양생태계와 수중환경 관리, 내수면 어업지도와 관리, 어장정화와 복원사업 등 다양한 사안들에 걸쳐 있다.

특히 우리나라 해항도시와 연안지역에서 행해지는 수산행정 분야에서 수산거버넌스의 필요성은 연안바다에서의 어자원관리와 환경관리, 불법어로행위에 그 문제가 집중되고 있다는 것에 근거한다(Hanna, 1999; 정세욱, 1998; 김상구 외 2006; 강윤호 외, 2007). 이러한 상황에 따라 우리나라 지방정부의 수산행정에 있어서 이해관계자는 중앙정부, 지방정부, 지방의회, 해양경찰, 어촌계(수협), 시민단체, 학계/전문

가, 언론을 제시할 수 있다. 이러한 수산분야의 수산거버넌스 이해관
계자를 전체적인 그림으로 나타내면 다음과 같다.

수산분야의 수산거버넌스 이해관계자

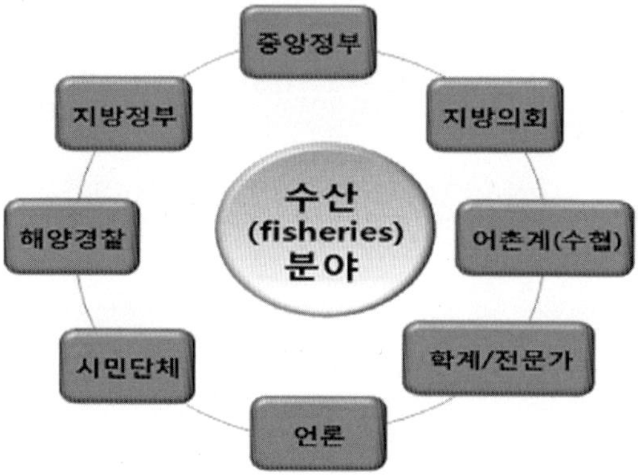

제2절 해양거버넌스의 구축방안

해양거버넌스에 관한 현실을 점검하는 특정지역은 해항도시 부산
의 사례를 선정하였는데, 그 이유는 다음과 같다. 가장 대표적인 해양
중심도시인 부산은 우리나라 해양수도를 지향하는 해양행정과 해양
정책의 선도 도시이다. 부산은 개항 100년이 넘은 유서 깊은 항만을
가지고 있으며, 해양의 이용을 통해 지역발전이 장기간에 걸쳐 이루
어진 특징이 있다. 서해안의 인천, 동해안의 울산 등 다른 해양도시에
비해 부산은 항만산업과 수산업의 비중(사업체 3:7, 종사자 5:5)이 균
형감 있게 분포되어 있어, 항만과 수산이라는 두 유형의 해양거버넌
스 실태를 살펴보는 데에도 현실적으로 매우 유리하다.

그럼에도 불구하고 정작 해항도시 부산의 해양행정의 발전에 관한

논리적 토대가 아직 충분치 못한 점이 더 중요한 규범적 이유이다. 만약 해양의 속성과 이에 대한 관한 체계적 이론적 토대를 가지고 있지 못한다면, 부산이 행하는 수많은 해양행정과 해양정책의 좋은 결과를 쉽게 담보할 수 없을 것이다. 이처럼 우리나라에서 선도적 입장인 부산의 해양행정과 해양정책을 대상으로 해양거버넌스의 구축이나 그 수준의 실태를 알아보는 것은 이 도시와 비슷한 상황에 놓여 있는 다른 해항도시들의 해양행정과 발전방향에도 타산지석(他山之石)으로서 좋은 참고가 될 수 있다.

우리나라 해양발전의 중심지인 해항도시 부산은 지금 지방자치와 지역민주주의의 완전한 정착에 따라 해양행정과 정책과정에 대한 지역각계와 시민들의 참여요구에 직면하고 있다. 물론 부산의 해양행정이나 해양정책에 있어서 완전하지는 않지만 전문가, 지방정부, 시민단체, 지역주민, 기업 등 다양한 이해관계자들이 참여하는 해양거버넌스 체제의 구축이 이미 상당 부분 진행되었다는 일각의 지적도 제기되어 있다.

그러나 현재 해양관련 문제를 해결하려는 부산시 당국의 노력이 종래의 전통적인 행정(bureau model)에서 벗어나지 못하여 제대로 된 성과도 거두지 못하고 있다는 의견도 제기되고 있는 상황이다. 기존 학자와 전문가들의 해양거버넌스 체제의 구축에 대한 서로 엇갈리는 의견들 중에서 도대체 어느 것이 맞는 것인지에 대한 우리의 판단은 지금의 현실에서 해양거버넌스의 논리에 따라 해양거버넌스의 이해관계자들에 대한 조사를 통해서 조목조목 따져 보면 알 수 있다.

● 1. 해양거버넌스 구축의 요인

현실세계의 차원에서 실제 해양거버넌스를 구축하고 형성하도록 만드는 원인은 무엇인가? 이러한 질문의 해답을 알아보기 위해 정부

해항도시에서의 해양거버넌스 구축과 형성의 원인

항목	비표준화계수		표준화 계수	t	유의 확률	VIF
모형	B	표준 오차	베타(β)			
(상수)	.655	.655		.999	.323	
정부조직의 풍토	.163	.089	.212	1.820	.075	3.213
관료의 전문성과 재량	.128	.094	.183	1.351	.183	3.345
부서장의 우호성	.276	.090	.469	3.077	.001	2.628
시장의 관심도	.244	.114	.303	2.139	.028	3.127
기업의 규모	.107	.097	.150	1.100	.277	3.744
기업의 상황	4.210E-02	.133	.053	.311	.238	2.760
경영진의 관심	.629	.228	.387	2.756	.008	3.500
NGO의 신뢰성	.241	.124	.298	1.946	.037	3.483
NGO의 민주성	5.356E-02	.112	.066	.478	.635	1.592
NGO의 재정건전성	.118	.095	.121	1.237	.222	4.381
NGO의 전문성	.248	.085	.427	2.910	.005	3.952
지역정치의 관심	1.133E-02	.094	.017	.121	.904	3.301
지역언론의 관심	.134	.094	.147	1.422	.162	1.712
R^2 = .631		Adjusted R^2 = .602			F = 179.267	

(행 레이블 세로: 해양거버넌스 구축과 형성의 원인)

차원, 기업차원, 시민차원, 환경차원의 총 13가지 요인을 중심으로 제
시된 2012년 부산지역에서 실시된 한 설문조사의 결과를 살펴보자.
부산에 대한 최근의 조사자료를 토대로 해양거버넌스의 구축과 형성
에 대해 영향을 주는 것을 통계적으로 살펴보는데, 참고된 자료는
95% 신뢰수준(p〈0.05)을 가지고 있다. 실제로 해양거버넌스의 구축과
형성에 의미 있는 요인을 찾아보면 정부차원에서 2개, 시민차원에서
2개, 기업차원에서 1개 등 총 4개 정도가 나타나고 있다.

그것은 구체적으로 첫째, 정부의 중간관리자급이 다른 이해관계자
인 기업이나 시민단체에 대한 친화성이 크고, 협력의 의지가 높을수
록 해양거버넌스 형성이 가장 잘 이루어진다. 동시에 최고관리자인
단체장(부산시장)의 해양문제 대한 관심이나 실행의지도 높아야 한
다. 둘째, 정부의 해양행정 및 정책에 대한 시민사회나 NGO의 감시·

견제가 있고, 정책비판이나 대안제시 등에서 그 전문성이 높을수록 해양거버넌스 형성이 잘 이루어진다. 동시에 해양분야의 시민단체가 지역시민에 대한 대표성이 높고, 해양문제에 대한 시민사회의 지지층이 두터울수록 해양거버넌스 형성정도가 높아질 수 있다. 셋째, 기업에 있어서는 해양행정이나 정책에 대한 회사의 최고경영자와 고위경영진의 참여나 협력마인드가 함양될수록 해양거버넌스 구축과 형성이 용이해진다. 이러한 점들은 앞으로 우리나라에서 해양거버넌스를 구축하고 강화하고자 할 때, 우리가 중요하게 참고해야 될 결과이다.

● 2. 현재의 시사점

지금까지 나타난 현실에서의 결과로 볼 때, 제1의 해항도시이자 국가의 해양수도라고 불리는 부산에서 해양거버넌스는 그 구축의 견고함이나 형성수준이 그리 높지 못한 편으로 짐작을 할 수 있다. 최근 우리 사회의 많은 분야에서 거버넌스 시대의 도래를 알리는 신호에도 불구하고, 전반적으로 해양분야는 여전히 거버넌스(governance)의 면모보다는 관(官) 주도와 정부 중심적(government) 특성을 많이 내포하고 있다. 따라서 해양분야에서는 해양거버넌스가 미흡하다는 지적에서 우리의 현실이 완전히 자유로울 수는 없다.

해양거버넌스 구축과 형성을 위한 조건이나 요인들이 그리 높은 수준이 아님을 볼 때, 환경문제나 복지문제, 여성문제 등의 다른 사회적 이슈들에 비해서 해양부문의 거버넌스 기반은 상대적으로 내실 있게 구축되고 있지 못함을 짐작케 한다. 그러면 지금부터 앞으로 우리는 해양거버넌스를 위해 무엇을 어떻게 해야 할 것인가? 여기에 대한 해답은 기존의 중요한 해양거버넌스 구축과 형성의 몇몇 요인들에서 찾아야 한다.

1) 정부차원의 핵심요인

정부차원에서는 해양거버넌스 형성에 대해 중간관리자인 부서장의 태도와 최고관리자인 시장의 관심이 가장 중요하다. 특히 민선단체장보다는 해양행정과 정책을 담당하는 중견급 관료의 태도가 해양거버넌스 수준에 더 많은 영향을 준다. 민선지방자치 초기에는 중앙정부나 단체장의 이니셔티브나 마인드에 의하여 거버넌스가 태동되었다면, 최근 지방정부 차원에서 거버넌스나 형성은 이제 과거와 다르게 중간관리자나 실무수준에서 좌우되고 있다.

특히 해양분야의 특성상 그 이슈가 최고관리자나 단체장(정치인)의 관심보다는 관리적 효율이나 성과를 고려하는 국장, 실장, 과장의 전문영역에 더 가까워졌다고 할 수 있다. 또한 이는 해양정책의 일관성이나 지속가능한 해양관리체제 유지의 측면에서 국장 등 부서장의 책임이 강조되는 환경이 조성되었음을 의미한다. 현실적으로도 관료제(bureaucracy) 형태인 정부조직이 "변화에 대해 개방적이고, 새로운 가치를 창출하는 것에 대해 진취적인가?"의 여부는 중간관리자와 최고관리자의 특성과 의지에 좌우되는 경우가 많다. 따라서 해양거버넌스 활성화를 위해 지역의 거버넌스 주체들(기업, 시민, 언론 등)은 부산시의 시장, 국장, 과장들의 우호적, 개방적 태도에 주목하거나, 향후 이들에게 변화의 요구를 개진할 필요가 있을 것이다.

해항도시에서 정부의 정책입안자나 결정의 입장에서는 이에 부응하기 위한 구체적인 실천전략을 마련하는 것이 필요하다. 예컨대 부산과 같은 대규모 해항도시의 해양행정과 정책에는 다음과 같은 실천방안이 필요하다. 우선 오프라인(off-line)상에서는 해양행정에서 정책기획과 항만관리, 수산규제의 각 업무별로 이슈네트워크의 주제를 발굴하고, 그 개별 이슈별로 전문가와 이해집단을 취합하여 네트워크화 (networking)를 도모해 본다. 그리고 관련부처와 이해집단을 취합하여 다시 종합적인 큰 네트워크를 구성하고 궁극적으로는 해양이슈공동체(ocean agenda community)를 형성하는 전략을 만들어야 한다. 온라인(on-line)상에서는 해양문제에 대한 지역산업체, 어민들, 일반시민과의 상호 소통과 대화를 활성화하기 위해 별개의 해양관련 컨텐츠를 개발하여 운영하는 것이 바람직하다.

2) 기업차원의 핵심요인

기업차원에서는 해양거버넌스 구축과 형성에 경영진의 관심과 태도가 실제로 중요하다. 현실적으로 항만과 연안바다를 이용하는 선박의 90% 이상은 민간기업에 속한 물류선박 및 여객선이고, 바다를 생활의 터전으로 삼는 어민들의 어선이 차지하는 비중도 결코 만만치 않다. 특히 부산과 같은 대규모 항만물류도시의 경우에는 더욱 그러하다. 이에 연안바다와 항만에서 발생하는 여러 가지 문제는 민간기업이 참여한 해양거버넌스 차원에서 해결되어야 하는데, 기업의 입장에서는 최고경영자(CEO)와 경영진의 거버넌스에 대한 중요성과 참여의 인식이 변화되는 것이 중요하다. 원래부터 해양거버넌스 구축은 행위자들의 역할배분과 대등한 관계가 중요하며, 정부의 진정한 파트너로 역할하기 위해서는 모든 행위자들의 역할인식과 역량함양이 전제되어야 하기 때문이다.

부산은 지난 2009년 전국 최초로 해양산업육성조례를 제정하고, 제도적으로 해양산업계의 의견을 해양행정과 해양정책에 반영하고자 해양산업정책심의위원회, 해양산업정책분과위원회, 해양산업정책기획단을 두도록 정하였다. 이 제도적 기반 위에서 해양거버넌스 형성을 위해 각 기업들은 형식적으로 참여하는 것이 아니라 스스로를 중요한 하나의 축으로서 인정하고 실질적인 문제해결형 파트너십 형성을 위한 노력도 경주해야 한다. 그리고 제도적 장치에 대한 운영예산의 지원 및 결정사항에 대한 구속력과 힘을 실어주는 것도 모두가 풀어나가야 할 숙제이다.

3) 시민차원의 핵심요인

시민차원에서는 실제적으로 해양관련 시민단체(해양NGO)의 전문성과 신뢰성이 해양거버넌스 구축과 형성의 중요한 원인이라 할 수 있다. 물론 우리나라에서 각 해항도시와 연안지역의 해양분야에서 활동하는 NGO와 시민사회가 해양거버넌스의 중요한 참여자로서의 위상을 가지고 있는가는 아직 현실적으로 확실치 않다. 그렇지만 해양관련 시민단체와 시민사회의 미성숙한 상황은 지금 우리가 주목해야 할 큰 문제로 볼 수 있다.

지금까지 나온 해양거버넌스 이론에서 살펴보면, 서구 선진국에서 해양의식을 가진 시민사회가 보여주는 초기의 미숙함은 그 실천에 있어 다소 실수와 시행착오를 반복하면서도 점차 성숙의 단계로 발전해간다. 무릇 해양거버넌스의 핵심적 당사자로서 미성숙한 시민사회가 문제라면, 해양은 곧 시민의 삶이나 일상생활과 밀접한 문제이며 그 해결의 중심은 곧 시민이 되어야 한다는 당위적 맥락을 주목해야 하는 것이다. 또한 열악한 해양행정 인력과 재원의 여건 하에서 자원봉사, 민관협력(partnership)을 통한 시민의 협조와 지지는 현대사회에서 해양행정이나 바다와 관련된 정부활동의 성패를 좌우할 중요한 요소가 될 수 있다. 굳이 해외의 사례를 들지 않더라도, 과거 서해안에서 일어난 허베이 스피리트호 기름유출 사고 등의 사례에서 100만이 넘는 국민이 자원봉사활동으로 오염사고 수습을 성공적으로 마친 과정은 이를 정확하게 대변해 준다.

　따라서 해양거버넌스 구축을 위해서는 지금보다 시민사회의 해양의식과 활동역량이 크게 제고되어야 한다. 이를 위해 일반시민은 해양NGO의 주도 하에 점진적 학습과 결속을 통해 해양문제에 대한 관심을 높이며, 해양에 대한 참여의식과 해양자치의 역량을 함양하여야 한다. 또한 앞으로 정부와 거버넌스 일선에 함께 나설 해양NGO는 현재보다 전문성과 대표성을 제고하여 바다를 통한 공익과 사회적 책임성을 수호하되, 지역 해양문제 해결의 합리적 대안을 구체성 높게 제시하면서 전적으로 그에 대한 결과의 책임도 공유할 수 있어야 한다.

4) 미래의 제언

　우리나라 연안의 주요 해항도시는 최근 항만의 이용과 관리문제, 어로행위와 자원관리, 대규모 인구거주와 선박이용에 따른 해양오염 등 다양한 해양문제들에 시달리고 있다. 사실 이러한 문제들은 서로가 아주 밀접하게 관련되어 있어서, 모든 이해관계자들을 서로 연관시켜 총체적으로 파악해보지 않는다면 타당한 해결책을 찾기가 어렵다. 나아가 해양의 공유자원적 속성과 거버넌스에 대한 이해가 견실하지 못하면 해항도시나 연안지역 발전을 위한 해양행정이나 해양정책은 단지 단편적인 처방에 불과할 수도 있고, 잘못된 판단을 내릴 가능성마저 배제할 수 없다. 사회과학 분야에서는 이러한 새로운 이해와 판단, 해결의 기제를 소위 거버넌스(governance)라 총칭하고 있으며, 이제는 해양분야에서도 이 개념이 중요하게 다루어 질 필요성이 크다.

　21세기 현대도시나 지방에서 거버넌스는 중요한 정책의제 설정에 있어 하나의 사회현상으로 나타나고 있으나, 우리나라의 해양분야나 해항도시에서는 아직 실제적으로 그러한 거버넌스의 중요성이 다루어지지 않고 있다. 그러나 가장 확실한 점은 우리나라 해양행정과 정책체계의 발전을 위해 해양거버넌스 구축은 분명 필요하다는 것이다.

이론적으로 행정의 거버넌스 방식을 요구하는 해양의 공유자원적 성격은 이용자간 갈등이라는 측면에 주목하여 관련자의 다양한 이해관계를 조정하는 새로운 방식을 요구하였다. 즉 해양의 공유자원적 속성과 효율적 관리원칙은 바로 해양거버넌스의 당위성과 유사하였다.

우리가 해양거버넌스 이론을 도입하려는 취지가 중요한 이유는 우리나라 해항도시와 연안지역에서 나타나는 해양행정의 진단과 발전이라는 현실적 문제를 해결하려는 실천 지향적인 성격을 띠고 있기 때문이다. 이를 위해서는 해양행정의 문제점이나 해양거버넌스와 관련한 규범적 설명도 필요할 것이며, 동시에 경험적으로 해양거버넌스의 실태에 대한 정확한 파악과 이해도 요망된다. 이에 우리나라 해항도시와 연안의 지역수준에서 해양거버넌스가 잘 작동하고 있거나 구축되고 있는 중이라면 별 문제가 되지 않지만, 만약 현실에서 그렇지 않다면 문제는 달라지게 된다. 해양거버넌스에 대한 지금의 문제의식과 가정은 우리나라에서 현재 상황이 아직 후자 쪽에 가까운 것으로 보여지고 있다는 점이 중요하다.

우리나라의 대표적 해항도시이자 해양수도임을 천명하는 부산에서조차 해양거버넌스의 수준이 그다지 높지 못하다는 점은 앞으로 이 문제에 대해서 많은 숙제를 남겨 준다. 또한 현재의 해양정책과 행정체계상 해양거버넌스는 중앙정부나 정치권 등 외부의 영향력도 중요하리라고 판단이 되며, 세부적으로는 항만과 수산분야별로 거버넌스의 구축체계가 다르게 나타날 것으로 예상되기도 한다. 향후에는 해양거버넌스에 대한 더욱 심도 있는 이론의 발전과 학자들의 여러 검증적 시도들도 진행이 되어야 할 것이다.

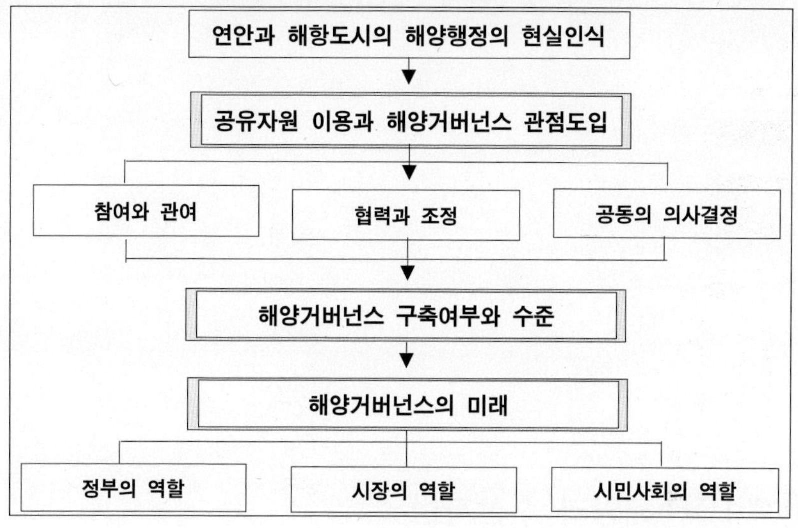

우리나라 사회 다방면에서 거버넌스 방식이 실험되고 있는 지금, 해양행정 및 정책분야에 있어서도 거버넌스의 도입과 적용은 매우 중요하다고 본다. 이에 여기서는 지금까지 해양에 관한 모든 정부행정이나 정책을 대신할 수도 있는 해양거버넌스의 의미와 실태, 미래의 거버넌스 구축의 성공 가능성을 다루고자 하였다. 만약 규범적으로 해양거버넌스가 옳은 것이라면, 이를 위한 실천적인 방향을 제시해 보는 것도 의미가 있다. 앞으로 주요 해항도시의 시민들과 해양을 이용하는 모든 이해관계자는 효과적인 거버넌스의 구성과 운영을 위해 장기적인 기반을 구축하고 자체역량을 함양하는 노력이 이제부터라도 본격적으로 시작되어야 할 것이다.

제9장 수산자원과 연안도시의 교역경제

제1절 해양과 수산자원

1. 해양과 수산업의 의의

1) 해양과 수산업의 중요성

우리나라는 3면이 바다인 관계로 지리적으로 보면 천혜의 어업자원과 수산자원을 보유하고 있다. 우리나라는 세계 4대 어장의 하나인 북서태평양 연안의 한 가운데 위치하고 있을 뿐 아니라, 남쪽의 쿠로시오 난류와 북쪽의 리만 한류가 한반도 인근에서 교차하고 있다. 한반도의 서남해안은 절묘한 리아스식 해안으로 수많은 갯벌과 대륙붕을 보유하고 있다. 따라서 근대 이후 우리나라 수산업은 전통적으로 어촌지역을 위주로 한 연안어업을 중심으로 발전되어 왔다.

일반적으로 수산업(水産業)은 "강이나 호수 또는 바다에서 식재료나 다른 산업에 이용되는 재화를 생산하거나, 가공, 운송, 판매를 비롯한 모든 산업활동"을 말한다. 수산업의 정의는 제도적인 관점에서 현행 수산업법에 잘 나타나 있는데, 이 법에서 어업이란 "어업자원을 전문적으로 채취하거나 물고기를 양식하는 생산업(生産業)"을 말한다. 따라서 우리나라에서 어업인은 곧 수산물 생산자로 정의된다. 수산업법 제2조(정의) 제1항이 정하는 수산업의 정의를 새롭게 음미해볼 필요가 있는데, 동 규정은 수산업을 "어업·어획물운반업·수산물가공업을 포함"하는 개념으로 정의하고 있다.

외형적으로 나타나는 수산업의 특징은 수계(水界)에 서식하거나 분포하는 생물자원을 기반으로 성립하는 산업이라는 것이다. 그러나 사적 소유권이 정치(精緻)하게 설정된 토지를 근간으로 성립하는 육지산업(예: 농업, 임업, 축산업 등)과는 달리 수산업을 영위하고자 하는 사람은 국가로부터 공유자원(common-pool resource)인 수산자원(어업자원)의 채취와 개발 및 이용에 대한 특허(어업허가 또는 어업면허)를 받아야 한다. 또한 어업이나 수산업은 가변성이 높은 자연력에 크게 의존하는 산업이기 때문에 여타 산업에 비해 상대적으로 생산위험, 기술개발위험, 투자위험이 높다. 따라서 어업이나 수산업은 그 경쟁력을 높이는데 있어서도 여타 산업에 비해 상대적으로 큰 제약을 받게 된다.

그리고 이러한 사실뿐만 아니라 어업이나 수산업은 공유적 성격(commons)이라는 수산자원의 특성상 그 채취 및 개발과 이용에 있어서 어민, 어업인 등 주 이용자들의 무임승차(free ride) 문제가 광범위하게 발생한다. 이러한 이유 때문에 어업이나 수산업은 업종 내, 업종 간, 어업지역 간 갈등이 항상 존재하고 있으며, 그 이용과 관리의 불균형으로 인해 어업자원은 남획에 직면할 개연성이 언제든지 남아 있다.

결국 바다가 새로운 자원의 보고(寶庫)로 인식되는 데에는 해항도시와 연안지역 어민들의 생활 속에서 관찰되는 것도 있지만, 이러한 점뿐만 아니라 강대국들의 자원 탐사 프로젝트 등 국가의 자원경쟁을 통해서도 엿볼 수 있다. 그러므로 여기서는 지역과 국가의 차원에서 다양한 해양자원의 이용 상황과 그것의 고갈 및 경제적 교역의 상황에 대해서도 살펴본다. 이를 통해 해양세계의 다양한 사회적 층위에서 전개되는 수산업의 자원에 대한 경제적인 경쟁과 국가의 상황, 협력과 과제 등을 한번 종합적으로 살펴보게 될 것이다.

2) 수산업의 역사와 현재

우리나라에서 사실 어업과 수산업의 역사는 육지의 농업이나 임업 등의 역사와는 조금 다르다. 우리나라가 오랫동안 행해온 연·근해 어선어업의 경우, 어로시설의 부족으로 수산업 선진국에 비해 생산성이 낮은 것이 사실이었다. 그럼에도 불구하고 과거에는 우리나라 수산물 가격이 다른 나라보다 상대적으로 크게 낮았으므로 전체적으로 그 경제성과 가격 등이 큰 문제는 되지 않았다.

구체적으로 우리나라는 1960년대 이후의 시기에 전국적인 어로시설의 부족에도 불구하고 연·근해에서 수산자원의 양이 원래부터 많았기 때문에 상대적으로 저렴한 가격으로 자원을 생산할 수 있었다. 따라서 인건비에 대비한 가격경쟁력도 제법 있었고, 당시 많은 양의 수산물을 수출할 수도 있었다. 더구나 1960년대부터 본격화된 원양어업은 시작부터 수출을 염두에 두고 발달한 산업이었다. 그 결과 수산업은 우리나라가 근대화된 이후 경제개발계획의 초기부터 수출산업으로 분류되어 수출의 첨병으로 역할을 하게 되었다. 한때 수산물은 우리나라 중심 수출품목이기도 하였으며, 1960년대 후반에는 세계 제4위의 수산물 수출국가가 된 적도 있었다. 한마디로 당시 수산업이 국가의 수출을 주도하는 주력산업이었던 것이다.

1980년대까지 우리나라 수산업은 트롤, 연승, 유자망 등의 어법으로 전 세계의 어장을 대상으로 다각적인 생산이 이루어졌으며, 거기서

어획된 막대한 생산물은 세계 각지로 수출하는 시스템으로 자리잡아
갔다. 이에 수산업은 우리나라 경제사에서 상당기간 동안 글로벌 수
출산업 경제의 주역이었다고 할 수 있다. 그리고 1980년대 이후 수산
정책의 기조가 '잡는 어업'에서 '기르는 어업'으로 전환되어 2000년대
이후에 와서는 비로소 많은 성과를 보게 되었다.

2000년대 초반까지 번영과 발전을 보였던 우리나라 수산업은 2010
년 이후에 이르러 이제 수출주력 산업으로서 그 의미가 조금씩 축소
되기에 이르게 되었다. 왜냐하면 한때 세계 상위권의 원양어업 국가
로 위상을 지켰던 것이 앞으로는 점점 쉽지 않게 되었기 때문이다. 즉
원양어업의 경우에 우리나라와 경쟁국인 중국, 태국, 베트남, 필리핀
등의 후발 국가들에 의해 크게 추월 당하고 있는 상황이다. 또한 수산
업에서 생산 및 기술적 측면뿐만 아니라 어업의 기본이라 할 수 있는
인력난도 가중되고 있다. 현재 우리나라는 하급선원은 물론, 고급선
원조차 확보하기가 여간 어려운 일이 아니기 때문이다. 이로 인해 원
양어업은 지금까지 심각한 구조조정과 어려움에 계속 휩싸여 있다.

게다가 연·근해 어업의 경우 이미 한·일, 한·중 어업협정 체결로
인해 어장이 크게 축소되었을 뿐 아니라, 선원의 임금상승 등으로 인
해 각종 조업경비의 상승이 초래되어 전체적인 연·근해 어업의 수익
성이 매우 열악한 상태에 있다. 양식어업의 발전도 일시적 생산과잉
으로 인한 가격하락 현상과 공급조절 문제가 언제나 내재되어 있다.
일정한 가격하락은 소비를 촉진시키는 긍정적인 효과도 있지만 농산
물보다 극심한 수산물의 가격등락은 당해 품목의 양식기반을 크게 무
너뜨릴 수도 있는 상황에 있다. 세계무역기구(WTO)와 자유무역협정
(FTA) 체결 등은 수산업이 더 이상 국내산업이 아니라 무한한 국제적
경쟁산업이 되었음을 의미한다.

현재 우리나라에서 농업과 달리 수산업은 뚜렷한 경제적 효과나 국

민들에 대한 기여도가 실제만큼 잘 알려지지 않고 있다. 수산업의 경제적 효과나 정체성이 확립되지 못하고 있는 근본적 이유는 정부와 국민들에게 수산업이 아직도 농업의 변방산업으로 인식되는데 있다. 예컨대 과거 김대중 정부 시절에 해양수산부가 신설·운영되었고, 이것이 2008년 이명박 정부 시절에 다시 폐지되었다가, 2013년 박근혜 정부에서 다시 부활하였음에도 불구하고 난맥상은 많이 남아 있다. 현재 과거 정부들의 농림수산부(농림수산식품부) 소관의 수산관련 업무와 법·제도는 아직까지도 독립적으로 일목요연하게 정리가 되지 않고 있다. 이렇게 수산업과 관련된 국가부처와 제도가 분리되거나 부처간 업무협력이 원활하게 이루지지 않음으로써, 수산행정 및 수산 정책에 있어서 일부 공백과 난맥상이 초래되고 있다. 정부차원에서부터 정책적으로 어업과 수산업에 대한 통합적인 관리체계를 구축하고, 여러 시책 추진 상의 논리적 정리가 이루어져야 함은 실로 현재진행형의 숙제인 것이다.

2. 수산업의 유형과 종류

1) 생산자 유형

먼저 어업과 수산업 분야에서 나타나는 업종별 수협은 "특정한 수산업을 경영하는 자들이 모여 설립한 수산업협동조합"을 말한다. 예를 들면 기선권형망 수협, 안강망 수협, 굴 수하식 양식 수협 등이 여기에 해당된다. 지구별 수협은 "시·군을 기본으로 하는 일정한 행정구역이나 지구에 거주하는 어민이 설립한 수산업협동조합"을 말한다. 반면에 영어조합법인은 "협업적 어업경영으로 생산성을 높이고 수산물의 공동출하 및 가공·수출 등을 통하여 어가 소득을 증대시키기 위하여 어업인 5인 이상이 설립한 단체"를 의미한다. 어촌계는 "수산업협동조합법에 의하여 지구별 수협의 조합원들이 지구별 수협 관내에서 또는 다른 행정구역이나 경제권을 중심으로 조직하는 수협 계통조직"을 의미한다. 어촌계 설립의 기본목적은 계원 상호간의 협력을 통하여 경제적·사회적 이익을 높이고자 하는 데 있으며, 이러한 목적달성을 위하여 어촌계는 ①어업권의 취득과 그 개발, ②어촌 공동시설의 설치와 운영, ③장비와 수산물에 대한 공동구매 및 판매사업, ④어업자금 알선사업 및 상호 금융사업 등을 행할 수 있다.

2) 업종별 유형

현재 우리나라의 수산업을 업종별로 구분하면 크게 일반어업, 수산가공업, 수산물 보관 유통업 등으로 구분할 수 있다. 일반적으로 수산업은 어업만으로 오해하기 쉬우나, 현대의 수산업은 수산가공업, 수산물 보관 유통업의 비중이 점차 높아지고 있다. 수산가공업의 발달사를 보면 인류는 원시시대부터 건조·염장·훈제·젓갈 등의 식품저장방법을 이용하여 왔는데, 이것이 수산물 가공과 보관업의 시초라 할 수 있다. 이 단계에서는 소비자가 직접 생산하여 스스로 자가소비를 하던 소규모 방식에서 벗어나지 못하였으나, 그 후 과학기술의 발전에 힘입어 여러 가공기술이 개발되고 생산체제도 혁신적인 대량생산체제로 전환되면서 수산물 가공과 보관업은 크게 발전하고 있다.

(1) 일반어업

일반어업에서 우선 연·근해어업은 "연·근해에서 어류, 갑각류, 연체동물, 해조류 및 기타 수산 동·식물을 채취 또는 포획하는 산업활동"을 말한다. 즉 제도적으로 연·근해어업이란, "해수면(바다)에서 어류, 패류, 해조류 등을 포획·채취하는 어업"을 말하며, 다른 용어로는 일반해면어업이라고도 한다.

원양어업은 "원양에서 어류, 갑각류, 연체동물, 해조류 및 기타 수산 동·식물을 채취 또는 포획하는 산업활동"을 말한다. 즉 제도적으로 원양어업이란, "원양산업발전법에 의한 원양어업 허가를 받아 해외수역을 조업구역으로 하는 어업"을 말한다.

해면양식업은 "해면 또는 육상에서 해수를 이용하여 각종 수산 동·식물을 증식 또는 양식하는 산업활동"을 말한다. 즉 제도적으로 해면 양식업이란, "해수면(바다)이나 육상에서 인위적인 시설물을 설치하고 바닷물을 이용하여 수산동식물을 기르는 어업"을 말한다.

내수면어업은 "강, 호수, 하천 등의 내수면에서 어류 등의 각종 수산 동·식물을 채취 또는 포획하는 산업활동"을 말한다. 즉 제도적으로 내수면어업이란, "하천, 호수, 저수지, 댐 등에서 어·패류 등을 포획·채취하는 어업을 하거나 인위적인 시설물을 설치하고 민물을 이용하여 어·패류 등을 기르는 어업"을 말한다.

내수면양식업은 "강, 호수, 하천 등의 내수면에서 각종 수산 동·식물을 증식 또는 양식하는 산업활동"을 말한다. 즉 제도적으로 내수면 양식업이란, "강, 호수, 하천에서 인위적인 시설물을 설치하고 민물을 이용하여 수산동식물을 기르는 어업"을 말한다.

(2) 수산가공업

어육 및 유사제품 제조업이란, "어류를 가공 처리하여 사람이 직접 소비하기에 적합한 신선·냉장·냉동상태의 저민 어육(피레트), 절단 어육과 어란 및 간장 등의 관련생산품을 생산하는 산업활동"을 말한다. 통상 이러한 가공활동에 결합되는 냉동처리여부 또는 포장의 방법은 상관이 없으며, 구입한 수산동물의 탈각활동도 여기에 분류된다. 또한 여기에서 어육 및 절단어육이라 함은 어류의 등뼈까지를 제

거한 상태이거나 특정 생선찌개 조리용 조제품으로 포장된 상태의 것
이어야 하며 단순히 머리, 내장, 지느러미, 꼬리 등만을 제거하는 경
우는 어류의 선별·정리활동으로 본다.

훈제, 조리식품 제조업이란, "수산동물을 훈제, 조리, 분쇄 및 기타
유사 조제 처리하여 더 이상 가공하지 않고도 직접 소비할 수 있는 상
태의 수산동물 조제식품을 제조하는 산업활동"을 말한다. 이러한 제
품은 신선, 냉동, 냉장하거나 밀폐포장 및 통조림 상태로 포장될 수
있다.

냉동품 제조업이란, "수산동물을 더 이상 가공하지 않고 자영 또는
임가공 방식으로 냉동하는 산업활동"을 말한다. 통상적으로 가공조제
활동에 결합된 냉동활동은 그 가공 조제품 생산활동에 부수되는 보조
활동으로 본다.

건조 및 염장품 제조업이란, 수산동물의 건제품, 염수장 및 염장품
을 자영 또는 임가공 방식으로 제조하는 산업활동을 말한다. 쉽게 말
해 수산동물을 채취하여 말리거나 소금에 절이는 방식으로 제품을 만
들어 가는 업종을 의미하며, 수산식물은 제외한다.

해조류 가공 및 저장처리업이란, 수산식물인 "김, 미역, 다시마 등의
해조류를 염장·건조·냉동 및 기타 가공 처리하여 해조류 가공 및
저장처리식품을 제조하는 산업활동"을 말한다. 여기에는 식용 한천의
제조와 식용해조류의 임가공 활동도 포함된다.

기타 수산가공업이란, 기타 수산물 가공 및 저장처리 사업으로서
비식용 어분 또는 수산동물 가공품을 혼합한 조제품, 구입한 수산동
물 건제품을 세절하는 산업활동이 포함된다. 주로 수산물을 이용한
동물의 사료공장, 의약품 제조나 비식용 어묵을 만드는 공장 등이 여
기에 포함될 수 있다.

(3) 수산물 유통업

수산물중개업이란, "미가공 수산물거래에 관련된 상품의 경매, 중개 또는 대리하는 산업활동"을 말한다. 수산물중개업에는 수수료 또는 계약에 의하여 타인의 명의로 타인의 수산물을 거래하는 대리판매점, 수산물중개인, 무역대리 또는 중개인 및 경매인, 기타 대리 도매인의 활동이 모두 포함된다. 이들은 통상 구매자와 판매자를 연결시켜 주어, 그들의 사업을 영위하거나 상업적 거래를 대리하도록 한다.

수산물 도매업이란, "해산물 및 민물고기 등의 살아 있는 것·신선한 상품이나 냉동·건조·염장 등과 같이 단순 가공한 수산물을 도매하는 산업활동"을 말한다. 예를 들면, 부산의 유명한 부산공동어시장이나 자갈치 시장, 국제수산물도매시장 등과 같이 대형수산물 시장에는 도매업자들이 많이 종사하고 있다.

수산가공식품도매업이란, "해산물 및 민물고기 등 수산물의 가공식품을 도매하는 산업활동"을 말한다. 예를 들면, 물고기 통조림의 유통이나 도매, 어묵 유통이나 도매, 수산물 액젓의 유통이나 도매, 구운 김 유통이나 도매, 맛살 유통이나 도매, 훈제어류 유통이나 도매 등이 모두 해당된다.

냉장 및 냉동 창고업이란, "상온에서 부패될 수 있는 수산물을 보관하기 위하여 인공적으로 저온을 유지하여 물품을 보관하는 산업활동"을 말한다. 이러한 사업체에서는 보유하고 있는 창고 내부에 급속 냉동시설을 설치할 수 있다. 예를 들면, 유명한 어항 내에 대형 수산기업들의 수산물 보관창고나 냉동창고가 있는 것을 볼 수 있는데, 이러한 기업이나 개인사업자의 항구 역내 창고업 등이 여기에 해당된다.

1) 수산업 생산량

수산업 생산총량은 일반적으로 수산업 생산량이라고도 하는데, 이 것은 "해수면 및 내수면에서 수산동식물을 포획·채취하거나 양식한 수산동식물을 어획(생산)한 생(生) 중량"을 말한다. 이 때는 수산동·식물을 인위적으로 가공하지 않은 상태로서, 잡은 그대로 뼈와 껍질을 포함한 전체적인 양을 말한다. 수산업 생산금액은 금전적으로 생산된 수산동식물을 판매하였거나 판매 추정가격으로 환산한 총액을 말하며, 주로 화폐 단위로 표시되기도 한다.

최근에 우리나라 주요 연안의 어항이나 해항도시의 수산업 생산량과 금액은 다음과 같이 나타나고 있다. 예를 들어 전국 최대의 수산업 도시인 부산의 경우에는 수산업 생산량이 전국의 약 20% 가까이 차지하고 있으며, 그 생산금액도 약 15% 이상 차지하고 있다. 이는 부산이 인천이나 울산 등 다른 주요 해항도시들에 비해서 우리나라 전체 수산업 분야에 전통적으로 그 비중이 적지 않은 상태였다고 할 수 있다.

2012년 기준으로 우리나라 주요 어업유형별 생산비중에서는 양적으로 양식어업이 약 45.5%를 차지하고 있으며, 연·근해 어업이 약 38.0%, 원양어업이 약 15.6% 정도의 순으로 자리하고 있다. 금액의 측면에서는 연·근해 어업이 약 54.9%를 차지하고 있으며, 양식어업이 약 22.1%, 원양어업이 약 18.4% 정도의 순으로 자리하고 있다. 특이한 점은 양과 금액을 타나낸 도표에서 연·근해 어업, 원양어업, 양식어업 사이에서 약간의 비중 차이가 발생하는 것인데, 그 이유는 간단하다. 즉 연·근해 어업에서는 주로 물고기와 수산동물의 어획이 많은 반면, 양식어업에서는 김, 미역, 다시마 등의 수산식물이 많이 포함되어 생산액 부가가치의 차이가 발생하고 있기 때문이다.

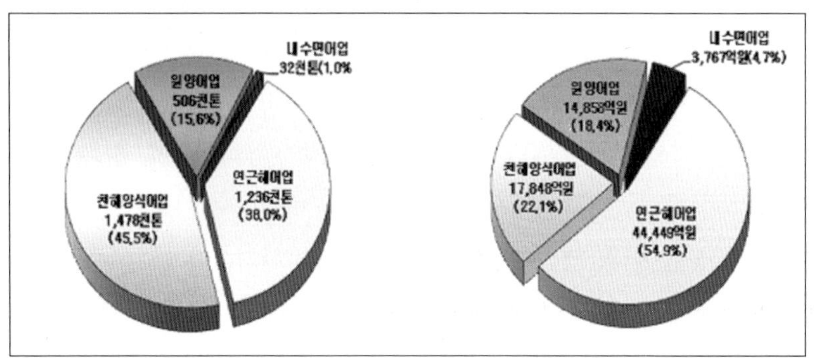

2) 수산교역의 경제

(1) 국가적 경제효과

우리나라의 수산업 분야에서 나타난 전체 생산금액은 과거 2002년
도에는 약 4조 원에 불과하였으나, 2013년도에는 약 8조 원 이상으로
10년 사이에 약 2배 가량 증가하였다. 현재 우리나라의 수산업 생산금
액은 약 8조 원에서 9조 원 사이로 2010년 이후에도 계속적으로 증가
하는 추세에 있다. 이는 연·근해어업 및 원양어업 어획물의 출하가
격 상승에 의한 어업생산금액이 전반적으로 증가하였기 때문이다. 수
산물 가격이 농산물 가격 이상으로 오르고 있다는 점은 생산자의 이
윤을 적절히 보전한다는 측면에서는 긍정적이나, 불특정 다수인 소비
자에게는 분명 불리한 상황이다.

우리나라 수산업의 생산액 및 GDP 대비 부가가치 비중도 2004년 이
후에 약 2조 원 대에서 2009년부터 최근까지는 3조 원 대를 기록하면
서 계속적으로 증가하는 추세에 있다. 우리나라 수산업의 부가가치 증
가는 수산업이 전반적으로 '잡는 어업'에서 '기르는 어업'으로 많이 전
환되고, 근래에 값싼 어종보다는 원양어업을 중심으로 고급어종의 생
산에 주력하고 있다는 데 원인을 찾을 수 있다. 그리고 횟감용 활어 등

고부가가치 어종의 어획 및 양식이나 가공 및 유통업의 발달로 시장성
과 부가가치의 수준이 전반적으로 높아졌기 때문으로 풀이될 수 있다.

우리나라 수산업의 생산액 및 GDP 대비 부가가치 비중

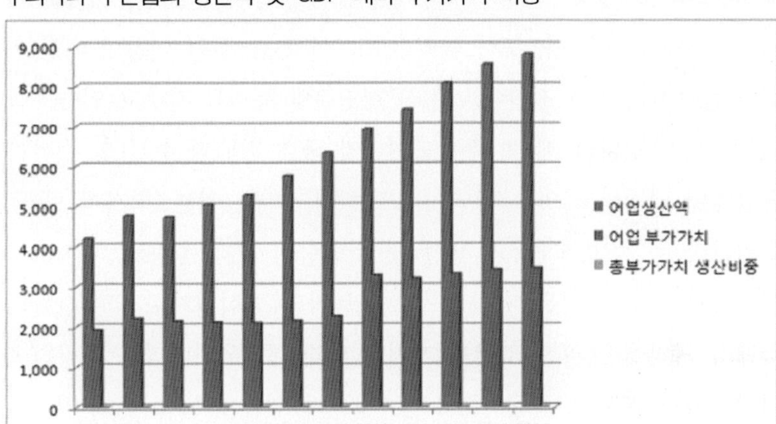

(2) 지역적 경제효과

주요 연안이나 해항도시의 경우, 수산업이 지역의 경제에 미치는
효과는 실로 매우 크다고 할 수 있다. 수산업은 전통적으로 연안지역
주민들의 생계를 유지하는 근간이 되어 왔으며, 이것은 현대의 환경
변화에도 대체로 그 경향성이 유지되고 있다. 예를 들어 지금 우리나
라 제1의 해항도시로서 위상을 가지고 있는 부산의 경우에는 더욱 그
러한데, 그 구체적인 이유는 다음과 같이 설명할 수 있다.

먼저 부산은 명실상부한 국내 1위의 해운·항만·수산세력을 보유하
고 있으며, 최고의 항만물동량 처리도시, 선원송출도시, 선박보유도시로
평가되고 있다. 2010년 이후에도 현재까지 부산에서 수산업에 종사하는
선원은 약 6만명에서 약 7만명 사이로 추정되고 있다. 이는 전국 선원의
약 60% 이상을 차지하고 있으며, 등록어선의 경우에도 전국의 약 50%

이상을 차지하고 있다. 따라서 부산은 항만/물류/해운 기능뿐만 아니라 국내 수산업의 실질적인 메카로서의 기능을 수행하고 있다. 해마다 약간의 변화는 있지만, 부산은 현재까지 국내 수산물 유통량의 약 44% 내외, 국내외 교역량의 약 78% 내외, 수산물의 냉장 · 냉동보관 시설의 70% 이상을 차지하고 있다. 또한 물리적으로 약 25,000톤급 이상의 대형 어선이 항구에 24시간 접안이 가능한 항만운영 능력을 갖추고 있다.

부산은 우리나라 제1의 수산도시이자 국내 최대의 수산 및 수산가공산업이 입지하고 있는 지역이기도 하다. 미국, 일본, 러시아, 중국, 우리나라 등 주변 5개국의 생산 및 수입량이 세계 총량의 약 50%를 점유하고 있어 부산은 지리적으로 동북아의 중심기지로서 수산물의 국제적 교역에 유리한 조건을 가지고 있다. 즉 우리나라를 포함하여 미국, 일본, 러시아, 중국 등 주변 5개국의 수산물 생산 및 수입량이 세계 총량의 약 50% 수준을 점유하고 있어, 부산은 지리적으로 동북아의 중심기지로서 수산물 국제 교역에 유리한 것이다. 그리고 냉동 수산물 동결능력이 하루 약 4,532톤, 냉장보관능력 약 950,000톤으로 전국대비 약 65% 수준이며, 수산식품업체 등 해양생물산업 연관업체가 약 750개 내외로 입지하고 있어 수산물가공유통에 필요한 우수한 인프라와 기반시설이 구축되어 있다.

이러한 이유 때문에 부산은 수산물류 및 유통에서 규모의 경제가 가능하고, 이 분야의 오랜 전문성(know-how)이 축적되어 있다. 수산물유통산업의 관점에서 보면 부산은 부산공동어시장, 국제수산물도매시장을 비롯한 총 9개소의 대형집하장으로 구성이 되어 있어, 연면적 약 77,834㎡, 경매장은 약 53,711㎡규모를 자랑하고 있다. 국내 수산물 유통시설규모에서 약 45%이상을 소유하고 있는 것도 부산의 강점이므로, 전체적으로 보면 이러한 수산업의 경제적 비중이 전국에서 제일 큰 것으로 볼 수 있다.

주요 해항도시 수산업의 전국 대비 비중

구 분	부산		인천		울산	
	사업체수	종사자수	사업체수	종사자수	사업체수	종사자수
2009	19.1%	35.2%	1.0%	0.3%	0.4%	0.1%
2010	20.6%	38.0%	0.9%	0.3%	0.4%	0.1%
2011	22.0%	47.2%	0.7%	0.1%	0.7%	0.1%
2012	21.1%	49.2%	0.7%	0.4%	0.7%	0.1%
2013	22.3%	49.7%	0.3%	0.3%	1.0%	0.5%

　　수산업의 지역적 경제효과는 부산 등의 주요 해항도시에서 나타나는 수산업 실태와 현황을 중심으로 쉽게 살펴볼 수 있다. 먼저 지역적 단위에서 수산업의 우리나라 전국 대비 비중을 살펴보면, 부산의 수산업의 비중은 다른 인천과 울산에 비해 사업체 수나 종사자수 모두 월등히 높은 비중을 보이고 있다. 서해안과 동해안 지역에 위치한 인천과 울산의 수산업 비중은 전국적으로 약 1% 내외의 비중이지만, 남해안에 위치하고 있는 부산의 경우 수산업 사업체의 수는 약 20% 수준, 그 종사자수는 약 50% 수준에 육박하고 있다. 그나마 해가 갈수록 점차적으로 증가하는 양상을 보여주고 있다. 따라서 이는 부산의 수산업이 우리나라 다른 주요 해항도시들에 비해 상대적으로 높은 비중을 보이고 있는 결과라고 할 수 있다.

　　참고적으로 수산가공 및 수산유통산업의 전국적 비중을 보면, 부산은 이 산업의 경우에도 인천과 울산 등의 다른 해항도시에 비해 높은 집적수준을 보이고 있다. 다른 주요 해항도시인 인천과 울산은 각각 2% 수준의 미만을 보이고 있지만, 부산의 경우 사업체 수는 2009년에 약 13% 정도 수준에서 약간씩 감소하여 2013년에는 약 11% 정도의 수준이며, 그 종사자수도 점차 줄어 약 12%대를 보이고 있다. 따라서 이는 우리나라 다른 주요 해항도시들에 비해 부산의 경우 수산가공 및 유통산업의 비중이 월등하게 높은 수준을 보이는 것이라 말할 수 있다.

해마다 약간의 변화는 있지만, 최근까지 부산 해양산업의 사업체 수는 약 8,300개~8,500개 정도이며, 이 중에서 수산업의 사업체 수는 약 5,700개 내외로 전체 해양산업 분야 중에서 가장 큰 비중(약 70% 내외)을 차지하고 있다. 구체적으로 수산업의 사업체의 숫자는 어업, 수산가공업, 수산물 보관-유통업체들로 구성되어 있다. 또한 부산의 수산업의 종사자수는 약 26,000명~28,000명으로 부산 전체 산업의 종사자에서 약 3% 내외를 차지한다. 수산업 종사자는 어업, 수산가공업, 수산물 보관-유통업으로 구성되어 있다. 이러한 가운데 부산에서는 수산물 도매업, 연·근해어업에 종사자들의 비중이 특히 높다. 부산의 수산업이 창출하는 부가가치는 약 1조 원에서 1.2조 원 가량으로 부산 전체 지역내총생산(GRDP)의 약 2.5% 내외를 차지하고 있다. 수산업의 부가가치는 어업, 수산가공업, 수산물 보관-유통업 등으로 구성된다. 자세한 기준으로는 부산에서 수산물도매업과 연·근해어업, 원양어업, 수산물 냉동·냉장창고업 등의 비중이 특히 높다.

주요 해항도시 수산가공 및 수산유통산업의 전국 대비 비중

구 분	부산		인천		울산	
	사업체수 (%)	종사자수 (%)	사업체수 (%)	종사자수 (%)	사업체수 (%)	종사자수 (%)
2009	13.2	16.6	1.2	1.0	0.6	0.3
2010	12.9	14.8	1.4	1.2	0.7	0.2
2011	12.3	14.3	1.4	1.4	0.7	0.3
2012	12.2	13.1	1.6	1.5	0.8	0.2
2013	10.9	12.4	1.5	1.6	0.8	0.3

3) 수산교역과 해항도시의 경제이론

(1) 해외의 이론적 경향

이미 서구에서 해항도시의 경제적 성장은 일련의 내륙도시 성장과

대비되는 독특한 양상을 나타내고 있는 것으로 알려져 있다(Hornsby, 1997). 해항도시는 기본적으로 바다를 인접하면서 수산교역이 담당하는 기능에 크게 의존하고 있으며, 현대사회에서는 항만의 발달로 국제적 물류와 무역의 비중이 높아지고 있다. 따라서 해항도시는 주로 교역과 교류, 개방성 등 고유한 도시의 특성을 가지고 있으며, 이는 육역과 차별화된 해역의 특성에 기인한다(Slack & Wang, 2002).

이미 1950년대 후반부터 서구의 많은 학자들은 과거 19세기부터 번성하기 시작한 상업적 수산교역에 대하여 항만과 도로망, 항만과 배후지역, 항만과 해항도시 사이의 경제적 상호작용에 관한 많은 사례를 찾기 시작했다. 대부분의 학자들은 수산물 교역이 이루어지는 항만과 배후지역(hinteland)과의 관계를 교통망(traffic network) 분석이나 교통류 분석이론(traffic flow theory)의 응용을 통해 해항도시의 경제성장패턴을 설명하고자 했다(Bassett, & Hoare, 1996).

그러나 대부분의 초기 이론들은 수산교역을 담당하는 항만과 그 도시경제와의 직접적인 상관관계에 대한 것보다 항만과 배후지의 경계영역(border line)간 연계에 초점을 맞추고 있다. 예컨대 Bird(1963), Rimmer(1967), Thompson(1981), Hoyle(1983) 등의 도시경제학자는 해항도시에 대해서 항만과 도시의 발전, 항만운영과 도시경제 성장의 관계를 체계화시킨 이론가들이다. 이들에 의해 밝혀진 아시아 사례와 서구 사례의 공통점은 수산교역을 하는 항만의 존재가 도시경제 발전의 결정적인 요소라는 것을 밝혀내고 있다

서구에서 수산교역항만과 도시경제의 관계, 항만과 경제성장의 비례적 양상을 주장한 이론들은 주로 근대 유럽이나 미주지역 해항도시들이 수산교역에서 다른 상·공업항으로 성장하고, 이것이 다시 현대의 물류 컨테이너항으로 변모하는 과정에 주목한다. 이러한 과정을 토대로 학자들은 항만과 도시의 경제성장을 관련시키는 설명을 해주

고 있다. 이미 미국이나 유럽, 호주 등의 여러 해항도시에서 이러한 수산과 물류교역의 경제적 효과 논리에 따른 해항도시의 경제성장 정책이 추진되고 있다(Bassett, & Hoare, 1996).

다만 기존 이론 역시 세계화로 인한 급격한 경제이전과 물동량 급증, 규모의 경제로 인한 항만경쟁의 심화, 생존을 위한 서비스산업의 고도화, IT 시대의 도래에 따른 성장기제의 변화 등으로 인한 해항도시의 다양한 환경적 원인을 도시경제성장 패턴에 반영하지 못하는 한계를 보인다(Graf, 2009). 그러나 일련의 이론들이 지적하는 한가지 분명한 점은 현대도시의 경제적 성장에 있어 수산교역 항만이 다른 요인에 비해 상대적으로 불분명한 효과를 가진 영역으로 남을 수 있음을 주장했다는 것이다. 이는 우리나라에서도 수산교역과 항만, 도시경제의 관계 이론이 정확하게 필요하고, 이를 통해 수산교역과 해항도시 경제의 기능적 통합을 모색해야 할 필요성이 커졌음을 말해주고 있다.

(2) 국내의 이론적 경향

우리나라에서도 지금까지 해항도시에 대한 수산교역의 지역 경제적 편익(economic benefit)이나 수익(economic returns)에 대한 이론이 전혀 없었던 것은 아니다. 수산물 교역항과 그 도시경제의 관계에 관한 일부 논의들이 있지만, 이러한 기존의 주장은 대부분 경제학자들에 의해 수행되어 온 것들이다. 그리고 시간과 대상의 범위로 볼 때 국가경제(national economy)에 대한 수산교역의 효과를 횡단면 자료(cross section data)로 분석한 것들이 많다. 그 이유는 우리나라 정부가 상당 기간 수산교역을 국가전체의 공공재(national public goods)로 관리해 온 동시에, 역설적이게도 개별 수산교역항만에 관한 세부자료는 체계화되지 못했기 때문이다. 이는 현재의 지방화와 자치시대에 비추어 볼 때 도시와 수산교역의 관계에 대한 새로운 이론을 요구하고 있다.

또한 기존의 국내 이론들은 대부분 항만의 경제적 기여도가 그 양과 속도, 방향 등에 좌우되고 있어 다소 기술적이라 볼 수 있으며, 수산교역 고유의 재화속성과 정부 및 외부요인의 존재도 고려되지 않고 있다. 즉 수산교역과 경제성장의 관계에서 중요한 요인이 될 수 있는 다른 변수나 별개의 가능성은 이론의 내용에 포함되지 못하는 경우가 대부분이었다. 그리고 상대적으로 지금까지 수산교역과 도시경제를 둘러싼 환경, 즉 정치, 행정·재정, 정책적 요인에 대한 관심이 소홀했음을 간접적으로 말해준다. 앞으로는 수산교역과 국가경제의 관계에 비해 그간 다루어지지 않았던 우리나라의 개별 항만과 그 도시의 경제성장을 대상으로, 이를 둘러싼 환경적 원인(정치, 행·재정, 생태 등)을 종합적으로 고려하여, 시계열 패널자료를 통한 항만의 장기적인 도시경제 성장효과 및 그 요인을 검증해야 한다.

우리나라에서 중요한 특정한 수산교역 항만들을 대상으로 그것이 도시의 경제성장에 대해 나타내는 실체적 관계를 살펴보고, 항만이 도시의 경제성장에 대해 과연 긍정적 효과가 있었는지 여부를 따지는 것은 중요한 문제이다. 그리고 이 중에서 어떠한 수산교역 관련 요인이 특정한 해항도시나 국가 전체의 경제성장에 중요한 의미가 있었는지를 총괄적으로 평가하는 과정은 새로운 현상을 토대로 한 한국적 이론의 정립을 위해 중요한 과정이라 할 수 있다.

제2절 수산업의 미래와 비전

● 1. 최근의 상황과 계획

우선 우리나라 수산업의 미래와 비전에 대해 최근의 상황은 다음과 같이 설명된다. 현재 우리나라 정부는 산업구조의 고도화 추세에 따라 향후 국민경제에서 1차 산업인 수산업이 차지하는 비율은 타 산업에 비해 상대적으로 감소될 것이나, 국민소득 증가 등으로 수산물의 소비는 보다 증가할 것으로 보고 있다. 그리고 이로 인해 향후 수산물의 상당 부분이 수입으로 충당될 것으로 전망하고 있다. 이에 따라 국민들의 수산물 소비 증가에 선제적으로 대응하여 수산물의 안전성을 확보하고, 생산이 안정적으로 유지될 수 있도록 정부와 주요 연안지역 및 해항도시들은 연해나 근해의 수산자원을 지속적으로 회복시켜 나갈 계획에 있다.

현재 정부는 수산업을 미래형 수출전략산업으로 육성하고 국민이 필요로 하는 안전한 수산물의 안정적 공급을 도모하는데 총력을 기울이고 있다. 구체적으로 미래에 2020년까지의 시기를 대비한 수산업 발전전략을 사전에 수립하고, 어업종사자수 감소, 고령화, 기후변화 등 수산업 여건 변화에 적극 대응해 수출과 기업을 핵심으로 하는 새로운 발전전략을 수립하여 시행하고 있다. 그 실행적 측면으로는 2020년 수산물 수출목표를 55억 불로 설정하여, 세계 4위의 자리에 오른다는 계획을 세워놓고 있다.

최근 정부는 7개 분야에 걸쳐 수산업 근간요소 혁신을 추진하고, 차세대 수산업 성장모델로 기존 내수 위주의 패러다임을 벗어나 글로벌 수출전략산업으로 육성을 도모하고 있다. 어업제도와 관련해서는 어업면허·허가제도의 근본적 개편으로 신규 생산자 진입의 촉진과 어업분쟁의 사전적 예방에 나서고 있다. 또한 정부는 창의적 수산경영 주체 확보 등 전문인력을 양성함으로써 인구감소와 고령화에 대응해 소수정예 중심의 산업체계를 구축하고 있다. 또한 수산업 거버넌스 차원에서 정책실행체계 구성요소를 재정립해 한정된 자원으로 최대한의 정책효과를 올리는 데에도 주력하고 있다.

비단 수산업뿐만 아니라 어떠한 산업이든지 진입, 성장, 성숙, 쇠퇴의 과정을 거치는 것은 숙명이다. 바다의 수산물은 공급만 하면 모두 자연스레 소비가 된다는 생각은 과거의 것이며, 이제 수산업도 주요 산업으로서 기본적인 품질이나 가격경쟁력이 확보되지 않으면 살아남을 수 없다. 과거 우리나라의 노동 집약적 수산업 형태는 최대한 많은 사람의 참여가 필요하였고 지역사회의 고용창출에 큰 기여를 하였으나, 이는 근래 인건비의 상승과 수산물 수입개방으로 인해 심각한 위기를 맞고 있다. 특히 수산물의 해외 시장 개방화가 가속화되면서 위생안전관리체계가 강화되고 있다. 이러한 위생안전관리의 강화추세는 자국 국민의 건강과 직결되는 문제이기도 하지만, 이제 위생안전을 확보하지 않으면 국제적 경쟁에서 살아남을 수 없음을 의미하기도 한다.

한 가지 분명한 점은 우리나라 수산업은 많은 문제와 한계를 가지고 있고 현재 진행되고 있는 국내외 여건 변화도 우리에게 불리한 방향으로 작용하고 있다는 것이다. 그러나 동시에 우리 수산업은 여러 가지 강점을 가지고 있으므로, 국내외 여건 변화는 우리 수산업이 가지고 있는 강점과 기회를 잘 활용하고 약점과 위협요인을 최소화해 나간다면 우리 수산업과 어민들의 앞날이 반드시 어두운 것만은 아니다. 이에 우리에게 남겨진 숙제는 과연 어느 쪽을 잘 선택하느냐의 문제이다.

이제 더 이상 수산업은 정부의 지원으로만 유지될 수 있는 산업이 아니며, 지역차원에서 도시와 어업인이 합심하여 노력할 때 국제경쟁력을 확보하여 살아남을 수 있는 산업이 되었다. 정부의 수산정책도 국제수산환경을 고려하여 과거 무조건적인 보호와 지원 위주의 정책에서 탈피하여, 국내 수산업의 경쟁력 확보를 최우선 목표로 삼아야 한다. 마찬가지로 수산업 종사자와 어업인들도 정부의 지원에만 의존하지 말고, 고부가가치 농업의 경우와 같이 스스로의 경쟁력을 강화하는 방안을 강구해야 한다.

이런 점에서 앞으로 해항도시는 수산업의 구조를 과감히 조정하고 최고 수준의 기술력을 갖추면서 생산→가공→유통(수출)의 계열화와 규모화를 이룩해야 한다. 이를 통해 세계적인 수산기업을 육성하고, 수산업 성장동력 확충 및 수산업의 세계화를 함께 추진해 나가야 한다. 미래 수산업의 비전이 어떠한 것이든 그것은 사업과 생산자 자체가 생존할 수 있는 것이라야 한다. 지금 연안지역과 해항도시 경제의 주축산업인 수산업이 생존하기 위해서는 모든 노력과 자원을 집중하여 미래 변화에 대응할 수 있도록 준비해 가야한다는 점이 중요하다. 그러기 위해서는 반드시 정부와 해항도시 뿐만 아니라, 민간의 수산업계 스스로도 환경과 패러다임의 변화에 맞는 새로운 비전을 세우고 미래를 준비하여야 할 것이다.

● 3. 수산업의 종합교육과 인재 육성

최근 부산, 인천 등의 주요 해항도시에서 수산업이 갖는 경제적 효과와 비중은 크다. 그런데 수산업의 실태와 변화과정에서 가장 심각한 문제는 수산업 인구의 감소로 인한 어업노동력의 양적 부족과 질적인 정체 현상이다. 현재 우리나라는 전체 수산업 종사 인구에서 만 65세 이상 인구 비율이 약 20%를 넘는 상태이므로, 수산업계는 이미 초고령 직종으로 변화된 상황이다. 전국의 연안 및 해양과 인접한 지역사회는 거주인구의 고령화로 인하여 위험하고 힘든 바다에서의 조업인력이 턱없이 모자란 상황이다. 그리고 관련 수산업에 종사하는 총 산업종사 인구도 점차적으로 줄어들고 있다.

이에 수산업의 경제적 효과를 높이기 위한 실제적 대안으로는 수산업의 핵심인 어민의 생활수준을 향상시킬 수 있는 사업들을 개발하고 이에 대해 중·장년층과 차세대 어민을 대상으로 하여 종합적인 교육과 인재양성을 실시하여야 한다. 그러나 어민들의 교육관련 기관은 전국에 국립수산과학원, 한국해양수산연수원, 수협중앙회 연수원 등 몇몇에 불과하며, 한국해양대학교와 목포해양대학교, 부경대학교 등 소수의 대학이 수산관련 사회교육 과정을 개설하고 있다. 그나마 정부의 관리 하에 실시되고 있는 교육 프로그램은 대상이 제한적인 어민교육, 선원교육, 공무원교육 등에 머물고 있다.

우리나라에서 현재 어민을 대상으로 한 교육은 어업인 후계자 육성교육, 어선 안전조업 지도대책 교육, 소득증대를 위한 기술교육 등이 실시되고 있다. 그러나 이들 어민들의 수산관련 학교교육 기관, 사회교육 기관이 연계성을 갖고 수산업의 발전을 도모하지 못하고 있는 실정이 문제점이다. 또한 수산사회교육의 역할과 어촌지도사업, 어촌개발사업이 체계적인 연계성을 갖고 있지 못한 점을 들 수 있다.

이에 지금까지 연안이나 해항도시 차원에서 어촌지역사회의 여러 부문과 어업 부문간 소득격차 및 어촌경제의 악화는 심화되었다. 그리고 이러한 현상은 어촌인구의 급격한 도시집중과 마구잡이식 출어를 가속화시켰고, 특히 젊은 층들이 어촌을 떠남으로써 어촌 노동력의 부족 및 고령화 현상이 심화되도록 만들었다. 수산업은 국내외적 환경이 계속 밝지 못한 시점임으로 기존의 어민교육을 재정비하고 인재양성 제도의 활성화를 통해 그 타개 방안을 찾아야 할 것이다.

또한 수산업의 인재육성을 위한 특성화 교육도 활성화되어야 한다. 현재 어업인 후계자 육성교육은 어촌에 정착하여 어업에 종사할 의욕과 사업추진 능력이 있는 어촌 청장년에게 사업기반 조성자금을 지원하고 교육 및 기술지도를 통하여 자립기반을 확보토록 함으로써 어업

전문인력을 체계적으로 양성하는 과정이다. 이외에도 정부 차원에서는 정책적으로 어업인 후계자 경영교육, 산업기능요원 교육, 어업인 후계자 기술교육 등이 동시적으로 실시되고 있다.

정부는 현재 어업인 후계자로 선발된 어촌의 청소년들에게는 자금지원 및 판매알선, 경영지도 등을 통하여 성공적인 어촌정착을 할 수 있도록 정책적으로 유도하고 있다. 물론 아직까지의 효과는 미미한 수준이다. 어민의 기술교육은 소득증대를 위하여 어촌지도소에서 어촌순회기술교육이 품종별 전문교육반이 편성되어 주요 어업시기별로 집중교육을 실시하고 있다. 그러나 여러 기관이나 매체 사이의 평생교육 관련 네트워킹은 전무한 실정이므로, 여러 가지 커뮤니케이션 매체를 사용한 네트워킹 체제 설립이 요구되고 있다. 이상 논의한 실질적인 종합교육과 인재육성 제도를 발전시키고 그 실효성을 담보해 나간다면, 우리는 수산업의 밝은 미래를 보장받을 수 있을 것이다.

4. 수산업의 경제성과 생산성 제고

주요 연안지역과 해항도시에서 수산업이 갖는 경제적 높은 효과는 수산업 생산량 및 어업생산액의 저성장 문제, 단위생산성의 저하 문제를 해결할 때 생길 수 있다. 그러므로 앞으로는 수산업의 생산증대와 소득향상을 위한 사업을 위시하여 어민들의 낮은 소득수준을 해결하는 것이 중요하다. 연안지역과 항만을 가진 주요 도시에서 어업생산액은 증가해 왔음에도 불구하고, 국민총생산 대비 어업생산액 비율은 지속적으로 감소함으로써 어업이 우리나라 경제에서 차지하는 위상은 계속 위축되고 있다. 그리고 연·근해어업에 있어서 어선세력은 매년 증대되고 있는 반면에, 총 어획량은 정체된 상태에 있다. 이는 어업의 효율성이 그만큼 떨어지고 있다는 이야기가 된다.

그러한 상황으로 인해, 우리나라는 어선 톤(t)당 어업생산량 및 어선 마력(hp) 당 어업생산량이 1980년 이후 현재까지 근래 30년이 넘는 기간 동안 급격히 감소되어 왔다. 즉 어선세력 당 단위생산성도 계속 저하되어 왔는데, 이러한 이유에는 여러 가지가 있다. 그것은 우리나라 연안과 항만지역에서 매립간척으로 인한 연·근해어장의 축소, 공장폐수와 생활하수의 유입으로 인한 어장환경의 악화, 수산자원의 남획 등에 따른 수산자원의 감소 때문이라고 할 수 있다. 따라서 이렇게 낮아진 수산업의 경제성과 생산성을 제고시키기 위해 각 해항도시와 정부는 전략적으로 이러한 문제들을 정책적으로 해결해 나가는 것이 바람직하다.

아직 대부분의 연안지역에서 경제적으로 영세한 어민들이 전체 어민의 절대 다수를 차지하고 있는 가운데, 새로운 어민들의 소득원 개발이나 참여에 필요한 투자자금을 융통하지 못하는 현실은 연안과 어촌 지역사회의 경기침체에 어려움을 더할 수밖에 없다. 과거 우리나라의 해항도시나 연안지역에서 이루어진 값싼 노동 집약적인 수산업은 그 부가가치가 낮아 지금의 중국 등 신흥 개발도상국의 값싼 수산 노동력과 물가를 이길 수 없다. 이제 상품의 가격으로 경쟁해서는 수산업의 미래가 없는 만큼, 고부가가치 창출의 방향으로 선회하여 수산상품의 기능성이나 새로운 신품종 개발로 대응해야 한다. 그리고 이러한 큰 인식과 방향의 전환은 정부가 먼저 선도해야 한다.

5. 어민소득과 어가경제의 개선

현재 우리 수산업이 가진 구조적인 문제점으로, 이 분야 종사자의 대다수를 차지하는 어민들이 구성하는 전체 어가 경제의 악화 문제를 들 수 있다. 어민과 어가들이 갖는 소득의 지속적인 증대에도 불구하고, 도시근로자 가구소득에 대비한 소득의 비율은 여전히 낮다는 것이 문제이다. 이는 1980년대 중반 이후 지속적으로 떨어져 최근에는 도시 대비 약 60% 이하의 소득수준에 머무르고 있다. 즉 도시와 어촌 간의 소득격차가 갈수록 더욱 심화되고 있다고 할 수 있으며, 이는 연안과 어촌지역의 불균형적인 발전으로 연결되어 지속적인 악순환을 파생시키고 있다.

그리고 최근 수산업에서 어민들의 부채가 급증하는 문제도 전국적인 어촌의 지역경제를 더욱 악화시키는 요인이 되고 있다. 최근에 집계된 어가 부채는 2010년 이후에 평균적으로 약 1,500여 만원 이상을 상회함으로써, 30년 이전인 1980년대의 약 50여 만원에 비해 약 22배나 증가하였다. 또한 이로 인해서 1980년대 후반까지만 해도 전체 어민소득의 약 20% 정도에 불과하던 어민부채의 비중이 2010년 이후에는 어민소득의 약 70% 수준에 이르게 되었다. 다시 말해 어촌의 가계 부채의 증가는 어민소득의 악순환 구조를 재생산하고 있는 것이다.

이러한 상황을 놓고서, 어업과 같은 1차 산업인 농업과 비교하자면, 어민의 평균 부채는 농민의 평균적인 부채수준을 능가하는 것이며, 농가소득에서 차지하는 비중과 비교해도 매우 높은 수준임을 쉽게 알 수 있다. 이에 수산업의 비중이 높은 해항도시와 연안지역의 정부들은 어민들의 소득향상과 부채를 경감해주는 동시적인 정책과 조치를 계속 실행해 나가야 한다. 그럴 경우에만 수산업과 어업의 장기적인 발전을 담보할 수 있을 것으로 보인다. 물론 언론과 미디어 등에서는 농민부채에 비해서 어민부채의 심각성에 아직 주목하고 있지 못한 현실도 앞으로 반드시 바로 잡아가야 할 것이다.

제10장 해양관광산업과 해항도시

제1절 해양관광과 해양경제

● 1. 해양관광산업의 의의

1) 해양관광의 등장과 발전

(1) 해양관광의 등장

지금 우리 사회가 전면적으로 실시하고 있는 직장인의 주5일 근무제, 학생의 주5일 수업제는 선진국의 경우와 같이 단순히 근로 및 교육시간 단축이나 여가시간 확대만을 의미하는 것은 아니다. 실제 이것은 외형적인 생활시간의 변화, 그 이상의 의미를 갖는다. 그리고 이러한 변화는 사회, 경제, 문화전반에 걸쳐 국민의 삶의 질과 생활패턴을 획기적으로 바꿀 전망이다.

사회적으로 주5일제 근로와 교육의 환경변화에 따라 이제 우리나라는 경제계, 문화계, 종교계 등 사회 각 부문별로 그 희비가 엇갈리고 있고, 개인의 직장이나 가정생활의 패턴도 크게 바뀌고 있다. 사회 전

분야에서는 여전히 주5일 업무시대의 도래에 따른 많은 변화된 양상을 분석하여 각종 방안과 처방을 제시하고 있고, 정부도 국민의 삶의 질 향상 및 기업의 생산성 향상을 위한 지원책을 고민하느라 분주하다.

다만 확실한 사실 하나는 주5일 업무시대의 최대 수혜는 관광산업, 여가·레저산업이 차지하였다는 점이다. 그 중에서도 다시 지리·공간적으로 바다를 끼고 있으면서 수려한 경관과 천혜의 자연자원을 보유한 해항도시와 연안지역이 앞으로 가장 주목받는 지역으로 볼 수 있다. 특히 해항도시와 연안지역이 가지고 있는 쾌적한 자연자원(amenity)에 대한 수요가 크게 늘어나, 이 곳을 방문하는 국민들이 앞으로 크게 증가할 것으로 기대되고 있다.

또한 과거 우리나라에서 급격한 경제발전으로 인한 빠른 대도시화와 정보사회로의 이행은 콘크리트 공간 속에서 인간의 메마름과 소외현상을 부채질하고 있다. 이러한 이유로 인해 이제는 현대 도시인들에게는 답답한 일상생활에서 벗어나 새로운 삶의 활기를 충족시켜주는 안식과 치료의 공간이 절실하게 필요하게 되었다. 그리고 이 문제에 대해 다수의 학자들은 미래에서의 가장 정확한 해답을 바로 육지가 아닌 해양(바다)에서 찾고 있다.

결국 현대인의 중요한 생활패턴으로 자리하고 있는 여가/레저/관광은 해양과 어떠한 상관성을 갖고 있는가가 중요한 질문이 된다. 이에 여기에서는 해양관광을 중심으로 한 해양레저 및 관련산업의 추이와 그 속에 전개된 해양관광의 여러 구체적인 사례들을 통해서 현대인에게 해양세계가 매우 중요한 공간으로 자리하고 있음을 살펴본다. 즉 실질적으로 크루즈 산업과 해양레포츠의 부흥은 해양이 세계적 관광소재로서 중요한 패턴이 되었으며, 원양과 연안에서 즐기는 해양스포츠산업의 사례들을 통해 지역과 관광산업의 관계를 조명해본다. 또한 우리나라 해양세계에서의 다양한 관광산업 계획이나 발전사례들을 소개함으로써 해양관련 레저와 스포츠의 활성화에 대한 향후의 과제를 살펴본다.

(2) 해양관광의 발전

21세기는 해양관광의 시대로 불릴 정도로 바다는 관광소재로서 그 중요성이 갈수록 강조되고 있다. 해양의 활용방식 중에서도 아마 대다수의 국민, 일반사람들과 가장 밀접한 관계를 갖는 것이 해양관광일 것이다. 역사적으로 그동안 바다는 주로 어업과 이동의 대상이었지만, 현대사회에 접어들어 우리의 생활 속에서 여가활동이나 관광의 기능이 활성화되고 내륙관광 중심에서 해양공간의 관광자원으로서의 중요성이 부각되면서 사람들은 해양관광에 대해 점차적으로 깊은 관심을 갖게 되었다.

기존의 것들과는 차별되는 해양관광이나 해양레저활동 등에 대한 필요성의 증가는 복잡한 현대를 살아가는 도시인들의 고차원적인 취향에 부합되어, 관련 해양관광산업의 발달을 더욱 가속화시키고 있다. 과거에 사람들은 단순히 바다주변이나 해변경치의 관람, 해수욕, 낚시 등으로만 인식되던 해양관광은 이제 그 소극적인 이용패턴을 벗어나고 있다. 즉 수요자가 직접 참여하거나 보다 근접하는 형태의 적극적인 방향으로 바다는 급속하게 개발되고 있다. 실제로 세계적인 추세도 관광객의 해양관광 참여율이 갈수록 높아지고 있는 경향을 보이고 있다.

우선 양적으로 보면 국민들의 여가시간 증대와 소득수준의 향상, 교육기회의 확대 등으로 인한 해양관광과 해양레저의 수요증가는 앞으로도 계속 가속화될 것으로 전문가들은 보고 있다. 특히 많은 해양산업들 중에서 고부가가치의 첨단 해양과학산업과는 구별되는 매력도 높은 산업(industry attractiveness)으로서의 해양관광산업은 경제분야에서 그 비중이 증가할 것으로 예상되고 있다. 예를 들자면, 과거 사람들의 부(富)의 척도에 대해 경제학자인 엥겔은 생활비 중 식료품비가 차지하는 비율이라고 정의하였고(엥겔지수), 이제는 고급주택, 고가의 자동차나 골프회원권을 기준으로 평가하기도 하는데, 머지 않아 선진국처럼 요트나 크루즈 등의 기준 개념으로 전환될 가능성도 있다.

게다가 해양관광은 그 수요의 양적 증가와 더불어 질적 변화도 예견되고 있다. 현재까지 대부분을 차지하는 보고, 먹고, 노는 식의 단순한 관광유형에서 현지 관광객과 주민들이 서로 이야기하고, 함께 만들고, 함께 배우는 식의 고차원적 관광유형이 사회적으로 보편화될 것으로 예상되고 있다. 이에 따라 해양관광의 형태도 단체중심형, 금전소비형, 단순관람형, 저비용형 관광 등에서 앞으로는 가족중심형, 시간소비형, 자기개발형, 체험형, 자연친화형, 건강추구형, 고비용형 관광 등으로 변화될 전망이다. 미래에 사람들이 더 건강하고 여유 있는 삶을 추구하는 웰빙(well-being) 문화의 확산과 병행하여 비용이 좀 더 들더라도 편안하고 여유 있는 여행, 건강에 도움이 되는 해양레저 등의 해양관광 활동이 점차 보편화될 예정으로 많은 전문가들이 예상하고 있다.

또한 이러한 변화추세로 우리나라에서도 해안에서 계절에 관계없이 요트나 윈드서핑을 즐기는 사람들을 이제 흔히 볼 수 있으며, 미국, 일본 등의 해양선진국에서는 수상레저에서 발전된 바다의 수중비경의 관람으로까지 확대되고 있다. 이는 해양레저나 관광의 내용적 협소함을 점차 자연스럽게 극복하고 있는 것으로 풀이된다. 즉 보다 안전하게 바다와 해양을 몸소 느낄 수 있는 해수욕이나 낚시, 윈드서핑, 요트 등은 그 활동범위가 수상이나 해안에 한정될 수밖에 없고, 요트나 윈드서핑 등은 경제적 이유 또는 활동성 때문에 일부 소득이 높은 계층이나 연령층에 한정되는 과거의 약점을 보완한 새로운 현상인 것이다. 이렇듯 바다를 매개로 하여 생긴 이러한 여가와 관광의 변화는 향후 현대사회에서 인간의 의식과 활동영역을 넓힌다는 점에서도 주목된다.

2) 해양관광의 의미와 특성

(1) 해양관광의 의미

현재 이론과 실무에서 다루어지는 해양관광의 개념이나 의미는 매우 다양한 편이다. 해양관광에 대한 정의는 여러 가지가 있는데, 이를 살펴보면 다음과 같다. 먼저 가장 일반적 의미로 해양관광(marine tourism)이란 "지리적으로 해안선에 인접한 육역과 해역을 포함한 해안지대에서 존재하는 유·무형의 자원을 이용하여 행하여지는 총체적인 관광활동"을 의미한다. 이러한 일반적인 개념을 기반으로 하여, 해양관광은 여러 세부적인 정의들이 나타나고 있다.

지리적 의미로 해양관광은 "해안선에 인접한 육지와 바다의 공간에서 해양 레크리에이션 행위를 하는 활동"이라 할 수 있다. 이 때 해안지역(coastal zone)이란, 육지와 바다, 그리고 대기가 만나면서 서로 영향을 미치고 있는 지대를 포괄적으로 말한다. 따라서 이 해안지대에는 해안선에 인접한 육지와 바다가 모두 포함된다. 해양관광은 해안선에 인접한 육지와 도서바다의 공간에서 발생하는 모든 여가 및 관광행위로서 바다, 연안, 강 하구 및 육지의 집수(集水)지역과 그들의 이용을 모두 포함하는 곳에서 행해지는 활동이다. 지리적으로 해역과 해안선에 접하여 해양환경의 영향을 받는 영역에서 이루어지는 관광활동인 것이다.

생태적 의미로 해양관광은 "바다풍광의 조망과 더불어 해양스포츠, 레저 활동을 가능하게 하는 해양성 복합자원인 기온, 해풍, 맑은 공기, 바다 색깔, 주위환경, 촌락형태 등을 대상으로 일어나는 인간의 제반 활동"을 의미한다. 즉 해양과 도서, 어촌, 해변 등을 포함하는 공간에 존재하고 있는 모든 자연자원을 활용하여 일어나는 관광목적의 모든 활동이 바로 이것이 된다.

사회적 의미로는 "현대인들이 일상생활에서 벗어나 변화를 추구하기 위한 행위이며, 해역과 연안에 접한 단위지역사회에서 일어나는 관광목적의 활동이고 직접 혹은 간접적으로 해양공간에 의존하거나 연관된 활동"이다. 즉 사회적으로 현대인들이 답답한 일상생활에서 잠시 벗어나 나중에 다시 돌아올 예정으로 다양한 관광욕구를 충족하되, 이를 위하여 해역과 해안에서 이루어지는 해양관련 행동과 관광활동을 뜻한다.

행태적 의미로는 "관광객들이 연안과 해안지역에서 관광활동을 수행하는 과정에서 생활체험, 교육, 경관감상, 해상·해중 체험활동, 심신의 휴식이 가능한 휴양 위락활동으로서 관광객들이 목적지에서 적극적인 관광행위를 수행하는 정적이면서 동적인 활동과 관련된 일체의 행위"를 말한다. 즉 행태적으로는 해양관광의 목적이나 결과에 주목하기보다는 주로 과정에 주목을 하는 편이다.

제도적 의미로는 우리나라 해양수산발전기본법(2011년 제정)에서 해양관광의 의미를 "우리나라 국민의 건강·휴양 및 정서생활의 향상을 위하여 이루어지는 해양에서의 관광활동 및 레저·스포츠 등"으로 규정하고 있다. 이와 함께 정책적 의미로서의 해양관광은 "다양한 목적과 목표를 달성하기 위하여 각 지역 관할해역의 범위 내에서 해양과학과 기술을 토대로 해양이익과 가치를 확보하려는 정부활동의 총체"라 할 수 있다. 현재 제도적 의미와 정책적 의미는 서로 국민의 생활과 정부의 활동이라는 관점에서 서로 다른 차원의 정의를 내리고 있다.

(2) 해양관광의 특성

해양관광의 특성에는 다음과 같은 것들이 있다. 먼저 첫째, 해양관광은 해양과 여기에 인접한 공간이라는 자연환경에 대한 의존도가 절대적이다. 예를 들어 가장 대표적인 해양관광활동의 유형인 해수욕은 일정 수준의 수온, 완만한 바닥과 경사, 일정 면적 이상의 백사장, 그리고 청정한 수질을 가진 해역을 필요로 하며, 연안지역 바다에서의 요트나 보트활동은 그보다 더 넓고 안정된 수면을 필요로 한다.

둘째, 해양관광은 자연적인 기후조건에 의한 탄력적인 수요가 되고 있으며, 날씨와 기상의 변화에 아주 민감하다. 바다를 직접 이용하는 사람들의 해양관광 활동은 바람, 운무, 안개, 태풍 등에 따라 직접적으로 영향을 받기 때문에 이용시간이나 활동시기가 육지에 비해 상대적으로 제한적이라 할 수 있다. 예를 들어 대부분의 해양관광 활동은 주로 동절기보다는 하절기에 이루어지고, 평일시간대 보다는 시간이 넉넉한 주말시간에 상대적으로 더 많이 나타나는 경향이 있다.

셋째, 해양관광은 관광지로의 접근성에 있어 육지관광보다 상당한 제약을 수반한다. 국토의 면적이 넓지 않은 우리나라에서도 연안지역은 내륙과 도시지역으로부터 멀리 떨어져 있으므로 그 접근성에 있어 열악한 경우가 많고, 특히 육지지역에서 도서지역으로의 접근성은 더욱더 제한적인 것이 현실이다. 섬이나 해상의 목적지까지 연결되는 도로, 철도, 항공 외에 해상교통수단의 이용이 별도로 필요한 경우도 많다.

넷째, 해양관광은 내륙과 상이한 육역과 해역이 교차하고, 해양이 갖는 고유한 자연적 특성으로 인하여 내륙관광에 비하여 건강, 치료, 보양, 휴양적인 경향이 강하다. 특히 아름다운 바다풍광을 이용한 해양관광의 경우, 정신적 측면에서 현대를 살아가는 도시인들에게 많은 매력을 주고 있다. 이로써 향후 미래의 관광산업의 동향이 건강과 개성화 중심의 트렌드에 기인하여 전개될 것으로 많은 전문가들이 보고 있으므로, 해양이 미래 관광의 중심 키워드로 부상할 것으로 예측이 되고 있다.

다섯째, 해양관광은 해양생태 및 환경보전에 대한 배려를 필요로 한다. 해양관광이 이루어지는 연안지역은 육지와 바다가 교차하는 지역으로 해수와 담수의 교차지역이며, 육지오염원이 바다로 향하여 최종적으로 배출되는 지리적 조건을 갖추고 있다. 따라서 환경변화에 민감한 생태계를 갖고 있으며, 인간의 인위적 활동 등 외부의 오염원이나 폐기물 유입에 취약한 환경구조를 갖고 있다.

(3) 해양관광의 유형

　오늘날 현대인들의 해양관광의 유형은 크게 관광형, 스포츠형, 레저형으로 나눌 수 있다. 먼저 관광형은 주로 정적인 해양관광 활동을 의미하는데, 이는 해안과 해양에서 풍경을 감상하는 해상유람, 크루즈 관광 등이 주류를 이루고 있다. 스포츠형은 주로 바다에서 모험과 스릴을 추구하는 역동적인 관광형태로 세일링, 보우팅, 다이빙 등이 대표적이다. 레저형은 해양보다는 해안에 직접 신체를 접촉하며 체험하는 유형으로 스포츠형에 비해 다소 정적인 해수욕, 생물채집 등이 주된 활동의 예이다. 해양관광은 앞의 관광형, 스포츠형, 레저형 외에도 해안과 수변공간에서 행하는 모든 스포츠, 일광욕, 축제활동 등을 포괄적으로 의미하기도 한다.

　우리나라의 경우, 지금까지의 해양관광은 대부분 관광형의 형태를 띠고 있으며, 시기적으로는 하계 휴가기간에 이루어져서 여름철 관광객의 편중 현상이 심하게 나타나고 있다. 그러나 이러한 양상은 최근 우리나라 사람들의 관광행동 상의 특성을 생각해 보면, 개인 내지 소규모화, 장거리화, 동적인 성향, 개성화 등을 특징으로 전환되어 가고 있음을 알 수 있다. 유형별로는 해수욕, 체험활동 등 레저형의 비중이 매우 높은 가운데 최근 바다 낚시, 모터보트 등의 스포츠형도 크게 증가하였다. 앞으로도 해양보트 수상조종 및 요트조종 면허취득자가 급증하고 낚시어선 이용객이 늘어나는 데다 유람선 이용객, 국제적인 크루즈 입항 횟수 등도 지속적으로 증가하는 점에 비추어 해양관광 중에서도 스포츠형과 관광형이 상대적으로 빠르게 증가할 것으로 기대되고 있다.

　그리고 최근에는 해양에 대한 다양한 관심과 더불어 바다를 입체적으로 이용할 도구가 많이 개발되고 보급되어 해양관광 개발에 대한 여건은 양호하게 조성되고 있는 것으로 볼 수 있다. 특히 어촌체험관광 및 새로운 해양형 생태관광에 대한 관심이 대두되며 모험성과 전문성이 가미된 해양레저 및 해양스포츠 등 해양참여활동이 증가하고 있어, 해양관광의 형태가 육지중심에서 해양의 다양한 자원을 체험하고 이용하는 관광으로 변모하고 있다. 예를 들자면, 미국과 호주 등의 주요 해양선진국에 있어서 해양관광 참여율은 전체 관광 참여율의 약 절반 수준에 이르고 있다. 그 근거가 되는 곳은 장소적으로 해변의 친수공간, 해수욕장, 마리나, 크루즈 터미널 등이며, 중심적 활동은 해수욕, 레저보트, 윈드서핑, 스킨스쿠버 및 요트활동, 크루즈 활동 등으로 매우 다양하게 나타나고 있다.

2. 해항도시와 해양관광산업

1) 해항도시와 해양관광의 관계

우리나라의 연안과 해항도시들은 3면이 바다인 관계로 해양관광을 위한 천혜의 자연적인 여건이 양호한 편이지만, 해양관광 활동을 위한 수변공간 및 기반시설의 조성은 대단히 취약한 상황이다. 현실적으로 연안지역과 해양, 수변공간의 다양한 활용방식 중에서 가장 많은 국민들이 이용하는 형태는 바로 해양관광이다. 그러나 우리나라는 이러한 해양관광의 수요증가 예측과 지리적·자연적으로 해양관광의 가능성이 높은 데 반하여 해양관광을 활성화하려는 정책적 노력은 부족하였던 것이 사실이다. 그럼에도 불구하고 여전히 연안지역이나 해항도시에서 해양관광이 갖는 의미는 각별하다.

우선 연안지역이나 해항도시에서 바다라는 것은 지역의 사람들에게 그리 낯설지 않은 존재이다. 바다는 바로 지역의 번화가나 도심부에 비교적 가까이 있으므로, 이로 인해 그 이용이나 방문에 있어 특별한 준비나 시간적 제약을 받지 않는다. 그리고 연안과 도시에서 바다를 낀 수변공간이 주는 특유한 매력과 개방성, 다양성은 오늘날 해양관광 및 레저활동의 증가와 도시민들의 생활공간의 요구에 일치하는 공간으로서의 중요성이 점차 높아지도록 만들고 있다. 따라서 세계적으로 해양에 인접하고 있는 이른바 해항도시나 연안을 낀 다른 지역에서는 이에 부응, 해양관광에 대한 개발과 활성화 시책에 전력투구를 하고 있는 상황이다.

연안이나 해항도시에서 해양관광을 적극적으로 도입하게 된 배경에는 두 가지 요인이 결합되어 있다. 하나는 도시민의 여가 행태의 변화가 관광개발 기회와 잠재력을 높여주는 역할을 하고 있기 때문이며, 다른 하나는 바다와 해양이 가진 특유의 생산물, 환경, 문화 등을 이용하여 관광상품을 개발함으로써 지역이 당면하고 있는 문제를 극복하기 위한 하나의 수단이 될 수 있을 것으로 인식되기 때문이다.

그러므로 연안이나 해항도시에 대하여 해양관광의 활성화가 의미하는 바는 다음과 같이 정리된다. 그것은 해양에서 이루어지는 관광활동이 해양자원 이용을 위한 자원분배에 영향을 주고, 해양자원 및 환경의 이용과 보전에 중요한 영향을 미치며, 해양관광의 내재적 가치는 장기적으로 자연 및 환경의 보존 상태에 크게 의존하는 바, 해양환경 관리는 공공부문의 주요 과제이며, 해양관광의 관련산업이 그 지역을 중심으로 하는 연안사회에 커다란 경제적, 문화적, 사회적 영향을 줄 수 있다는 내용이다.

새로운 해양관광산업의 등장과 발전으로 인해 미래의 연안과 해항도시는 경제적으로 새로운 도약의 기회를 맞이하게 될 것으로 전망된다. 육지와는 달리 열린 공간으로서의 바다에서 즐길 수 있는 해양관광의 방식과 소재는 실로 무궁무진하기 때문이다. 상식적으로만 살펴봐도 해양레포츠를 비롯하여 해양경관 탐방, 해양 동식물 관찰, 유람선·잠수정 탑승, 해안 드라이브 여행, 바다 하이킹, 해양공원 관람 등이 있다. 뿐만 아니라 해양과 바다수족관·해양박물관·어촌민속자료 관 등의 전시관람 시설을 바닷가에 만들 수도 있고, 해양목장·관광 어촌을 인공적으로 조성할 수도 있다. 정부나 기업이 인위적으로 추 진하는 각종 마리나 시설의 조성, 크루즈 선박의 운항, 청소년 임해수 련원의 운영 등도 넓게는 해양관광 개발의 범주에 속한다.

이러한 점 때문에 해양관광에 대한 각 연안지역과 해항도시의 개발 정책은 "해항도시나 정부 등의 관광객 유치를 원하는 주체가 관광에 관한 정책목적을 추구하기 위하여 행하는 사회적·경제적 행위"를 말 한다. 해양관광의 정책적 주체는 국가와 지방자치단체 및 공공단체이 고, 민자를 통할 경우 기업도 포함될 수 있다. 이러한 해양관광 개발 의 정책목적은 관광이용의 촉진, 관광객의 보호, 환경과 관광자원의 보호와 개발 등이 있을 수 있다.

많은 연안지역과 해항도시는 자신의 지역에 대한 해양관광 개발에 관심을 가지고 있으나, 자본과 역량의 부족으로 단순히 구상으로만 끝 나거나 사업추진이 부진한 경우가 많다. 특히 현대적인 해양관광단지, 해양수족관, 워터파크, 수상호텔 등의 첨단·대규모 해양관광 시설자 본(SOC)의 경우 외부의 지원과 해외자본의 참여가 거의 필수적이다. 실제적으로 각 해안에 있는 도시와 지역에서 해양관광 개발사업들을 구체화하기 위해서는 국가의 기업에 대한 금융, 세제 및 각종 제도적 인센티브의 제공이 수반되는 경우가 많은 것도 이러한 이유 때문이다.

2) 해양관광산업을 둘러싼 환경

(1) 강점(Strength)

해항도시와 연안지역이 갖는 해양관광산업에 대한 현재의 강점요 인으로는 다음과 같은 것들이 있다. 먼저 일반적으로 우리나라 전국 의 주요 해항도시와 연안지역은 해양관광 및 해양레저에 최적화된 자연환경을 보유하고 있다. 한반도는 육지면적의 2배가 넘는 광활한 해양과 수많은 섬으로 둘러싸여 있어 자연재해인 태풍과 해일로부터 안전한 해역이 전국에 많이 산재해 있다. 그리고 전국의 해안선과 섬들의 대부분은 연안에 가까이 위치하고 있다. 각 해안의 지역과 도시에는 독특한 자연경관과 생태가 보존되어 있어, 관광자원으로서 가치가 매우 높다. 바다를 접한 연안과 도시들이 다양하고 매력 있는 해양관광 자원을 보유하고 있는 것은 우리가 가진 최대의 강점인 것이다.

특히 전국 연안에서 대도시권이 아닌 비교적 중·소규모 어항이나 어촌지역은 육상관광지와 차별화된 볼거리, 먹거리, 즐길거리를 고루 갖고 있다. 그간 고도산업화 과정의 그늘에 있어 전통적 1차 산업인 어업을 중심으로 한 특유의 문화유산이 잘 보존되어 있는 것이다. 최근에는 어촌을 중심으로 독특한 의식주 문화와 자원을 소재로 한 많은 축제와 지역문화제 등이 생기기도 하였다. 이는 특성화된 해양관광 노동인력과 서비스 노하우의 확보를 가능하게 한다. 또한 동북아시아에서 우리나라 연안지역과 해항도시들은 소위 지정학적 중심지로서 편리한 항공 및 해상교통을 근간으로 주요 국가를 해상으로 연계할 수 있다. 예를 들면 근래 높은 경제성장세를 보인 세계 최대 인구국가인 중국과의 지리적 근접성도 타지역에 비해 유리한 것이 강점이 되고 있다.

(2) 약점(Weakness)

해항도시와 연안지역이 갖는 해양관광산업에 대한 현재의 약점요인으로는 다음과 같은 것들이 있다. 먼저 해양관광산업은 기본적으로 경기에 민감한 3차 서비스 산업이자, 가격 탄력적인 관광산업의 특성상 성수기와 비수기, 호황과 불황의 변동폭이 매우 심한 편이다. 특히 해양관광은 4계절 관광이 가능한 육상에 비해 바다의 계절적 특성이 반영되어 역동적 활동을 위한 계절적 장애를 원래부터 가지고 있다.

아직 우리나라의 해안지역은 여타 내륙지역에 비해 상대적으로 물리적인 인프라와 기반시설 분야가 취약한 편이다. 우리나라의 경우, 몇몇 국제공항이 지방에 위치하고 있기는 하지만, 국제적으로 정기노선이 부족하고 부정기적으로 상해, 북경, 대만, 일본 등을 운항하고 있을 뿐이다. 다만 전국적인 KTX 고속철도의 확충으로 수도권으로부터의 접근성은 지속적으로 개선될 것으로 전망되나, 현재로서는 철도 교통망이 정교하지 못하여 국내 육상의 주요 배후지나 내륙 관광시장과의 접근용이성이 낮은 편이다.

또한 해양관광에서 장기 체류형 관광객의 유치와 해외관광객의 접근성도 지금으로서는 용이하지 않다. 해외관광객의 경우, 주로 항공편을 이용하여 제주와 인천 등을 통해 입국 후 다시 육로로 이동해야 하기 때문에 돈과 시간이 많이 들고 주요 해항도시와 연안지역의 인지도는 내륙지역의 명성 높은 관광지에 비해서 다소 미흡한 편이다. 물론 해양관광의 물리적인 인프라와 해양문화 관련 컨텐츠의 존재도 질적으로 보완될 부분이 많이 남아 있다.

그리고 우리는 아직 해양관광과 관련된 법·제도적 정비가 미흡하여 지역경제 발전이 상대적으로 저조하기 때문에, 해양 및 도서자원에 대한 해양관광정책 차원의 개발도 미흡한 수준이다. 더불어 대도시는 물론이고 해안가 어촌지역은 고령화와 인구감소의 추세를 보이고 있으며, 저출산 및 인구유출 등의 이중고를 겪고 있는 실정이다. 이에 정책적으로 국가나 지역은 해양관광에 대한 정책과 그 계획을 장기적이고 체계적으로 추진할 여건도 마련되지 않고 있는 것이 또 하나의 큰 약점이다. 우리나라 국민의 육지중심적 사고와 미흡한 해양의식도 해양관광산업 활성화의 보이지 않은 무형적 장애이다.

(3) 기회(Opportunity)

해항도시와 연안지역이 갖는 해양관광산업에 대한 미래의 기회요인으로는 다음과 같은 것들이 있다. 먼저 최근 중앙정부와 주요 연안 도시에서 해양관광자원의 가치를 재인식하고 새로운 제4차 국토종합계획의 수정, 연안지역 종합발전계획 등을 전격적으로 발표·집행하는 것은 해양관광에 호재이다. 기본적으로 이러한 계획을 통해 해양관광에 필수적인 항만과 어항 등의 사회적 기반시설이 점차 개선되고 있다. 해양관광에 대한 정부차원의 법·제도적 육성방안 추진의 일환으로 2010년을 전후로 하여 국가에 의한 동·서·남해안 발전특별법의 제정과 광역권 연안발전계획의 추진도 완료되었거나, 이미 상당기간 활발하게 진행이 이루어지고 있다.

앞으로 국민소득의 증대와 여가시간 확충으로 인해 기본적인 해양관광의 수요는 확실히 증가할 전망이라는 것도 중요한 기회로 여겨지고 있다. 연안지역에 대한 요트나 크루즈 등의 신규 고부가가치 해양관광 시장의 확대, 가족동반형, 장기체류형, 고급소비형, 레저문화형으로 나아가는 해양관광 수요의 급증현상은 해양관광에 중요한 기회요인이 될 수 있다. 경제수준과 생활소득의 향상에 따라 늘어나는 이러한 새로운 관광수요 패턴은 해양관광의 발전적 도약을 위한 발판이 될 것이다.

또한 이제 우리나라에서는 좁은 내륙 관광자원 개발의 한계로 인해 해양관광자원 개발이 확대되고 기후변화와 자연환경 보전에 대한 관심이 증대되면서 자연 친화적이고 지속가능한 관광자원의 중요성이 부각되고 있다. 특히 연안지역 특유의 자연환경과 문화유산을 있는 그대로 체험할 수 있는 대안관광과 모험과 스릴을 추구하는 레포츠관광의 대두는 미래 우리나라 해양관광산업의 활성화에 큰 도움이 될 것이다.

(4) 위협(Threat)

해항도시와 연안지역이 갖는 해양관광산업에 대한 미래의 위협요인으로는 다음과 같은 것들이 있다. 먼저 근래에 우리나라의 정치적 민주화와 민선지방자치로 인해 관광산업이 지역발전의 기회로 쉽게 인식되면서, 각 지역에서 경쟁적으로 관광상품을 개발하는 등의 행태가 나타나고 있다. 이 때문에 지역별 관광객 유치경쟁이 심화되면서 전체적인 해양관광 활성화가 지연될 우려가 상존하고 있다. 예를 들면, 해양이나 수산관련 지역축제, 지역의 산재된 해양문화제 등의 경우 각지에서 너무 우후죽순 격으로 지나치게 자주 개최하여 고유한 축제의 질과 의미가 다소 퇴색되어 가는 현상도 보이고 있다. 이렇듯 해양관광에서 여러 지역에서의 중복투자 및 지역경제에 대한 과잉효과는 전체 관광산업의 미래를 크게 위협할 수 있는 요인이다.

전국에서 연안지역과 도시들의 지나친 해양관광 유치경쟁은 해양관광산업 전체적으로는 소모와 낭비의 제로섬(zero-sum) 현상을 불러올 수 있다. 이는 국가와 지역 및 도시 사이에 존재하는 여러 제도와 해양관광 추진체계의 영속성 미흡에 기인하기도 하고, 중ㆍ장기적 해양관광 육성전략의 부재에도 기인하는 것이다. 이러한 문제점과 위협요인을 해결하는 것이 해양관광 발전의 남겨진 숙제로 볼 수 있다.

또한 사회적으로 해양개발과 보전 사이의 논리는 여전히 각계각층에서 상충되고 있다. 즉 최근 기후변화와 환경파괴에 대한 관심증대로 인해 대규모 인프라 개발이 위축될 가능성을 배제할 수 없다는 것이다. 기존의 관광산업은 서울 등 내륙 수도권이 가장 많은데 비해 연안지역과 해항도시들의 해양관광 인프라는 적은 실정이어서, 새로운 시설과 개발이 필수적이다. 그런데 해양의 난개발로 인한 환경적 악영향을 우려한 다양한 제도적 규제로 인해서 적극적인 해양관광시설 개발이 위축될 우려가 상존하고 있다. 이에 앞으로의 해양관광은 개발과 보전의 균형을 잡아주는 것이 급선무가 된다.

그리고 국민들의 여가행태 변화에 따라 해양관광 시설의 차별성과 다양성이 요구되고 지역특성을 고려한 특화된 관광상품이 필요한데, 서로 경쟁적인 관광홍보와 개발로 인해 해양관광자원의 난개발과 관광상품의 획일화 가능성이 현재로서는 매우 높은 편이다. 해양관광에 대한 해외관광객 유치의 차원에서 미래 글로벌 경기침체 및 불안정 가능성도 해양관광 산업발전의 중요한 위협요인이 될 수 있다. 그러므로 해양관광이 관광산업 중에서도 상대적으로 경기에 민감한 점을 고려하면, 4계절 관광과 체류형 관광을 활성화시키는 길이 하나의 대안이 될 수 있다. 이상 논의된 전반적인 내용을 정리하면 다음과 같다.

해항도시와 연안지역의 해양관광산업을 둘러싼 환경

강점(Strength)	약점(Weakness)
■ 다양하고 매력 있는 해양관광자원 보유(자연적, 인문·사회적 자원) ■ 육상관광지와 차별화된 해양관광지의 다양한 볼거리, 먹거리, 즐길거리 ■ 해양 및 수산관련 소재의 다양한 축제와 문화제 산재 ■ 산업적으로 특성화된 해양관광 노동인력과 서비스 노하우의 확보 ■ 지리적으로 중국 및 일본과 인접(편리한 항공 및 해상교통)	■ 경기민감 산업이자, 가격 탄력적인 관광산업의 특성 ■ 역동적 활동을 위한 계절적 장애(바다의 계절적 특성) ■ 내륙지역보다 명성 높은 관광지나 인지도의 열세 ■ 여전히 부족한 해양관광 인프라와 해양문화컨텐츠 ■ 해양관광 관련 법·제도적 정비의 미흡 ■ 장기 체류형 관광객의 외면(경유지) ■ 국민의 육지 중심적 사고와 미흡한 해양의식
기회(Opportunity)	위협(Threat)
■ 국민소득의 증대와 여가시간 확충 ■ 해양레저 및 관광 수요의 상대적 증대 ■ 요트나 크루즈 등의 신규 고부가가치 해양관광시장의 확대 ■ 정부차원의 법·제도적 육성방안 마련과 추진 ■ 국가에 의한 동·서·남해안 발전 특별법의 제정과 광역권 연안발전계획의 추진(남해안 시대 등) ■ 가족동반형, 장기체류형, 고급소비형, 레저문화형으로 나아가는 관광패턴의 지속적인 변화	■ 연안지역과 도시들의 해양관광유치 경쟁 ■ 정부와 지역별 해양관광 중복투자 및 지역경제 과잉효과 우려 ■ 해양개발과 보전 사이의 논리 상충 ■ 해양의 난개발로 인한 환경적 악영향 ■ 중·장기적 해양관광 육성전략의 부재 ■ 제도와 추진체계의 영속성 미흡(국가↔지역↔도시) ■ 미래 글로벌 경기침체 및 불안정의 가능성

1. 남해안 해양관광클러스터 개발계획

최근까지 우리나라 중앙정부는 문화 및 관광관련 부처 소관으로 지난 2010년부터 2014년까지 약 5년 간에 걸쳐 남해안 해양관광클러스터 개발계획이 추진되었으며, 여전히 그 후속적인 해양관광 활성화 정책이 진행되고 있다. 이는 우리나라 남해안 권역을 국제적인 해양관광거점으로 조성하기 위한 정책적 조치로서, 남해안의 경쟁력 있고 매력적인 해양관광자원을 중심으로 전략적인 해양관광 개발사업을 집중적으로 추진하기 위한 계획이다. 특히 이 계획에서는 기존의 해양관광자원과 남해안 인근의 육상관광 인프라를 지리적, 공간적으로 연계한 것이 가장 큰 특징이다. 그렇게 함으로써 실질적인 남해안 지역의 국제적 관광경쟁력과 해양관광의 질을 제고하기 위해 체계적으로 노력을 하였다.

남해안 해양관광클러스터 개발계획의 해양관광 종합구상도

그 주요 내용으로는 해양관광자원의 체계적 보호와 지속가능한 활
용 및 경관관리 강화, 경쟁력과 파급효과가 높은 테마사업의 선정 및
지속추진, 자원간 시너지 효과를 제고하는 융·복합 관광클러스터 구
축, 남해안 5대 테마의 경쟁력과 특징을 극대화하는 추진방향 및 전략
의 수립, 지역 관광경쟁력 향상을 위한 특화된 시설 및 프로그램의 품
격 제고 등의 여러 가지 새로운 개발전략이 제시되었다.

현재 이 계획의 진행이 완료된 지역에서 나타난 남해안 해양관광의
주요 테마로는 이순신, 섬, 공룡, 습지, 크루즈 등 5대 테마가 있으며,
후속조치로 다양한 세부적인 해양관광의 내용적 컨텐츠를 발굴하고
있다. 또한 "남해안 해양문화 관광공간 창출"을 궁극적인 비전으로 녹
색성장 관광지역 조성, 지역기반형 관광지역 조성, 통합 관광지역 조
성, 특화 관광지역 조성, 국제적으로 경쟁력 있는 관광지역 조성 등을
5대 세부적인 추진과제로 선정하여 정책적으로 진행을 하였다.

2. 남해안권 발전종합계획

우리나라 중앙정부는 해양관련 부처 소관으로 2020년까지 남해안
전체 지역을 동북아 글로벌 복합경제 중심지로 육성하기 위해 남해안
권 발전종합계획을 수립, 진행하고 있다. 이는 제도적으로 현행 우리
나라의 〈동·서·남해안권 발전 특별법(2020년 12월 31일까지 효력을
지니는 한시적 법률)〉에 근거하여, "연안과 해양을 모태로 새로운 경
제·물류·해양 허브의 선벨트(sun-belt) 조성"의 비전을 세우고 있다.
이러한 비전을 가지고 다시 정부는 남해안을 세계적 해양 관광 및 휴
양지대로 조성하고, 글로벌 경제와 물류거점으로 육성하기 위한 남해
안권 발전종합계획을 세웠다.

　실천적으로는 통합적인 해양산업과 관광 인프라 및 연안과 해항도시들 간의 초국경 네트워크 구축, 동·서의 통합 및 지역발전거점 육성을 추진전략으로 제시하고 있다. 여기에 참가하는 해안선에 연접한 남해안의 주요 도시로는 행정적으로 총 35개 기초자치단체가 있다. 그것은 부산광역시의 수영구, 기장군 등(9개구 1개군), 전라남도 지역의 목포시, 여수시, 순천시, 광양시, 고흥군, 보성군, 장흥군, 강진군, 해남군, 영암군, 무안군, 함평군, 영광군, 완도군, 진도군, 신안군(4개시 12개군), 경상남도의 창원시, 마산시, 진해시, 통영시, 하동군(6개시 3개군) 등이며, 모두들 이 계획의 추진과 성공에 대해 자발적으로 적극 참여를 하고 있는 상황이다.

　구체적으로 남해안권 발전종합계획은 남해안 지역을 세계적 해양관광·휴양지대로 조성하기 위해 남해안 권역을 공간적으로 4개의 소권역으로 구분하고 있다. 구체적으로는 도심관광권(부산 중심, 레저테마파크 조성), 다도해권(신안~진도~완도 및 기타 섬 지역, 판타지아일랜드 조성), 남도문화권(강진~순천~남해, 휴양헬스케어벨트 조성), 한려수도권(여수~사천~통영~거제, 체류형 관광지대 조성)의 권역으로 세분하고 있다. 그리고 각각의 소권역에 대해서는 보유하고 있는 자연·생태자원의 특성별로 생태관광루트, 해상영웅벨트, 남도문화탐방루트를 지정하여 운영할 계획에 있다.

　현재 남해안권 발전종합계획에서는 이러한 각 남해안 권역들에 대한 환경(자연환경의 보전 및 오염방지에 관한 사항), 문화관광(동북아 관광휴양 거점구축에 관한 사항), 항만물류(미래형 항만물류산업 육성에 관한 사항), 산업(지역주력산업 등 제조업 혁신에 관한 사항), 농수산업(농수산업 구조 고도화에 관한 사항), 인프라(도로·항만·공항·정보통신 등 사회간접자본시설의 정비와 확충에 관한 사항), 지역마케팅(국제행사의 유치개최 및 지원에 관한 사항) 등에 걸쳐 분야별 계획이 수립, 집행되고 있다.

남해안권 발전종합계획의 해양관광 권역개발도

특히 국가의 남해안권 발전종합계획과 연동하여 현재 남해안의 핵심도시인 부산을 중심으로 경상남도, 전라남도가 상호 연대하여 공동으로 추진하고 있는 〈남해안시대 프로젝트〉는 해양개발의 매우 특징적인 현상으로 풀이되고 있다. 이는 그간의 국토발전 전략이 중앙집권적이고 내륙 지향적인 폐쇄형 국토개발의 패러다임에 기초하고 있다는 문제점을 인식하고, 그 해결을 위한 새로운 대안을 추구하고 있다. 구체적인 대안의 한 방식으로서 수도권에 대응하는 남해안 연안지역과 해항도시의 주도적 추진방식·해양지향적 의식과 문화·개방형 국토개발 전략의 실천적 대안을 제시하는데 있어 남해안시대 프로젝트는 그 의의를 가질 수 있다. 남해안시대 프로젝트에서 지향하는 국토발전전략은 물리적·공간적 요소뿐만 아니라, 지방분권과 통합적 지역문화권 형성 등과 같은 비물리적·비공간적 요소를 총체적으로 고려하고 있어, 단순한 물리적 측면이 강조된 해양개발의 범주를 초월하는 개념을 내포하고 있다.

최근까지 우리나라 중앙정부는 2011년 이후부터 2020년까지 제4차 국토종합계획을 확정하고, 부분적으로는 해양개발 및 해양관광문제와 관련하여 수정 진행을 하고 있다. 제4차 국토종합계획의 수정계획은 약동하는 통합국토의 실현을 기조로 대외적으로는 유라시아 대륙과 환태평양을 지향하는 개방형 국토발전축을 구축하고, 대내적으로는 자립형 지방화와 지역 간의 상생을 촉진하는 다핵 연계형 국토구조 구축을 기본방향으로 제시하고 있다.

구체적으로 연안과 해양지역을 중심으로 한 개방형 국토발전축은 남해안축(일본~부산~창원~진주~광양~목포~중국), 서해안축(목포~군산~서산~평택~인천~신의주~중국), 동해안축(부산~울산~포항~강릉~속초~나진선봉~러시아)으로 설정하고 있다. 내륙지역을 중심으로 한 다핵연계형 국토구조 구축의 기본단위는 수도권, 강원권, 충청권, 전북권, 광주권, 대구권, 부산권, 제주도의 이른바 〈7+1 경제권역〉으로 구분하고 있다.

이에 따른 국토 전체의 문화관광벨트는 총 4개 광역관광벨트(남해안관광벨트, 서해안관광벨트, 동해안관광벨트, 평화벨트)와 7개 광역문화관광권으로 분류하고 있다. 특히 해양관광의 인식확산으로 인해 해양분야 문화관광지역(남해안, 서해안, 동해안)에 대한 중점적 지원은 이전의 국토종합계획에 전혀 없었던 특징적인 내용이다. 제4차 국토종합계획의 수정계획에서 새로운 6대 추진전략은 국토경쟁력 제고를 위한 지역특화 및 광역적 협력의 강화, 자연 친화적이고 안전한 국토공간의 조성, 쾌적하고 문화적인 도시·주거환경의 조성, 녹색교통·국토정보 통합네트워크의 구축, 세계로 열린 신(新) 성장 해양국토 기반의 구축, 초국경적 국토경영의 기반 구축으로 요약이 된다.

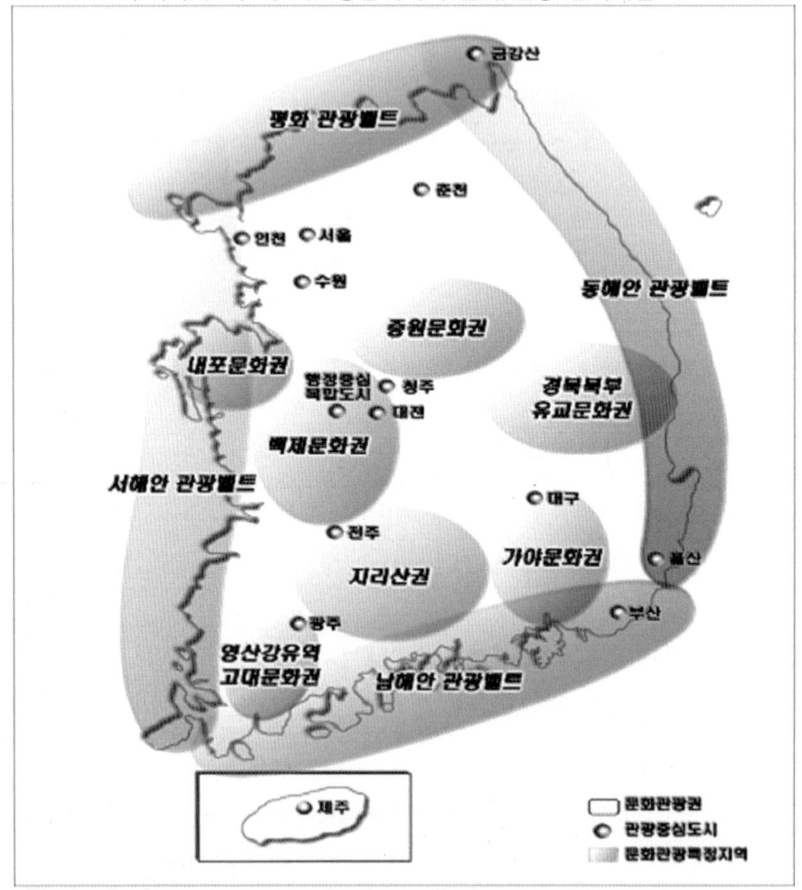

특히 해양관광의 발전 및 활성화 문제와 관련하여, 세계로 열린 신성장 해양국토 기반 구축은 해양자원 확보를 위한 활동영역 확장과 해양산업의 국제경쟁력 강화(북극해 항로 개발에 적극 참여하고 태평양 권역 국가와 남극대륙 및 북극해 해양자원에 대한 공동개발 추진), 풍력, 조류, 파력 등을 활용한 해양 신재생에너지 개발, 해양산업의 클러스터 및 네트워크화 추진과 해양관광산업 활성화 기반 조성을 주

요 내용으로 포함하고 있다. 또한 생태계에 기반을 둔 해양자원 및 공간의 통합적 관리(육지부 개발시 해양환경의 수용력을 고려하고, 연안해역 용도제의 조기 정착을 통해 연안의 보전·이용·개발 질서를 확립), 자연해안 유지 및 인공해안 복원 추진과 연안 및 해양보호구역 면적을 확대하고 연안·해양조사 및 정보화를 통한 과학적이고 합리적인 정책의 시행을 골자로 담고 있다.

초국경적 국토경영 기반 구축에 있어서는 유라시아-태평양 시대를 선도하는 글로벌 국토역량 강화와 한·중·일 복합수송체계를 구축하고, 아시안 하이웨이 및 아시아 횡단철도 연결을 추진하여 글로벌 교통·물류 관문국가로 도약하려는 내용을 담고 있다. 이 외에도 국제항공노선망 확충, 항공자유화 추진 등을 통해 글로벌 항공 네트워크를 구축하면서, 해외로부터 새로운 기회를 포착하고 국익 창출로 연결시키는 내용을 담고 있다.

● 4. 해양관광진흥 기본계획

우리나라 중앙정부는 지난 2008년 국토해양관련 부처 소관으로 먼저 전국의 연안지역에서 이루어질 해양관광에 대한 중점적인 비전과 전략을 마련하였는데, 그것은 해양관광진흥 기본계획을 수립하여 발표한 것이다(국토해양부, 2008). 이는 해양관광의 기반조성을 비전으로 그 주요 목표로는 해양관광의 통합적 관리체계 구축, 민간투자 촉진을 위한 해양관광기반 조성, 소비자 지향적 해양관광 공간의 독창적 개발, 해양관광 개발로 인한 공공갈등의 방지 등을 제시하고 있다. 먼저 해양관광의 통합적 관리체계 구축분야에서는 해양관광의 수요가 증가함에 따라 부처별 해양관광개발과 관련한 정책과 투자계획을 수립하고 있으며, 부처별 해양관광 관련 계획은 중복투자를 초래하거나 체계적인 해양관광계획의 수립에 장애요소가 될 수 있다는 것이다. 따라서 향후에는 장기적으로 부처별 독립적 계획이 아닌 해양관광의 통합적 관리체계 구축이 필요하다는 점을 제시한다.

민간투자 촉진을 위한 해양관광기반 조성분야에서는 민간투자를 촉진시킬 수 있는 해양관광기반을 조성하여야 한다는 것이다. 민간 투자자가 해양관광에 적극적으로 투자할 수 있는 기반으로서는 각종 규제의 완화, 해양관광 소비시장의 육성, 해양관광 투자의 인센티브 제공 등을 들고 있다. 즉 해양관광의 민간 투자자가 기존의 단순한 측면에 기인한 관광투자보다 해양복합에 기반을 둔 관광투자를 유도하여 효율적으로 해양관광단지를 조성할 기회를 주어야 한다는 논리이다.

또한 해양관광진흥 기본계획에서는 소비자 지향적 해양관광 공간의 독창적 개발에서는 해양관광 공급시장은 소비자가 원하는 해양관광상품과 컨텐츠의 개발이 우선되어야 한다는 점도 중요하게 제시되고 있다. 이를 위하여 해양관광 소비자의 육성과 함께 해양관광에 대한 소비자의 성향조사를 토대로 해양관광 공급시장의 개발이 이루어져야 한다는 점을 들고 있다. 그리고 이 계획에서는 해양관광 공급시장이 지역의 특성을 반영한 고유한 해양관광 공간으로 개발되어야 한다고 본다. 즉 지역의 고유한 자원을 활용한 해양관광 공급시장은 독창적이고 고유한 시장으로서, 미래에 차별화된 독과점 관광시장으로 성장시킬 수 있다는 것이다.

해양관광 개발로 인한 공공갈등의 방지 분야에서는 해양관광 개발 대상지가 만약 어촌주민의 재산권이 보장된 어촌주민의 생산공간일 경우에는, 먼저 이들을 대상으로 해양관광 공간 개발에 대한 사전협의가 필요하다는 일종의 거버넌스 논리이다. 환언하면 앞으로는 이러한 협의단계에서 해양관광 공간의 개발이 어촌주민의 소득 향상 혹은 어촌활성화 기여도에 대한 토의가 확실하게 이루어져야 한다는 것이다. 그리고 이러한 해양관광의 목표를 토대로 해양관광 정책을 효율적으로 추진하기 위한 전략으로는 해양관광 공간이 수요자에게 편리하게 개발되어야 한다는 점, 투자효과를 높일 수 있는 해양관광 공간으로 조성하기 위해서는 해양관광 투자의 효율성을 높여야 한다는 점, 독창성 있는 해양관광 공급시장을 개발하여 수요자의 다양한 관광 욕구를 충족시킬 수 있는 해양관광 공급시장과 해양문화 컨텐츠의 차별화가 필요하다는 점, 정부 부처간 다양한 해양관광정책의 연계가 필요하다는 점을 제시하고 있다.

해양관광진흥 기본계획의 권역별 구상

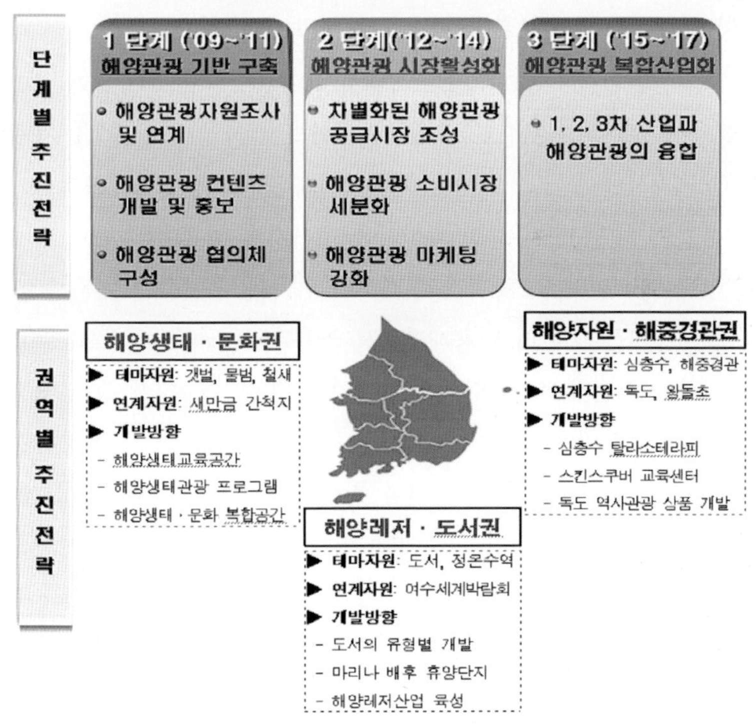

이러한 해양관광진흥 기본계획의 수립은 현재 해양관광의 효율적 수행을 위한 중앙부처의 역할 인식에 기여하고, 해양관광 활성화를 위한 관련 제도의 연계가능성에 긍정적으로 기여하고 있다. 또한 해양관광진흥 기본계획을 통해 해양관광자원의 효율적 활용을 위한 정부의 해양관광정책 추진방향의 정책적 토대를 제공하고 있으며, 중앙정부와 지방의 해양관광 업무의 유기적 협력 및 통합적 관리체계 구축에도 기여하고 있다.

● 5. 해양관광과 해양의 미래

1) 해양관광의 지역경제 파급효과 제고

우리나라 연안지역과 해항도시에서 해양관광산업의 성립과 발전을 가능하게 해 주는 것으로는 해양관광이라는 산업이 갖는 그 자체의 고유한 특성에서 찾을 수 있다. 다시 말해 일반적인 다른 관광산업에서 산업의 하부구조나 기반시설이 만들어지는 경우에는 초기 투자비가 많이 소요된다. 그렇지만 원래부터 바다나 수변공간은 불특정 다수가 사용하는 공동의 이용재화로서 공유자원(common pool resource)적 성격을 지닌다. 이로 인해 해양관광의 경우, 순수하게 그 자체적으로는 시설투자비가 많이 소요되는 것은 아니다. 그러므로 해양관광이 산업으로서 해당 지역경제에 대한 초기 파급효과는 다른 산업들에 비해 다소 낮은 편인 것이 사실이다.

구체적으로 해양관광은 실제 관광객이 많이 방문을 하더라도, 지역경제의 발전효과는 기대만큼 크지 않은 경우가 많다. 해양관광이 갖는 산업적 차원의 문제는 곧 해당 연안지역 주민이나 도시민들의 구체적인 이익이나 소득과는 직접적으로 연결이 잘 안되고, 개발에 있어서도 개인·단체에 대한 융자 등의 지원은 그들에게만 국한되어 인근 연관산업으로의 파급효과가 생각보다 낮을 수 있다는 것이다. 예를 들어 해양관광의 개발과 육성을 추진하는 지역이나 도시들은 일반적으로 연안지역이나 해변가에 위치한다. 특히 대도시가 아닌 곳에 위치한 지역은 경제자립도와 산업연관성이 낮기 때문에 해양관광의 지역 내 파급효과가 적고 역외 유출비율이 높다. 게다가 섬으로만 구성된 도서지역이나 낙후된 어촌 등을 방문한 도시 관광객이 현지에서 소비하는 지출규모는 그리 크지 않다. 해양관광지에 상업적으로 시장이 발달해 있지 않으면, 관광객이나 방문객은 출발지인 대도시의 상점이나 매장에서 식료품 등을 미리 구입해 가게 된다. 물론 숙박시설이 없으면 당연히 장기 체류형 관광도 없다.

그러나 해양관광은 해변을 가진 도시나 연안지역이 이미 가지고 있는 공동의 재산인 부존자원과 매력을 기반으로 하기 때문에 초기에 적은 투자비로도 비교적 다양한 파급효과를 얻을 수 있고 투자효과도 빠르게 나타날 수 있는 매력이 있다. 해양관광의 산업구조에서 분명 초기 개발의 문제는 도시에 비해 낙후된 연안지역에 대한 지속적인 개발 과정(sustainable rural development process)의 촉발·유지수단이 될 수 있는 매우 중요한 부문인 것은 분명하다. 결국 해양관광산업의 개발과 육성은 분명 연안과 해항도시에 대해 하나의 좋은 발전전략이 될 수 있다. 그러나 장기적인 산업의 경제적 파급효과 창출은 결코 만만한 과제가 아니다. 그리고 해양관광자원은 한번 훼손되면 원상태로 되돌릴 수 없는 불가역성의 성격을 지니고 있다는 것에 우리는 유의해야 한다.

2) 해양관광 수요자 특성과 요구 반영

미래에 새로운 해양관광산업의 도입은 그 연안지역과 해양을 가진

도시에 사는 주민들의 소득 다양화와 지역경제의 활력증진에도 그 기본적인 목적이 있다. 그러나 과거 국가나 정부의 손에 의해 기존에 추진되었던 많은 해양관광 개발사업은 일부 시범지역을 제외하고 대부분 지속적으로 추진되고 있지 못한 채 일회성, 전시성 사업의 모습으로 전락하는 경우가 많았다.

또한 해양관광지의 개발은 일반 관광지와의 차별성 없이 상업적 측면을 강조하여 해양과 자연자원 고유의 모습을 훼손시키는 경우마저 있었다. 이는 해양관광산업으로 하여금 하드웨어 중심의 물리적 개발에 치우치면서 지속적인 재투자 및 관리상의 한계에 부딪히게 만들고 있다. 그리고 가장 큰 문제점은 이러한 해양관광 개발사업을 수용하고 추진해 나갈 지역사회와 시민에 대한 이해, 이들의 인식과 수용적 자세 등에 대한 세심한 고려가 부족했다는 것에 있다.

미래에 우리나라 연안과 해항도시에서 해양관광산업을 활성화시킬 수 있는 정책의 성공은 바로 수요자인 관광객의 욕구를 충족시켜주고, 지역주민에게 실질적 혜택을 가져올 때 그 목표를 효과적으로 달성할 수 있다. 왜냐하면, 해양관광객 중심의 수요시장에 부응하지 못하는 유치전략의 도입은 그 실천성에 한계를 가져오게 되며, 효과적이고 지속적인 대안의 마련이 어렵기 때문이다. 전국 연안지역의 교통여건이 과거보다 개선되었음에도 불구하고, 동해안과 남해안, 서해안을 방문하는 해양관광객들에게 주요 해양관광지는 여전히 하나의 스쳐 지나가는 관광지로 인식되는 것도 이 때문이다. 해양관광지는 아직까지 육상관광지에 비해 상대적으로 매력이 적은 곳으로 알려져 있으므로, 향후 특색 있는 체류형 해양관광지 조성과 더불어 다수 관광객 유치를 위한 전략의 필요성이 크다.

이에 미래에 해양관광산업의 성공을 위한 정책의 합리적 추진을 위해서는 우선 해양관광의 대상이 되는 관광객의 특성과 행동, 욕구 등을 반영한 전략과 계획의 수립이 중요하게 요구된다. 즉 향후 전국 연안지역과 해항도시들은 우리나라 국민과 주변국 외국인들의 소득증대, 생활태도와 가치관의 변화에 따른 여행실태를 파악하고, 해양관광 이동총량 및 관련 지표를 조사·분석함으로써 해양관광 수요를 예측하는 동시에, 향후 발전을 위한 제반 정책수립에 필요한 정확한 기초자료를 제공받는 것이 급선무이다.

3) 지역적 특성과 여건의 정책반영

우리나라 주요 연안지역과 수변공간에 분포하는 해양관광자원은 대부분 수산업과 역사성 및 전통성을 지닌 문화자원, 해변의 자연경관, 바다의 수변여가공간(water-bounded recreational land) 등을 골고루 포함하고 있다. 우리나라 3면의 해안은 각각 지형적으로 고유한 특색을 나타내고 있으며 독특한 풍경과 해양관광자원을 형성하고 있다. 하나의 예를 들면 동해안은 해안에 단애가 많고 굴곡이 적으며, 맑은 물과 깨끗한 백사장이 있고, 태백산맥이 해안까지 뻗어 해변의 경관이 수려하다. 동해안에 위치한 시나 군 지역에는 유명 해수욕장이 많으며 해역별로는 우리나라에서 가장 많은 도시민들이 동해안 지역에서 휴가와 여가를 즐기고 있다. 그리고 남해안과 서해안의 경우는 이러한 동해안 지역과는 크게 다른 지형과 자연자원 상의 특색을 갖고 있다.

그러므로 전국 대부분의 연안지역과 해항도시에서 획일적으로 해양관광을 지역의 새로운 산업으로 성급하게 도입하는 것은 바람직하지 못하다. 이는 지역적 차별성을 부각시키지 못한 상태에서 대동소이한 체제로 해양관광의 컨텐츠나 내용들이 서로 비슷하게 운영될 가능성을 높이기 때문이다. 우리나라에서 1990년대 이후 지방자치제도의 도입과 함께 지역활성화를 목적으로 추진된 크고 작은 해양관광지

개발사업들의 공통된 문제점이 그러하였다. 이는 정부의 해양관광지 조성 정책이 현실성의 부족과 더불어 지역적 특성을 반영하지 못한 상태에서 권역별로 과다하게 지정된 데 그 원인이 있다. 또한 이러한 현상들이 나타난 원인은 사업의 초기 단계에서 우리 연안과 해역의 고유한 실정에 맞는 모델이나 구체적인 추진전략, 관리방안 등이 정착되지 못한 채 각종 해양관광 지원정책들이 추진되었기 때문이다.

결과적으로 해양관광산업은 각 연안지역과 서로 다른 해항도시들의 지역별 여건분석과 평가를 통한 차별화된 사업의 추진이 필요하다. 기본적으로 해양을 접한 연안이라고 해서 모두 다 같은 기능을 하는 것은 아니다. 항만과 물류가 강한 도시에서는 이러한 산업을 더욱 특화시키는 것이 필요하고, 전통적으로 수산과 어업활동이 강한 지역에서는 해양관광산업의 도입보다는 기존의 수산활동을 장려할 수 있는 사업이 필요하다. 또한 해양관광자원이 풍부하고 지리적 여건과 근교의 수요여건이 좋은 지역은 당연히 해양관광 개발과 관련된 연관산업들이 적극적으로 추진, 활성화되어야 한다. 새로운 해양관광시설의 기본적인 개발방향과 관련해서 미래의 연안과 해안지역은 관광숙박시설, 해안수족관, 휴양시설, 해양전망시설, 어촌민속전시관, 마리나(marina) 등을 골고루 개발하고 관광잠수선, 유람선, 보트(boat), 요트(yacht), 스쿠버 다이빙(scuba diving), 바다 낚시 등의 다양한 레크리에이션 활동을 즐길 수 있는 곳이 되어야 한다.

4) 해양관광 수용체계와 서비스 정비

현재 우리나라 연안지역에 내재된 인구사회학적 특성과 생활환경 측면에서의 문제점 중 가장 큰 사안은 바로 '거주인구의 감소 문제'라고 볼 수 있다. 이러한 이유는 젊은 연령층이 연안과 어촌 등을 떠나는 경우가 많다는 것으로 해석될 수 있으며, 심지어 대도시인 부산이나 울산 등도 마찬가지 현상이 나타나고 있다. 이것은 현재 해양관광지의 개발과 해양관광의 발전을 근본적으로 저해하는 요인이다. 또한 환경면에서 드러나는 문제점은 도시사람들이 저렴한 가격으로 자연환경이 쾌적한 해안과 수변공간에서 휴양과 해양스포츠 및 레크리에이션 활동을 할 수 있는 해양관광시설이 매우 부족한 것이다.

현재 대부분의 지역에서 나타나는 해양관광의 수준은 일부 지역주민에 의해 여관이나 민박사업, 활선어 요식업에 주로 치중되어 있는 상태이다. 이에 해양관광의 잠재적 자원은 다양하고 지역마다 독특함을 가짐에도 불구하고 대부분의 자원이 저이용 상태에 있거나 실상 방치되고 있는 경우가 많다. 해양관광의 지역 서비스 공급자가 적으면, 당연히 지역경제에 대한 파급효과도 적고 구조적으로 장기적인 해양관광의 발전이 어렵게 된다.

해양관광의 서비스 질 측면에서 국내와 외국인 관광객 수용체계도 전반적으로 미흡한 편이다. 이는 우리나라 관광서비스 관리체계의 고질적인 문제이기도 한데, 특히 해양관광지의 경우 다른 유명관광지보다 그 수준이 더욱 낮은 상태로 알려져 있다. 이러한 해양관광의 서비스 질과 소프트 인프라의 부족은 그대로 관광객의 소비 지출액의 감소로 연결이 되는 중요한 문제이다. 외국인 관광객의 경우에 해양관광에 대한 불만사항으로 언어불편, 안내표지판, 교통혼잡이 지속적으로 지적되고 있는 것도 이러한 문제와 같은 맥락이다. 일례로 중국, 싱가포르, 홍콩 등 이른바 한자문화권의 외국인 관광객들이 성수기에 우리나라 동해안이나 남해안을 찾음에도 불구하고, 해안이나 연안에 이들의 언어서비스를 위해 중국어를 제대로 구사하는 안내원이나 통역자가 배치된 곳은 거의 없다. 현재 외국인 해양관광은 전적으로 단체관광 가이드에 의존하고 있으며, 외국어 안내체계도 제대로 갖추어 있지 않은 상태이다.

또한 연안의 해양관광지에서는 육지관광지보다 상대적으로 외국인 관광객의 입맛에 맞는 음식의 개발이 시급한 실정이며, 관광객의 구매욕구를 자극할 특산물이나 토산품이 부족하여 다양한 선물 등을 구입할 수 없다는 것도 개선되어할 점들이다. 다른 관광지보다 해양관광에 있어 상대적으로 수산물의 먹거리 문화는 중요한 관광자원이 될 수 있다. 해양관광지의 먹거리에 있어서는 기본적으로 음식가격과 음식의 질이 중요하고, 특히 외국인에 대한 음식선택의 기회에 대해서는 국내 관광객보다 다양성이 더 많이 보장되어야 한다. 높은 음식과 숙박의 질은 곧 전반적인 미래 해양관광산업의 질과 성공으로 직결되는 문제임을 우리는 알아야 한다.

5) 해양관광 마케팅과 브랜드 창조

해양관광산업에 대한 국가 정책적인 차원의 문제점으로 우선 해양관광 자원의 다양성과 중요성을 정부가 높게 인식하지 못하는 수준에 머무르고 있다는 점이 많은 전문가들에 의해 지적된다. 이러한 점은 실상 연안지역에 사는 주민과 일선 공무원들의 잠재적인 해양관광 자원에 대한 인식부족과 노하우(know-how) 부족에서 기인한다. 이로 인해 현재 우리는 해양관광 자원을 효율적으로 이용하지 못하고 있을 뿐만 아니라, 해양관광 활성화를 위한 마케팅 노력이 선진국에 비해 아직 부족한 실정이라고 말할 수 있다. 지금처럼 별도의 마케팅이 필요치 않은 경유형 해양관광 형태와 단체패키지형 해양관광 형태는 지역에 실질적으로 도움이 되는 효과를 기대하기가 힘들다.

특히 자연자원이 가장 풍부한 연안지역과 도서지역은 상대적으로 해양관광에서 더욱 취약하고 낙후된 지역으로 사람들에게 인식되고 있다. 연안지역과 도서지역에는 교통과 생업수단의 제한으로 주민들의 소득이 낮고, 해양관광 사업개발을 하더라도 이윤이 많이 남지는 않는 지역이라는 민간기업의 고정관념도 남아 있다. 즉 연안지역 및 도서지역과 인접하고 있는 다른 관광자원과 연계성이 부족하며 주민들 스스로와 관련 기관에서조차 해양관광 마케팅에 대한 지식과 경험이 아직 부족하다고 볼 수 있다.

이에 우리나라 연안지역과 해항도시에서 해양관광산업의 활성화를 위해서는 최소한 정기적으로 해양관광자원을 이용하는 기존 관광객들의 선호도나 만족도 등을 조사해야 하며, 어떻게 관광상품을 개발하고, 가격을 책정하고, 어떻게 홍보할 것인지 등에 관한 자세한 마케팅 정책이 필요하다. 동시에 중앙과 연안지방의 체계적이고 연계된 적극적인 지원노력도 함께 요청된다.

결국 미래 해양관광 마케팅의 핵심은 바로 "해양관광의 브랜드 가치창조"의 문제이다. 기본적으로 연안지역과 도시별로 해양관광의 브랜드화가 이루어지지 않는 한 국내 관광객들에게는 그냥 하나의 스쳐 지나가는 관광지에 불과하게 될 것이기 때문이다. 우리나라 각 연안지역과 해항도시에 특화된 해양관광 브랜드는 기본적으로 이른바 '블루 투어리즘(blue tourism)'이라는 새로운 개념 하에 그 지역의 이미지와 특산물을 결합한 종합브랜드를 지향해 나가야 한다. 나아가 대표적인 해양관광지로 이미지를 창출할 수 있도록, 각 연안지역과 도시들은 해양관광브랜드 세계화 전략을 수립, 연안과 해양관광에 대한 소위 브랜드 파워(brand power)를 향상시켜야 한다.

참고적으로 우리나라 해항도시나 연안이 세계적인 목적 관광지로 성공하려면 우선 다른 나라의 해양관광 브랜드화 성공사례를 참고(benchmarking)할 필요가 있다. 예를 들어 우리나라와 같은 동양권인 일본에서는 마케팅 브랜드가 해양관광지의 필수조건이 되고 있음을 볼 수 있다. 일례로 일본에서 어촌브랜드 관광을 성공적으로 수행하고 있는 곳은 시즈오카현 미나미이즈 마을, 카나가와현 마쯔와 마을,

나노미야 마을 등이 있다. 특히 해안마을 체험형 수학여행지로 각광
받고 있는 시즈오카현 미나미이즈 마을에서는 건어물 만들기, 어가
민박 등이 있으며, 카나가와현 마쯔와 마을에서는 지역 어업협동조합
의 특산품인 고등어의 브랜드에 해양관광을 연계시키고 있다. 이런
경우를 볼 때, 앞으로 우리나라에서도 해양관광이 가진 각 지역별 브
랜드 잠재력은 충분한 것으로 평가된다.

블루 투어리즘(blue tourism)

블루 투어리즘은 도시민들이 답답한 도시를 벗어나 해안가 지역에서의 자
연과 공생하는 생활의 체험과 다양하고 흥미로운 여가활동, 몸과 마음의 휴식
(relax)과 재충전을 하는 관광의 새로운 기조이다. 기본적으로 해양관광에서
블루 투어리즘(blue tourism)은 연안지역과 해안가의 생활, 문화, 자연자원을
포함한 각종 관광자원을 대도시와 연안지역, 도시민과 어촌민 등의 교류를 통
해 활성화시키는 것을 기본 개념으로 하고 있다. 이는 관광이 곧 교류문화이
며 사람과 사람이 교류 해 나가는 것이 곧 지역을 활성화시키는 근본으로 간
주되고 있다.

블루 투어리즘의 목적은 관광객이 섬이나 바닷가에 체재하며 매력적이고
깨끗한 해변에서의 생활 체험을 통하여 몸과 마음의 재충전을 도모하는 것이
다. 나아가 연안지역이나 해안가 지역주민과 관광객이 서로 의사소통과 문화
교류 등을 즐기는 여가활동을 뜻하며 〈자연〉과 〈건강〉이라는 두 가지 키워드
를 중심으로 이루어지는 관광활동이다. 이러한 개념과 의미 하에서 우리나라
연안과 해항도시 지역은 최근 기존의 해수욕장 이외에 다양한 해양문화/수산
축제, 어촌체험관광, 해안열차관광 도입 등의 여러 가지 노력을 통해 도시민들
이 웰빙 차원에서 선호하는 관광목적지 중의 하나가 되려고 노력하고 있다.

6) 해양관광 종사자의 마인드와 인식전환

주로 연안바다와 수변공간에서 행해지는 해양관광산업 분야에서
보여지는 관광상품의 특성은 다른 곳에 비해서 인적 서비스에 비중이
매우 높다는 것이다. 이는 결국 해양관광 지역에 사는 주민이나 관광
시설 종사원의 서비스에 의해 해양관광의 성공이 좌우된다고 할 수

있다. 그럼에도 불구하고 우리나라가 이미 고령화 사회에 접어들었
고, 특히 연안지역과 어촌 등지에 고령자의 비중이 많다는 것은 상대
적으로 자기보다 젊은 관광객에 대한 친절이나 태도 등 대인적 서비
스 면에서 취약할 가능성이 있음을 암시한다.

　인간이 인간에게 행하는 관광서비스의 평가는 극히 개인에 따라 다
르게 나타나기 때문에, 다양한 관광객의 서로 다른 욕구를 대응하는
종사원과 지역주민의 역할이 참으로 중요하다고 볼 수 있다. 이는 해
양관광산업의 경우도 결코 예외가 아니다. 사람들의 친절 및 서비스
부재는 오랫동안 제기되어왔던 우리나라 전체 관광산업의 만성적인
문제점이었으나, 최근 많이 개선되고 있는 것으로 알려졌다. 인적 인
프라가 상대적으로 적은 해양관광산업에서 기본적인 친절 서비스의
실현은 일시적인 캠페인이나 분위기 조성만으로 완성되지 않는다. 그
러므로 이를 지속적으로 전달하고 교육시킬 수 있는 교육기관의 중요
성이 강조되는데, 국가차원이나 연안지역의 대도시 등에서 가칭 〈해
양관광서비스 아카데미〉를 운영하여 지금보다 인력양성을 활성화하
는 것도 좋은 방법이 될 수 있다. 해양에 대한 마인드와 우수한 서비
스 정신을 가진 좋은 인재를 육성하는 것은 장기적으로 해양관광산업
의 중요한 무형의 자양분이 될 수 있다.

7) 해양관광의 해외 고객시장 확대

　근래 2012년도에서 2013년도 사이를 기준으로 나온 한국관광공사의
외래관광객 실태조사에 따르면, 국내의 연안지역에서 주요 해양관광
지에 대한 외국인 관광객의 1인당 지출비용은 약 $1,076으로 국내 전
체 평균 약 $1,441보다 상대적으로 낮다. 이것은 해양관광이 대부분
저가관광 형태임을 보여주고 있는 단적인 예이며, 현재 내륙의 유명
관광지보다 상대적으로 관광기반시설이 취약한 이유 때문이다. 나아
가 우리나라에서 기존 해양관광객의 고객시장에 대한 접근이 체계화

되고 있지 못하며, 해양관광 시장의 설정단계에서부터 일부 문제가 있음을 간접적으로 보여주고 있다.

그동안 외국인에 대한 우리의 해양관광 마케팅은 해외지역에 관광 홍보물 제작·지원 및 배포, 해외 관광박람회·판촉전·교역전에 대한 참가, 해외관광 설명회와 팸투어 추진 및 해외 관광사무소 운영 등에 그 관심과 역량이 집중되었다. 이는 관광객 유치에 있어 표적집단(target group)에 대한 집중마케팅의 개념보다는 불특정 다수 외국인에 대한 홍보 위주의 업무가 중점이 되고 있었음을 의미한다. 그렇지 않아도 적은 해양관광의 마케팅 역량을 그나마 분산적으로 운영하고 있었다는 것에 문제의 심각성이 있는 것이다.

이에 앞으로 해양관광객에 대한 마케팅은 일반적인 대중마케팅을 지양하고 고객과 직접적으로 대화를 할 수 있는 쪽으로 선회하여야 할 것이다. 즉 해양관광 마케팅의 방향을 이른바 '선택과 집중'의 형식으로 바꾸어야 한다. 이는 제한된 연안지역과 해항도시들의 현재 여건과 자원을 고려하여 미주, 유럽 등 광범위한 시장을 표적으로 하는 것보다 동남아시아, 중국, 일본 등 동양의 한자문화권 방문객으로 시장을 특화하는 것이 해양관광의 경쟁력 제고 측면에서 효과적일 수 있다는 논리이다.

구체적으로 우리는 앞으로 외국인 해양관광의 표적집단을 설정하고 외국인 시장의 새로운 계층을 찾는 것이 필요하다. 예를 들어 동양문화권의 경우 중국, 싱가포르, 말레이시아, 태국, 인도네시아 등지에서 개별 시장적 접근보다는 해양관광객의 대부분이 일본, 중국, 동남아 국가의 방문객임을 고려하여 특정한 고객집단을 공략해야 한다. 해양관광 시장에서 계절을 떠나 최근 동남아 관광객이 차지하는 비중은 약 40% 이상 수준으로 여름철보다 겨울철에 중국과 동남아 관광객의 비중은 매우 큰 것으로 나타나고 있다. 일본도 입국하는 전체 외국인 관광객의 약 30%에 이르는 큰 시장으로 알려져 있어 적극적인 관광객유치 전략이 필요하다. 중국은 지속적인 경제성장과 외환보유고를 고려할 때, 조만간 세계 5위권 이내의 여행대국이 될 것으로 추정되고 있는데, 표적집단으로 중국 관광객이 매력적인 이유 중 하나는 이들이 해외여행의 주된 목적을 쇼핑에서 찾고 있기 때문이다.

결과적으로 우리나라 연안지역과 해양도시들은 각 지역의 고유한 여건과 특성을 고려하여 해양관광객 유치에 있어서 "저학력-저소득층 공략" 또는 "고학력-고소득층 공략"이라는 두 가지 전략 중 취사선택하여 한 가지를 선택적으로 사용해야 할 것이다. 즉 우선적인 기본전략의 하나는 저학력-저소득층을 대상으로 한 저가 중심의 가격마케팅이 될 수 있다. 다른 전략의 하나는 고학력-고소득층으로 관광표적시장을 전환하는 것인데, 주로 중·상류층을 상대로 한 해양관광만의 특화된 마케팅을 구사하여 특산품 등의 고가격, 고품질의 상품을 팔수 있는 해양관광 시장을 개척해야 한다. 고소득 표적집단의 경우, 반드시 유치전략에 대한 비용 대비 수익 분석을 실시해 그 결과를 따져보고 비용에 따른 수익을 따져서 원하는 결과를 얻지 못할 시에는 표적집단에 대한 전략과 전술을 신속하게 바꾸도록 해야 할 것이다.

해양관광 시장에 대한 표적집단의 설정

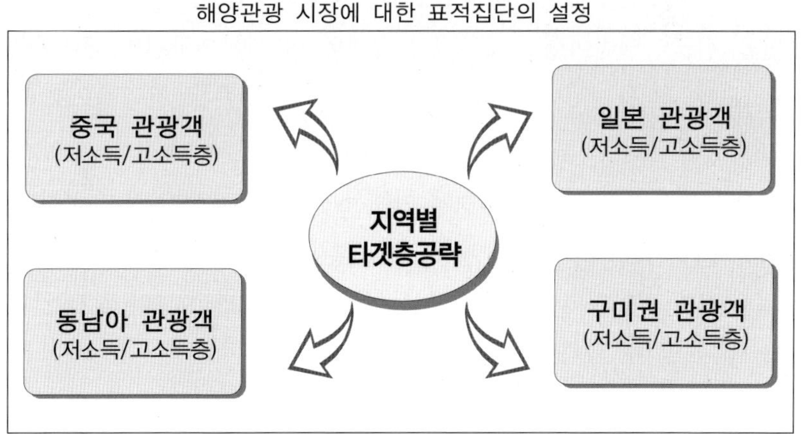

8) 해양관광 전문여행사의 육성

이미 유명문화재나 명승지를 가진 주요 연안과 해양도시들은 오래 전부터 해양관광객 유치에 역점을 두고 있으나, 정작 유치의 첨병역할을 담당해야 할 해안이나 연안지역의 일반여행사는 거의 없는 실정이다. 이는 오랫동안 우리나라 연안이 내륙에 비해 사회경제적으로 낙후되었기 때문이다. 따라서 앞으로 주요 연안지역이나 해안의 도시를 거점으로 하는 해양관광 전문여행사의 활성화를 위한 지원과 대책이 시급하다고 볼 수 있다. 보다 실제적으로는 해양관광산업의 저변확대와 경쟁력 강화를 위해 우리나라 연안지역에 주요 해항도시에 기반을 둔 중소관광업계(특히 인바운드 여행사)를 전반적으로 육성해야 한다는 사실이 매우 중요해진다.

일반적으로 민간기업인 여행사는 관광객의 여행지 선택을 좌우하는 정보제공에 막대한 영향을 미치고 있다. 그럼에도 불구하고 해양관광의 경우에는 전문여행사의 숫자가 별로 없으며, 일반여행사도 내륙의 주요 대도시에 집중되어 전반적인 해양관광 활성화에 구조적인 장애가 되고 있다. 한국관광협회중앙회의 최근 자료에 따르면, 국외여행업(내국인의 해외여행만을 취급), 국내여행업(내국인의 국내여행만을 취급), 일반여행업(내국인의 국내외 여행과 외국인의 국내여행을 모두 취급) 등으로 분류되는 여행사 업체 수는 전국적으로 약 9,800개에 달한다. 하지만 지역적으로 부산이나 인천, 울산 등 연안 대도시의 여행사는 서울의 그것에 비해서는 턱없이 모자라는 숫자이다. 지방과 수도권 지역의 인구나 경제수준 차이를 고려하더라도, 지리적으로 전체 연안지역에 위치한 민간여행사는 내륙도시보다 많지 않음을 쉽게 알 수 있다.

이러한 사실은 내륙과 대도시지역에 기반을 두는 여행업체의 태생적 한계와 고질적인 영세성 때문으로 볼 수 있으나, 앞으로 해양관광

여행업체의 경쟁력 강화를 위해 새로운 특단의 노력과 대책이 필요하다는 점은 분명하다. 예를 들면 수도권에 밀집된 대형관광기업이나 여행사의 지방이전을 촉진하고 장려하는 시책이 필요하다. 그리고 이를 위해서 기업본사를 연안지역에 유치하고 해양관광 분야에 특화하는 경우에 정부는 금융, 세제, 부지 등 각종 지원책을 유인으로 삼거나 지방자치단체 차원에서도 지원을 적극 추진하는 방법이 있다. 연안지역에 직접적인 해양관광 전문여행사의 설립이나 유치추진이 당장 어렵다고 한다면, 해양관광객 유치와 관련하여 메이저 인바운드 여행사 및 한국관광공사와 항공관련업 계와 공동프로모션을 추진하는 방안도 있다. 현재의 가장 큰 문제는 이러한 여행사의 구조적 불균형을 시급하게 인식하고 이를 해소하려는 노력의 시작이 있어야 한다는 점이다.

전국 내륙 및 연안지역 거점 여행사 분포

지역	서울	부산	대구	인천	광주	대전	울산	경기
국외 여행사	2,990	473	186	166	132	185	63	195
국내 여행사	1,053	311	173	162	134	167	60	231
일반 여행사	643	39	6	6	8	6	5	19
지역	강원	충북	충남	전북	전남	경북	경남	제주
국외 여행사	88	93	142	145	138	151	226	48
국내 여행사	106	107	175	151	201	179	270	178
일반 여행사	9	10	0	12	3	3	6	40

9) 지역주민과 어민의 이익과 소득 제고

우리나라 연안지역과 해항도시들은 최근 수산물 시장의 개방, 수산자원의 고갈, 해양환경의 오염 등으로 많은 어려움에 처해 있는 실정이다. 이에 정부에서는 연안지역과 도시민의 소득을 적극적으로 다양화, 증대시키기 위한 새로운 대안을 해양관광에서 찾으려 노력하고 있다. 또한 새로운 부가가치 창출의 차원에서 해양관광산업을 적극적으로 육성시키기 위하여 각종 정책을 마련하고 있다. 그러나 보다 근본적인 문제는 이러한 정책들이 단기적이고 근시안적이라는 것이다.

연안지역과 해항도시에 살고 있는 시민과 어민의 소득개선을 위한 이러한 정책들은 사업의 초기단계인 현 위치에서 지역경제 활성화를 위한 좋은 대안으로 제시되고 있기는 하다. 그러나 실제 해당지역의 주민들은 막연한 기대감 속에 기존 1차 산업을 통한 경제활동과의 관계설정에서 혼란을 겪게 되며, 각종 해양관광 개발사업을 통한 실질적 소득향상효과 또한 현재 시점에서는 미지수이거나 정확한 예측이 어려운 것이 현실이다. 이러한 이유로 지역주민들의 태도는 해양관광에 대한 기대감(euphoria)에서 무관심(apathy), 성가심(annoyance)을 거쳐 적대감(antagonism)으로 이행하게 된다.

지역주민과 시민들의 해양관광에 대한 지역경제 발전의 기대는 나중에 결과가 그렇지 못할 경우에 오히려 부메랑이 되어 돌아온다. 즉 바다에 대한 개발을 통해 자연자원만 훼손을 하게 되고, 오히려 나중에 지역의 공동체를 붕괴시키는 경우도 발생시키게 된다. 따라서 우리나라 연안지역과 해항도시에서 고려할 해양관광산업의 미래상에는 반드시 그 지역에 살고 있는 주민과 어민들의 소득증대와 상생방안이 함께 고려되는 것이 바람직하다. 그럴 경우 미래의 해양관광산업은 연안지역과 해항도시에 대해서 지역밀착형 경제효과로 나타날 수 있으며, 궁극적으로 연안이나 도시가 지속가능한 장기발전을 할 수 있는 선 순환적 구조를 형성할 수 있다.

제11장 해양환경관리와 부산의 사례

제1절 해양환경의 현재와 해항도시

　우리나라에서 제1의 해항도시이자 국가의 해양수도인 부산광역시
는 항만시설, 선박 입·출항실적, 컨테이너 처리물량, 어선세력, 수산
물생산량 등 해양산업의 전국대비 비중이 전국에서 가장 높은 도시이
다. 부산은 연안의 해양자원을 이용하여 각종 생산·산업 활동을 영
위하여 왔으며, 미래에도 해양자원을 활용한 보다 부가가치 높은 항
만, 수산, 관광, 물류산업 등을 통한 도시발전을 계획하고 있다. 그러
나 안타깝게도 해양수도를 자처하며 해양특별시 승격을 추진하는 부
산광역시의 경우 해양수도에 걸맞은 해양환경 관리정책이 매우 열악
하다(신성교, 2003; 최성두 외, 2008).

　미래에 해항도시 부산이 지속적으로 해양자원을 이용한 발전을 하
기 위해서는 부산 연안과 해양환경에 대한 적절한 관리가 이루어져야
한다. 지금까지 부산은 재정수입에 도움이 되는 항만시설의 건설, 배
후도로 건설 등에만 역점을 두어 왔지, 해양환경 보전을 위한 해양환
경관리정책에는 관심을 덜 가진 것이 사실이다(김상구·최성두 외,

2008). 즉 부산 연안의 해양환경과 관련된 권한들이 지나치게 해양수산부와 해양경찰청에 일임되어 있고, 부산광역시의 법정사무는 거의 없다. 그러나 지방자치시대의 부산광역시는 부산연안의 다양한 해양자원의 가치를 극대화하기 위해 해양환경관리를 주도적으로 수행할 수 있는 자치역량을 키워 나가야 할 것이다.

이러한 맥락에서 우리나라 해양환경관리의 전반적인 특징을 검토하고, 우리나라 해양환경관리에서 지방정부의 기본역할과 이를 제약하는 요인들을 파악한 다음, 특히 부산 해양환경관리의 과제들을 중심으로 향후 부산 해양환경관리의 개선방안들을 제시해 보려고 한다. 부산의 입장에서 보면 해양환경관리의 자치능력을 제약하는 요인들(constraints)이 일종의 외생적 환경변수로서 작용하고 있는 것이고, 특히 이들 가운데 합리성이 결여된 외부적 제약요인들이 무엇이며 이를 어떻게 극복할 것인가 하는 과제는 부산 해양환경관리의 자치적 실현가능성(feasibility)을 제고하는 요체가 될 수 있다. 이 때문에 해양환경행정에 대한 지방정부의 기본역할 검토와 동시에 이를 제약하는 요인들에 대한 검토가 필요한 것이다. 한편으로 부산광역시 내부적으로 해양환경행정에 대해 얼마나 적극적 의지와 관심이 있고 자치역량을 보유·강화하고 있는가하는 내생적 환경측면 역시 또 다른 중요한 제약요인이 될 수 있다고 본다.

제 2 절 해양환경의 개념과 특징

1. 해양환경관리의 제도적 장치

바람직하지 않은 해양환경 오염상태를 개선하고 해양생물자원, 해양광물자원, 해양에너지자원, 해양공간자원 등 다양한 해양자원들의 가치를 증대시키는 활동을 곧 해양환경관리라고 할 수 있다. 여기서 해양환경 오염상태라 함은 인간활동의 결과로 생긴 다양한 유해물질이 연안과 해양에 유입되어 해수의 질을 손상시켜 생물자원에 해를 입히고 어업을 포함한 해양활동에 장애를 주며 해양환경의 쾌적성을 저하시키는 상태를 말한다(해양수산부 외, 1999).

해양환경관리의 방식에는 크게 육상기인 해양오염물질 관리, 해양기인 오염물질 관리, 해양생태계 관리, 유해화학물질 관리의 네 가지가 있다. 이 가운데 육상기인 해양오염 관리는 전체 해양오염의 약 80%를 차지하고 있어서 해양환경관리 사업의 비중이 가장 높다. 제2차 해양환경보전종합계획(2006-2010)에서 우리나라는 해양환경 보전을 위해 4대 정책분야 58개 실천과제에 6조 7,979억 원을 투자했다. 그 가운데 86%는 육상기인 오염원의 체계적 관리를 위한 정책분야에 집중 투자

해양환경관리 관련 법·제도의 강화 추세

관련 법률	해양환경관련 주요 규정	관련 법정계획	대상 범위
해양수산발전 기본법	·해양의 합리적 관리·보전을 위한 기본 방향 제시	·해양수산발전기본계획	연안, 배타적경제수역 등 전해역
연안관리법	·연안환경을 보전하고 연안의 지속가능한 개발 도모 ·연안육역 포함	·연안통합관리계획 ·연안관리지역계획 ·연안정비계획	연안육역 및 해역 (영해 이내)
해양환경관리법 (2006년 이전 해양오염방지법)	·해양에 배출되는 기름·유해액체 물질 등과 폐기물을 규제 ·해양환경관리 근거법 ·오염원 총량규제	·해양환경보전종합계획 ·환경관리해역관리 기본계획·지역방제계획	연안 및 기타 해역
어장관리법	·연안어장 정화사업 ·어업폐기물, 바다퇴적물	·어장관리기본계획 ·어장관리시행계획	어장 (수산업법제8조)
공유수면 관리법	·오염물질 투기행위	-	해안
습지보전법	·습지보전지역 지정 관리	·습지보전기본계획	내륙 및 연안습지
항만법, 어항법	·오염물질 투기행위	-	항만 및 어항구역

되었다. 이 밖에 해양환경 개선 및 오염원의 예방적 관리분야에 10%, 해양생물 다양성 보전과 생태계 복원분야에 2%, 해양환경관리 정책인 프라 강화 및 국제협력 분야에 2% 투자되었다(해양수산부, 2006).

2. 해양환경관리의 특성과 문제점

우리나라 연안지역에서 나타나는 해양환경관리의 가장 두드러진 특징은, 첫째, 개발과 보전의 가치·이해가 상충되고 있으며, 그 가운데 개발가치에 대한 수요가 아직 지배적 우위를 차지하고 있다는 점이었다. 그러나 최근 우리나라도 다양한 법률들을 통해 해양환경관리가 강화되고 있는 추세이다. 즉 기존의 해양오염방지법이 해양환경관리법으로 강화되었고, 공유수면관리법으로 해역이용 협의가 강화되었으며, 공유수면매립법으로 매립면적이 축소되었다. 그리고 연안관리법으로 연안이용이 보다 합리화되었고, 무인도서관리법으로 무인도서의 합리적 이용이 강화되었으며, 해양생태계보전및관리법으로 해양환경관리에 해양생태계관리 개념이 강화되었다. 또 다른 추세의 하나는 최근 새만금종합개발특볍법과 연안권발전특별법의 제정으로 지방자치단체의 개발권한이 강화되었다는 점이다.

둘째, 해양환경관리는 국제규범을 통하여 우리나라를 포함한 연안국가들의 해양환경관리 의무가 점점 더 강화되고 있는 특징이 있다. 유엔 해양법 협약(UNCLOS)는 연안국의 해양환경 보전 의무를 강화하였고, 육상기인 해양오염방지를 위한 전 지구적 실천계획(GPA)은 육상활동으로부터 해양환경보호를 위한 범 지구적 실천계획을, 국제해사기구(IMO)는 해양환경 보전기준을, 그 밖에 NOWPAP, YSLME, PEMSEA, 한·중 황해환경 공동조사, 동해환경보전을 위한 한·일 및 한 · 러 협력 등이 지역해역별 해양환경관리를 강화한 바 있다.

셋째, 우리나라 환경행정체계는 환경부와 해양수산부의 이원적 환경관리체제를 택하고 있는 특징이 있다. 환경부는 육지환경 및 대기환경을 관리하고, 해양수산부는 해양환경을 관리한다. 해양환경행정체제는 육지환경행정과 해양환경행정을 통합 · 관리하는 '통합형'과 분리 · 관리하는 '분리형'이 있다. 우리나라는 1996년 해양수산부가 창설되면서 육지환경행정과 해양환경행정을 분리하는 이원적 환경행정체제를 채택하였다. 통합형으로 해양환경을 관리할 경우 아무래도 육지환경행정에 우선순위가 밀려 해양환경행정을 후순위로 다룰 가능성이 높기 때문에, 미국의 경우에도 육지환경행정을 담당하는 환경청(EPA)과 해양환경행정을 담당하는 해양대기청(NOAA)을 분리하여 운영하고 있고, 캐나다의 경우에도 환경부와 수산행정부를 분리 운영하고 있다.

우리나라 해양환경 행정체계는 구체적으로 해양수산부가 해양환경 정책 수립을, 지방해양항만청과 지방자치단체는 해양환경 정책집행을, 해양수산부 소속기관인 해양경찰청은 해양오염 방제 및 단속을, 국립수산과학원은 해양환경에 대한 조사연구를, 한국해양연구원과 한국해양수산개발원은 해양환경관련 정책 및 사업연구를 각각 나누어 수행하고 있다. 그리고 해양환경관리의 대상 해역공간 범위도 해양수산부 외의 타 부처들이 각각 업무별 · 기능별로 그들의 업무를 수행하고 있는 특징이 있다. 예컨대, 연안해역 내에서 환경부 등 타부서의 관할 업무가 존재한다. 환경부는 '독도 등 도서지역의 생태계보전에 관한 특별법'을 통한 특정도서 관리업무와 함께 '자연공원법'을 통한 해안 · 해상국립공원 업무를, 문화재청은 '문화재보호법'을 통해 문화재보호구역 업무를, 지식경제부는 '해저광물자원개발법'을 통해 해저자원개발 업무를, 해양수산부의 건설교통부문은 '골재채취법'을 통해 EEZ내 해사채취 업무와 '국토의 계획 및 이용에 관한 법'을 통해 수산자원보호구역 업무를 각각 나누어 수행하고 있다.

넷째, 해양환경관리의 주요 부문을 이루는 연안관리(coastal management)의 법적 강제성이 결여되어 있어, 실제 연안해양 환경관리의 실효성이 제대로 획득하지 못하고 있는 특징이 있다. 연안관리법에서는 육지로부터 500미터(단, 항만 산업단지 등은 1,000미터)와 무인도서 전체를 행정대상으로 하고, 그 중 연안육역의 관리는 '연안관리법' 상의 연안관리통합계획, 연안관리지역계획, 연안정비계획을 통하여 업무가 수행되고 있다. 그러나 연안통합관리는 계획에 의한 관리이지만 강제성이 미흡하고, 연안관리지역계획은 지방자치단체의 임의계획으로 중앙정부의 인센티브에 의해 추진이 권고되고 있고, 연안정비계획은 재해예방 위주인 특징을 지니고 있다. 연안의 해양환경관리는 육역과 해역간의 유기적인 연계성 확보와 개발 및 환경과의 조화를 통한 지속가능한 발전을 도모해나가기 위해서 통합성 제고가 무엇보다 요구된다(UNEPA, 2001).

다섯째, 최근 해양오염방지법에서 해양환경관리법으로 법률 개정을 하면서 해양오염원별 대책과 해양환경기준이 강화되고 있다. 과거 해양오염방지법은 선박 및 시설로부터의 해양오염방지가 대부분을 차지했는데 이는 MARPOL Annnex-Ⅰ, Ⅱ, Ⅲ, Ⅳ, Ⅴ를 수용한 것이다. 또한 폐기물해양투기는 런던덤핑협약을, 유류오염방지는 OPRC협약을 각각 수용하였다. 이에 더하여, 해양환경관리법 제정으로 환경관리해역의 오염총량규제와 해역이용영향평가제를 신설했고, 당초 '육상기인오염물질배출관리법률안'을 대체하여 해양오염원 조사 및 개선조치 요구를 위해 법18조에 해양환경개선조치를 신설했고, 육상에서 발생한 폐기물의 해양배출 금지(법23조)를 위해 배출가능해역을 해양수산부령이 정하는 해역으로 했고, 해양쓰레기 관리를 위해 해양수산부장관이 '폐기물해양수거·처리계획'을 수립하고 시·도지사가 실천계획을 수립하도록 했다. 그리고 이를 집행할 추진조직으로 기존의 해양오염방제조합의 기능을 확대하여 '해양환경관리공단'을 설립했다.

여섯째, 역사적으로 우리나라의 해양환경관리는 점차 발전 추세에 있다. 해양수산부가 탄생된 1996년 이전에는 해양환경관리가 육상환경관리의 한 부분으로 이루어졌고, 다만 의제 21과 GPA 등 국제규범을 통해 해양환경행정 개념이 정립되기 시작하였다. 해양수산부 탄생 이

우리나라 해양환경관리의 발전 특징

시 기	1995년 이전	1996~2000년	2001~2005년	2006~2010년
해양환경종합관리계획	없 음	해양오염방지 5개년계획 (1996-2000)	해양환경보전 종합계획 (2001-2005)	해양환경보전 종합계획 (2006-2010)
특징	해양환경관리 개념의 정립	·해양환경 관리체제 정비 ·오염물질 제거 및 사후처리 단계	·오염물질 사전 예방적 관리 도입단계	·오염물질 사전 관리 정착 및 해양생태계 중심 관리 도입단계
주요내용	·의제21, GPA ·육상환경관리의 한 부분으로 해양환경관리	·해양수산부의 창설, 전담부서 확대 ·해양오염방지5개년계획 시행 ·연안관리법, 습지보전법 제정 ·해양오염방지법, 공유수면관리법 개정 ·해양환경개선 투자 확대 ·환경관리해역 제도 도입 ·해양환경관련 국제협약 집중 가입 ·국제협력 강화 - NOWPAP, PEMSEA, YSLME	·해양수산발전 기본계획 시행 ·해양환경보전 종합계획 시행 ·연안통합관리 계획수립 시행 ·해양보호구역 관리체제 구축 ·어장환경관리 체계화 ·연구조사, 기술 개발 투자체계 혁신 ·민관협력 증진, 시민의식 제고	·연안유역환경 관리체제 도입, 시행 ·해양생물종다 양성 보호법 제도 정비 ·하구역, 외래종 침입, 해파리, 기후변화 등 새로운 이슈 대응 ·무인도서 포함 EEZ 환경관리 ·협력증진 및 갈등관리를 위한 거버넌스 모색 ·국제사회 해양환경보전에 능동적으로 대응

* 자료: 해양수산부(2006). 제3차 해양환경보전종합계획(2006-2010).

후 전담 부서와 해양오염방지 5개년 계획이 수립되었고, 해양환경관리체제를 정비하고 해양오염물질의 제거와 사후처리 중심의 다양한 사업이 추진되기 시작했다. 2001년부터 시행된 제1차 해양환경보전종합계획에서는 오염물질의 사전예방 관리사업을 도입하여 연안통합관리와 해양보호구역 등의 사업이 실시되었고, 2006년부터 시행된 제2차 해양환경보전종합계획에서는 해양생태계 중심관리 사업이 도입되는 등 우리나라 해양환경관리가 점점 발전되는 모습을 나타내고 있다.

제 3 절 해양환경과 해항도시의 역할

1. 해양환경관리에서 해항도시의 역할

해항도시가 해양환경관리의 핵심 주체가 되어야 하는 이유는 다음과 같다. 첫째, 해양환경관리 현안과제가 해역별로 다르게 나타나기 때문이다. 둘째, 해양환경관리는 해역특성을 고려하여 추진되어야 하기 때문이다. 셋째, 지역차원의 민·관·산·학 파트너십이 해양환경관리의 성패를 좌우하기 때문이다. 넷째, 국가계획은 지역차원의 실천계획을 통해 이행되기 때문이다. 다시 말하면, 해양환경문제는 본질적 특성인 지역성으로 인해 지방자치를 통한 효율적 문제해결이 필요하다는 것이다.

중앙정부와 해항도시 간에 확립해야 할 해양환경 기능배분의 원칙은 '해양환경개선 및 해양환경오염관리와 관련한 업무의 결과나 효과가 전국적 차원이 아니라 일정한 지역해역에 국한되는 특수한 지방공공재의 경우에는 해항도시에서 담당하는 것이 보다 효율적이며 해양환경관리 주체도 해항도시가 되어야 한다'는 것이다. 향후 해항도시의 해양환경관리 기능강화는 바로 이러한 입장에서 이루어져야 한다(최성두 외, 2008).

해양환경관리에서 해항도시의 기본역할은 크게 두 가지가 있다. 첫째, 국가계획에 대한 지역차원 계획의 수립과 집행을 담당하여야 한다. 예컨대, 지역해역별 연안관리지역계획, 습지보호구역관리계획, 해양보호구역관리계획, 해양쓰레기 수거처리계획, 어장관리계획 등의 계획수립에 참여하고 이를 효율적으로 집행하여야 한다. 둘째, 지역차원의 해양환경 거버넌스(governance)를 구축하여 지역해역의 환경관리 역량을 강화시켜야 할 의무가 있다. 지역주민 접촉과 일상적 참여 및 협력을 토대로 지역해역 환경갈등을 사전에 예방하고, 교육홍보를 통해 지역의 해양환경관리 역량을 강화하고, 시민모니터링제 등 다양한 시민참여를 지원해야 할 것이다.

2. 해항도시 해양환경관리의 제약요인

앞에서 말한 해항도시 해양환경관리의 역할은 다음과 같은 제약요인들 때문에 현재 그 기능이 위축되어 있다고 할 수 있다. 첫째, 우리나라 해양환경 행정체제의 기능배분 측면에서 제약요인이 크다. 효율적인 해양환경관리는 연안해양오염의 80%를 차지하는 육역의 수질관리와 연계 없이는 불가능하다고 할 수 있다. 해양환경공간의 연계성 확보라는 측면에서 육상환경관리주체인 환경부와 해양환경관리주체인 해양수산부의 업무조정에 관한 논의가 지속적으로 제기되고 있지만, 해양환경관리업무를 환경부로 일원화하느냐 해양수산부로 일원화하느냐 아니면 현재와 같이 이원적 체계로 두느냐가 지금도 논란 중에 있다. 환경부 통합론자들은 환경업무의 효율성과 전문성 측면에서 통합을 주장하고, 해양수산부 통합론자들은 해양환경의 특수성과

해항도시 부산의 항만유형별 해양오염관리 권한

구 분		해역관리권자	해당 해역	해역구분 근거법
항만	무역항	해양수산부장관	북항	항만법
	연안항	해양수산부장관	남항	
어항	국가어항	해양수산부장관	다대항, 대변항	어항법
	지방어항	시·도지사	송정, 청사, 우동, 미남, 눌차, 천성, 대항, 이동, 월래, 학리, 칠암, 도호, 신암, 동백	

해양이용자의 만족성 측면에서 분리를 주장하고 있다(해양수산부 경영진단보고서, 1999; 한국행정학회, 2002).

또한 현재 해항도시의 해양환경 관리체계는 항만법에 의한 지정항만과 어항법에 의한 1종 및 3종 어항(국가어항)에 대해서는 해양수산부장관이 관리하고, 이외 해역에 대해서는 시·도지사가 해양환경을 관리하게 하고 있다. 예컨대, 부산의 주요해역의 경우 북항, 남항, 다대항, 대변항은 해양수산부가 해역관리청이 되고, 지방어항에 대해서만 시·도지사가 해역관리청이 되어 있다, 이는 지방자치단체의 해역환경보전을 위한 활동이 해역 공간적으로 제한되고 있음을 의미한다.

해양환경관리 관련 업무의 공간적 제한과 더불어 우리나라 해양환경관리법에 규정된 지방자치단체에 위임된 법정사무는 극히 제한되어 있는 실정이다(최성두 외, 2008). 구체적으로 '관할 해역의 해양환경기준의 설정', '관할 해역에 적합한 해양환경측정망 구성', '오염물질 유입방지시설 설치 및 오염물질에 의한 해양환경개선 조치', '해양폐기물의 수거처리', '오염물질 저장시설 설치운영', '해양오염에 대한 방제조치', '해양환경관련 민간단체 지원' 등의 업무만 해양환경관리법에서 지방자치단체의 법정사무로 규정하고 있다. 이것은 과거에 해양오염방지법상의 지방자치단체 법정사무로 해양폐기물의 처리, 선박의 폐선처리장 설치운영, 선박 및 해양시설의 출입·검사·보고업무 등만 규정했던 것에 비해서는 많이 개선된 것이라 할 수 있으나 아직도 매우 제한적이라 판단된다.

전반적으로 해양수산부의 법정 위임·위탁사무는 특별지방행정기관과 해양경찰청, 해양환경관리공단 등에만 한정되어 있고 지방자치단체는 해당사항이 전무한 실정이다. 해양환경관리법 외의 다른 해양환경관련 법률체계 전반에서 살펴볼 때도 마찬가지로 해역환경 개선을 위한 해항도시의 법적 고유사무나 위임사무가 별로 설정되어 있지 않아서 이것이 해항도시의 해역환경개선을 위한 행정력 확보에 근본적 제약요인으로 작용하고 있다.

해양환경관리법상 해항도시의 법정사무 현황

조 항	내 용
제8조 제2항 해양환경기준	- 관할 해역 안에서의 해양자원의 적정한 이용·개발 및 해양환경 보전 등을 위하여 해양환경기준 별도 마련·고시
제9조 제2항 해양환경측정망	- 관할 해역에 적합한 해양환경측정망 별도 구성
제18조 해양환경개선조치	- 오염물질 유입방지시설의 설치 - 오염물질의 수거 및 처리 - 오염된 퇴적물의 수거 - 그 밖에 해양환경개선과 관련하여 필요한 사업으로서 해양수산부령이 정하는 조치
제24조 제1항 해양오염방지활동	- 폐기물 해양수거·처리계획에 따라 세부 실천계획 수립·시행
제24조 제3항 해양오염방지활동	- 폐기물의 수거·처리를 위한 선박 또는 처리 및 조사·측정활동 등 오염방지활동을 위하여 필요한 선박 또는 처리시설의 운영
제38조 제1항 오염물질저장시설	- 선박 또는 해양시설에서 배출되거나 해양에 배출된 오염물질 저장시설의 설치·운영
제68조 제1항 해양오염 방제를 위한 행정기관의 조치	- 해안의 자갈·모래 등에 달라붙은 기름의 경우, 그 해안을 관할하는 시장·군수 또는 구청장이 필요한 조치 시행
제119조 제3항	- 해양환경의 보전·관리 및 해양오염방지를 위한 활동을 하는 민간단체 지원

* 자료: 최성두 외(2008). 부산 해양환경관리 기본계획에 관한 연구.

우리나라 연안 개발계획 현황

항목	전체 개발수요	관광개발	도시개발	산업개발	환경시설	기 타
연안 시·도 합계	1,864개소 (100%)	1,197 (64%)	275 (15%)	205 (11%)	172 (9%)	15 (1%)
부산광역시	64 (3.4%)	33	9	20	2	-
인천광역시	149 (8.0%)	38	94	11	5	1
울산광역시	34 (1.8%)	26	2	3	3	-
경기도	31 (1.7%)	22	8	1	-	-
강원도	207 (11.1%)	128	15	38	25	1
충청남도	166 (8.9%)	122	11	16	17	-
전라북도	31 (1.7%)	14	7	5	4	1
전라남도	516 (27.7%)	398	20	34	61	3
경상북도	150 (8.0%)	117	4	17	12	-
경상남도	440 (23.6%)	272	75	53	32	8
제주도	76 (4.1%)	27	30	7	11	1

* 자료: 해양수산부 등 해양정책유관기관 합동 혁신워크숍(2007)

둘째, 정부의 통계분석에 의하면(해양정책유관기관 합동혁신워크숍, 2007), 우리나라 11개 연안 시·도는 환경시설 등 해양환경관리에 대한 관심 보다 관광개발, 도시개발, 산업개발 등 도시경제개발에 더 많은 관심이 있는 것으로 나타났다. 앞의 요인이 해항도시 해양환경행정의 자치역량을 제약하는 외부 환경적 제약요인이라면 이 요인은 해항도시 내부의 자체적 제약요인이라 할 수 있다. 다음의 우리나라 연안 개발계획 현황은 2000년 이후 수립된 각종 계획 또는 2000년 이전 수립되었으나 현재까지 대체 계획이 수립되지 않은 계획들을 모두 포함한 것으로 구체적으로 제4차 국토종합계획 및 변경계획, 제4차 권역별 관광개발계획, 제3차 시·도별 종합계획, 장래발전계획, 광역권 개발계획, 시·군·구별 종합계획 및 장래발전계획, 경제자유구역계획, 기타 사업보고서 도시개발지구, 택지개발지구, 구획정리사업지구 지정현황, 각종 지구지정현황 통계 등을 포함 분석하고 있다. 우리나라 연안 시·도의 연안개발계획 총 1,864개 가운데서 연안에서의 관광개발계획 64%, 도시개발 15%, 산업개발 11%, 환경시설 9%를 각각 차지하고 있다. 연안 시·도별로는 전남 27.7%, 경남23.6%로 가장 높고 부산은 3.4%를 차지하고 있다.

셋째, 중앙정부의 해양환경관리종합계획(해양환경분야의 법정계획) 수립과정과 방식이 해항도시를 제약하고 있다. 해양환경관리법에 따라 해양수산부장관은 5년마다 해양환경보전종합대책을 수립·시행하도록 하고 있다. 구체적으로 국무총리실 수질개선기획단에서 정부합동으로 5개년 해양환경보전종합계획을 수립하고, 해양수산부-해양경찰청-환경부가 공동으로 단위 사업과제를 수행하도록 하고 있다. 사업의 구성은 대체로 육상기인 오염원의 해양유입 방지사업, 해양기인 오염원의 관리사업, 해양수질 개선 및 생태계 보전사업, 국제협력 강화 및 지구 환경보전사업, 해양환경관리기반 강화사업 등으로 구성된다.

그러나 이 계획의 수립과정을 보면, 연안지방과 해항도시들이 배제된 채로 중앙정부 주도로 이루어지고 있다. 즉 이는 지역의 해역별 특성을 반영한 자율적 해역환경개선사업의 추진을 어렵게 하고 있다. 해양환경보전종합대책의 수립에 관련된 해항도시의 역할과 기능은 종합대책 수립을 위한 자료제출과 수립된 계획의 시행에 관한 부분에만 한정되어 있다. 지역의 해양환경관리대책 수립을 위한 직접적 법적 근거가 마련되어 있지 않기 때문이다(최성두 외, 2008). 이것은 육상수질관리 분야에서 해항도시와 역할 분담을 통한 수질개선 사업을 추진을 계

획하고 있는 4대강 물관리종합대책의 추진과정과 큰 차이를 보이는 점
이다(신성교, 2003). 지역해역별 해양환경 특성에 의한 해양환경관리가
보다 중요하다는 점을 고려한다면, 이러한 중앙정부의 종합대책계획
수립방식은 해항도시의 해양환경행정 자치역량 강화와 지역해역의 환
경개선 목표 달성을 어렵게 하는 제약요인으로 작용하고 있다.

제 4 절 해항도시 부산의 해양환경관리 특성

부산은 배산임해(背山臨海) 형태의 대표적 해항도시로서 암석해안,
사구, 사빈, 자갈해안, 삼각주 등 다양한 모습의 자연해안 경관자원이
풍부하다. 해안선의 굴곡이 심한 리아스식 해안으로 연안의 수심은
해안선과 평행한 등수심선을 형성하고 외해로 갈수록 깊은 해저지형
이다(박춘한, 2008). 해안선 길이는 219.5km이고, 그 가운데 자연해안
은 101.2km, 항만 48.6km, 인공해안 42km, 어항 27.7km 등이다. 산의
연안하천은 국가하천이 낙동강, 서낙동강, 맥도강, 평강천 등 4개 하
천으로 59.19km 이고, 지방 2급 하천이 44개소에 192.06km 이며, 소하
천이 32개소에 42.7km로 그 수계를 형성하고 있다.
해항도시 부산의 항만은 무역항(수면적 248㎢)으로 부산 북항, 감천
항, 다대포항, 부산 신항이 있으며, 연안항(수면적 1.3㎢)은 남항이 있
다. 어항은 총 52개소이며 국가어항으로 대변항, 다대포항의 2개소, 지
방어항으로 대항항 등 14개소, 어촌정주어항으로 14개소, 비법정어항
으로 소규모어항이 22개소 있다. 기존 해안매립지는 항만관련 기능중
심의 공업지역이 대부분을 차지한다. 공유수면매립기본계획에 따라
1998년 총 10개 지구 0.505㎢가 공유수면매립 대상지로 반영되어 있고,
매립목적은 관광, 에너지시설, 항만시설, 친수공원, 도로 등 다양하다.

자연상태의 해안은 공원, 유원지 등의 녹지지역으로 지정되어 있다.

낙동강 하구 일대는 문화재보호구역, 자연환경보전지역, 자연생태계 보전지역 등 연안오염특별관리해역으로 지정되어 있어 개발계획 수립이 제약을 받고 있다. 부산연안의 수질은 전반적으로 해양환경기준 Ⅱ 등급(COD기준)을 유지하고 있다. 그러나 장림하수처리장 방류수 및 낙동강의 영향을 받고 있는 장림, 녹산, 다대포, 가덕도 등 낙동강 하구지역은 Ⅲ등급 수준이고, 부산 북항으로 흘러 들어오는 동천 하류부에서는 하천으로부터의 생활하수 등 오염원 유입으로 Ⅲ등급 수준이다.

해항도시 부산은 해운대, 기장군, 수영구, 남구, 동구, 중구, 영도구, 서구, 사하구, 강서구 등 10개 기초자치단체가 바다와 인접하는 있는 연안구·군이지만, 해양환경관리 몇가지 특징과 문제점을 갖고 있다.

첫째, 부산광역시와 10개 연안 구·군의 해양환경방지를 위한 업무는 거의 전무하다해도 과언이 아닌 문제점이 있다. 그나마 부산광역시는 해양농수산국 해양항만과에 해양환경계를 설치·운영하고 있으며 그 주요업무는 '국가관리 해역을 제외한 관리해역을 대상으로 한 법정사무'를 수행중에 있다. 그러나 현재의 열악한 인력과 업무기능으로는 해양수도 부산의 해양환경관리를 구현하기에는 자치역량이 턱없이 부족한 형편이다. 연안 시·군의 해양환경관리 업무 역시 총무, 환경, 산업경제 부서 등에 분산되어 있고 해수욕장 관리와 해양쓰레기 관리업무에 불과한 열악한 실정이다.

둘째, 해항도시 부산에서는 아직 해양환경관리 자치역량 의지와 수준이 낮은 것으로 평가되고 있다(김상구·최성두 외, 2008). 역대 부산광역시장들이 부산시의회에서 연설한 시정연설문을 분석하여 해양 및 환경에 대한 자치단체장의 의지를 분석한 결과, 지방자치제의 실시 이후 부산광역시장과 이하 전체 부산광역시 관계공무원의 해양과 환경에 대한 관심도는 우리나라 제1의 해양도시라는 특수성에 비추어 비교적 낮은 수준이었다. 2006년을 기준으로 부산광역시 환경공무원

해항도시와 국가(중앙)의 해양환경 관련 사무 현황

구 분	담당부서	주 요 업 무
중앙 정부	해양수산부 해양정책국 해양환경정 책관실	· 해양환경관련 모든 정책수립 · 해역수질기준, 해양수질측정망 · 오염해역준설, 해양조사
	해양경찰청 해양오염방 제국	· 유류오염사고 예방 및 수습
특별지 방행정 기관	부산지방해양항만청 해양환경과	· 유류오염손해 보상업무, 적조예찰 및 피해예방 등 부산해역 해양환경관리
	남해경찰청 부산해양경 찰서	· 부산해역 유류오염사고 예방 및 수습

광역자
치단체
	부산광역시
	해양농수산국 해양항만과
	해양환경계
		· 해양환경정화사업
		· 해양환경 감시 · 지도
		· 해양오염방지 종합대책 수립
		· 관리해역 이용협의
		· 국가간 · 시도간 해양오염 협의
		· 어장정화사업
		· 폐류독소 피해예방대책 수립 및 지도
		· 적조예찰, 방제 및 피해복구
		· 해양오염관리 관련 선박 및 기자재 확보
		  관리
		· 수중 침전폐기물 및 참채어망 처리
		· 낙동강 오염인자 유입에 대한 연안환경
		  대책 등

	부산광역시 환경국 물관리과 수질 보전계	· 해수욕장 및 연안수질관리
기초자 치단체	구 · 군 총무과, 지역경 제과, 산업경제과, 환경 지도과 등	· 해수욕장 관리, 해양오염 관리 · 해수욕장 수질관리, 해양쓰레기 수거 및 처리

* 자료: 해양수산부, 해양경찰청, 부산광역시 등 홈페이지

의 수(해양환경분야 포함)도 7대 광역시들 중에서 전국 2위의 수준을 유지하고 있지만, 우리나라 도시의 인구분포와 재정규모 및 부산이 낙동강 하류지역에 위치한 것과 해양인접 도시임을 감안한다면 해양과 환경 관련 공무원의 수가 높은 수준은 아니다. 2005년도 전체예산 대비 환경예산 비율이 가장 높은 지방자치단체는 울산광역시로 22.7%로 나타났고, 부산광역시는 3위를 기록하였다. 인구 1인당 환경예산

비율이 가장 높은 지방자치단체 역시 울산광역시로 33.6% 등이며, 서울특별시 22.1%, 인천광역시 20.2%, 부산광역시 19.7%, 광주광역시 6.8%, 대전광역시 6.4%, 대구광역시 4.4% 등의 순으로 나타났다. 즉 부산광역시의 환경관련 예산규모는 다른 대도시에 비해 높지 않으며, 특히 인구 1인당 환경예산에서는 바다에 접해 있는 인천광역시와 울산광역시보다 비교적 낮은 수준이다.

셋째, 부산과 같은 해항도시의 경우 시내 전역이 해안선과 인접해 있어, 연안과 연계된 도시발전이 이루어져 왔으며 앞으로도 해양과 연계한 각종 도시발전이 이루어질 전망이다(신성교, 2003). 해양수산부의 연안통합관리계획에서 제시한 연안의 5대 기능별로 연안관리 정책방향을 다르게 한 것을 부산에 그대로 적용하는 데는 문제점이 있다. 우리나라는 미래형 연안국토관리의 실현을 위하여 육역 중심의 국토이용계획에 대응하는 연안통합관리계획(1999)을 수립하고 있으며, 연안통합관리계획에서와 같이 전국연안을 연안의 자연·경제적 특성 및 개발이용 수요와 목적 등을 고려하여 5개 기능의 해양개발정책 방향을 설정하고 이에 따른 관리방안을 제시하고 있다. 연안통합관리계획 상의 생태연안이란 '생물다양성이 풍부하고 생태적 가치가 높은 보전공간'을, 환경관리연안이란 '육상기인 오염원의 해상유입이 심각하여 해양환경 개선이 필요한 공간'을, 친수연안이란 '경관과 문화적 가치가 뛰어난 저밀도 이용공간'을, 산업기반연안이란 '다양한 산업경제활동이 활발한 다목적 고밀도 이용공간'을, 수산연안이란 '수산자원의 보호 및 육성에 적합한 공간'을 각각 말한다.

그런데 해항도시 부산을 단순히 생태연안, 환경관리연안, 친수연안, 산업기반연안, 수산연안 만으로 특정해역의 기능을 설명하는 데에는 어려움이 있다. 실제 부산의 각 연안들은 연안의 5대 기능이 중첩적·복합적으로 활성화되어 있는 특징을 나타내고 있기 때문이다. 구체적으로 부산의 해역별 연안이용 용도를 정리해 보면, 기장과 해운대 연안은 수산, 해수욕장, 관광 및 여가선용, 자연환경보전, 미적 경관유지 용도로 활용되고 있다. 수영강 하구는 친수공간, 생활환경보전 용도로 활용된다. 수영만과 북항해역의 경우 해수욕장 및 친수공간, 관광 및 여가선용, 산업기반, 선박 정박, 생활환경보전 용도로 활용되고 있다. 남항과 감천항의 경우 선박 정박, 산업기반, 생활환경보전 용도로 활용된다. 낙동강 하구해역은 수산, 관광 및 여가선용, 자연생태환경 보전, 미적 경관유지 용도로 활용되고 있다.

해항도시 부산 연안의 해역별 이용 특성

해당 해역	생태연안	환경관리연안	친수연안	산업기반연안	수산연안
기장/해운대	▲	×	●	×	●
수영강 하구	×	▲	▲	×	×
수영만/부산항	×	▲	▲	●	▲
남항/감천항	×	▲	▲	▲	×
낙동강 하구	●	●	▲	●	●

* 표주: ● 활용도 높음. ▲ 활용도 보통, × 활용도 미미
** 자료: 신성교(2003).

넷째, 부산의 연안정책 기조는 연안공간구조의 창조가 도시의 종합 개발계획에 부합되도록 하는, 즉 환경보다 개발중심의 연안역 관리와 공간구조 구상을 중심에 두고 있다. 구체적으로 부산광역시의 연안관리정책의 목표는 국제해양물류, 해양관광, 어촌개발 및 어민소득 증대 등 경제적 가치에 중점을 두고 있으며, 시민들의 삶의 질 개선을 위한 접근성 개선, 친수여가공간 및 생태환경 조성, 자연재해 등의 사회환경적 가치는 지역경제 및 개발 가치에 부차적 가치로 취급되고 있는데, 예컨대 과거 부산광역시 해양농수산국장의 부산 연안관리정책에 대한 기조연설문을 분석해 보면 해양환경에 대한 언급이 단지 5분의 1만 차지하고 있는 것에서 이를 확인할 수 있다.

항목	목 표	내 용
1	국제해양물류· 관광기능 확충을 위한 경제공간 창출	·부산 신항의 컨테이너 전용부두 및 배후단지 연계 개발 ·부산항 항만기능 재배치에 따른 북항 재래부두 재개발 ·동삼동 혁신지구에 해양과학기술 산업발전을 위한 해사클러스터 구축
2	시민들의 삶의 질 개선을 위한 친수여가 공간 창출	·항만구역 정비 및 재개발시 친수 여가공간 확대 ·복합형 및 사계절형 시설 도입으로 해양관광의 계절성 극복 ·낙동강 하구지역을 생태교육 및 탐조관광벨트로 조성
3	자연재해 예방 및 시민편의 증진을 위한 연안의 재정비	·자연재해로 훼손된 연안시설물 보수 ·친환경적 연안 조성 및 시민의 접근성 개선 ·해수욕장의 침식방지 및 기능보강 ·하천의 체계적 관리와 해안 오염정화로 깨끗한 해양수질 보전
4	해양관광형· 복합다기능 어촌 창출	·정주어항을 관광, 레저기능 도입한 복합다기능 어항으로 육성 ·어촌체험을 포함한 어촌관광자원 개발 ·어촌 문화 및 복지 향상
5	친환경적이고 지속가능한 연안개발	·해안경관과 수질을 보전하고 주변지역과 조화로운 개발 추진 ·경제적 이익을 추구하는 개발중심 논리에서 연안환경의 가치를 중시하는 연안관리 인식 전환 ·선계획 후이용하는 개발체제 확립으로 연안개발 수요의 계획적 관리 ·항만과 친수공간 활용 등을 제외한 개발은 가급적 억제

다섯째, 2008년 기준 부산의 연안 해양환경관리 중점사업의 기본방향은 '하천관리 및 오염정화 등을 통한 깨끗한 연안수질을 보전'하는 데 있다(박춘한, 2008). 주요 사업내용의 내용에는 ①온천천 종합 정비와 주요 하천인 동천, 춘천, 학장천, 수영강의 생태복원을 통한 하천관리, ②낙동강유역 해양쓰레기의 책임관리 양해각서 체결, ③해양쓰레기 수거처리 및 해양폐기물 정화사업(2008년 대변항 1.5억 원) 추진, ④부산연안 해양환경관리 종합계획의 수립 및 추진, ⑤적조 및 패류독소의 예방대책 추

진으로 2008년 적조방제 사업물량은 황토 4,000톤인 것으로 나타났다.

여섯째, 부산연안 수질현황에 대한 국립수산과학원의 15년 평균 COD 관측 결과에 의하면(최성두 외, 2008), 기장연안 수질이 II등급이고 그 외 부산연안지역은 III등급에 가까운 수질을 유지하고 있는 특징이 있다. 이는 부산연안의 해역환경기준 설정현황과 해역별 해양환경기준의 유지가 곤란하고 해양환경의 보전에 현저한 장애가 있거나 장애를 미칠 우려가 있는 해역으로 필요에 따라 특별관리해역으로 지정하여 관리하여 별도로 관리하고 있다.

해역별 해양환경기준 설정 현황 및 부산연안 특별관리해역 지정 현황

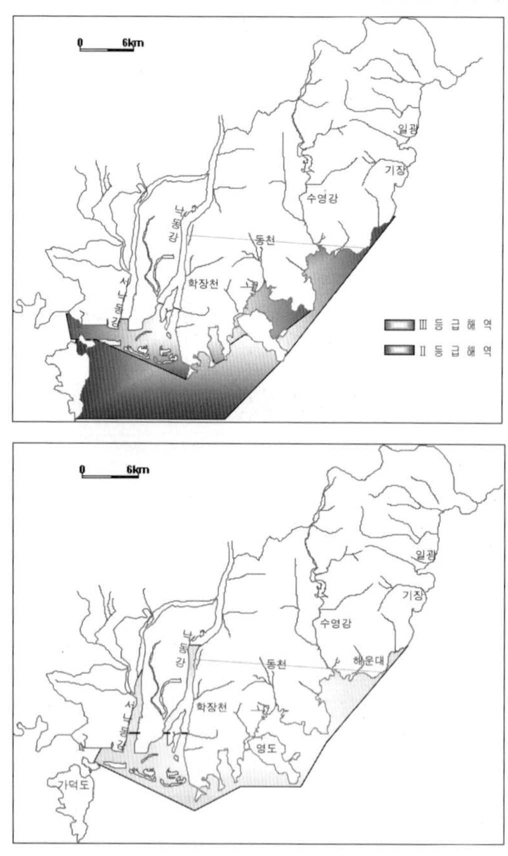

　일곱째, 부산항은 전국 해상물동량의 75%, 해양오염사고의 25%를 차지함으로써 해양환경보전의 필요성이 크다(부산해양경찰서, 2007). 부산항 재개발 추진으로 해양오염에 대한 시민들의 관심이 급증하고 있다. 부산지역의 최근 2년 간 해양오염 사고 발생 추세는 연평균 79건이다. 지역별 해양오염사고 현황은 선박이동이 많은 북항, 감천항, 남항 순이며 운항 부주의로 인한 항계 외에서의 사고와 민락, 다대포 등 기타지역에서도 해양오염사고가 발생하고 있다. 해양오염사고의 원인은 연료유 공급·수급 및 자체이송 부주의 등 부주의에 의한 사고가 가장 많고 파손과 해난에 의한 사고도 많다. 해양오염사고의 오염원은 어선이 전체 오염사고에서 36%로 가장 많이 차지하고 예인선이나 준설선 등 기타선박에서도 23%의 사고가 발생했고 육상기인과 원인불명의 사고도 20%를 차지하고 있다. 부산항의 해양오염 부유 쓰레기는 연평균 약 958톤으로 태풍에 의한 해양쓰레기 발생량이 많았던 2003년을 제외하고 증가 추이를 보인다. 해양쓰레기의 대부분은 육상에서 유입된 일반폐기물이고, 감천항과 북항(4-5부두)의 하수도 연결부위 또는 조류에 의해 집하된 해역에서 수거되고 있다.

　부산항과 연안해양에 유입되는 하수유입량과 수질은 현황과 같다. 부산의 미정화 생활하수의 해양유입량은 하루 344,000㎥으로 부산의 연안 수질을 오염시키고 있다. 특히 강우 시 연안오염물질이 침전시설 없이 해양에 유입되어 비점오염원(non-point pollutants)에 의한 대규모 해양 오염이 초래되고 있다. 부산에는 총 88개소의 크고 작은 하천이 총 연장 490.2㎞에 걸쳐 흐르고 있으며, 이중 부산연안으로 직접 유입하는 하천은 국가하천 2개소와 지방2급 하천 16개소이다. 이 중 우리나라 최장 하천인 낙동강이 유입하는 낙동강 하구 일원은 낙동강의 하천수에 의해 크게 영향을 받는 유역으로 타 수계와 상당히 다른 수질특성을 보이고 있다. 지방 2급 하천 중에서 넓은 유역면적을 가지고 인근 해역의 수질에 크게 영향을 미치고 있는 하천은 동천과 수영강을 들 수 있다. 동천은 북항의 수질에, 수영강은 수영만의 수질에 각각 영향을 미친다. 이와 같이 하천에 의한 영향을 받는 해역이 확연히 구분됨에도 불구하고 현재 부산의 해역별 환경관리는 이와 같은 특성을 반영하지 못하고 있다.

부산 연안으로 직접 유입되는 하천 현황

구 분	하천명	하천 연장(km)	해당 자치구·군	해양유입 지점
국가 하천	낙동강(본류)	20.3	사하구	낙동강 하구둑
	서낙동강	18.5	강서구	녹산수문
지방 2급 하천	괴정천	5.2	사하구	낙동강 하구둑 하단
	보수천	3.8	중구	부산남항
	초량천	2.3	동구	부산 북항 3부두
	부산천	1.8	동구	부산 북항 5부두
	동천	4.9	동구, 남구	부산 북항
	남천	2.4	남구	용호만
	수영강	19.2	수영구	수영만
	우동천	1.0	해운대구	수영만
	춘천	6.3	해운대구	동백섬 서안
	송정천	4.7	기장군	송정해수욕장 우안
	죽성천	4.5	기장군	죽성만
	일광천	6.2	기장군	일광해수욕장 동안
	동백천	2.0	기장군	동백리 해안
	좌광천	14.5	기장군	일광해수욕장
	장안천	8.5	기장군	월래해수욕장
	호암천	4.0	기장군	고리원전 동안

자료: 부산광역시(2012).

제 5 절 해항도시 해양환경관리의 개선방안

이상의 논의를 토대로 해항도시 부산에서 해양환경관리의 개선방안들을 제시해 보면 다음과 같다. 첫째, 무엇보다 우선적으로 부산의 연안육역과 연안해역을 통합적으로 관리하기 위한 우리나라 해양환경행정체계의 기능재정립 방안이 합리적으로 마련되어야 한다. 연안육역과 해역의 환경분야의 통합관리를 위해서는 환경부와 해양수산부의 해양환경관련 업무를 통합하기보다는 해양관리 권한을 지방으로 이양하고 지방자치단체로 하여금 통합관리를 추진하게 하는 것이 보다 합리적인 방안이다(신성교, 2003). 연안관리에 있어 세계적으로 육역과 연안의 통합관리가 중요시되는데 반해 환경부와 해양수산부의 수질관리체계 이원화에 따른 비효율성이 문제가 되고 있기 때문이다.

다시 말하면, 해양수산부는 항만, 수산 등 해양이용 업무와 해양환경보전 업무를 담당함으로 인하여 국가차원의 개발과 보전을 통합적으로 관리하게 하고, 육역환경과의 통합관리를 위해서는 해역 환경관리 분야의 사무를 지방으로 이양시켜 해항도시에서 연안육역과 해역의 통합 관리방안을 모색하도록 하는 행정기능 재정립방안이 합리적으로 마련되어야 할 것이다. 특히 연안육역 이용의 합리적 규제를 통한 해양환경관리방안으로 연안육역에 대한 용도구역제를 법·제도적으로 도입되도록 추진하는 것이 바람직할 것이다.

둘째, 해역환경관리 관련 권한의 지방이전에 대비하여 부산 해양환경행정의 사무개편 및 기구조정이 필요하다. 지나치게 중앙정부 중심인 해역환경관리를 지역의 해역환경 특수성을 고려한 사업과 정책추진이 가능하도록 부산시 해양환경행정의 개편방향이 설정되어야 한다. 실무적으로는 해양환경관리 기능과 역할을 육역 환경관리 수준으로 해항도시로 대폭 이관할 것을 요청하기 위한 정책사업 개발과 연구가 필요하다. 더불어 해양환경관련 법률 등에서 부여한 지방자치단체의 법정·위임사무들을 부산시가 적극적으로 활용하는 방안도 강구해야 한다. 이를 통해 해항도시의 해역환경관리 권한 강화를 위한 관련법의 개정이 필요하다. 현재 해양환경관리법에 의한 지방자치단체의 법정사무는 매우 한정되어 있고 위임·위탁사무 조차 규정되어 있지 않은 형편이어서, 해양환경 개선을 위한 지방자치단체의 기능과 역할은 매우 축소되고 한정될 수밖에 없기 때문이다.

셋째, 중앙정부의 해양환경보존종합계획 수립과정에서 해항도시가 보조적 지위가 아닌 중앙정부와 비등한 법적 주체로서 참여할 수 있도록 해양환경관리법 개정을 전국의 연안지역 및 해항도시와 연대하여 요구해야 할 것이다. 이와 더불어 향후 부산시 자체의 해역환경관리기본계획 수립이 필요하다. 해양수도 부산의 지속가능한 발전전략을 추진하기 위하여 해역환경분야 역시 지역적 특성을 반영한 정책사업 개발 및 추진이 중요한 과제가 되기 때문이다(최성두 외, 2008). 그리고 부산연안 해양환경보전을 위한 해항도시 차원의 자구적 노력과 적극적 관심이 선행되어야 하며, 특히 해양수도 부산의 위상을 고려하면 그것이 더욱 필요하다고 할 것이다.

넷째, 부산항의 해양환경관리, 즉 친환경항만 부산항을 구축하기 위한 정책방안을 마련해야 한다. 항만간 국제경쟁이 치열해지고 선박이 대형화되고 화물이 대량화되면서 항만의 대형화(mega-port)가 불가피하게 되고 있고, 이러한 항만의 대형화는 연안환경을 파괴하고 해양 유류오염 사고의 가능성을 높이고 있다. 향후 메가포트 부산항의 운영 및 개발에서 항만안전정책과 더불어 항만환경정책을 강화해야 할 것이다. 예컨대, 부산항의 친환경항만 정책방안으로 항만국통제(PSC: Port Security Control)를 강화하고, Green Awards제도를 도입하고, 항장제도(Harbor Master)를 도입하고, 환경친화적 항만운영지침을 개발하는 등 다양한 방안 도입의 노력이 있어야 한다(조동오, 2008).

다섯째, 부산연안해양의 평균수질은 15년 평균 COD 관측 결과를 기준으로 기장연안 수질은 II등급이고 그 외 부산연안지역은 III등급에 가까운 수질로 나타나고 있다. 부산연안해역의 오염원 및 해양수질개선 강화와 관련하여, 2008년 1월부터 시행한 해양환경관리법에

따르면, 해역이용수요 증대 및 이용방법의 다양화에 따라 항만, 해수
욕장, 양식장, 발전소 주변 해역 등 해역이용목적에 맞추어 해역별·
용도별 선진형 해양환경기준을 설정하게끔 되어 있다. 향후 부산시
지역 환경의 특수성을 감안하여 수질특성에 따른 해역구분 및 이용목
적을 구분하고, 이에 따른 별도의 합리적 해양환경기준을 마련해야
한다(최성두 외, 2008). 예컨대, 부산시의 중요 해수욕장으로 이용되고
있는 해운대와 송정 연안의 경우 기존의 해역환경기준으로는 II 등급
으로 설정되어 있지만, 원래 해수욕장 이용 용도로는 I등급을 유지해
야 한다. 즉 해수욕장의 수질은 환경정책기본법 제10조 제2항 및 시행
령 제2조에 의하여 수질환경기준 중 해역 I등급(참돔, 방어 및 미역 등
수산생물의 서식, 양식 및 해수욕에 적합한 수질)으로 규정되어 있기
때문에 I등급 수질기준인 COD 1mg/L 이하, 대장균 수 1,000MPN/100mL
이하를 유지해야 한다.

여섯째, 부산연안 해양환경의 합리적 관리를 위해 중앙정부, 인근
해항도시, 환경단체, 연안이용자, 시민 등 관련 환경관리 참여자들 간
의 상호협력과 이해상충 부분의 합리적 조정을 위한 제도 정비와 협
력적 거버넌스를 구축해야 할 것이다. 특히 해양환경관련 시민단체와
민간의 자발적 참여로 형성되는 해양거버넌스(Ocean Governance) 강
화에 노력해야 하며, '지역 해양환경보전활동 협의체'가 활성화되도록
부산시가 거버넌스의 중심체(central actor) 역할을 수행하여야 한다.
해양오염 방지를 위한 거버넌스 설계 시 연안이용자와 시민들을 위한
경제적 유인책과 함께 해양오염 위반자 감시를 위한 감독통제방안이
포함되도록 해야 한다(최성두 외, 2008).

기타 부산의 해양환경관리를 개선하기 위해 지역해역별 배출허용
기준이 마련되어야 하고, 수질측정망이 확대·강화되어야 하고, 환경
기초시설들이 지금보다 더 확충·고도화되어야 한다. 즉 연안으로 유

입되는 하천의 수질개선 방안이 마련되어야 하고, 오염원에 대한 총량관리제가 실시되어야 한다. 그리고 해역환경관리에 대한 다양한 연구가 진행되도록 연구지원이 이루어져야 하고, 해양수질오염 예방을 위한 홍보가 강화되어야 할 것이다.

제6절 미래에 관한 제언

연안과 해항도시에서 시민의 생활과 밀접한 연관이 있는 해양환경과 이에 대한 관리라 함은 해양오염원에 의한 피해를 최소화하여 연안해양자원의 가치를 극대화시키기 위한 정부의 노력으로, 국내·외적으로 점점 법규범이 강화되고 있다. 그러나 우리나라는 국토개발 및 산업경제중심의 행정이, 해양환경관리 보다는 육상환경관리가 지배적 우위를 차지하고 있다. 지역해역에 대한 환경관리는 그 특수성과 실행효율성을 고려한다면 해항도시가 추진하는 것이 바람직하다. 하지만 현재 해양환경관련 중앙과 지방간의 기능·권한배분은 극히 국가 중심적이어서 해항도시의 제약성이 너무 높다고 하겠다. 국가 법정계획인 해양환경관리종합계획 수립에서도 해항도시 참여가 거의 배제된 상태로 중앙정부 중심으로 이루어지고 있다. 해항도시 내부적으로 해양환경관리에 대한 의지와 관심보다는 연안해양 개발에 더 관심을 보이는 것도 현재 문제이다. 이는 우리나라 제1의 해항도시이자, 해양수도를 지향하는 부산의 경우도 결코 예외가 아니다.

향후 해항도시 부산이 지속적으로 도시발전을 이룩하기 위해서는 연안에 대한 개발과 환경보존이 상호 조화를 이루도록 해야 한다. 이러한 관점에서 부산 해양환경관리의 개선방안은 우선적으로 부산 연안육역과 연안해역을 동시에 통합관리(integrated coastal zone management) 할

수 있는 환경행정 기능재정립부터 합리적으로 이루어져야 한다. 그리
고 이에 대비하는 부산 해양환경관리 자치역량 강화를 위한 사무개
발, 행정기구 조정, 자체 해양환경관리 기본계획 수립이 마련되어야
한다. 중앙정부 법정계획인 해양환경관리종합계획의 수립과정에서도
지역해역에 대한 법적 주체로서 참여할 수 있도록 법적 권한을 부여
받도록 해야 한다.

미래에는 동북아시아에서 실질적으로 최고 수준을 유지하고 있는
메가포트인 부산항을 친환경적으로 운영하기 위한 다양한 방안들도
강구되어야 한다. 2008년부터 해양환경관리법 시행에 따른 부산연안
해역의 해양환경기준이 합리적으로 재설정되어야 하고, 법적으로 지
방자치단체에 부여된 법정사무를 적극적으로 수행하기 위한 정책사
업을 다양하게 개발해야 하며, 이러한 사업들을 추진하기 위해 필요
한 법적 권한이라면 이를 중앙정부로부터 위임받을 수 있도록 논리를
개발하고 적극 요구해야 할 것이다. 부산의 해양환경관리를 성공적으
로 추진하기 위하여 다양한 관련 참여자들 간의 협력적 해양환경 거
버넌스를 구축해야 하고, 특히 해양환경단체와 시민들의 자발적 참여
를 위한 방안이 포함되도록 해야 할 것으로 본다.

제12장 미국의 해양정책과 행정

제1절 해양선진국 미국의 사례

해양선진국으로서 가장 발전된 체계를 가지고 있는 미국은 세계 여러 나라 가운데 가장 크고 부유한 해역을 가진 나라 중의 하나이다. 미국의 해역은 규모 면에서 미국 육지영토와 거의 비슷하다. 어자원, 해양포유류, 광물 기타 에너지 자원과 같은 풍부한 생물자원과 비생물 해양자원이 거기에 있다. 무역의 경우, 약 95%가 뉴욕-뉴저지, 로스앤젤스-롱비치, 휴스톤, 뉴올리언스 같은 항구를 통해 바다에서 수행된다. 미국의 경우에 해양으로부터 획득할 수 있는 가치들은 해상운송, 상업적·오락적 어업, 근해 오일·가스의 개발, 수영과 비치, 해양포유류의 보호와 관찰, 군사작전, 쓰레기 처리, 심미적 즐거움 등에 걸쳐 다양하다.

이러한 가운데 미국의 의회가 국가의 연안과 해양에 대해 전례 없는 관심과 초점을 두고 부통령 산하의 '해양과학위원회(Marine Sciences Council)'와 '해양과학·공학·자원에 관한 블루리본 위원회(The Blue

Ribbon Commission on Marine Science, Engineering and Resources)'의 설
치를 이끈 법률안을 제정한지 거의 40여 년이 넘었다. 소위 스트래튼
위원회(Stratton Commission)는 전례 없이 포괄적으로 미국 해양과 연
안에 대해 검토했고, 1969년 보고서 '국가와 해양(Our Nation and the
Sea)'에서 풍부한 자원과 거기서 발견되는 가치를 보존하고 관리하기
위한 미국의 행동에 대한 청사진을 제시했다. 스트래튼 위원회의 멋
진 작업은 직접적으로 국가의 해양기관인 해양대기청(NOAA: the
National Oceanic and Atmospheric Administration)의 설치를 이끌었고,
혁신적인 연안역 관리 법률안의 제정을 이끌었다.

1969년의 보고서 이후 미국의 해양상황은 극적으로 변화해 왔다.
스트래튼 위원회 직후 10년 동안 ①환경의식의 증가, ②주요 이슈로
서 에너지 이용과 공급의 출현, ③법률로 제정된 많은 새로운 해양 및
연안 프로그램들(해양포유류, 항구와 항만, 물의 질, 해양보호지역, 해
양폐기, 어자원, 근해 오일 및 가스 등)이 출현하였다. 그 이후 연안지
역 인구수의 의미 있는 증가, 연안자원과 공간의 다양한 이용자간의
갈등의 증가 등이 나타났다. 미국의 근해(offshore) 관할권은 1980년대
동안 의미 있게 변모했다. 1983년에 국가는 200해리 배타적 경제수역
을 주장했고, 1982년 제정된 국제해양법의 국제규범에 의거 1988년에
12해리 근해의 영해(territorial sea)를 선언했다.

한편, 스트래튼 위원회 이후 대외적으로 전 지구 수준에서 큰 관심
은 두 가지 문제에 초점을 두었다. 첫째, 인간 활동이 세계 기후를 변
화시키고, 종과 생물다양성의 손실을 위험스럽게 촉진하기 시작했다
는 전망이다. 둘째, 많은 사회가 지속 불가능하게 살고 있다는 것과
더불어 환경과 개발의 문제는 매우 복잡하게 엉켜있다는 점을 깨달은
것이다. 이 문제들에 대한 관심은 또 다른 이벤트를 만들었는데, 1992
년 리우데자네이루에서 개최된 유엔환경개발회의(UN Conference on
Environment and Development: The Earth Summit)가 그것이다. 이 회의

를 통해서 1990년대 거의 10년의 기간 동안 ①기후변화와 생물다양성에 관한 국제협약의 체결, ②포괄적인 해양법의 최종 발효, ③통합연안관리를 다루는 지속가능한 국제프로그램의 개발, ④산호초(coral reefs)의 보호와 지속가능한 이용 등이 이루어졌다.

이러한 대내·외적 변화들은 기존 해양정책과 행정체계에 여러 과제를 던져주었고, 새로운 미국의 해양행정에 대한 재평가와 비전을 요구했다. 여기서는 주로 해양행정학적 관점에서 미국 정부가 해양공간과 자원을 어떻게 지배해 왔는지를 파악하고, 그 동안 발생한 환경적 변화와 많은 문제점들을 극복하기 위한 미래 노력과 해결방안은 무엇인지에 대해 종합적·체계적으로 살펴보고자 한다.

제 2 절 해양문제와 행정체계의 특성

1. 역사적 특성

건국에서 제2차 세계대전 기간에 이르는 동안, 미국에서 해양행정은 상대적으로 안정적인 체계가 지배했다. 미국은 그들 해군과 상선을 위해 전 세계 해양의 항해자유를 선호했고, 최소 영해인 3해리를 선호했으며, 해양 어자원과 자원의 개발촉진을 선호했다.

첫 번째 기간(1945년~1970년) 동안 미국에서 해양행정은 연안에 인접한 해양지역 관할권에 대해 연방정부와 연안 주정부 간에 투쟁적 상황이 지배했다. 1940년대 말까지, 오일과 가스의 실존량은 해상(seafloor) 아래에 포함되어 있었고, 그것을 추출하여 큰 수입을 얻을 수 있었다. 이러한 이슈는 1953년에 'the Submerged Lands Act'와 'the Outer Contienetal Shelf Lands Act'의 법률제정, 그리고 연·근해 자원에 대한 주의 관할권과 소유권을 3해리 영해까지만 하고 그 외연의 대륙붕(3해리 초과)은 연방정부의 관할과 소유로 제한한 대법원(Supreme Court)의 결정에 의해 해결되었다.

　두 번째 시기(1970년대) 동안 미국에는 해양 법률의 적극적인 입법이 이루어졌다. 지금 현재 국내 해양관련 법률적 틀을 구성하고 있는 대부분의 법률과 정책은 이 시기동안 이루어졌다. 포스트 스푸트니크(post-Sputnik) 프로그램의 대응점으로서 내부공간(inner space)인 해양을 탐구하기 위해, 의회는 신속하게 광범위한 해양 주제에 관한 법률을 제정했다. 1970년대 초 환경보전의 동기와 1970년대 중반 에너지개발의 동기가 해양개발의 목표에 첨가되었다. 지금 우리는 이를 충분히 이해할 수는 있지만, 불행하게도 당시 거의 모든 해양 법률안은 그 속성상 단일목적만을 가지고 있었고, 특정문제 해결만을 겨냥했다. 예컨대, 물고기 관리, 해양포유류와 위험에 빠진 종의 보호. 주(state)의 연안관리 프로그램 강화, 해양보호구역 창설, 연·근해 오일가스 자원 개발, 쓰레기 하수 등의 해양폐기 중지 등이 이에 해당한다. 그러나 이들 법률안은 시대적 과제에 대한 립 서비스(lip service)였고, 결코 해양이용자 간의 근본적인 갈등해결 방안이 아니었다.

　세 번째 시기(1980년대) 동안 미국에서 더 이상 새로운 법률은 제정되지 않았다. 다만 1983년에는 레이건 대통령이 200해리 배타적 경제수역을 선언하였고, 1988년에는 미국이 영해의 확장을 선언하였다. 대신에 그 초점은 현존하는 프로그램의 집행, 합리화, 기금유보 등에 두어졌다. 레이건 행정부는 규제완화, 행정과정 단순화, 정부간섭 지향, 시장강화 등을 위해 기금조성 의무와 관리책임을 연방정부에서 주정부로 전환시켰다. 해양에 있어서 이것은 정부활동의 축소를 의미했다. 다시 말하면, 전혀 새로운 프로그램이 없고, 현존하는 프로그램과 기금(funding)이 축소되는 것을 의미했다.

네 번째 시기(1990년대) 동안 해양과 연안정책에서 중요한 변화가 특히 국제적 수준에서 일어났다. 국제적으로 심해저 광물채취 레짐을 개정하게 됨에 따라, 유엔 해양법이 1994년 주요 국가들에서 수용되었다. 1992년 6월 유엔환경개발회의(UNEP)는 '의제21(환경개발에 대한 지구적 청사진)'을 통해, 그리고 생물다양성과 기후변화 협약틀을 통해 해양과 연안관리에서 중요한 변화를 주는 제안을 제시하였다. 1990년대는 해양, 연안, 강어귀 관리에서 특히 지방수준에서 많은 국내적 실험들을 보았다. 그것들은 전형적으로 해양과 연안자원에 대한 결정에서 이해당사자들(사적 영역, 환경이익단체, 학자, 주정부, 지방정부)의 참여의 증가를 수반했다.

또한 수역관리(water management)와 생태계관리(ecosystem management)와 같은 새로운 관리 개념의 등장이 이 시기에 이루어졌다. 1990년대 말까지 해양에 대한 단일목적 관리를 둘러싼 문제점에 대한 합의가 이루어지고, 보다 통합된 관리 접근방식을 개발할 필요성이 대두되었다. 이 시기의 말에 중요한 발전은 포괄적인 해양정책의 검토를 수행할 국가위원회를 만들고, '국가해양협의회(National Ocean Council)'를 창설하는 제안이 이루어진 일이다. 즉 1998년 해양법(Ocean Act)과 해양정책위원회(Commission on Ocean Policy)의 창설이 이루어졌고, 이 위원회에 의해 2004년 보고서 '21세기를 향한 해양청사진(An Ocean Blueprint fot the 21st Century)'이 발간되었다.

2. 행정체계 및 정책적 특성

이러한 미국의 해양행정 역사에서 나타나는 반복적인 갈등 및 특징은 ①연안국가로서의 국익과 해양국가로서의 미국 이익 사이의 갈등,

②국제주의와 고립주의 사이의 갈등, ③해양자원에 대한 연방정부 통제와 주정부 통제 사이의 갈등, ④개발과 환경보호 사이의 갈등, ⑤자원개발에서 사적영역의 역할과 정부역할 사이의 갈등 등을 들 수 있다.

첫째, 해양국가와 연안국가간의 갈등은 미국이 세계에서 주요 해양국의 하나이자 동시에 세계에서 가장 부유한 연안해양의 일부를 소유하고 있기 때문에, 해양을 자유롭게 항해하는 해양국가들의 권리를 주장하는 것과 연·근해 해양의 이용과 접근을 통제하는 연안국의 권리를 주장하는 것 사이에 근본적인 긴장감이 항상 있는 것이다. 대륙붕 자원에 대한 미국의 통제를 설정한 1945년 트루먼 선언으로부터 시작해서, 1983년 레이건의 배타적 경제수역 선언에서 절정에 이른 미국은 해양국의 이미지보다는 오히려 연안국의 이미지를 강조하는 경향이 있다. 비록 이런 경향이 1970년대부터 1990년대까지 계속되었지만, 미국은 다른 나라가 그들의 항해자유에 적대적으로 영향을 줄 때에는 국제법 해석을 주장하면서 그들 해군력을 계속 사용해 왔다.

둘째, 국제주의와 고립주의간의 갈등은 미국이 새로운 해양법 형성과정을 이끌어갈지 또는 국제적 대세를 따라갈 지에 대한 긴장감이 있어 왔다는 것이다. 미국의 외교정책은 국제주의자들과 고립주의자들 간에 정기적인 교체(swing)를 경험해 왔다. 전통적으로 해양정책은 국제주의 차원을 강조해 왔다. 1945년까지 미국은 확고부동하게 공해의 자유와 좁은 영해를 지지해 왔다. 그리고 분명히 세계대전 이후 유엔과 같은 국제기구를 창조하는데 지도자적인 역할을 하였다. 그러나 1940년대부터 미국은 고립적으로 행동하는 경향이 좀 더 지배적이었다. 이것은 확실히 1945년 트루먼 선언으로 확인되었다. 트루먼 선언은 1976년 마그너손 수산보존관리법(the Magnuson Fishery Conservation and Management Act)으로 200해리 수산한계를 설정하였다. '혼자 가겠다(go it alone)'는 철학은 궁극적으로 미국이 1970년대 기간동안 9년 이상 협상을 주도하고서도 결국 1982년 해양법에 대해 서명을 하지 않음으로써 명백해졌다. 1980년대 미국은 그들의 환경정책과 불일치하게 행동하는 국가들에 대해 일방적인 경제적 제재를 가하였다. 1990년대 중반에 클린턴 행정부는 해양법 조약의 비준을 하려는 의도를 나타냈지만, 아직 좀더 국제화된 자세로는 전환되지 않고 있다.

셋째, 해양자원에 대한 연방관할권과 주권할권 간에 갈등이 있어 왔다. 이는 해양자원과 이용자들에 대한 권력과 권한을 연방정부와 주정부가 각각 얼마만큼씩 배분되어야 하는지에 관한 것이다. 해양자원에 대한 주-연방 논란이 1952년 대통령 선거에서 현저한 위치를 차지함으로써 1950년대에는 그 정점을 이루었다. 그러나 1960년대에 이르러서는 해양자원 관리에서 연방정부 역할 팽창 쪽으로 분명한 추세를 보였다. 이런 경향은 수많은 해양 법률들이 제정된 1970년대 절정을 이루게 된다. 그러한 법률들 중에서 일부는 주정부로부터 명백히 관리권한을 뺏고, 이를 다시 연방정부에 부여해 주는 것이었다. 반면에 1980년대와 1990년대는 주정부 통제 쪽으로 다시 회귀하는 것으로 보인다. 이것은 주정부가 연방수역에서 자원관리에 대한 보다 중요한 역할을 수행할 의도를 명백히 보였기 때문이다.

넷째, 해양자원개발과 환경보존 간의 갈등이다. 자원개발과 환경보호 간의 긴장감은 산타 바바라(Santa Barbara) 오일유출과 같은 재난 이후인 1960년대 말에 상승되었다. 이런 긴장감은 특히 어자원과 야생자원 관리와 관련해서 명백해졌다. 그것은 종의 고갈 징후가 명백하게 될 때마다 과잉어로행위와 과잉사냥에 대한 전쟁을 일으키는 보존주의자들과 함께 정기적으로 나타났다. 개발론자와 환경론자들 사이의 긴장감은 1980년대의 해양논쟁에서 중요한 역할을 수행했다. 1970년대에 환경과 개발이익 둘 다에서 만들어진 법률적 획득물이 있었기 때문에, 두 진영은 1980년대와 1990년대에 이르러 상호간의 행위를 잘 방어하는 다양한 도구들을 획득했다. 예컨대, '지속가능한 발전(sustainable development)'의 개념은 환경과 개발목표 양자를 화해시키는 시도이며, 이들간의 긴장감을 줄이는 가능한 방법으로서 1990년대에 나타났다.

다섯째, 자원관리에 있어서 정부와 민간 영역간 역할갈등이다. 정부가 실제 해양자원 개발에서 적극적 역할을 해야 하는 정도와 더불어 정부가 산업활동을 이끌거나 규제하는 정도는 정책결정에서 또 다른 반복적인 긴장감이다. 일반적으로 보면 다른 국가와 대조적으로 미국은 주로 시장세력, 자유기업체계, 그리고 해양자원 지배에서 덜 부담되는 법률적 규제틀의 발전 등을 선호하고 여기에 의존해 왔다. 그러나 정부가 어자원, 오일·가스, 양식과 같은 자원의 개발에서 보다 적극적 역할을 해야 한다는 끊임없는 요구가 있었다. 예컨대, 1978년 대륙붕외부육지법(Outer Continental Shelf Lands Act)의 수정에 대한 토론사례에서 이를 볼 수 있다. 즉 연방정부가 자체적으로 탐사국면에서부터 근해 오일·가스 프로그램을 수행하고, 산업계는 개발국면까지 역할을 제약받는다는 심각한 제안이 있었다.

따라서 현재 미국의 경우를 보면, 해양행정에서 노정되고 있는 문제점과 특성은 다음과 같이 요약된다. 첫째, 미국은 근해지역의 지속가능한 발전을 위한 전략을 간과하고 있다. 비록 배타적 경제수역을 선언하고 영해를 팽창시켰다 하더라도, 이런 광대한 해양지역의 지배를 위한 가이드라인을 조금도 제시하지 못하고 있다.

둘째, 해양자원과 공간의 이용과 관련해서 이용자간, 기관간, 다른 수준의 정부간에 갈등이 존재하고 있다. 그런 갈등상황은 종종 풀 수 없고 해결이 어려운 가운데, 종국적인 해결에도 많은 비용이 소요된다.

셋째, 해양거버넌스에 대한 미국의 접근방식은 대개 단일목적의 해양 법률의 제정을 통해 이루어져 왔다. 그래서 종종 어떤 자원 또는 이용이 다른 것에 주는 영향이나 환경에 대한 영향을 무시할 뿐만 아니라 그 축적의 영향도 무시하고 있다.

넷째, 연·근해 오일 및 가스정책과 같은 일부 경우에 있어서, 정책은 완화시킬 수 없는 개발압력과 새로운 개발에 대한 전반적 유예(moratoria)와 같은 보존주의 사이에서 갈팡질팡해 왔다.

다섯째, 이 나라의 많은 해양산업들은 다른 나라에 비교해서 잘 운영되지 않고 있다. 예컨대, 조선산업의 쇠락, 수산산업과 연·근해 오일가스 산업의 쇠퇴 등이 그러하다.

여섯째, 적절한 정책적 관리의 틀이 결여되어 있기 때문에, 새로운 해양·연안 경제활동의 성장이 저해되고 있다.

일곱째, 비록 많은 연방 프로그램들이 해양을 다루고 있음에도 불구하고, 그것들은 각기 분산화가 되어 있으며 응집성이 결여되어 있는 경향이 있다. 연방 해양기관들의 행동들을 조정하고 조화롭게 할 최상위의 메커니즘이 존재하지 않고 있는 것이다.

여덟째, 연방, 주, 지방정부간에 해양이슈에 관한 정부간 관계(IGR)에서 중요한 문제가 있으며, 이들 간에는 의사결정과 수입 면에서 실질적인 공유가 전혀 없다.

아홉째, 지구온난화 변화로 인한 해수면 상승이나 증가된 폭풍의 영향과 같은 장기적인 이슈를 다루고 정책을 개발하는 데는 전혀 관심이 없다.

마지막으로 해양거버넌스를 위한 능력을 국가적으로나 지역적으로 충실히 배양하지 않아 왔다. 보다 근본적으로는 자연과학과 사회과학적인 정책이 서로 결합되어야 한다. 자연과학은 물리적 생물학적 해양과정을 이해하게 해 주며, 해양사회과학은 인류가 해양과정과 활동에 어떻게 영향을 주고 영향을 받는지를 이해하게 해 준다. 행정적, 정책적 관리능력은 많은 국가와 주의 해양기관에서 확대되어야 한다.

국제적으로도 미국은 이미 해양정책에 관한 한 국제적으로 존경받는 지도자가 아니다. 미국은 종종 해양에 관한 주요 국제포럼 중에서 일부에 대해 사실상 억지로 참가하는 나라였다. 대조적으로 캐나다, 호주, 한국 등 다른 국가의 정부는 최근 그들의 해양과 연안이익, 그리고 정부구조를 평가하는 데 노력과 자원을 지불해 왔고, 통합적 국가해양정책을 만들려 해 왔다.

전반적으로 현재 미국 해양행정체계는 시대의 흐름에 따라 특정문제와 수요에 대응하면서 진화해 온 특징이 있다. 그렇지만 확실히 큰 설계를 한 적은 없고, 필요시마다 한 부분이 첨가되는 식으로 진화되어 왔다. 1970년대 일어난 성장은 현재의 법률안 체계를 만들었다. 임기 응변식(ad hoc)의 제1세대 틀은 해양자원에 대한 압력이 상대적으로 경미하고 그 이용갈등이 드물 때 잘 작동했다. 그러나 최근 해양자원 사용이 증가하고 상호 이용에서 문제가 생기는 상황을 볼 때, 기존 틀은 명백히 취약하다고 할 수 있다.

이에 따라 보다 강화된 제2세대 틀이 필요하며, 해양자원과 이익의 지배를 위한 틀을 새로이 만드는 것이 요구된다. 해양자원의 보존과 개발이용간의 긴장감이 고조되고 있다. '지속가능성(sustainability)'이라는 진화적 개념은 이 점에서 도움이 될 것이다. 또한 국가와 주정부, 지방정부 상호간 책임의 적절한 할당이 명백하게 요구된다. 특히 영해지역의 팽창된 부분에서의 활동과 관련해서 더욱 그렇다. 앞으로는 특정한 해양행정체계가 지역과 복수의 주정부(regional or multistates) 수준에서 고려되어야 하고, 다른 제2세대 해양행정의 틀 형성에는 국내적 관심과 해양법 및 국제해양협약 하에서의 국제적 의무 사이의 적절한 균형을 이루어야 할 것이다.

제 3 절 해양행정과 체계의 역사적 변천

1. 미국의 건국에서 1960년대까지

해외의 해양행정의 현재상태와 미래방향을 이해하기 위해서 우리는 그 역사적 변천을 이해해야 한다. 미국의 경우, 건국부터 제2차 세계대전까지는 상대적으로 안정된 해양법과 해양정책의 체계가 국제적으로나 국내적으로 지배했다. 국제적으로 세계 해양을 통치한 지배적 패러다임은 네덜란드 법학자 휴고 그로티우스(Hugo Grotius)가 1608년 제창한 "해양자유"(freedom of the seas)의 개념이었다. 그로티우스의 유명한 논문 "해양자유(Mare Liberum)"에서 다음과 같이 설득력 있는 주장을 하였다.

"세계의 대륙들은 바다에 의해 분리되어 있고 많은 육지 지역들은 상호 교류 없이는 발전할 수 없기 때문에, 해양은 국가 간의 자유무역과 상호교류를 위해 영원히 개방되어야 한다는 것은 일종의 자연법(natural law)이다"(Grotius, 1633). 게다가 유체(流體)이고 이동성을 가진 바다를 차지하거나 나누거나 또한 분할하는 것이 실제 불가능하기 때문에, 그로티우스는 바다를 사유재산(property)으로 생각할 수 없고, 또한 그런 개념으로 소유될 수도 없다고 주장했다.

이러한 해양자유의 원칙은 세계 해양을 분할하려는 1400년대의 노력에 대한 반작용으로 발전되었다. 1493년 해양강국 스페인과 포르투갈 사이의 분쟁을 해결하기 위해, 교황 알렉산더6세는 아조르(Azores)와 버더 섬(the Cape Verde Islands) 사이에 그어진 경계선의 서쪽 100리그(league)의 모든 땅은 스페인에 속하고, 그 경계선 동쪽(지구의 모든 방향을 향함)의 모든 땅은 포르투갈에 속한다는 교황교서를 선언했다. 곧장 스페인은 서대서양, 멕시코만, 그리고 태평양의 배타적 항해권을 주장했고, 포르투갈 대서양과 인도양에 대해 동일한 주장을 했다. 그러나 1500년대 말과 1600년대 초에 네덜란드가 동인도와 무역을 확대하면서, 그들은 포르투갈의 배타적 항해권 주장과 충돌했고 종종 포르투갈 선박과 전투를 하게 되었다. 네덜란드의 동인도회사는 그들의 무역노선을 방어하기 위해 회사의 자문역으로 일했던 그로티우스(Hugo Grotius)의 국제법 제정 작업을 지원했다.

세계적으로 연안국가들이 해양자유 개념을 지지하게 됨에 따라, 그들은 또한 그들 연안에 직접 인접한 해안선 일대를 보호지역으로 통제할 필요성을 느꼈다. 그런 보호지역 없이는, 무장한 선박이 국가연안 가까이서 위협 항해를 하고 국가의 상업과 안보를 간섭할 수 있는 가능성이 있었기 때문이다. 그래서 영해(territorial sea)라는 법률적 개념이 처음 나타났다. 그것은 빠르게 수용되었고, 국가들은 그들 연안선에 직접 인접한 지역에 대한 통제권을 설정할 수 있는 것으로 일반적으로 개념이 수용되었다. 이 지역 내에서 연안국가들은 그들의 경찰권을 행사하고, 관세권을 설정하고, 어업행위를 통제했다. 그러나 연안국가들은 그들 영해 내에서 외국선박의 무해통항(innocent passage)을 간섭할 수 없다는 점을 수용했다. 무해통항은 국가들이 해양자유의 원칙을 수용한다는 중요한 징표였다.

이러한 무해통항의 벨트를 얼마나 넓게 설정할 것인가에 대해 국제법계에서는 많은 토론이 있었다. 그 당시의 지배적 개념은 연안국가가 육지영토를 통제하는 동일한 방식으로, 즉 그들의 지배력이 허용되는 범위 내에서, 바다에서 한계적으로 관할권을 행사한다는 것이었다. 그래서 1700년대 말에 3해리가 그 당시 연안국들이 이용 가능한 가장 치명적 무기, 즉 대포의 범위에 상응하는 것이 영해의 넓이 설정의 규범이 되었다. 신세계(New World)에 있어서 해양자유 원칙은 제임스 타운, 프리 마우스에 취약한 영국 식민지를 제공하는데 매우 중요했다.

미국 식민지가 미합중국으로 변화되면서, 미국은 국제해양법의 현존 신조(existing tenets)를 수용했다. 특히 해운과 해군 이해관계가 증가함에 따라, 미국은 좁은 영해 개념을 선호했고 다른 나라들로 하여금 그렇게 하도록 격려했다. 그래서 1793년 당시 국무장관이었던 토마스 제퍼슨은 영국과 프랑스 정부에 보내는 서신에서 미국 영해의 넓이를

3해리로 설정했다. 3해리는 미국 연안에서 떨어진 지역에서 전쟁행위를 하는 것과 관련되었다. 그러나 같은 편지에서 제퍼슨은 다른 나라들처럼 보호받는 항해선(line)을 확장할 수 있는 것은 그 나라의 권한으로 보전되는 것을 선호한다고 말했다. 그 이후 150년 동안, '3마일 영해' 주장과 '공해상에서 전적인 항해자유' 지지는 미국 이익에 많은 도움이 되었다. 그래서 제2차 세계대전 전에는 연안국가들은 상대적으로 좁은 영해를 소유했다. 영해를 넘어선 국가활동은 주로 항해, 연안어업, 예외적으로 원양어업과 케이블 부설 등에 한정되었다.

1945년 이후 시기의 새로운 발전은 연안국가들이 그들 연안선 근접 해양공간에 대한 엔클로저(enclosure)였다. 엔클로저는 공동이용이 가능한 바다에 담이나 울타리 등의 경계선을 쳐서 남의 이용을 막고 사유지로 하는 일과 비슷하다. 엔클로저는 1980년대 200해리내 해양자원의 연안국 통제의 전 세계적 수용으로 그 절정을 이루었다. 그 모든 것이 1945년 미국의 일방적 행동으로 시작되었다. 미국은 중요한 오일과 가스가 연안에 저장되어 있다는 사실을 깨닫고 대륙붕 자원에 대한 관할권을 주장했다. 1945년 9월 28일 트루먼 대통령은 다음과 같이 선언했다. "미국은 공해상에 있지만 미국 연안과 접속하는 대륙붕의 하층토와 해저의 자연자원을 미국의 관할과 통제에 속하는 것으로 간주한다. 대륙붕 위의 공해 수역의 특성상 무해항해인 경우 항해자유는 그 어느 경우이든 영향을 받지 아니한다"(미국 대통령선언 2667). 대륙붕 자원에 대한 관할권 주장은 1940년대 말부터 1950년대 라틴 아메리카 국가들 일부의 관할권 확대 주장을 촉진시켰다. 1955년까지 몇몇 국가들은 좁은 영해를 넘어 관할권 확대를 주장했고, 그들 중 일부는 연안에서 200해리 확대를 주장했다.

이러한 해양공간에서의 국가관할권 확대 주장은 증가된 혼돈상황에 대한 질서와 응집성을 회복하기 위하여 국제회의를 개최할 것을 압박했다. 첫 번째 해양법 회의는 UN후원 하에 1958년 제네바에서 개최되었다. 공해, 영해, 접속수역, 어업전관수역, 대륙붕 문제를 다루는 4차례 회의가 있었지만, 1958년 회의는 중요한 논점(예: 영해 넓이)에 대해 아무런 합의도 이루지 못했다. 1960년 해양법회의 또한 아무런 합의에 이르지 못했고, 연안국가들의 팽창주장이 계속 되었다.

최종적으로 당시 미국, 소련, 다른 해양국가들이 세계의 여러 개발도상국을 심해저자원에 대한 국제레짐에 참여시키는 것에 대해 동의한 후, 비로소 제3차 해양법회의가 1973년에 개최되었다. 그리고 이후 9년 간의 노력에 따라 1982년에 열린 제3차 회의는 200해리 배타적 경제수역을 합법화하는데 동의했다. 또한 대부분 항해 자유를 보호하였고, 영해의 최대 폭으로 12해리를 설정했다. 해양법에 포함된 320조항은 다만 심해저 레짐만 예외로 하면서 실제로 모든 해양이슈들이 표명되었고, 미래 해양활동을 위한 국제규범을 설정했다. 1982년 해양법을 거절한 국가들(예: 미국은 심해저 조항에 반대하면서 서명하지 않음) 조차 조약의 내용에 대해 최근 국제해양 법률과 실제에 대한 가장 명백하게 반영한 것으로 간주했다.

1970년대 이전에 해양생명과 연안자원(어자원, 야생동물)의 이용을 지배한 미국의 해양행정체제는 주로 주정부 지배적인 특징을 가졌고, 연방정부는 단지 제한적이고 주로 서비스 정향적인 역할만 수행했다. 이런 행정체계 내에서 각 기관들 간의 관계는 좁은 이해관계 집합에서 상호 작용하는 상대적으로 폐쇄적인 체계를 보였다. 주정부의 야생동물 관리기관이 연방정부의 국가해양어자원국이나 미국 어자원야생동물국과 관련되고, 또한 이에 대한 의회위원회와 연결되거나 어업, 사냥, 야생동물관리집단과 같은 이익집단과 관련이 되었다. 정치·행정학자들은 이것을 '하위정부(sub-government)' 또는 '철의 삼각(iron triangle)'이라 부른다. 이는 의회, 행정부, 이익집단에서 발견되는 소규모 참여자간의 지속적이고 안정적이고 예측 가능한 상호작용의 집합을 나타낸다. 그것은 상대적으로 독립적으로 작동한다. 예컨대, 특정 하위정부 네트워크는 상업적 어업을 위해 존재하고 있고, 관광성 어업은 또 다른 네트워크가 존재하고 있으며, 해양포유류관리에는 다시 또 다른 네트워크가 존재한다. 이들 의사결정과정은 외부 정치세력과 격리되며, 정치적 자율성을 향유하는 개별 네트워크로서 그들의 실제 관심영역을 통제하고 있다.

오일과 가스의 관리의 경우에서도 독립된 하위정부의 비슷한 경향이 의회위원회, 내무부, 오일산업 간에 발견될 수 있다. 특히 내무부와 메이저(majors)간에 긴밀한 관계가 존재한다. 메이저는 Standard Oil of New Jersey, Mobil, Texaco, Standard of California, Gulf Oil 같은 주요 석유회사를 말한다. 1970년대 제정된 입법으로, 이들 하위정부 관계는 상당한 변화를 겪고 있다. 즉 갈수록 좀 더 개방적이고, 복잡성이 증가되면서 예측가능성도 감소되며, 국가 해양정책의 정치적 역학관계를 더욱 복잡하게 하고 있는 것이다.

1960년 케네디 대통령의 선출과 맞물려 IGY와 Sputnik의 발사는 해양과학과 공학에 대한 연방정부 기금출연(funding)에 있어 중요한 기회의 창을 열었다. 1960년대는 해양에 대한 정부의 관심이 팽창되었다. 지구연구에 대한 가장 크고 가장 야망적인 전 세계적 노력은 1957년~1958년 국제지구물리학의 해(IGY: the International Geophysical Year) 동안 일어났다. IGY는 70개국 이상의 나라들이 관여하였고, 가장 큰 세계적 네트워크가 모였다. IGY 최고의 이벤트는 1957년 여름 동안 계획된 미국의 전 세계 최초 인공위성을 발사하는 것이었다. 소련은 미국의 발사 전 1957년 10월 4일 우주에 Sputnik 위성을 발사했다. 소련은 최초로 생물체인 개를 넣어 1957년 11월 3일 두 번째 인공위성을 발사했다. 미국의 첫 번째 위성 Explorer-I 호는 1958년 1월 31

일 발사되었지만, 약 30파운드로서 약 1,120파운드인 Sputnik 호와 비교하면 미소한 노력으로 보였다. 이런 이벤트는 미국에서 광범위한 정신개조의 불을 지폈고, 늦어진 우주프로그램에 대한 많은 비난은 미국의 교육체계에, 특히 과학과 수학강의에 비난이 집중되었다. 그리고 모든 종류의 미국 과학·공학에 대한 지원 제안들이 많이 생겼고, 그들 중 많은 것이 빠르게 채택되었다.

어느 학자의 표현처럼 "한번의 카운트다운으로 과학은 실험식의 조용한 분리로부터 국가정책의 궤도로 발사되었다"(Went, 1972). 미국에서 국립학술원(The National Academy of Science)은 1959년 해양과학에 대한 중요한 보고서를 제출했는데, 그것은 해양과학을 위한 연방지원의 의미 있는 증가를 뜻하는 청사진이었다. 교육영역에서 1963년 Athelstan Spillhaus는 성공적인 Land Grant College Program과 유사한 해양에서의 Sea Grant개념을 발전시켰고, 최종적으로 1966년 입법화되었다.

법률로 추진된 주요 해양 입법의 사례는 1966년에 만들어진 해양자원 및 기술개발법(the Marine Resources and Engineering Development Act)이었다. 이 법률안은 해양과학을 넘어서 국가해양프로그램의 조직화와 연방해양활동의 조정 개선의 이슈로 관심을 옮겨갔다. 법률에서 요구한 주요 기구로는 Marine Sciences Council과 COMSER(Commission on Marine Sciences, Engineering, and Resources) 등이 있었다. Marine Council은 험프리 부통령과 Edward Went Jr. 의장의 활기찬 리더십 하에 1966년 중간부터 모임을 시작했다. Marine Council의 5개년 보고서(1973년까지)는 1966년 Sea Grant College Program으로부터 1968년 the International Decade of Ocean Exploration의 추진까지 광범위한 활동을 보여주었다. 일명 blue-ribbon 위원회인 COMSER은 1967년 초에 시작되었다. 이 위원회는 전 MIT총장인 Julius Stratton을 의장으로 정부 내외의 저명 전문가패널을 구성하였다. COSMER는 궁극적으로 스트래튼(Stratton)위원회로 알려져 있고 1969년 1월 "우리나라와 해양(Our Nation and Sea)"이라는 포괄적이고 전향적인 보고서를 발간했다. 이 보고서는 당시 미국의 해양정책 전 영역의 상태를 점검하고 있다.

스트래튼 보고서에 있는 몇 가지 중요한 주제는 다음과 같다. 첫째, 미국이라는 나라 전체에서 해양·연안자원 상의 충분한 편익이 실현되려면, 연방정부에게 해양에 대한 행정적·정책적 노력의 강한 집권화가 요구되었다. 이에 더하여 보고서는 효과적인 해양이용을 실현하는데 필요한 행동을 책임질 Civilian Ocean and Atmosphere Agency의 창설을 요구했다. 둘째, 보고서는 국가의 연안지역을 계획하고 관리하는데 협조적 노력이 긴급히 필요하다고 주장했다. 그것은 좀더 많은 연구를 필요로 하면서, 연안역 관리에 있어서 연방 및 주정부 프로그램의 확대를 추천했다. 셋째, 국내적으로나 전 지구적으로 해양과학, 기술, 공학에 걸친 훨씬 확대된 프로그램의 필요성을 조명했다.

스트래튼 위원회의 작업은 미국에서 국가 해양프로그램에 매우 실질적인 영향을 주었다. 예를 들어 1년 내에 새로운 연방해양기관을 요청한 것이 바로 집행되었다. 1970년에 닉슨 대통령은 상무성 내에 국가해양대기청(NOAA: National Oceanic and Atmospheric Administration)을 창설하는 재조직명령 4호(Reorganization Order Number 4)를 제출했다. 그것은 비록 스트래튼 위원회의 추천을 전적으로 포함한 것은 아니었지만(연안경비대(Coast Guard)와 해사청(the Maritime Administration)이 포함하지 않았음), 재조직화 조치는 그때까지 다양한 연방부처에 흩어져있던 주요 해양프로그램들을 한 곳으로 모으게 했다. 이전에 상무성에 있던 환경과학국(ESSA: the Environmental Science Services Administration), 내무부에 있던 상업어업국(the Bureau of Commercial Fisheries), 그리고 국립과학재단에 있던 씨그랜트 프로그램이 새로운 창설기관으로 가게 되었다.

또한 스트래튼 위원회의 작업은 국가연안관리 프로그램을 위한 기초적인 주장을 제공했는데, 구체적으로는 그런 프로그램을 창조하는 입법안을 직접 이끌었다. 1960년대 말까지, 국가해양정책의 구성요소들이 처음으로 태동하기 시작했다. 1966년과 1969년 사이에 국가해양정책에 대한 고위 행정부 관료의 관심은 제2차 세계대전 후 최고조에 이른다. 예컨대, 1968년 존슨 대통령의 연두교서에서 해양의 중요성을 논하게 된다. 의회의 상·하원 의원들과 참모진들도 이러한 전망에 크게 흥분하고 있었다.

많은 새로운 규제와 관리 지향적인 해양법률들이 1970년대 기간동안 의회에 의해 제정되었다. 1970년대 통과된 중요한 해양 및 연안법률들에는 연안관리법(Coastal Zone Management Act: CZMA), 해양포유류보호법(Marine Mammal Protection Act: MMPA), 매그너손 수산보존관리법(Magnuson Fishery Consevation and Management Act: MFCMA), 대륙외변육지법수정(Outer Continental Shelf Lands Act Amendments: OCSLAA), 맑은물법(Clean Water Act), 해양보호·연구·성소법(Marine Protection, Research, and Sanctuaries Act), 위험종보호법(the Endangered Species Act) 등이 있다.

이렇게 된 이유는 1970년대에 들어 환경에 대한 관심이 증가하기 시작했기 때문이기도 하다. 그리고 의회가 강화되고 대통령의 권한이 약했던 이유도 있다. 요컨대 그 배경을 종합하자면, 먼저 해양과 환경에 대한 국제적 국내적 관심이 증가했고 새로운 환경 이익단체들이 활동하기 시작했다는 것이다. 그리고 제 기능을 하는 의회가 실질적으로 부활

했는데, 특히 의회의 소위원회의 전문화와 번영이 이루어졌으며, 대통령의 권한은 이에 비해서 상대적으로 약했다. 이러한 요인 모두가 1970년대 홍수처럼 새로운 해양 법률들의 제정이 이루어진 배경이 되었다.

정책학의 이론으로 보면, 정책발의에 중요하다고 생각되는 많은 변수들이 모두 1970년대 해양법체계의 제정에서 유리하게 작동되었다. 예컨대, ①인지된 위기 또는 변화하는 조건, ②문제에 대해 관심을 초래하는 시기 적절한 연구, ③정책기업가의 촉매적 역할 등의 정책발의 조건들이 해양법률 프로그램 채택과정의 원인이 되었다. 주목받은 모든 입법들(연안관리법, 해양포유류보호법, Magnuson법, OCSLAA)은 위기상황에 있는 자원을 보호 개선시키는 인지된 필요성에 대한 반응이었고, 연안관리법과 해양포유류보호법은 각각 연안자원과 해양포유류에 대한 위협에 대한 반응이었으며, Magnuson법은 외국 선원들에 의한 어획량에 대한 위기상황에 대한 반응이었다. OCSLAA는 환경적으로 민감하게 에너지 부족을 줄이는 방법으로 모색되었다.

전문적인 정책연구 또한 모든 이런 법률들의 발의에 중요한 역할을 하였다. 연안관리법의 경우에, 스트래튼 위원회가 연안프로그램의 창조를 요구했다. 해양포유류보호법은 많은 해양포유류 종의 전 세계적 감소에 대한 보고서로부터 그 논리가 나왔다. 정책기업가(의회의원과 그들의 참모, 그리고 이익집단의 옹호자)는 발의에서 중요한 역할을 수행했다. 이 경우 정책발의는 주로 의회와 외부 이익집단에서 나왔고, 행정부에서 나오지 않았다. 행정부(닉슨, 포드, 카터)는 새로운 발의안에 무관심하거나 또는 반대적이었다. 그것은 의회 관심의 영향력, 소위원회 번영을 통한 의회 영향의 새로운 기회 창출, 해양정책발의에 책임질 외부 이익집단의 동원 등의 이유 때문이었다.

1970년대는 해양영역에서 이익집단 참여의 확대를 목격했다. 이 영역에서, 각 이슈별로 특징지어지는 '철의 삼각'이 변화했다. 잘 만들어진

보존·야생 집단들에 더하여, 새로운 집단들(Coastal States Organization, National Federation of Fisherman, Friends of the Earth, Society for Animal Protective Legislation)이 그들이 선호하는 해양·연안 이슈들을 촉진하기 위해 동원되었다. 그래서 각 이슈영역별로 지배적이었던 '철의 삼각관계'는 상당한 내적 변화를 겪었다.

그러나 각 이슈영역 내에서 보다 넓은 조망이 이루어졌다. 1970년대 시작 무렵에는, 다른 해양부문 간에 전혀 상호교류가 없었다. 예컨대, 해양포유류와 수산이슈가 분명히 상호 연결되는데도 불구하고, MMPA에 대한 토론에서 수산분야의 참여가 전혀 없었다. 또 다른 예로, 에너지 산업은 MMPA와 ESA에 의해 저해되는데도 불구하고, 에너지 집단들은 잠자고 있었고 ESA통과 동안에도 여기에 전혀 관여하지 않았다. 단일목적을 특징으로 하는 해양법이 1970년대 제정되었는데, 그것은 독립된 전투에서 단일이슈 집단이 지배를 했기 때문이다. 각 단일이익은 해양체계에서 그들 자신이 선호하는 것을 보호하거나 촉진하는 법률을 성취했다. 그러나 1970년대 말에 OCSLAA의 제정에서는 그들 간의 정치적 상호작용이 시작되는 변화가 일어났고, 다양한 해양부분 간의 폭넓은 교류가 명백해졌다. 이 기간 동안 행위자들은 그들의 영역을 넓혔고, 좀더 빈번하게 다른 해양영역과 교류했다. 그래서 보다 유동적이고 전환적인 이슈네트워크 정치가 시작되는 경향을 나타냈다.

● 3. 2000년대 해양법률 프로그램의 집행

1970년대 시기 이후, 미국에서 시행된 각종 해양행정은 많은 성공을 달성해 왔다. 일례로 연안관리 프로그램은 현재 35개 주정부와 영토가운데 단 하나를 제외하고 잘 작동하고 있다. 각 주 또는 영토는 주의 연안지역을 개발, 보호, 회복하기 위한 행동들을 평가하는데 연안관리의 초점을 두었다. '연방일치성' 조항은 특정 연안지역에서 연방정부와 주기관 간의 행동에서 조화로움을 확보하는 메커니즘으로 잘 작동해 왔다. 일부 해양포유류가 위기에 처했음에도 불구하고, 해양포유류 보호활동은 큰 업적을 달성해 왔다. 이에 MMPA의 입법통과를 촉진시켰던 주요 종의 고갈은 역전되어 왔고, 대개 회복이 되었다.

어자원 관리에 있어서 주목할 만한 성공은 200해리 영역의 미국화가 이루어진 것이고, 외국인의 어업행위가 미국 어민들로 대체되었다. 미국어민(상업 및 오락)들은 EEZ로부터 더 많은 편익을 얻을 기회를 받았다. 그리고 강과 어귀에서 점오염원의 통제에 의미 있는 진보적 제도가 만들어 졌다. 해양에 적절하게 쓰레기를 버리는 사람의 수는 1973년 이래로 두 배 이상이 되었다. 국가어귀프로그램(national estuary program)에 의거, 연안에서 28개의 어귀들은 특별한 계획과 관리·감독을 받았고, 대부분의 어귀에서 오염감소와 주요 서식처보호를 위한 종합적 계획안이 완성되었다.

현재 미국은 해양성소와 어귀연구보존지역의 네트워크가 설치되어 있다. 성소(sanctuary)의 경우 특별보존, 오락, 생태적 역사적 연구, 교육 또는 심미적 가치를 보호하기 위한 것이고, 어귀의 경우 연구와 모니터링 장소로서, 그리고 연안관리를 위한 실험실로서 역할을 수행한다. 연·근해(offshore) 오일가스 개발은 의미 있는 국내 에너지 자원으로 개발되어왔고, 연방정부 수입의 상당한 규모를 발생시켰고, 연안지역공동체 내에서 다른 수입에 기여하고 새로운 일자리를 창조해 왔다. 또한 연·근해 산업의 안전기록도 역시 매우 좋았다. OCS내에서 개발결과로 어떤 주요 사건사고도 일어나지 않았다. 1978년 OCSLA 수정에 따라 포함된 환경적 요구는 일반적으로 성공적 집행을 이룬 것으로 보인다. 연·근해 산업은 최근 멕시코만에서 1만 피트 심해저

로부터 물을 올리려는 기술, 설비, 절차의 개발과 같은 새로운 기술영
역으로 진보해 왔다.

그러나 최근 미국 해양행정이 경험한 최악의 실패는 어업에서의 심
각한 쇠퇴였다. 1976년에 지역적 어자원 관리협의회(regional fishery
management council)라는 합리적으로 설계된 시스템이 설정되었는데도
불구하고 말이다. 아마도 해양관리에서 가장 어려운 상황은 근본적인
보존조치가 실제 의존적 어업공동체에 반대의 영향을 줄 것이라는 사실
을 알지만, 어자원 보호에 강경조치를 해야 할 필요성이 있을 때이다.

또 다른 중요한 정책실패는 OCS프로그램을 멕시코 서쪽 만과 중앙
캘리포니아를 넘어 새로운 영역을 미국의 내무부가 확장할 수 없었다
는 점에 있다. 이 때 연안관리프로그램의 효과성에 대한 평가 데이터
는 조금도 활용가능하지 않다. 이것은 경험적으로 이 프로그램의 일
반적 성공과 많은 국면들을 증명하기 어렵게 하고 있다. 국가어귀프
로그램(NEP)하에서 어귀관리가 진보 개선된 것은 의심할 바 없지만,
NEP하에서 개발되어온 많은 관리계획이 효과적으로 집행되지 않고
있다. 맑은물법(clean water act)이 비록 점오염원의 통제에 놀랄만한
성공을 거둔 것에도 불구하고, 흩어진 육지기인 또는 비점오염 해양
오염의 어려운 통제과제는 다음 세대에 중요한 이슈로 떠오르고 있
다. 해양포유류 보호에 관해서, 역사적 수준을 초월하고 효과적 통제
없이 나타난 일부 해양포유류 종의 자연적 팽창현상은 해양포유류 성
장에 영향을 받는 어민단체들과 심각한 갈등을 발생시켜 왔다.

모든 해양법률의 집행에는 다양한 이익단체, 이용자들, 정부기관들,
다른 수준의 정부들 간의 많은 갈등이 나타났다는 점이 특징적이다.
이런 갈등들은 연안지역에서, 법원에서, 주의회에서, 기관에서, 연방
의회에서 구체화되어 왔다. 종종 이런 갈등들은 실질적 지연, 비용,
때로는 환경적 손해, 잠재적인 경제사회적 기회의 손실 등으로 귀결

되어 왔다.

과거에 미국은 대통령 선언으로 200해리 배타적 경제수역과 12해리 영해를 채택했다. 그러나 그 어떤 선언도 충분히 집행되지 않고 있다. 풍부한 자원을 가지고 있고 미국 육지만큼의 동일한 규모를 가진 EEZ에 대한 특별한 탐사도 없었고 이용을 위한 계획도 없었다. 비슷하게 미국 영해의 새로운 9해리는 연방영토에 속하는데, 이 지역이 인접 주의 공식적 연안관리지역으로 흡수되지 않고 있고, 진행 중인 연안계획과 관리프로그램의 한 부분이 되지도 못하고 있다.

의회는 정기적 청문회, 재입법화, 법률수정 등을 통해 관련 법률의 감시에 중요한 역할을 해 왔지만, 다양한 부분들, 이슈들, 그리고 법률들이 어떻게 얼마나 잘 함께 조화를 이루는지에 대해 조금의 관심을 두지 않은 채로 이런 감시역할을 수행해 왔다. 비슷하게, 이익단체들은 특정 이슈영역에 초점을 두는 경향이 있었고, 지속적으로 그들이 선호하는 해양정책 명분에 대해 모니터링하고 움직여 왔다. 특히 상당 기간 이들 이익집단들 사이에서는 일부 이슈들(예: 연·근해 원유매장과 채굴 등)에 대해 많은 상호작용이 있었다. 그러나 그들 상호작용은 협력적 형태이기보다는 종종 경쟁적인 형태였다. 다만 1990년대 후반부에 들어서는 다양한 이익단체들 간에 좀더 나아진 협력이 있었다. 1990년대 후반에는 해양포유류와 어자원 이슈에 관해 형성된 연립의 경우처럼 적어도 양자적 기초를 토대로 이루어졌다.

미국 해양행정에서 반복적인 긴장과 갈등 상황은 1990년대 말에 최고수준으로 고조된 것으로 보인다. 첫째, 미국이 연안국가인가 또는 해양국가인가에 관해서, 미국해군이 해양국가적 이익에 지속적인 초점을 두는 데 반해 미국은 점점 연안국가적 이익을 강조해 왔다. 해군은 그동안 미국의 전 세계적 항해이익을 보호하기 위해 미국상원에서 해양법 비준을 위한 중요한 국내 옹호자였다.

둘째, 미국이 국제주의인가 또는 고립주의인가의 긴장에 대해, 미국은 혼자서 가는 고립주의를 선호하는 것으로 보인다. 국제사회가 해양과 연안에 관한 많은 새로운 주요 국제협약을 협상하고 집행해 오고 있는데 반해, 미국은 종종 이런 포럼에 대해서 다소 비협조적인 국가였다.

셋째, 연방정부와 주정부간의 긴장에 대해, 그리고 주정부와 이해당사자에게 연방정부의 권한이양에 대해 1970년대 이래로 많은 논의가 있었다. 증가된 주정부 통제목표와 이에 대한 늘어난 이해당사자와 시민참여가 어디서든지 가시적인 것이 되었다. 예컨대, 국가어귀프로그램은 이해당사자의 관여와 파트너십을 강조한다. 또 다른 예로 어업에서 공동체수준의 어자원 공동관리를 주장한다. 그러나 이것은 실제보다 좀더 상징적(symbolic)이고 수사학적(rhetoric)인 것이다(예: 신연방주의 new-federalism). 해양프로그램의 집행과 관련해서, 주정부에 실제적 권한이양이나 기금이양이 일어나지 않았던 것이다. 예컨대, 어업에서 궁극적 의사결정권한은 여전히 연방정부의 상무부에 있었다. 해양포유류관리에서는 비록 MMPA에 허용되는데도 불구하고, 연방정부는 주정부에 그 관리권한을 돌려주지 않았다. OCSLAA의 경우에, 주지사와 연안지역공동체에 의해 많은 논의가 있었는데도 불구하고, 연·근해 원유프로그램 집행에 대한 최종의사결정권은 단호히 내무부에 남아 있었다.

넷째, 환경선호인가 또는 개발선호인가에 관해, 이것은 비록 두 가지 관점을 함께 하는 약간의 노력과 공평한 정도의 수사(rhetoric)가 있었는데도 불구하고, 미국의 국내적 영역에서는 여전히 상호 반대입장에 처해 있었다. 캘리포니아와 알래스카와 같은 몇 군데 OCS 지역에서 환경단체와 개발단체를 함께 하는 실험이 적어도 부분적으로 성공을 이루었다. 어업관리에서 비록 환경단체와 어민이익간에 화합적 분위기가 '지속가능한 어업법(sustainable fisheries act)'의 통과 동안에 발생했는데도 불구하고, 이러한 연립이 유지될 수 있을 것인가에 대해서는 명백하지 않았다. 특별히 환경단체들은 어자원 보호를 주장하는 독립적 단계를 취하고 있는 상황에서 말이다. 마지막으로 자원개발에서 정부부문역할과 민간부문역할 간의 긴장에 대해, 이 기간 동안 명확히 미국은 자원개발에 대한 민영화의 입장을 강조했다. 이것은 특히 어자원 관리의 경우에 그러했다. '개별적 양도가능 쿼터(individual transferable quota)'는 양식산업의 발전에서 중요한 선택대안이 되었다.

제 4 절 미래의 새로운 도전과 전망

● 1. 새로운 정책적 도전

1990년대 말 미국에서의 해양행정은 다양한 상황의 도전을 받게 되었다. 첫째, 기후온난화와 그것이 연안에 준 효과, 즉 촉진된 해수면 상승과 연안 침해, 증가된 폭풍빈도와 강도 등의 물리적 현상이다. 둘째, 연안지역에 증가된 인구와 활동으로 생긴 결과로서 연안환경의 변화 등 사회적 인구학적 변화현상이다. 셋째, 더 크고 더 빠른 배를 정박시키기 위한 항만과 수심이 깊은 항로의 필요성, 그리고 해양생물기술과 같은 신기술의 도전에 대한 대응의 필요성 등으로 이른바 기술과 관련한 변화의 현상이다. 넷째, 많은 환경과 자원문제들이 다른 수준의 정부사이에, 그리고 정부와 민간영역 간의 파트너십으로써 보다 효과적으로 해결될 수 있다는 인식이 확산되었다. 이것은 이른바 공공정책에서의 거버넌스 변화 현상이다. 따라서 이를 다시 정책

영역과 중심적 정책이슈를 중심으로 살펴보면 다음과 같다.

　　첫째, 해양안보(maritime security) 부문의 중심적 정책이슈는 군사적 기동성에 본질적인 항해와 비행의 자유를 확보하는 것이고, 우선적 정책과제는 유엔의 해양법 협약에 비준하는 것이다.

　　둘째, 해상운송과 항만인프라(marine transportation and port infrastructure) 부문의 중심적 정책이슈는 미국 항만인프라를 새로운 기술개발에 대응하여 환경적으로 민감하게 현대화하는 것이고, 우선적 정책과제는 항만을 더 크고 빠른 배를 접안할 수 있게 만들고, 준설의 환경적 효과를 해결하는 것이다.

　　셋째, 어업(fisheries) 부문의 중심적 정책이슈는 어자원 쇠퇴를 줄이고, 부산물 획득도 줄이는 것이며, 이의 우선적 정책과제는 1996년 지속가능한 어업법의 수정조항을 충분히 집행하는 것, 즉 특히 과잉 어업행위를 제거하고 10년 내에 어자원을 재건하여 본질적 어자원의 서식처를 만들어주는 것이다. 또한 지역협의회의 구조를 적절하게 다시 조정하고, 과잉자본화의 문제를 해결하면서, 수자원의 개별적 양도가능 쿼터와 같은 관리계획을 적절하게 활용하는 것이다.

　　넷째, 해양포유류 보호(marine mammal protection) 부문의 중심적 정책이슈는 위기에 처해 있는 해양포유류를 보호할 일자리를 늘리고, 건강한 해양포유류 종을 위한 관리조치를 적절하게 재고려하는 것이다. 이에 관한 우선적 정책과제는 1994년에 만들어진 MMPA 수정조항을 충분히 집행하는 것, 즉 특히 상업적 어업활동에서 해양포유류 잡기를 줄이는 계획을 집행하고 시의 적절하게 개발하는 것이다. 또한 위기에 처한 해양포유류를 보호할 일자리를 계속 늘려주고, 건강한 해양포유류 관리와 최적의 지속가능한 마리 수를 유지하기 위한 레짐을 개발하는 것이다.

다섯째, 해양양식(marine aquaculture) 부문의 중심적 정책이슈는 어획생산의 부정적 거래적자를 줄이고, 국내 소비공급에 대처하고 산업 일자리를 창조할 목적으로 수행하되, 환경적으로 지속가능하게 산업을 발전시키는 것이다. 이에 관한 우선적 정책과제는 연안관리법 체제하의 연안지역 이용처에 해양양식을 제도적으로 흡수하는 것이다. 즉 현재 관리통제의 뚜렷한 틀이 없는 연방수역에서의 해양양식의 관리를 위한 정책틀을 개발해야 한다. 연방정부간의 경쟁, 특히 농업부와 상무부간의 해양양식개발의 지도자 역할과 관련된 경쟁의 문제도 해결해야 한다. 이는 가장 유망한 산업부분에 대한 유인과 지지를 제공하고, 주정부와의 파트너십을 통해 허가과정을 유연하게 해야 한다는 점을 말한다.

여섯째, 연·근해 오일가스 개발(offshore oil and gas development) 부문의 중심적 정책이슈는 맥시코만 서부 외부의 연·근해 지역에서 환경적으로 건전한 방식으로, 그리고 연안주에게 편익을 주는 방식으로 OCS프로그램을 재시작하는 것이다. 이에 관한 우선적 정책과제는 OCS결정에서 연안주에게 더 큰 목소리를 주도록 OCSLAA를 개정하는 것이다. 그리고 연안주에게 수입공유 및 연안영향원조 프로그램을 채택하도록 하고, OCS결정을 위한 지역적 메커니즘을 개발하고 집행해야 한다.

일곱째, 해양보호지역, 해양생물 다양성, 해양생물기술(marine protected areas, marine biodiversity, and marine biotechnology)의 중심적 정책이슈는 EEZ의 특정지역과 부분이 그의 생태적, 심미적, 문화적, 오락적 자산가치 때문에 특별한 보호가 필요하다는 것을 구체화하는 특정계획과 비전을 개발하는 것이다. 이는 해양생물 다양성 보호와 해양생물기술의 공평한 개발에도 적용되는 것이다. 우선적 정책과제는 국가의 해양생물 다양성 자원을 평가하고, 해양생물관리 프로그램의 확장을 위한 구체적 계획을 발전시키고, 미국의 EEZ 내에 해양생물기술 개발목적을 가진 해양자원 탐사를 위한 적절한 레짐을 개발하고, 국제적 레짐을 명료화하기 위한 지도적 역할을 수행하는 것이다.

여덟째, 상호 연관된 해양자원과 해양공간의 합리적 관리(rationalizing management of interrelated ocean resources and ocean space) 부문의 중심적 정책이슈는 해양자원의 이용(어자원, 해양포유류, 연·근해오일가스개발, 해양보호지역, 해양생물다양성과 해양생물기술)이 동일 해양지역에서 서로 영향을 주는 일이 종종 발생하기 때문에, 이들 자원과 활용의 보호와 개발에 대한 의사결정을 합리화하는 방법을 발견하는 것이다. 우선적 정책과제는 '다목적이용 해양관리를 위한 지역 메커니즘(regional mechanism for multiple-uses ocean management)' 등과 같은 종류의 형태를 고려하는 것이다. 이것은 특정 해양지역에서 다양한 자원과 활용성 사이의 결정과 계획을 위한 것이며, 국가와 지역 간 이익의 적절한 균형화를 확보하는 평가 등을 포함하는 것이다.

아홉째, 연안관광과 휴양(coastal tourism and recreation) 부문의 중심적 정책이슈는 세상에서 가장 큰 산업인 여행과 관광, 그리고 휴양이 대부분의 미국 연안지역에서 연안개발의 가장 중요한 원동력이 되고 있다는 것에 근거한다. 그러나 그것의 긍정적·부정적 영향은 연방과 주정부에 의해 체계적으로 저평가 되었고, 느리고 점진적 형태로 접근되었다. 이에 우선적인 정책과제는 지속가능한 관광개발(예: 적정한 시설입지와 깨끗한 물 프로그램 등)을 위해 본질적인 연방정책과 프로그램은 상호 연관되어 있고 또한 그런 것으로 다루어져야 한다는 것을 인식할 필요성이다. 연안지역에서의 지속가능한 관광개발을 위한 주와 지역공동체에게 유용한 지침이 최근에는 거의 없다. 연방정부는 연안관광과 휴양을 지속가능하게 관리하기 위한 노력과 그 지원으로 지역과 주에게 지침(표준, 행위규범, 매뉴얼 등)을 주는 데 주된 역할을 수행해야 한다. 연안지역에서 관광의 경제·사회적 영향과 특성, 규모 등에 관한 데이터와 정보의 체계적 수집을 더해야 할 필요성이 있다. 미국의 휴양비치는 미국 시민의 이용뿐만 아니라 외국방문객에 더 큰 수요가 있기 때문에, 비치의 질 표준(quality standards)을 설정하고 유지하는 국가 프로그램의 적용을 통해 비치의 자연적 영양상태(nourishment)에 대한 정기적 평가가 필요하다.

열 번째, 깨끗한 물과 육상기인 해양오염의 통제(clean water and control of land-bases sources of marine pollution) 부문의 중심적 정책이슈는 미국은 점 해양오염원(point sources of marine pollution)의 통제에 의미 있는 성취를 거두어 왔지만, 이 영역에서 최근 가장 어려운 도전은 전 세계 해양오염의 70%이상으로 설명되는 비점 오염원(nonpoint sources of pollution)의 통제이다. 이에 관한 우선적 정책과제는 깨끗한 물 관리법(clean water act)이 다시 입법화되고 강화되는 것이다. 그리고 이와 함께 비점 오염원의 관리를 위한 효과적 프로그램이 만들어져야 한다. 보다 효과적인 수질오염 통제프로그램, 조개더미가 쌓인 많은 해양지역, 그리고 어류 소비자 문제와 환경적으로 망가진 비치의 폐쇄에 대한 자문 등을 통해 이의 실제적인 감소노력을 해야 한다.

열한 번째, 연안 위해물의 통제(controlling coastal hazards) 부문의 중심적 정책이슈는 연안지역의 위해적 자연사건(예: 허리케인, 자연폭풍 등)의 영향이 증가하고 있고, 앞으로도 지속적으로 증가할 것 같다는 점에 근거한다. 또한 여기에는 지구 온난화와 연관된 해수면상승 같은 새로운 요인이 관련되어 있다. 연안관리 입지관행(예: 주택과 다른 시설 입지 허가)을 연안 위해물 예방 및 완화조치와 연결시키는 노력을 보다 많이 할 필요가 있다는 것이다. 이의 우선적 정책과제는 위험지역에서 주택과 인프라 시설이 입지하려는 유인을 제거하기 위해 자연홍수 보험프로그램을 개혁해야 한다. 그리고 위험완화 프로그램에서 토지이용 계획조치(예: setback line의 집행)를 포함해야 하고, 연안의 위험지역으로부터 장기적 퇴각정책(retreat policy)을 설정해야 한다. 장기적으로 해수면 상승의 관점을 포함해야 하는 것도 필요하다.

열두 번째, 연안주의 CZM프로그램 강화(strengthening the CZM programs of the coastal states) 부문의 중심적 정책이슈는 현재 미국 연안 주와 영토 중에서 하나를 제외하고 모든 주에 존재하는 주의 연안관리프로그램은 주(state) 수준에서 보다 중요한 의미를 가진다는 점이다. 그래서 이 프로그램은 상시적 지지와 강화의 필요성이 있다. 이에 관한 우선적 정책과제는 CZM 프로그램이 목표달성을 향한 체계적 조치의 진보를 위해 성과 지향적 모니터링(performance monitoring)과 측정 가능한 상향식 목표설정(measurable on-the-ground goal)의 방향으로 이동할 필요성이 있다는 것이다. 연방의 핵심적 연안관리프로그램인 CZM, NEP, Coastal Barriers 프로그램, National Flood Insurance 프로그램, 공병대의 비치(beach)유지 프로그램, 404 wetlands 프로그램, 비점오염원 프로그램 사이의 정책조정 메커니즘이 국가해양협의회(national ocean council)의 단위에서 개발될 필요성이 있다. 그리고 연안의 3해리에서 12해리로 확장된 현재 영해에 대한 다소 모호한 법률상태는 더욱 명료하게 할 필요성이 있다. 그리고 궁극적으로는 이 지역의 관리에 대한 주정부의 팽창된 역할을 강화할 필요성도 있다.

● 2. 국제해양정치에서 리더십 회복

앞으로 국제적 차원에서 해양정치의 세 영역(해양법, 기후변화협약, 생물다양성보호협약)에 대한 지도력 실패에 관해 미국과 같은 국가들은 대가를 지불하게 될 것이다. 국제적으로 해양법(law of the sea)의 영역에서 결국 이 협약에 따를 것이 확실한데도 불구하고 미국은 새로운 제도(예: 재판소tribunal, 대륙붕위원회, 국제심해저기구)의 임명자로서의 지위(appointees)를 가질 기회를 잃었다. 비슷하게 생물다양성(bio-diversity) 영역에서 미국 생명기술산업과 그것의 경쟁력에 매우 중요한 협정인 생물안정성 협정(bio-safety protocol)을 형성하는데 개입을 할 기회를 상실하고 있다. 기후변화(climate change) 영역에서도 미국의 비협조적 관여와 함께 나타난 의회와 행정부간의 분열은 교토협정서의 집행과 관련한 협상에서 그 지도력을 둔화하게 만들 것이다.

무엇이 미국으로 하여금 지도적 역할을 하는 국가로 다시 돌아오게 할 수 있는가에 대해서는 무엇보다 행정부인 국무성의 역할이 중요하다. 항해와 비행의 보호가 국가이익에 중요한 만큼, 생물다양성, 오존 소멸 방지, 지구온난화 대처, 육상기인 해양오염물 처리 등도 그만큼 중요하다. 현재 국무성 주도의 기관간 위원회는 해양법을 포함한 국제해양이슈의 전 범위를 다루는 광범위한 기관간 위원회를 설치하는 것으로 대치할 수 있다. 이것은 국무성 주도의 기관간 위원회로 하여금 국가해양위원회의 하위 부서가 될 수 있음을 시사한다. 이런 것이 일어나기까지, 미국에서 국가 해양정책의 국제적 측면은 제한된 해양법 틀에서 문제를 다루게 될 것으로 전망된다.

해양정책은 국가적 이익과 일치하는 전 지구적 틀 속에서 행해져야 할 필요성이 있다. 미국이 자국의 해양과 세계의 해양에서 각기 국민의 이익을 전적으로 보호하고 개선하려면, 국내적 영역과 국제적 영역을 동시에 적극적으로 고려할 필요성이 있다. 왜냐하면, 적극적이고 긍정적인 미국의 관여 없이 개발된 전 지구적 해양레짐은 반드시 미국의 이익을 보호하지는 않을 것이기 때문이다. 전 지구적 정치의 실체는 초 강대국적 지위를 통해 일방적으로 미국의 이익을 보호하는 관점을 지지하지 않는다. 비록 미국의 군사력과 경제력이 특정 문제를 해결할지라도, 비용은 수용할 수 없을 정도로 높을 수 있다. 예컨대 미국 중심의 일방적 접근은 이라크, 유고슬라비아, 소말리아에서 성공을 거두지 못했다. 또 다른 예로, 미국이 일방적으로 경제적 제재를 가한 porpoise 바다거북 환경보호정책은 WTO와 GATT와 충돌했다.

최근까지 미국은 자기의 환경자원 관리목표를 성취하는 방법으로 일방적 경제제재를 활용하는 식으로 점점 그 패턴을 변화시켜 왔다. 어민들이 참치와 새우를 잡는데 미국의 표준을 적용하지 않는 국가에 대해 미국은 많은 제재를 가했다. 또한 고래를 잡는데 있어서 미국의 정책을 위반하는 국가를 제재했다. 비록 밍크고래가 멸종의 위기에 처해 있지 않고, 고래잡이에 대한 IWC의 국제고래잡이협정에 위반하지 않는 것이라 할지라도 말이다.

국제해양정책에서 미국의 지도력을 획득하는 방법은 간단하다. 미국은 목적달성을 위해 권력과 경제적 다른 방법들을 일방적으로 사용(unilateral use)하는 것에서 변환하여, 전 지구적 문제에 대한 다자적 접근(multilateral approach)을 형성하는 데 그 지도력을 발휘하는 것으로 다시 시작을 해야 한다. 해양법, 기후변화, 생물다양성이라는 새로운 레짐의 완성을 위해 그리고 육상기인 해양오염에 대한 새로운 레짐의 창조를 위해 지속적, 장기적, 긍정적 리더십이 지금 필요하다. 지금의 각종 협정들은 집행단계에서 상당히 어려운 국면에 처해 있다. 효과적 집행이야말로 명백한 성공의 열쇠일 것이다. 미국과 EU 등 국가들은 이런 종류의 긍정적 상호작용과 협력을 가져오는데 견인차 역할을 수행할 수 있다. 미국 지도력이 긴급하게 요구되는 또 다른 영역은 세계적으로 해양영역에 존재하는 수많은 정부 및 비정부 조직들 간의 정보흐름을 개선할 메커니즘도 있다.

● 3. 해양행정의 문제점 및 새로운 구상

근본적인 질문은 어떤 종류의 해양행정체계가 21세기의 수요에, 해양과 연안자원의 합리적 관리를 위해 가장 잘 대처할 수 있을까? 무엇보다 먼저 이 질문에 대답하기 위해 현행 미국 해양행정체계가 가진 기본적 문제가 무엇이며, 이런 문제들을 해결할 수 있는 개선책은 무엇인가를 살펴보아야 한다.

1) 해양행정과 관리체계의 문제점

현재 미국 해양행정체계가 가진 기본적인 구조적 문제점은 다음과 같다. 첫째, 연방-주-지방정부간 관할권이 분할(jurisdiction split)되어 있다. 연안과 해양지역은 세 개의 분할된 관할권에 의해 통치되고 있다. 지방정부는 일반적으로 연안육역과 연안선의 이용을 통제하고 있고, 주정부는 조수선으로부터 3마일까지 해양영역에 대한 관할권을 가지고 있으며, 연방정부는 3마일부터 200해리까지 관할권을 가지고 있다. 문제는 이러한 관할권의 분할로부터 발생한다. 모든 정부수준의 행위들을 조정할 수 있는 효과적 메커니즘이 결여되어 있기 때문에, 해양활동들의 기획과 관리에 복잡성을 더하면서, 많은 해양활동들이 세 가지 관할권에 방해받거나 또는 영향을 받고 있다. 해양자원개발의 편익과 비용이 빈번히 관할권 상호간의 마찰을 악화시키는 문제 때문에 심지어 다른 관할권에 부적절하게 맡기게 된다.

둘째, 서로 다른 해양자원관리와 이용에서 부문별 접근(sector-by-sector approach)이 이루어지고 있다. 각각의 자원과 이용은 전형적으로 서로 다른 법률적 틀 아래서 작동하는 서로 다른 기관의 관할권이 맡고 있다. 이러한 단일목적 접근법(single-purpose approach)의 주요 문제들은 다음과 같은 것이다. 하나의 해양영역(예: 오일개발)에서의

결정이 다른 해양영역(예: 수산)을 위해 갖는 파생문제를 검토할 기회
가 거의 존재하지 않는다. 대부분의 법률들이 다른 해양이용에 관한
의도적 행위의 결과에 대한 검토를 요구하고 있지만, 이러한 검토는
특정법률의 질문에 따라 보호냐 개발이냐 등과 같이 특정 결과를 향
한 편향된 경향을 가진 전문화된 맥락 속에서 일어난다. 또한 특정지
역에서 해양자원의 보호·개선·이용을 위한 합리적이고 광범위한 계
획을 위한 기회가 거의 존재하지 않는다. 자원들이 용도별 기준
(use-by-use basis)에 의해 관리되기 때문에, 관심 있는 국민이 특정
자원 또는 지역에 대한 전반적 우선순위와 목표를 토론하거나 또는
이용자단체에 의해 표현되는 일련의 가치들 가운데 교환적 결정을 하
도록 기여하는 기회도 거의 존재하지 않는다. 뿐만 아니라, 서로 다른
이용자와 서로 다른 정부기관간의 갈등을 포함하여 서로 다른 해양
부문간의 갈등들은 이런 갈등들에 대한 관할권을 가진 기관 또는 권
위적 원천이 없기 때문에 공적 수단을 통한 해결이 어렵다. 이러한 해
양갈등들은 많은 방식으로 비용이 들게 할 수 있다. 해양갈등은 지연
(delay)을 확대하는 결과를 초래하고, 공공질서와 안전을 위협하고, 해
양자원의 보존을 위협하고, 과도한 중복의 관여를 하게 하며, 궁극적
으로 정부의 낭비를 초래한다.

셋째, 해양과 연안자원에 대한 의사결정이 다소 편협하고 적대적
의사결정(narrowly bases and adversarial decision-making)을 나타내고
있다. 해양과 연안자원에 대한 의사결정은 종종 특정 자원 또는 상업
적 관심을 대표하는 편협한 이익단체에 의해 주도된다. 비록 해양의
건강에 대한 국민의 관심이 광범위하다고 해도, 해양이용에 대한 대
부분의 결정은 다른 측면이나 이용의 효과에 대한 많은 고려나 또는
광범위한 사회적 고려 없이, 그들 자신의 특정부분을 보존하거나 촉
진하기 원하는 특정 이익집단에 의해 신속하게 추진된다. 일부 경우

에 정책은 브레이크 없는 개발과 완전한 보전 사이의 양갈래 접근법을 왔다갔다해 왔다. 이러한 개발과 보존에 대한 어느 하나만의 관점(either-or view)은 매우 비용이 많이 들고, 국민들의 다양한 편익을 극대화하기 위한 지속가능한 해양개발 성취를 방해한다.

넷째, 해양과 연안자원에 대한 의사결정에서는 단기적 사고방식(short-term thinking)이 자주 나타난다. 해양정책 결정체제의 또 다른 특징은 결정자들이 해양관리에서 장기적 기획의 필요성보다는 그들의 프로그램에 대한 지지를 유지하기 위해 결과를 과시(show)할 필요가 있다는 단기적 틀(short time frame)에 있다. 결과적으로 많은 단기적 프로그램들이 장기적 프로그램 대신에 채택될 수 있다. 그러나 계속되는 단기적 프로그램들이 장기적 결과를 성취하기 위한 최선의 방법은 아닐 수 있다는 점이 문제이다.

다섯째, 해양과 연안자원에 대한 의사결정에서 다루어지는 해양체제의 복잡성(complexity of the ocean system)이다. 해양의 역동적 특성, 그리고 이동성과 유동성은 복잡하고 상호의존적인 해양생태계와 결합하면서 해양이용 및 관리활동에 대한 영향을 예측하기 어렵게 만들고 있다. 특히 해양과정과 그 이용 행태에 대한 기본적 이해와 관련해서는 더욱 그러하다. 해양체제의 복잡성은 다음과 같은 관리문제를 가지고 있다. 해양개발 활동에 대한 충분한 결과들이 종종 불충분하게 이해되고 있고, 이에 따라 어떤 확실성을 가지고 예측하기 어렵게 만들고 있다. 불확실성은 일반적으로 다양한 종류의 운명과 영향에 대해, 그리고 영향의 특성과 심각성에 대해 존재하고 있다.

따라서 현재의 국가 해양관리체제는 몇 가지 이유로 결국 실패해 있다고 할 수 있다. 그것은 고도로 유동적이고 역동적인 환경에 대해 고정적 경계선을 가진 경직된 관할권 틀을 세우려고 시도하고 있다. 해양자원과 활동들이 상호작용하고 종종 상호의존적인 것에 비해, 해양이용 의사결정은 다소 분절 혹은 파편화 되어 있고 부문별로 많이 나누어져 있다. 즉 연방정부 기관들의 해양프로그램들을 조화시키고 묶어서 지도할, 그리고 해양이용 상의 여러 갈등들을 다루는 전반적인 정책 우선순위에 대한 언급(statements)이 지금은 존재하지 않는다. 해양계획과 이용 이슈에 관해 연방정부는 연안주들을 다루는 조직화된 또는 응집력 있는 방법이 없다.

게다가 이상의 기본적인 구조적 문제에 더하여, 동등하게 심각하고 근본적인 문제들이 현재 체제의 제도와 정책측면에서도 존재한다. 첫째, 연방수역(3마일부터 200해리)에서의 활동과 관련하여 의사결정을 지도할(guide) 정책 또는 원칙이 결여되어 있다. 둘째, 상대적으로 광범위한 재량이 일부 해양이용 입법에 포함되어 있다. 예컨대, 1978년의 대륙붕토지외부법(the outer continental shelf lands act amendments of 1978)이 그러하다.

2) 새로운 대안으로서의 복합이용적 해양행정체계 개념틀

현행 해양관련 법률, 제도, 경험, 이익집단, 대중가치 등을 주어진 것으로 수용하고 다중적 해양거버넌스 개념틀(conceptual framework for multiple-use ocean governance)을 채택하는 것은 미국에서 실현가능성이 아주 낮은 어려운 도전일 수 있다. 그럼에도 불구하고 미국이 통합적인 다중적 해양거버넌스 개념틀을 적용한 해양 관리레짐으로 이동하기 위해서 앞으로 어떤 조치를 취해야 하는가에 대해서는 일곱 가지 범주로 가능한 개선방안을 논의할 수 있다.

첫째, 구조적 토대 측면에서 현재 해양관리의 틀은 부문적 토대, 각각의 분리된 단일 이용관리, 주수역(0에서 3마일)과 연방수역(3마일에서 200해리)에서 다른 레짐을 가지고 있다. 이상적인 복합적 이용의 해양관리틀에서는 0~200해리 지역에서 복합적 이용을 포함한 지역토대 접근법(area-based approach encompassing multiple uses in the 0-to 200-mile zone)으로 전환되어야 한다.

둘째, 국가적 지도, 목표와 원칙의 측면에서 현재 틀은 국가수역(0에서 200해리) 이용에 관한 전반적 지도원칙이 없고, 수역 이용에 관한 국가적 합의도 없으며, 지도원칙도 결여하고 있다. 이상적 틀에서는 목적, 목표, 우선순위를 설정하고, 해양과 자원의 지속가능한 개발을 위한 전략형성을 위한 지도를 제공할 기본원칙과 기준을 설정할 국가정책이 개발되어야 한다.

셋째, 가치와 윤리적 요소 측면에서 현재 틀은 해양과 연안에 대한 청지기로서의 책임성(stewardship responsibilities)이 잘 정의되어 있지 않고 있다. 다중적 해양거버넌스 개념틀을 만들기 위해 앞으로 적용될 이상적 규범에서는 해양과 연안에 대한 시민과 정부의 청지기 직분(stewardship)의 가치와 윤리규정이 개발되고 집행되어야 한다.

넷째, 갈등해결능력 측면에서 현재 틀은 해양이용 갈등의 해결능력이 거의 없고, 복합적 이용갈등을 해결할 공적 메커니즘이 없고, 갈등관리의 임기응변적(ad hoc) 접근이 지배적이다. 향후 이상적 틀에서는 복합적 이용갈등, 특징, 비용과 편익, 그리고 결과를 이해하는 능력, 이용간의 우선순위를 설정할 능력, 해양이용에 관한 권위적 결정을 하고 갈등을 해결하는 의사결정 메커니즘 출현, 지역설정(zoning)의 활용과 해양이용을 분리하는 다른 기술이 활용되어야 한다.

다섯째, 기획능력 측면에서 현재 틀은 미래의 이용 혼합을 기획할 능력이 결여되어 있다. 향후 이상적 틀에서는 적극적, 기대적 기획 접근방법, 국가적 차원과 지역ㆍ지방 해양이용 차원의 기획과정이 동시에 발전되어야 한다.

여섯째, 기관상호간 통합수준 측면에서 현재 틀은 연방해양기관의 통합과 조화 결여, 빈번한 갈등이 지배적이다. 향후 이상적 틀에서는 연방해양협의회, 기관간 조정위원회 등의 이름으로 수평적 통합이 성취되어야 한다.

일곱째, 정부상호간 통합수준 측면에서 현재 틀은 다른 수준의 정부(연방, 주, 지방정부)에서 기관간 통합과 조화의 결여, 연방-주-지방정부간의 빈번한 갈등이 지배적이다. 향후 이상적 틀에서는 특정지역의 분리를 위한 주-연방 합동체의 설치, 현재 조종기제의 강화, 수입의 공유 등의 수단을 통한 수직적 통합이 성취되어야 한다.

3) 미래 해양행정체계의 새로운 설계구상

미국의 경우에 해양행정체계의 새로운 개선방안으로 논의되는 것들을 정리하면 다음과 같다. 첫째, 구조적 토대 측면에서 미국 해양행정의 현행체계는 주로 단일 부문관리를 중심으로 구조화되어 있다. 그러나 예외적으로 지역관리로 구조화된 세 가지가 있다. 즉 연안역관리, 국가강어귀 프로그램, 그리고 국가성소 프로그램이 이에 해당한다. 단일부문 접근방법(single-sector approach)에 비해 지역토대 접근방법(area-bases approach)의 가장 중요한 장점은 지배기관으로 하여금 특정 해양이용 또는 자원이 다른 이용, 자원, 그리고 환경에 미치는 영향을 더 잘 해결할 수 있다는 점이다. 두 번째 장점은 생태적 입장에서 관리의 일관성을 유지할 수 있다는 점이다. 보다 복합 목적적이고 지역 토대적 해양관리 레짐으로 나아가기 위해서, 미국은 다음과 같은 사항들을 고려해야 한다. 먼저 현재의 부문별 프로그램을 상호간 서로 연결시키고, 지역토대 프로그램에도 연결시키는 개선된 방법을 개발해야 한다. 또한 지역토대 프로그램간의 좋은 연결관계를 개발해야 하며, 현재 거버넌스 틀 안에서 지역토대 프로그램을 부가적으로 첨가하는 설계를 해야 한다.

둘째, 지도원칙 측면에서 현행 개별적 주요 해양법률들은 일련의 원칙을 지도하고 있다. 그러나 전반적인 국가 지도 또는 전반적인 국가해양목표가 존재하지 않고 있다. 현재 유일한 목표와 정책은 단일자원 또는 단일 이용을 다루는 개별적 법률에서 발견되고 있다. 전반적 국가 해양목표가 결여되어 있기 때문에, 갈등을 해결할 합리적 기초도 없고, 제한된 자원의 지출을 위한 우선순위가 할당되지 않고 있다. 사법체계가 좁은 법률적 틀 안에서 관여되는 정도에 따라 갈등은 뒤늦게 해결되기 쉽다. 이런 상황 속에서 폭넓은 국민적 이익은 거의 존중되지 않는다. 물론 일부 갈등들은 법원에 가기 전에 정부기관과 지역주민, 의회 내부의 지원자 상호간의 권력투쟁의 결과로 해결되곤 한다. 이에 지킴이 윤리(a code of stewardship ethics)가 해양에서 정부와 관련 민간영역 모두에게 특정법률에서 제공하는 지침을 넘는 지침을 주기 위해 개발될 필요성이 있다. 물론 이러한 지킴이 윤리는 이 영역에서 국제적으로 진보한 결과물인 유엔의 해양법과 1992년 리우선언 등을 토대로 해야 한다. 의심할 바 없이, 앞으로 채택될 올바른 원칙체계에 대해서는 많은 논의와 토론이 있을 것이다. 그 목록은 포괄적이어야 하고 해양거버넌스의 모든 관련된 측면들(해양자원과 공간에 대한 지킴, 국가해양정책, 국가 상호간 공동체, 미래세대 등의 문제)을 해결해야 한다.

셋째, 국가적 지침 측면에서 현재 연방 해양프로그램들에 의한 목표체계의 문제점은 그들이 원래 분리적으로 다른 정책목표를 고려하지 않고 만들어졌기 때문에 서로 잘 통합되지 않는다는 점이다. 일부 현재 프로그램에서 국가적인 목표는 아직 충분히 개발되지도 않은 상태로서 이를 해결해야 한다.

넷째, 갈등해결과 기획능력의 개선 측면에서 위에서 드러난 국가적 지침을 제공하는 노력은 연방수준에서 갈등해결과 기획을 위한 능력을 개선하는 방향으로 장기간 진행해 나가야할 것이다. 왜냐하면, 국가적 지도활동은 정확하게 이러한 의문들을 겨냥하고 있기 때문인데, 그것은 연방법률과 프로그램간의 갈등을 해결하고, 새로운 이용을 위한 적극적 기획을 하고, 문제와 기회를 확인해야 한다는 점이다.

다섯째, 기관상호간 정책통합 성취 측면에서 현재 정기적으로 연방해양프로그램 대표자들을 함께 모으는 규칙화된 메커니즘이 존재하지 않는다. 그래서 기관간 정책들이 조화롭지 못한 점을 해결해 나가야 한다.

여섯째, 정부상호간 통합 측면에서 해양에서 주와 연방의 관할권의 분명한 획정은 연방법률에 존재하지만, 최근 이러한 구분이 다소 희미하게 되어 있다. 해양기획의 정부간 통합을 개선하기 위한 가능한 접근법은 다음과 같은 것을 포함해야 한다. 먼저 연방보조금(주의 매칭 포함)을 해양계획 개발을 위해 제공하고, 주와 연방 간의 파트너십을 만들 수 있는 해양계획에 대한 승인과정을 만들어야 한다. 그리고 현재 지역토대 연방적 지원의 해양연안프로그램들(연안역관리, 강어귀개발, 해양성소)과 단일부문프로그램(예: 수산, 오일가스개발) 간의 적절한 통합을 성취하고, 해양계획이 법률적 표준을 가지도록 지원을 제공하여 연방일치성 검토의 권력을 더욱 진작해야 한다.

제 5 절 미래에 관한 제언

미국의 경우, 해양행정에서 중요한 전반적 정책도전과 새로운 이슈는 크게 EEZ를 포함한 해양의 지속가능한 발전을 위한 국가적 전략의 구축, 연방수준의 효과적 정책조정 메커니즘(국가해양협의회 등)의 형성, 연방정부와 35개 주정부(영토)간의 파트너십의 강화개선 등이라 할 수 있다.

그리고 해양의 새로운 상황변동으로 정책변화가 필요한 중요한 해

양 이슈들에는 수산자원의 풍요성 회복, 연안수역과 강어귀 수역의
상태를 사람이 수영할 수 있고 수자원이 살 수 있는 상태로 복원하는
것, 항만(ports)와 수로(waterways)를 전 세계적으로 경쟁력 있게 만드
는 것, 비치의 침식에도 불구하고 비치의 휴양기능을 유지시키는 것,
연안지역의 위험성과 관련하여 홍수보험, 퇴각조치 등을 포함하여 연
안계획과 긴급관리지침을 개정하는 것, 해양양식의 발전을 격려할 수
있는 신뢰성 있는 운영계획을 수립하는 것, 연방의 연안오일가스 프
로그램을 영향을 받는 이해당사자들이 만족할 수 있는 방향으로 개혁
하는 것, 해양생물공학과 같이 희망적인 새로운 해양관련 기술의 개
발을 촉진하는 것, 유엔 해양법 협약과 생물다양성 협정에 대한 접근
으로 국제사회에서 해양분야의 리더십을 재획득하는 것 등이라 할 수
있다.

현재 미국은 호주, 캐나다, 한국 등 통합적 해양행정체계와 선도적
해양정책을 추진하고 있는 나라들로부터의 경험과 교훈을 잘 활용해
야 하는 과제를 안고 있다. 무엇보다도 미국의 국가해양정책에서 중
요한 변화를 달성해야 하는 과제로서는 다음과 같은 것들이 있다.

우선 첫째로는 200해리 배타적 경제수역의 보존과 지속가능한 활용
을 위한 국가계획을 형성하는 것, 둘째로는 연방수준에서 공식적이고
지속적인 정책조정 메커니즘인 국가해양협의회(national ocean
council)를 설치하는 것, 셋째로는 관리지역별로 연안의 주정부와 함
께 일련의 파트너십을 발전시키는 것 등이다.

이와 같이 해양분야의 여러 과제를 안고 있는 상황에서, 해양과 연
안에 대한 정책레짐의 변화를 위한 전략도 다양하다. 그 중에서도 의
회를 통해 정책변화를 얻는 것과 이해집단의 연립형성을 통해 정책변
화를 얻는 것이 특히 중요할 것이다. 다시 말하면, 다양한 정책이슈별
로 다양한 정책연합(policy coalition)을 형성하여 해양정책의 주요 국

정과제의 전환을 이루는 것이 미국 해양행정의 당면한 과제이자 현명한 선택의 귀로가 될 것으로 전망된다. 그리고 이러한 것은 세계적으로 비슷한 처지에 있는 다른 나라와 연안에도 참고할 만한 교훈이 될 수 있다.

제13장 해양레짐의 변화와 해양의 미래

제1절 국제적 해양레짐의 변화

1. 국제적 해양관리와 정책레짐

본 장에서 결론적으로 다루고자 하는 주제는 우리나라 해양의 발전과 미래에 관한 문제이다. 이에 앞서 먼저 과거에서부터 현재에 이르는 시기까지 국제적 관점에서 해양의 패러다임 등장과 변화에 대해 소개할 필요가 있다. 우리는 해양의 과거를 알고 교훈을 얻을 경우에 해양의 미래를 보다 합리적으로 예측하고 설계할 수 있기 때문이다. 따라서 오늘날 현대 해양에 관한 패러다임이 해양자유의 원칙에서 해양관리원칙으로 변화함에 따라 국제적으로 어떤 해양환경안전 이슈들이 등장했고, 또한 이들 정책이슈들을 관리하는 정책레짐들은 역사적으로 어떻게 형성되었고, 그리고 향후 이들 이슈와 레짐간의 관계가 어떻게 형성되는 것이 바람직한지에 대해 고찰을 해보도록 하자.

1) 공유자원과 정책레짐

해양과 바다로 대표되는 공유자원(common property resources)은 관련당사자간의 상호의존성(interdependence)이 강한 상황에서 비록 개별적 행위자가 합리적 선택행위를 하려 하지만, 반대로 집단적 수준에서는 불합리성을 초래하는 딜레마에 빠지게 되는 특성을 가지고 있다. 이러한 현상에 대해 학문적으로는 흔히 공유자원의 비극(Hardin, 1968). 죄수의 딜레마 이론, 사회적 함정 또는 집단적 함정, 집단행동의 논리(Olson, 1965). 합리적 존재의 협동불가능성 등으로 일컬어지고 있다. 그리고 이러한 현상이 발생되는 조건은 공동 행위자간의 상호의존성, 개별 행위자의 이익편익 추구(과다소비), 개별 행위자의 비용책임 회피(과소비용) 및 무임승차, 공동의 이익에 기여할 개별 행위자의 유인 결여, 비용과 기술측면에서 다른 행위자의 공동 이익에 대한 배제불가능성 등이 그 원인이 된다.

현재 이러한 공유자원의 비극을 극복하는 유일무이한 제도나 방법은 없고, 개별 문제의 특성에 적합한 다양한 제도와 레짐을 형성함으로써 가능하다고 알려져 있다(Ostrom, 1990). 즉 해양에서 개별 정책이슈별로 관련당사자들이 공동이익을 얻기 위한 제도나 규칙을 선택하고 이를 지속적으로 유지·관리·감독해야 한다는 것이다. 이런 의미에서 해양에 있어서의 정책레짐은 "개별적 해양정책의 이슈별로 관련된 당사자 국가들의 집단선택의 딜레마를 해결하는 방법·규칙·제도·규범·의사결정 등의 절차"라고 정의할 수 있다.

일반적으로 정책레짐(policy regime)은 "어떤 정책이슈영역에서 정책결정자들 간의 기대가 수렴되는 일련의 원칙, 규범, 규칙, 그리고 의사결정절차"로 정의된다(Kim, 1991). 정책레짐은 한번 설정되고 나면 오래 지속되는 경향이 있고, 정책레짐(제도)이 지속성이 있다는 점은 제도주의적 접근의 중요한 주장이다. 즉 제도가 지속성이라는 특

성이 갖는다는 의미는 어떤 특정한 상황이나 조건에 적합한 정책결정
이 일단 제도화되고 나면, 당시 그러한 제도의 필요성을 발생시켰던
원래의 상황이 변하고 나서도 그 제도는 지속되며, 이후 계속적으로
정책결정에 영향을 미치게 된다는 것이다. 다만 정책레짐은 환경적
변화와 상관없이 정책결정과정에서 일종의 안정성과 구조적 관성을
가지지만, 영원히 지속하지는 않는다. 부분적으로 도구적 규칙 또는
절차는 수정될 수 있고, 규범과 원칙도 새로운 것으로 교체 또는 대체
될 수 있다. 사회적으로 정책레짐 변화의 원천은 국제적 정치경제 환
경의 변화, 국가들 간의 정치적 투쟁의 결과, 특정 사회집단들의 치열
한 로비의 결과일 수도 있다(Kim, 1991).

결론적으로 어자원, 해저자원, 해양공간 등에 걸친 다양한 해양자
원은 경합성(rivalry)이 강하고 배제성(excludability)은 약한 공유자원의
특성을 가진다(Savas, 1982; 최병선, 1992). 세계적으로 경합적인 해양
자원은 주로 국가 간에 경합이 일어나게 된다. 이 때 자연히 국제적으
로 힘이 강한 국가들이 경합적 해양자원을 그들 자신의 독점적인 것,
혹은 배타적인 것으로 만들게 된다. 실제 해양자유원칙에 따라 해양
자원에 대한 자유로운 접근을 허용한 결과는 결국 이들 몇몇 해양강
국들이 경합적 해양자원을 독점적으로 소유하는 결과를 초래한다. 따
라서 국제적으로 공유자원 관리로서 해양관리가 필요하며, 바로 이것
은 해양의 정책레짐의 형상으로 나타나고 있다.

2) 해양자유레짐과 해양관리레짐

16세기 초 휴고 그로티우스(Hogu Grotius)가 제안한 이른바 '해양자
유(Mare Liberum)'의 개념은 바다, 특히 어떤 나라의 통제를 벗어난 공
해는 어떤 사람이나 국가에 의해 소유될 수 없으며 어떤 사람도 무한
히 사용하고 개발할 수 있는 자유가 있다는 것이었다. 그로티우스가

주창한 해양자유의 원칙은 16세기부터 20세기 중반까지 약 400년 동안 해양의 지배적인 패러다임으로 지속되었고, 부분적이긴 하지만 오늘날에도 국제적으로 공해상에서의 기본 원칙으로 계속 적용되고 있다.

그러나 20세기 후반부터 이러한 해양자유의 패러다임에 제약을 가하기 시작한 것이 유엔 해양법 협약(U. N. Convention on the Law of the Sea: UNCLOS)이었고, 그 주요 관심은 해양이 이전에 생각했던 것보다 좀 더 파손되기 쉬운 것이라는 새로운 관점에서 어떻게 새롭게 해양관리를 잘 해 나갈 것인가 하는 데 있었다. 즉 20세기 후반에 이르러서 유엔해양법 회의라는 국제 해양정치의 변혁과정을 통해 해양자유레짐(mare liberum regime)은 해양관리레짐으로 새롭게 형성되었다. 해양의 자유와 개방적 자원사용(open-pool resource)의 원칙을 토대로 한 과거의 해양레짐은 오늘날 해양관리와 공유자원 레짐(common-pool resource regime)으로 변화되고 있는 것이다.

20세기 후반에 이르러 해양에 대한 정책레짐이 해양자유원칙에서 해양관리원칙으로 변화를 가져온 첫 번째 사건은 영국과 미국 사이에서 발생했다(Juda, 1996). 구체적으로 1892년의 워싱턴조약을 통해 프리비로프 섬(Pribiloff Islands) 수역 근처의 바다표범(seal) 사냥에 대한 제약이 설정되었다. 그러나 일본과 러시아 선박들이 그 지역에서 바다표범을 사냥하기 시작했을 때, 이들 나라들 때문에 영국과 미국을 제약했던 워싱턴 조약은 그 실질적 효과를 잃기 시작했다. 그러한 결과 1911년에 4강대국 조약(1911년 북태평양 바다표범 조약)에 의거하여 모든 4개국의 바다표범 사냥을 제약하는 서명이 이루어졌다.

그 다음으로, 미국 트루먼 행정부에 의한 1945년에 나타난 두 가지 선언은 해양관리레짐 형성에 결정적으로 기여를 하였다. 그것은 대륙붕 및 어자원에 대한 트루먼 선언이었다. 이것은 많은 연안국가들이 해양자유라는 과거의 사슬을 파괴하고 좀 더 확장된 영해와 경제적 바다영역에 대한 통제력을 증가시키는 계기를 만들어 주었다. 당시 세계의 많은 영토부분이 유럽의 식민지로 남아 있었던 과거 약 300년 동안 유럽의 자유에 기반을 둔 아이디어가 해양레짐을 지배했지만, 식민국가의 사슬이 느슨해지면서 그들의 해양자유레짐의 사슬도 느슨해지게 되었다.

이에 결과적으로 해양관리(Ocean Management)는 그 시대적 여건에 따라 인간행위와 해양간의 관계를 새롭게 형성하려는 것으로 이해하여야 하며, 이것은 국제적 해양정책레짐의 형성을 통해 이루어져 왔음을 중요하게 파악해야 한다. 국제적 해양관리의 정책레짐은 크게 환경보존(environment)과 안전보장(security)의 두 가지 범주로 구분된다. 환경레짐은 전형적으로 인간과 자연(바다자원을 포함)과의 관계에 초점을 두고, 안보레짐은 바다와 바다에서의 생존이나 인간의 폭력에 중점을 둔다. 따라서 오늘날 중요한 국제 해양환경 및 자원관리 정책이슈에는 해양오염, 연안관리, 해수면상승, 어자원관리, 포경업, 해양관할권, 심해저 광물자원 등이 있고, 국제 해양안전보장 정책이슈에는 군사적 해양안보, 해적활동, 환경생태적 안보 등이 있다. 이제 여기에서는 해양환경과 해양안보에 걸친 이러한 주요 이슈들에 대해 살펴보도록 하겠다.

3) 해양환경레짐과 주요 변화

(1) 해양오염의 이슈

해양오염(ocean pollution)은 1960년대까지 전 지구적인 관심이 되지 않았고, 주요한 해양오염 협약들도 1960년대 말과 1970년대에는 거의 없었다. 그러나 단기간 내에 심각한 해양오염 사건들이 일어났고, 이에 대비한 해양오염관리 정책레짐이 세계적으로 형성이 되었다. 현대사회에서 해양오염의 약 70% 이상은 육지기인 원천에서 발생하고, 해양에 오염원 투기(dumping)와 해상운송이 모든 국제적 해양오염의 또 다른 약 20% 정도를 차지한다고 한다(Cin-Sain & Knecht, 1998; Wilder, 1998). 해양오염의 원인이나 유형에는 하수오물, 금속밧줄, 화학품 쓰레기, 기름유출, 연안생태계에 측정 불가능한 손실을 주는 제반의 독소물질들을 포함한다. 예를 들면 육상의 농업에 사용되는 PCBs, dioxins, DDT 등의 살충제가 특히 문제이다. 그리고 바다의 부영양화(eutrophication)의 문제는 지금 해양 종(species)에 주요한 위협으로 인식되고 있다.

해양에서의 유류오염은 1973년과 1978년 선박오염예방국제협약(MARPOL: International Convention for the Prevention of Pollution from Ships) 레짐에 의해 관리되고 있다. 과거 유류오염 정책은 그 경향성이 대체로 일반적으로 구체화되지 못했으며, 시기적으로는 사후적이고 행태적으로는 적극적이지 않았다. MARPOL이 만들어지기 이전에는 1954년에 만들어진 유류해양오염예방국제협약(OILPOL: International Convention for the Prevention of Pollution of the Sea by Oil)이 이러한 문제를 다루고 있었다. OILPOL은 단지 의도적인 유류오염 부분만 관리하고, 우발적 유류오염에 대해서는 전혀 경고조치를 취하지 않았다. 그리고 단지 원유, 윤활유, 디젤 등 무거운 유류만 해양의 오염물질로 포함하였고, 가솔린과 같은 가벼운 유류는 오염되지 않는 것으로 분류했다.

그러한 상황에서 1967년 리베리아 유조선인 토리 캐년(Torrey Canyon)이 원유 12만톤을 운송하다가 영국 연안에 좌초되는 사건이 발생한 후 OILPOL의 정책레짐이 문제화되었다. 당시 OILPOL은 토리 캐년호의 오염사고에 대한 협정서를 가지고 있지 않았고, 그 결과 방제(cleanup)노력을 어떻게 해야 할 지에 대해 어떤 특별한 국제적 협약도 없었다. 결과적으로 영국과 프랑스는 선장이 그 배를 합법적으로 포기할 때까지 유조선 자체를 인양하고 사고선박으로 취급하는 조치의 시작을 할 수가 없었다. 이 사건을 계기로 국제선박관리 문제를 행정적으로 담당하는 기관인 국제해사기구(IMO)에 의해 MARPOL이라는 새로운 협약이 기존의 OILPOL을 대신하게 되었다. MARPOL은 유조선이 하역 통제모니터장치 뿐만 아니라 밸러스트(balast) 탱크를 분리하여 설치하도록 각 나라에 처음 요구했다.

그러나 유조선의 이중선체(double hulls)가 심각한 정책레짐 변화의 계기가 된 것은 유명한 액슨발데즈(Exxon Valdez)호의 해양오염사고 이후였다. 1989년 3월 24일에 액슨발데즈 호는 프린스 위리암스 해협에 있는 알래스카 연안에 좌초, 침몰되는 사건을 발생시켰다. 1989년 3월 24일부터 동년 6월 20일까지 분출된 유류대는 약 28,500 스퀘어 킬로미터 지역에 달했고, 여러 나라가 방제작업을 하기에는 그 시간과 역량이 너무나도 모자랐다. 이러한 이유로 이 사건은 지금까지도 미국 역사상 가장 거대한 해양유류오염 사고로 기록되고 있다.

액슨발데즈호의 역사적 사건으로 실제 현대의 해양에서는 국제적으로 정책레짐에 큰 변화가 일어났다. 1996년 이후 건조된 어떤 대규모 유조선이라도 이중선체의 구비가 필수적으로 요구되기 시작하였고, 그리고 이미 존재하는 오래된 단일선체 유조선은 2015년까지 모든 국제적 수역에서 그 운행을 멈추도록 요구되는 것에 합의가 되었다(IMO, 2001). 그리고 액슨발데즈 유류분출의 직접적 결과로, 미국에서는 1990년 유류오염법(Oil Pollution Act)이 제정되었다. 이 법은 전 세계 원유생산의 1/3가까이를 담당하는 미국의 주요 유류회사들에게 유류의 해상수송 사고나 불시적인 사건으로 인한 분출에 대비하도록 강제하고 있고, 2010년을 기점으로 하여 미국의 수역으로부터 모든 단일선체 유조선 운항을 금지하도록 했다. 그리고 미국의 이러한 제도적 조치는 다른 나라들에게도 영향을 주었으며, 세계적으로 보편화되어 가는 추세에 있다.

(2) 연안관리의 이슈

세계적으로 대부분 주요 천연자원은 바다와 육지가 만나는 연안지역에 많이 존재한다. 그러므로 이 지역에 대한 최선의 관리는 연안을 더 큰 자연생태계로 인식하는 총체적 접근(holistic approach)을 추진하는 것으로 알려져 있다. 현재까지 생태적 측면과 정부적 측면의 두 가지에서 총체적 통합적으로 연안을 관리해야 한다는 주장이 가장 큰 설득력을 얻고 있는 것이다. 또한 이러한 세계 주요 국가들의 노력을 통합적 연안관리(integrated coastal management)라 부르고 있다(Jacques & Smith, 2003).

생태적으로 통합된 연안관리는 연안지역을 분리된 육지와 수역환경으로 보는 대신에 더 큰 하나의 체계로 보고, 연안생태계의 모든 구성요소들의 건강에 가치를 두는 것에서 시작한다. 범정부 차원으로 통합된 연안관리는 주로 연안지역 관리를 책임지는 다른 정부기관 간의 협동과 거버넌스를 추구하게 되었다. 비록 어느 도시나 지역, 국가의 연안관리정책이 특정 연안을 생태계로 인식한다 하더라도, 만일 다양한 정부기관이나 인근 지역과 나라들이 제각각 분리되어 행동한다면 이러한 연안의 통합적 생태계 관리노력은 좌절될 것이기 때문이다. 일례로 미국은 1972년 연안관리법(Coastal Zone Management Act)의 제정을 통해 최초로 연안관리를 채택한 국가이며, 오늘날에도 성공적인 연안관리가 이루어지고 있는 것으로 평가된다.

지난 1972년에는 스톡홀름 세계환경회의에서 각 국가들에게 환경 관련 통합부처 설치를 권고한 이후, 1992년 브라질 리우데자네이루에서 178개국 정상과 대표들이 참석한 가운데 유엔환경개발회의(UNCED)가 개최되어 지속가능한 개발(sustainable development)을 다짐하는 리우선언과 그 행동강령인 의제21(Agenda 21)이 채택된 바 있다. 그리고 리우회의에서는 해양환경과 해양자원개발의 조화를 위해 연안통합관리의 중요성을 강조하였다. 또한 의제21의 제17장에 연안통합관리에 관한 내용을 새롭게 규정했다. UN은 그 산하기구인 유엔지속개발위

원회(IUNCSD)를 설치하여 매년 의제21의 이행상황을 나라별로 점
검·평가하고 있으며, 지난 2002년에는 리우회의 이후 10년간 진행된
의제21의 이행을 평가하고 향후 계획 수립을 위한 지속가능발전세계
정상회의(WSSD)를 개최하는 등 연안관리에 대한 정책레짐을 주도하
고 있다.

(3) 해수면 상승의 이슈

지구의 바다는 1800년대 중반이후 매년 약 2미리미터(약 0.078인치)씩
상승하고 있다. 다시 말하면, 평균 잡아 1세기 반 동안 약 20센치미터(약
7.8인치) 만큼 상승했다. 이것이 비록 2만 1천년전 빙하시대 이후, 지구
의 역사에서 온난한 기간 동안 발생한 해수면 120미터(약 394피트) 상승
과 비교하면 조그만 증가이지만, 과학자들은 몇 가지 이유로 상승의 속
도와 수준에 대해 우려를 표하고 있다. 과거 100년 동안 해수면 상승
(sea-level rise)은 그 이전 비율보다 10배 증가했다는 것이 그것이다. 그
리고 기후학자들은 동일한 기간동안 평균 지구온도는 0.5도씨(화씨1도)
증가했고, 다음 100년 동안에는 1.4도씨에서 5.8도씨(화씨 2.5도에서 10.4
도)로 지구온난화(global warming)가 계속 증가하리라 추정하고 있다.

지구의 해수면상승에 대해 관심이 가는 보다 근본적인 이유는 극지
역 얼음막(ice sheets)이 불안정하다는 점이다. 지난 2002년에 미국의
코네티컷주 규모인 북극 얼음막 한 조각이 부러진 바 있다. 이 사건으
로 과학자들이 추정하기에, 만일 북극의 방대한 서쪽 또는 동쪽의 얼
음막 중 어느 것이라도 붕괴한다면, 해수면은 각각 20피트와 200피트
수준만큼 상승한다고 한다. 그러하다면 육지방향 쪽으로의 해수면 상
승 정도는 대략 50에서 100배가 될 수 있고, 가라앉는 육지의 면적은
거의 재난적인 수준이 될 것으로 전망하고 있다(Jacques & Smith,
2003). 설사 북극지역 얼음막의 붕괴가 없다 하더라도, 해수면은 21세

기부터 다음 100년 동안의 시기에 약 1미터(약 3.28피트) 만큼 상승할지는 아무도 모른다고 한다.

이미 남태평양상의 투바루 같은 조그만 섬들은 약 50년 내에 사라질 것이라는 과학자들의 경고를 받고 있다. 이와 비슷하게 몰디브 국가를 구성하는 수천 개의 섬들은 해수면 위에서 불과 약 1미터에서 1.5미터(약 3.28피트에서 4.92피트) 위에 위치해 있다. 그래서 해수면이 1미터(3.28피트) 상승하면 이 나라는 필연적으로 잠기기 시작할 것으로 예측이 되고 있다. 또한 해수면 상승에 직접적인 영향을 받는 사람들은 세계의 연안 특히, 강 유역 델타지역에 살고 있는 사람들이다. 2010년 이후 현재의 추정으로 약 1억여 명 넘는 사람들이 다음 100년 내 해수면 상승 이유 때문에 중국, 방글라데시, 이집트, 나이지리아 등에서 다른 지역으로 강제적인 이주를 하게 될 것이라고 한다.

해수면 상승과 관련된 또 다른 문제는 해변가 비치의 침하(beach erosion)이다. 사실상 세계적으로 산재된 해변가 비치들의 약 70%가 현재 침하 중이고, 해수면 상승이 그 숨은 이유로 지적되고 있다. 또한 연안 소택지(습지)와 육지농업과 식물과 동물은 염분의 물로 바뀔 것으로 예상이 되고 있다. 해수면 상승으로 바다의 염수가 육지 쪽으로 점점 전진해 옴에 따라, 기존 육지의 담수층이 파괴되고, 나무와 식물들이 죽으며, 앞으로 부족해지는 담수는 인간들이 충분한 비용지불 없이는 사용 불가능하게 될 것으로 전망되고 있다.

이러한 상황에 따라 1992년 UN기후변화협약(United Nations Framework Convention on Climate Change: UNFCCC)의 해양관리레짐 하에 국가들은 주요 산업국가들이 1990년 수준으로 이산화탄소 방출량을 자발적으로 줄이는 것을 포함한 지구방출 축소계획을 추진하였다. 그리고 1997년에 UNFCCC의 한 부분으로서 교토의정서(Kyoto Protocol)가 채택되어 산업화된 선진국가들에게 이산화탄소 방출량 축소를 더 강하게 요구했고, 더 낮은 방출량 기준이 개발도상국가에게도 설정이 되었다. 그러나 교토의정서에 따라 1990년보다 더 낮은 약 7% 수준의 이산화탄소 방출량을 지켜야 하는 계획안에 대해 미국은 지금까지 계속 거부하고 있는 실정이다(Jacques & Smith, 2003).

일부 선진국가들 중에서 특히 산업적으로 거대강국인 미국은 국제적 규제의 공평성이라는 입장에서 본다면, 교토의정서가 자국을 개발도상국가들과 차별적으로 취급하고 있는 한 교토의정서에 전적으로 동의하지 않는 태도를 견지하고 있다. 게다가 선진국에 비해 상대적으로 가난한 나라(개발도상국)들은 앞으로 더 지구를 온난하게 할 좋지 않은 잠재력을 많이 가지고 있다고 주장한다. 반면에 개발도상국가들은 만일 탄화수소(hydrocarbon)로부터 나오는 가스를 방출할 능력이 제약된다면, 우리는 결코 산업화된 국가들이 당연시 여기는 동일한 수준의 부(富)와 현대화된 발전을 이룩하지 못할 것이라고 주장한다. 선진국은 선진국대로, 후진국은 후진국대로 나름의 이산화탄소 방출량에 대한 자기 입장을 고집하고 있는 것이다. 따라서 지금 이산화탄소 방출량과 지구 온난화, 해수면 상승의 인과관계는 세계적으로 그 논란의 중심에 서 있고, 완전히 해결되기에는 어려운 숙제가 남아 있다.

(4) 어자원 관리의 이슈

바다의 어자원 관리 문제는 바다에서의 항해 문제 다음으로 큰 이슈이며, 세계의 해양문제에 대한 주요한 인간들의 관심대상이 되어왔다. 지금 세계적으로 바다에서 이루어지는 상업적 소규모 어업은 직접 고용 측면에서 약 2억여 명 가량의 노동인력을 공급하고 있으며, 또 다른 관점에서 약 5억여 명 가량은 바다에서 획득한 어자원의 활용, 제조, 유통 등을 통해서 간접적으로 그들의 생계를 이끌어 나가고 있다. 어자원은 세계 모든 동물의 단백질 섭취의 약 16%를 담당하고 있으며, 특히 경제적으로 낙후된 개발도상국가나 전통적인 해양중심 국가인 일본, 노르웨이 등지에서는 국민들의 영양공급에 약 40% 또는 그 이상을 수산물이 차지하고 있다. 그러나 현재 세계적으로 어자원 획득을 위한 어업구역은 축소와 고갈의 위험에 처해 있다.

통계적으로 지금까지 전 세계 어업구역의 약 47%~50%는 이미 충분히 채취되었고, 더 이상 수확증가의 여지가 없는 것으로 알려지고 있다. 이미 또 다른 약 15%~18%의 어업구역은 과잉채취가 되었고, 세계 어업구역의 약 9%~10%는 완전 고갈되었거나 또는 완전 고갈로부터 회복 중인 상태이다. 그래서 세계적으로 어업구역의 약 71%~78%에서는 이미 고갈과 황폐화로부터 위협받고 있거나 또는 심각한 자원 부족의 문제로 위협의 벼랑 끝에 놓여 있다고 한다(United Nations Food and Agricultural Organization, 2000). 이러한 추세는 21세기에 들어서서 세계 어획량이 20년 동안 매년 6% 증가해 왔을 때인 1950년대 시기부터 시작되었다. 이후 1970년대와 1980년대 시기에는 쇠퇴추세가 관찰되기 시작했고, 오늘날 세계의 대부분에 해당하는 주요 어업구역은 심각한 곤경에 빠져있다.

그 동안 수산에 대한 개방적 접근의 어업레짐(open-access fishing regime)과 함께 어선대의 과잉자본화(overcapitalization), 그리고 어업 자원에 대한 평가지식의 오류 때문에 어자원과 어업구역은 급속하게 황폐화되었다(Juda, 1996; Cicin-Sain & Knecht, 1998). 어장과 어자원에 대한 개방적 접근 레짐은 오래전에 어느 누구도 어느 어업지구를 이용하는데 제약을 두지 않았다. 또한 어장에서 최대 지속가능 생산(maximum sustainable yield: MSY)의 개념과 지침이 허용되었다. 최대 생산의 아이디어는 만일 인간이 잡지 않으면 낭비되어 버리는 잉여(surplus) 어자원을 최대한 채취하면서도 동시에 지속적으로 생산가능한 생태계의 회복능력을 손상시키지 않는다는 것이었다.

이런 사고와 인식에 근거해서 인간들은 바다에서 최대한 많은 양의 고기를 성공적으로 수확하기 위해서 갖가지 방법을 강구하였다. 어선의 편대는 좀 더 크고 많은 배들을 갖추어야 할 뿐만 아니라, 생산의 경쟁력 유지를 위해 최신식의 최고가 장비(예: 해저탐사장치, 냉동장치)를 구비해야 하였다. 그 결과 원양조업을 주로 하는 대규모 어선의 편대는 미리 투자된 자본과 비용 때문에 많은 고기를 수확하는데 야수적인 효율성을 나타내게 되었다. 이러한 과잉어업 행위는 세계 해양의 어자원 종, 건강, 그리고 지속가능성에 대한 불충분한 지식 또는 평가의 오류에 또 다른 원인을 두고 있었다. 어자원에 대한 과학적 모형은 종종 물고기의 수를 과대 평가하는 식의 오류를 저질러 왔고, 그것은 거대 기업화된 세계 수산업계의 요구나 로비에 부응한 결과라는 말도 있었다(Jacques & Smith, 2003).

이러한 상황을 타개하기 위해 지난 2002년부터 유엔 식량농업기구 (FAO)는 지역프로그램을 통해 어자원의 남획과 고갈에 대한 국제적 규제관리를 시작했다. 그리고 배타적 경제수역(EEZ) 밖의 공해상에서는 어획량 협정(Fishery Stock Agreement)을 통해 어자원 관리에 대한 국제적 정책레짐을 형성하고 있다. 유엔식량농업기구의 지역어업 프로그램은 특정 지역에서 어업관리를 위한 지역별 어자원관리 프로그램을 강력하게 설정하고 있다. 즉 바다에서 어자원의 획득을 위한 조업을 할 경우에 사전에 미리 "과연 어떤 종을 보호할 것인가?", "어떤 어업시즌과 지역을 설정할 것인가?", 그리고 "어떤 선구(gear)와 어업방식은 금지할 것인가?" 등을 구체적으로 결정해야 한다. 또한 이러한 어획량협정 (FSA)은 국제어업에 대한 잘못된 관리(mismanagement)와 군사적 갈등을 예방하기 위해 설계되었다. 어획량협정 하에서는 지역조직들이 규칙을 준수할 의도가 없는 나라들에 속한 어선편대(예: 편의치적선)는 그들 어업구역에 대한 접근을 원천적으로 거부할 수 있어서, 현재 세계적으로 해양 어자원 관리 레짐을 정착시키는 근본적 전환점이 되었다.

(5) 포경의 이슈

일명 고래잡이 혹은 포경(whaling)의 문제는 여전히 해양 부문에서 국제적으로 뜨거운 논란이 되는 이슈가 되고 있다. 일부 국가들은 국내 포경산업과 경제의존성 때문에 상업적 포경을 요구하고 있는 반면에, 일부 국가들은 고래를 보호받아야 할 환경적 가치가 있다는 주장하고 있기 때문이다. 이러한 의견대립이 팽팽한 가운데, 최근까지 모든 상업적 포경금지에 대한 모라토리엄이 이루어져 왔다. 그러나 최근 포경산업 국가들이 상업적 사냥을 재개하기를 원하고 있기 때문에 포경에 관한 이슈는 다시 국제적 문제가 되고 있다.

현대 해양에서 고래잡이의 문제는 1946년 국제협약에 의해 창설된 국제포경위원회(International Whaling Commission: IWC)에 의해 관리되고 있다. 국제포경위원회는 원래 총 허용채취(TAC: total allowable catch) 한계를 설정함으로써 고래잡이의 규제를 관리하는 국제기구이다. 원래 바다에서 고래들은 먼 거리를 이동하고, 다른 나라가 과잉채취하면 그 숫자가 위험에 처해지는 공유자원이다. 그렇기 때문에 국제포경위원회는 처음에 포경업이 지속가능하도록 하기 위해 포경의 총 횟수를 단순히 줄이는 계획을 수립하고 집행하는 역할을 수행하였다.

그러나 1982년부터 많은 비포경 국가들이 모든 상업적 고래잡이가 중지되어야 한다는 협약에 참여하기 시작했다. 특히 비포경 산업국가들은 국제환경단체(NGO)들의 영향력 하에 국제포경위원회에 적극적으로 가입했다. 최근까지 미국의 그린피스(Greenpeace), 해양보호목자협회(SSCS: Sea Shepherd Conservation Society)와 같은 유명한 환경보호 운동단체를 포함해서, 세계의 주요 환경NGO들은 실제 고래잡이를 끝내기 위해 비포경산업 국가들을 압박하는 것으로 유명하다. 세계의 상당수 회원국은 자국이 고래잡이에 의존하는 경제 또는 국민을 가지고 있지 않았기 때문에, 환경NGO들이 국제포경위원회에 가입하라고 요구했을 때 거절할 이유가 별로 없었다. 고래잡이에 관한 모라토리엄은 국제환경NGO가 국제해양분야의 정치(politics)에서 아주 큰 영향을 준 좋은 사례인 것이다. 결국 상업적 고래잡이에 관한 이러한 모라토리엄은 과잉채취로부터 고래생태계의 회복을 도모하는 일시적이고 강력한 국제적 관리계획이었다.

지금까지 국제포경위원회(IWC)는 매우 성공적인 국제적 레짐으로 인식되어 왔다. 왜냐하면 그 회원 국가들이 포경협약의 동의를 대체로 위반하지 않았기 때문이다. 고래잡이 금지가 성공적이었다는 한 가지 이유는 무엇보다도 국제 포경협약의 범위(boundary)를 분명히 했기 때문이다. 즉 많은 다른 국제 협약과 다르게 고래잡이 금지에 해당하는 수역은 영해를 포함하고 있다(Birnie, 1996). 만일 영해가 IWC 규칙으로부터 면제되었다면, 고래 종의 보존은 원천적으로 많은 어려움을 겪게 되었을 것이다. 이는 고래가 다른 나라 영해로 가기 전에 각 나라들이 가능한 한 자국 수역에서 최대한 많은 고래를 수확하려는 동기와 유인에 근거했을 것이기 때문이다. 결과적으로, 모든 수역에서의 고래잡이 금지 조치는 IWC 성공의 중요한 요소가 되었다. 그러나 상업적 포경에 관한 이러한 모라토리엄에도 과학적 포경과 원시적 사냥이라는 두 가지 예외가 있었다.

우선 첫 번째 예외인 과학적 사냥은 해양에 대한 어자원 조사탐사선을 가진 국가들에 의해 제기되었고, IWC로부터의 우선적 승인이 요구되지 않는 것으로 합의되었다. 그러나 소수 국가들, 그중 일본은 상업적 포경이라는 외관으로 과학적 연구의 명분을 이용한다고 비난받아 왔다. 특히 버니(Birnie, 1996)와 같은 학자는 이러한 과학적 연구의 함정이 최근 포경에 관한 모라토리엄에 직면해 생존해 보려는 소수산업을 지키려는 국가들에 의해 크게 남용되어 왔다고 했다. 과학적 탐구는 고래가 낭비되지 않도록 죽은 것을 사용할 것이고, 폐기시 상업적 처리(즉 고래의 판매 등)는 허용된다. 그러나 포경선들은 죽은 것의 약 90% 이상까지 낭비하고, 더 많은 고래를 배에 실을 여유를 만들기 위해 대체로 바다 위에서 이 부분들을 처리하는 것으로 알려져 있다.

다음으로 모라토리엄의 두 번째 예외는 원시적 사냥에 대한 것이었다. 그것은 IWC에 의해 인정되는 연안지역의 오래된 토착민들에 의해 제약적인 수준과 생존을 위한 최소한의 베이스로 사냥되도록 허락된다. 이런 유형의 예외는 물론 고래를 잡기 전에는 매번 IWC에 사전 승인을 얻어야 된다. 그리고 이는 고래사냥을 오랫동안 해온 기존의 많은 종족들이 얼마나 사냥을 하느냐가 허용될 수 있는지를 결정하는데, 주로 수학적으로 숫자상 포획 가능한 고래의 수량을 고려하는 대수적 공식(algorithmic formula)에 의한다.

토착민들은 그들의 전통적 관습과 문화를 계속 추구하기 위해 정부에게 로비를 하고, IWC에 자국민 대표를 참가시키는 등 열심히 노력해 왔다. 그러나 원시적 고래 사냥은 최근으로 올수록 역시 환경활동가들에 의해 중대하게 항의를 받고 있다. 포경 이슈의 전면에 나선 그룹은 미국의 해양보호목자협회이다. 이 협회는 모라토리엄에 대해서만큼은 전 세계에서 어떤 예외도 허용할 수 없다는 강경한 입장이다. 토착민들의 고래 사냥은 그들 역사, 생계, 그리고 문화적 유산의 중요한 부분이라고 주장한다. 그들은 이러한 사냥을 끝내는 것은 그들 문화적 생존의 중요한 측면에 손상을 줄 것이라는 입장을 내세우고 있다. 그러므로 세계적으로 고래를 잡아온 전통 토착민과 환경단체의 이러한 대립과 갈등은 아직도 현재진행형이라 할 수 있다.

다른 한편으로, 최근 포경산업 국가들은 개정된 관리계획안 하에서 상업적 포경을 재개하려고 서서히 시도하는 추세에 있다. 이들의 계획은 포경에 대한 과학적 야생관리 접근법(scientific wildlife management approach to whaling)으로 불린다(Jacques & Smith, 2003). 이 계획에 의하면, 고래를 잡을 수 있도록 하되 앞으로 엄격한 한계가 주어진 종(種)의 생존 추정 숫자의 특정비율을 넘지 않도록 동의한 포경자들에 의해 준수되도록 한다는 것이다. 이 계획은 IWC 산하 과학위원회에 의해 승인되고, 1994년에는 IWC 전체회의에 의해서도 공식적으로 승인되었다. 이는 고래를 잡지 못하게 한 기존의 국제적 규약에 상반하는 것이어서 많은 논란을 부추기고 있다. 이렇듯 근래에 IWC가 개정된 관리계획을 선택한 데에는 크게 두 가지 이유가 있었다.

첫째, 전통적으로 고래잡이 국가였던 일본이 일부 가난한 섬 나라와 우호적인 동맹을 맺었다. 세인트루시아, 도미니카, 다른 동카리브 국가들과 같은 섬나라들은 일본에게 많은 돈을 받고 IWC에서 그들의 투표권을 팔았다고 의심받고 있다. 비록 이들 국가 중에서 아무도 포경산업을 나라 안에 가지고 있지 않지만, 그들은 정기적으로 IWC에서 일본과 연대해서 투표를 하며, 일본은 그들에서 많은 양의 재정적 지원을 해주고 있다. 고래를 사이에 둔 일종의 국가 사이의 이권거래인 셈이다.

둘째, 북대서양 지역에 위치한 포경 국가들은 최근 그들 자신의 국제적 포경레짐을 새롭게 만들었고, 만일 자신들이 만든 개정된 관리안이 집행되지 않으면 포경을 재개하겠다고 위협하고 있다. 구체적으로 북대서양 해양 포유류 위원회(North Atlantic Marine Mammals Commission: NAMMCO)가 1992년에 설립되었고, 여기에는 노르웨이, 아이슬란드, 그린란드, 파로 아일랜드(Faroe Islands)의 여러 나라를 포함한다. 게다가 기존의 포경 우호국가였던 일본, 멕시코, 러시아, 아일랜드, 남아프리카는 과학적 야생관리 모형에 입각한 상업적 포경을 주장하는 NAMMCO의 목적에 동정적이다. 새로운 NAMMCO의 존재는 IWC가 개정된 관리안을 집행하는데 강력한 유인이 되고 있다. 왜냐하면, IWC는 자발적으로 모라토리엄을 숭상하는 포경국가들에 의존하기 때문이다. 만일 포경국가들이 IWC를 무시하는 선택을 한다면, 모라토리엄은 하루아침에 부적절한 것으로 치부된다. 왜냐하면 비포경국가들은 이미 자동적으로 모라토리엄을 준수하기 때문이다.

그러나 세계적으로 넓은 범위에서 활동하는 환경주의자들은 그러한 것이 역시 인간의 이익을 위한 욕망에 바탕을 두고 있으며, 포경 그 자체는 다른 지각 있는 존재에 대한 잔인하고 불필요한 살육이라고 주장한다. 그런데도 불구하고, IWC의 2000년 회의에서 NAMMCO 그룹은 개정된 관리계획의 집행에 박차를 가하는데 동의했고, 장래 회의를 위한 우선순위로서 그 목표를 정했다. 만일 IWC가 계속 포경 모라토리엄에 대해 강경한 노선을 유지한다면, IWC는 포경에 우호적인 국가와 포경산업을 중요시하는 기존 국가들에 의해 위협을 받게 될지 모른다. 그러나 만일 IWC가 개정된 관리안을 선택하기로 결정한다면, 비포경 회원국가들은 환경단체들로부터 강력한 반대에 직면하게 되는 딜레마 상황에 역시 처해 있다. 고래포경을 위시한 세계적인 수준의 갈등과 대립양상은 현대 해양문제에서 여전히 뜨거운 감자인 셈이다.

(6) 해양관할권의 이슈

현대사회에서 해양관할권의 개념을 통해 정의되는 세계 해양공간자원은 많은 다양한 해양자원 및 국가안보 완충지역의 이용과 접근을 통제하는 공간들로 세세하게 구분이 된다. 즉 현행 유엔(UN) 국제기구의 해양법 협약에 의해 정해진 주요 해양관할권에는 내해(internal sea), 영해(territorial sea), 배타적 경제수역(exclusive economic zone), 군도기선(archipelago baseline), 대륙붕(continental shelf), 공해(high sea) 등의 공간이 엄격하게 나누어져 있다. 이것은 세계적으로 통용되고 있는 해양과 해역의 구분법이기도 하다. 이들의 개념을 구체적으로 하나씩 살펴보면 다음과 같다.

먼저 육지와 바다의 지정학적 특성을 반반 포함하는 내해(internal sea)는 법률적으로 그 나라의 완전한 주권이 작용되는 영해(territorial sea)와 대체로 그 의미가 같다. 연안국가는 그 나라의 연안선으로부터 영해 내에 있는 전체 수역에 대해 완전한 주권을 가진다. 그리고 이 때의 수역은 바다 위의 상공, 해상과 그 아래, 둘 사이의 모든 지역을 포함한다. 특정 국가는 포경문제 등과 같은 이전 조약에 의한 예외적인 국제적 규약 준수사항 이외에는 그들이 원하는 대로 그 지역을 탐사하고 개발할 배제적 권리를 가진다. 이와 달리 배타적 경제수역(exclusive economic zone)은 12마일 영해를 넘어 연안국가 통제지역으로 200마일까지 펼쳐지며, 이 지역 내에서 연안국가는 과학적 연구, 보존조치, 어획규제, 광물채취, 항로 등을 통제한다. 특정 국가는 법률적으로 이 지역에 대해 단지 주권적 권리만을 유지한다. 20세기 이후 태평양의 군도국가들도 군도기선을 기준으로 배타적 경제수역이 새롭게 설정됨으로써 경제적인 횡재를 얻게 되었다.

지금 세계의 대부분의 국가들은 바다에 대한 충분한 접근을 하고 있지만, 그렇지 못한 나라들은 상당히 경제적으로 불리한 위치에 처해 있다. 따라서 육상국가와 지정학적으로 불리한 국가들(land-locked and geographically disadvantaged states: LL/GDS)의 투쟁은 제3차 유엔 해양법 협약에서 계속되었다. 일반적으로 연안선이 없는 순수한 내륙국가들은 바다에 좋은 접근성을 가진 국가들 보다 상대적으로 좀 더 가난하고 더 낮은 경제성장률을 나타내는 경향이 있다. 따라서 LL/GDS는 배타적 경제수역 가까이에 있는 다른 나라의 자원에 대한 특권적 접근을 얻기 위해 노력했다.

근래 유엔(UN)의 해양법 협약은 LL/GDS에 대해 지역의 배타적 경제수역에 대한 평등한 접근권을 주었지만, 이러한 권한은 실제적인 내용이 결여되어 있다. 즉 인근 연안국가가 그 배타적 경제수역 내의 잉여자원(surplus)을 어떻게 다룰 것인가를 결정할 때 LL/GDS가 고려될 필요가 있다는 점만을 규정하고 있을 뿐이고, 실제 LL/GDS에 주어질 특권의 실체나 그 정도는 잘 정의되어 있지 않다. 국제적으로 이렇게 모호한 제도적 미비점은 여전히 현대 해양에서의 배타적 경제수역 관할권에 대해 내륙국가와 연안국가들 사이의 분쟁의 씨앗으로 남도록 강제하고 있다.

(7) 심해저 해양광물자원의 이슈

일부 국가들에 있어서 해양 심해저 광물자원은 현대의 해양의 문제와 관련해서 가장 논란이 되고 있는 이슈 중의 하나이다. 최대의 경제 대국인 미국은 바로 이러한 이슈들 때문에 유엔(UN) 해양법 협약의 비준을 거절하고 있다. 국제적으로 주인이 없는 공해 상의 심해저 광물자원 가운데서는 특히 1870년대 챌린저의 선원들에 의해 발견된 망간단괴와 중합금속단괴가 초점이 되고 있다. 이 단괴들은 대부분 해양 밑바닥에 위치해 있고, 작고 일그러진 모양의 쇠 대포알 모양을 하고 있다. 그러나 20세기 이전의 챌린저 시대에는 이 광물들을 채취할 과학기술이 존재하지 않았고, 자원의 측면에서 현실적 도움도 되지 못했다.

이러한 가운데 1958년도 경에 이르러 미국 캘리포니아 대학의 해양자원연구소가 실제 심해저 광물채취의 가능성에 대해 관심을 드러내고, 해양광물의 채취는 육상광물 채취의 약 50%~70% 수준에서도 더 많은 물질들을 생산할 수 있다고 보고한 후부터 다시 세상의 큰 관심을 끌기 시작했다. 그 당시 심해저 광물자원은 기술적으로 모든 나라들의 범위 밖에 존재했기 때문에, 어떤 나라도 심해저 광물채취에 의존한 경제적 논리를 개발하지 않았다. 당시 유엔의 말타 대사 아비드 파르도는 이것을 인류의 공동유산으로 만들 수 있는 기회로 보았고, 신으로부터 주어진 지구의 부(富)를 재배분하는 방법으로 인류 공동유산화의 아이디어를 주장했다.

이 때 파르도의 이러한 아이디어는 정치적 결론을 맺게 되었는데, 그것은 결국 선진 국가들이 해양법을 통해서 이러한 생각을 국제적으로 구속력 있도록 만들었다는 점이다. 1994년에 파르도의 제안에 동의하지 않은 국가들의 저항을 극복하는 노력의 하나로, 더 진척된 협의안이 심해저 광물채취를 서술하고 있는 해양법 제11장에서 구체화되었다. 이 추가적 협의안의 전제는 민간의 사기업(private industry)은 심해저 광물채취를 행정적으로 담당하는 기구인 국제심해저기구(ISA: International Seabed Authority)에 따라 해양 광물채취를 허용할 수 있다는 것이다. 다만 규범원칙 상으로 심해광물자원은 인류의 공동유산이라는 본래 파르도의 아이디어에 따라, 특정 어느 지역의 광물채취는 단지 국제적 공동 협력노력으로만 할 수 있도록 하고 있다. 그러나 최대 해양국가인 미국은 이에 아직도 동의를 하지 않고 있다. 개도국이나 선진국 모두 1994년 수정된 협약 안을 광범위하게 수용하고 있는데도 말이다. 그것은 미국의 주요 기업과 정치인의 영향력 때문이며, 심해광물자원이 미래의 기업과 국익에 엄청난 존재임을 알아서이다. 따라서 심해저 해양광물자원의 이슈는 앞으로 더욱 큰 국제해양의 이슈로 부상될 소지가 충분히 있다.

4) 해양안보레짐

(1) 해로통제력과 군사적 해양안보

해양안전보장(해양안보)에 관한 국제적인 이슈나 정책은 다른 나라의 해군력으로부터, 혹은 공해상의 해적으로부터, 다른 나라들과의 해양자원 경쟁으로부터, 인간에 대한 생명 위협적 환경으로부터 국민의 생명과 재산을 보호하는 것을 말한다. 해양안보를 확보하기 위해서는 해양항로와 지정학적 지역에 대한 강한 물리적 통제력이 확보되어야 한다. 이에 전통적으로 나타난 개념인 해로통제력(sea-lane of control)이란, "한 나라가 상선이나 해군함정의 통항(通航)에 영향을 주는 정도"를 말한다. 지금까지 인류 역사상 강한 해군력을 가진 국가들(스페인, 포르투갈, 네덜란드, 미국 등)이 세계를 지배했다는 사실에서 이러한 것은 안보의 핵심적 개념으로 알려져 있다. 역사적으로 이러한 나라들은 세계 해양사에서 군사적 우위와 해로통제력을 토대로 세계무역시장, 세계노동시장, 세계자원시장 등에 대하여 경제적으로 지배적 접근권을 오랫동안 행사하였다.

따라서 국제적으로 해로통제력(sea-lanes of control)과 지정학적 안보 영향지역(spheres influences)을 확보하기 위한 경쟁이 현대에 와서 치열해졌고, 이를 위해 각 국가들은 해군(navy)을 위주로 군사전력 증강에 앞다투어 투자하여 왔다. 21세기에 들어서 구 소련의 와해 이후 미국의 해군은 세계 최강의 군사력을 보유하게 되었고, 이러한 미국의 해군력은 국제사회에서 초강대국으로서 보이지 않는 권력의 기반이 되고 있다. 최근 미국 해군의 사명(mission)은 전 세계를 구역으로 전쟁 억지력 확보를 통한 지구의 안정성(global stability)을 지원하는 것이다. 소련의 와해 이후 전 세계적으로 군비 지출은 일본, 중국, 남북한, 태국, 싱가포르 등 동아시아 국가를 제외하고는 전반적으로 감소세에 있다. 이것은 냉전시대 만큼 미국이 태평양에서 해로통제력을 보증해 주지 않은 결과이기도 하고, 냉전시대 이래 일부 국가들이 자신의 해군력을 증대함으로써 미국의 군비 감소에 대비해 온 결과이기도 하다(Jacques et al, 2003).

(2) 해적활동과 민간인 피해보호

현대 해양에서의 해적활동(piracy)은 그것이 국제관계에 파괴적인 결과를 직접적으로 야기하지는 않지만, 개인과 집단에 침해되는 형벌적 폭력을 일으킨다는 점에서 비군사적 불안(nonmilitary insecurity)의 한 형태로 알려져 있다. 실제 역사적으로 해적활동은 오랫동안 있어 왔으나, 현대 해양에서의 해적활동은 화물선이나 다른 배의 선원들의 생존에 과거보다 더욱 위협일 수 있다. 우리가 잘 알고 있는 해적은 현대 세계에도 여전히 많이 존재하고 있으며, 국제적으로 해양안보의 문제에 지속적이고 조직화된 폭력적 위협이 되고 있다. 또한 현대의 해적(pirate)은 그 수법 역시 근대화되어 있고, 항해선박과 대포·첨단무기를 거래하고 있다. 그럼에도 불구하고 해적행위에 대항한 국제적 협력은 이들의 발전속도와 계속 일어나는 범죄 추세를 따라잡지 못하고 있다.

해적활동이란 말은 유엔(UN) 해양법 협약에도 잘 나타나 있다. 이는 "국제수역에서 사적 목적을 위해 폭력, 구류, 또는 어떤 약탈의 불법적 행위들"이라고 정의되고 있다. 이런 정의에 따르면, 해적활동은 단지 공해 상에서만 일어나는 것으로 볼 수 있다. 이런 협소한 접근에 기초한 해적활동의 정의는 종종 한 국가의 해양관할권 내에서 상해, 강간, 유괴, 강도, 공격의 희생자가 되는 배 위에서 살고 있는 사람들이나 피난민들을 누락시키고 있다. 또한 이러한 정의는 테러목적으로 핵 잠수함을 유지하는 경우에 일어날 수 있는 환경적 재난을 누락할 수도 있다.

최근 해적활동에 대한 통계적 보고는 그 심각성을 잘 말해주고 있다. 1994년과 1999년 사이에 국제적인 해적활동은 2배 이상 증가되었고, 이 숫자도 실제 일어난 것에 비해 적어도 절반 이하로 낮추어 보고되었다고 한다. 1997년만 해도, 국제적으로 229건의 해적행위 사례가 있었고, 해적의 공격으로 인해 50명의 사망자와 400여 명의 인질이 발생했다. 통계적으로 보면 대부분의 선박은 공격받지 않지만, 해적행위와 관련된 극단적 폭력과 재산손실 때문에 당사자와 그 국가는 경악해 하고 있다(Jacques & Smith, 2003).

그러나 해적활동의 증가에도 불구하고 그것을 제압하는 일을 수행할 국제적 협력기구가 아직 거의 없는 실정이고, 각 국가들이 개별적으로 이 문제를 다루고 있는 상황에 있다. 그래서 해적활동의 결과로 무역거래에 집단적 손실 문제가 발생하는데도 불구하고, 해적들에 대한 소탕과 진압 문제에 있어 대부분 지역에서 국제적 협동노력이 별 효과가 없는 실정이다. 아직 많은 국가들은 대부분 해적활동이 영해 또는 내수지역에서 발생하기 때문에, 결국 해적활동 제압에 대한 국제적 노력을 거부하고 그들 스스로의 주권유지 문제로 다루고 있다. 지금은 기껏해야 국제상공회의소 국제해양국(international maritime bureau)에서 국제해사기구와 인터폴의 지원을 받아 말레이시아 쿠알라룸푸르(Kuala Lumpur)에 해적행위신고센터(piracy-reporting center) 정도를 설치, 운영하고 있다. 이 센터는 해적사건에 대한 정보를 수집하고 선주들에게 고도 위험지역에서 해적을 대비하도록 주간경보(weekly alert)를 제공하고 있다. 이렇듯 해적활동의 문제는 현대 해양에서 국가들 사이의 책임소재가 애매하고, 그로 인해 확실한 해결방안도 뚜렷하지 못한 상황에 처해 있다.

(3) 해양환경 생태적 안보

현대 해양환경 생태적 안보에는 크게 환경안보(environmental security)와 생태안보(ecological security)가 있다. 환경안보는 국가 간의 자원전쟁(resource wars)이나 이로 인한 다른 국제관계의 파괴행위를 말하며, 생태안보는 인간 생존과 존재 조건에 영향을 주는 환경 그 자체의 부정적 변화를 의미한다. 국제적인 통계자료에 의하면, 오늘날 대부분 중요한 군사분쟁들과 관련된 이슈는 어획량(fishing stock), 해양영토경계(maritime boundaries), 그리고 원유와 같은 주요 해양자원과 관련이 된다. 이런 이슈들은 제2차 세계대전이후 발생한 전 세계 97개의 주요 분쟁가운데 약 40% 이상을 차지할 만큼 중요하게 나타나고 있다 (Mitchell & Prins, 1999). 예컨대, 1958년에 발생한 대구전쟁(cod war)과 1995년에 발생한 가자미전쟁(turbot war)에서는 국가의 물리적 군사력이 어업자원을 보호하는데 극단적으로 사용되었다.

대구전쟁(cod war)은 1958년 6월에 영국과 아이슬란드 사이에서 시작이 되었다. 1958년은 첫 번째 유엔해양법 협약이 국가들 사이에서 12해리 영해를 설정하는데 실패하였음에도 불구하고, 아이슬란드 (Icelandic government)가 독자적으로 12해리 영해를 선언한 해였다. 이런 행위는 그 시대에는 국제적 법률 기대에 명백한 위반이었다. 그러나 아이슬란드의 어자원은 외국 트롤선박에 의해 빠르게 고갈되어 가고 있었다(Juda, 1996). 반면 영국은 아이슬란드 주변 빙하지역 어자원에 의존하고 있었는데, 모든 어획고의 20%를 거기에서 잡았으며 그 수확의 대부분은 대구(cod)였다. 아이슬란드가 12해리 영해에 대한 강력한 국가 관할권을 행사하려 했을 때, 영국의 해군이 도착해서 종종 아이슬란드 연안경비대 선박과 무력충돌을 하게 되었다. 결국 영국과 아이슬란드는 3년 동안의 협상과정을 거쳐 12해리 수산구역(fishery zone)을 설정하는 협정서한을 만들었다. 그러나 그 문제가 완전히 해결되고 12해리 영해가 영구히 설정된 것은 이후 유엔 해양법 3차 회의까지 기다리고 난 이후였다.

가자미전쟁(turbot war)은 1995년 3월에 캐나다와 스페인 사이에서 일어났다. 당시 캐나다 연안경비대 선박은 스페인 트롤어선 이스타이 (Estai) 호의 뱃머리에 대포를 발사했다. 가지미 선박과 어자원을 몰수하거나, 배를 캐나다 배타적 경제구역 밖으로 추방하는 조치를 하기 전에 대포부터 쏘았던 것이다. 이에 스페인은 그들의 배가 200해리 밖에서 어업행위를 했다고 항의했다. 그러나 캐나다는 그랜드뱅크 지역 밖으로 스페인 어선들을 계속 쫓아냈으며, 스페인은 1995년 4월의 1차 해결에도 불구하고 캐나다를 국제재판소에 끌고 갔다. 법정에서 캐나다는 그들 자신의 방위적 행동을 그들의 법률로서 방어했다. 1994년 수정된 캐나다 연안 어자원 보호법에 규정된 소위 양안지역(straddling area)내에서 200해리 제한을 넘는 수산규제 강행의 권한을 가지고 있었기 때문이다. 그러나 다수의 국가들은 국제법에만 복종하면 되었다. 캐나다의 방어의도는 단지 국가적으로만 알려진 것이고, 스페인 어선들이 캐나다 배타적 경제구역 밖에서 이를 준수할 의무는 없었다. 결국 가자미전쟁은 그랜드뱅크 수산지역에서 캐나다의 가자미 수확은 낮추고 스페인의 수확은 높이는 식으로 양국 간에 상호협정이 만들어지면서 결론을 맺었다. 그러나 그 지역은 국제적 수역이었기 때문에 양국협정은 다른 나라가 인정해야만 했고, 시간이 지나 결국 100개 국가가 이 해결책에 동의했을 때 비로소 성립이 되었다.

비록 앞에 소개한 두 사례의 경우 모두 어자원을 둘러싼 분쟁에서 사상자는 전혀 없었지만, 연안국가는 상대방 국가의 조업에 대해 무력으로나마 어업자원을 지키려하였다는 점이 특징적이다. 이에 향후 여러 국가 사이에서 해양갈등이 계속 일어날 가능성이 높은 곳은 배타적 경제수역이 이웃나라와 중첩되는 지역들이라 볼 수 있다. 또한 세계적인 어획량의 감소로 집중적으로 다양한 국가의 어선들 간에 극도의 조업경쟁이 일어나고 있는 지역도 앞으로 분쟁가능성이 높은 곳이다.

한편, 인류의 생존과 관련하여 해양생태계의 주요한 기능은 기온통제와 산소생산이다. 해양조류는 지구의 가장 따듯한 온도와 가장 차가운 온도를 조정하는 거대한 기후통제체계(giant climate control system)로서 역할을 수행한다. 조류는 어느 방향으로 따뜻한 공기가 너무 가지 않도록 지구의 온도를 균형 있게 유지하는 역할을 한다. 또한 해양은 플랑크톤(plankton)으로부터 세계 산소공급의 약 75%를 발생시킨다. 그러므로 국제적인 해양법은 해양을 범 지구적으로 물리적, 사회적으로 연결된 총체적인 것으로 다룬다. 더 나아가 세계의 해양을 하나의 단일한 생태계(single ecosystem)로 다룬다(UN, 2001). 인간의 신체에서 한 부분의 건강이 다른 모든 부분의 건강에 의존하는 것처럼, 해양생태계를 총체적으로 관리하자는 것이 국제 해양법의 기본적인 접근방법이다. 이는 바다에서 넓게 이동하는 어자원의 경우도 마찬가지로 적용되고 있다.

유엔(UN)이 정한 국제 해양법 협약의 제도적 부산물인 이른바 어획량 협정(FSA; Fishery Stock Agreement)은 고도의 이주성 어획량과 원양성 어획량에 관한 유엔회의(UN Conference on Stradding Fish Stocks and Highly Migratory Fish Stocks)의 결과물이었다. 국제적으로 현행 FSA는 수산자원의 이슈를 다루는 강제적인 방법이자, 해양환경안보를 겨냥한 협정으로 2001년 12월부터 효력을 갖게 되었다. FSA를 통해 각 나라들은 이전에는 상상할 수 없었던 규제조치를 적용 받고 있는데, 그것은 지금 한 나라 관할권에서 다른 나라 관할권으로 장거리 이동을 하는 어자원(참치 등과 같은 물고기)에 대해 강제로 이루어지고 있다. 이 협정은 보존조치와 수확제한을 분명히 강행하기 위해 외국 선박의 탑승과 검사에 대한 전례 없는 규정을 만들었다. 외국 선박은 그들이 이 협정의 당사국이 아니라 해도 이러한 규제적 레짐에 복종해야 한다. 왜냐하면 그 깃발이 무엇이든 상관없이 그 연안국의 규칙에 모든 선박이 복종해야 하기 때문이다.

이러할 경우 수산자원의 어획과 관련해서는 소위 편의치적(便宜置籍, flag of convenience)의 문제가 해소된다. 이것은 소유선박을 자국이 아닌 외국에 등록하는 제도로서, 경비절감을 목적으로 선주가 배의 선적을 외국에 옮기는 것을 말한다. 국제적으로 많은 어선들이 편의치적 제도를 선호하는 이유는 자국에서 자기 나라 선원을 승선시키는 것에 비해 인건비와 세금 절감, 선원공급에 대한 선택적 폭의 확대, 운항에 따른 세금의 면제, 국제금융시장의 용이한 이용, 운항에 따른 융통성 증가, 자국의 까다로운 운항 및 안전기준의 이행 회피 등의 이점이 있기 때문이다. 다만 지금 자국의 수산과 해운산업 육성에 노력을 기울이고 있는 개발도상국은 이러한 편의치적주의에 반발하고 있다.

2. 미래 해양의 바람직한 정책레짐

지금까지 우리는 다양한 해양자원의 관리를 위한 국제적 해양정책 레짐들이 제도적·관리적 측면에서 크게 발전이 되어왔으나, 아직까지 일부 불완전하거나 불충분한 측면이 있다는 사실을 알 수 있었다. 따라서 미래에 보다 바람직한 방향으로 국제적 해양정책레짐이 발전하기 위해 개선이 요구되는 몇 가지 점들을 분야별로 지적하면 다음과 같다.

첫째, 해양관리를 위해서는 사전예방의 원리(preventive principle)가 매우 중요한데, 이는 이미 해양에서 생태적 손상을 입은 후의 정책개입 보다 비용이 적게 들면서 문제해결이 쉽고 효과적인 방법이다. 그러므로 전 세계의 대양과 각 국가의 연안에서 앞으로 해양생태환경과 자원보존의 관리적 요체는 사후 대응적인 것보다 사전 예방적 원칙을 실천하는 것이 바람직할 것이다.

둘째, 지구온난화(global warming)와 함께 나타나는 해양의 해수면 상승은 현재 세대의 가장 심각한 환경적 위협 중의 하나이다. 이 두 가지 관련된 문제를 다루는 첫 번째 단계는 지구온난화가 발생하고 있다는 것을 우리 모두 스스로 인정하는 것부터이다. 지구온난화에 대한 확실한 지식이 검증되기를 기다린다는 것은 곧 인류에게 재앙의 시작이 아닌 결과를 기다린다는 것을 의미한다. 한 예로 지금의 미국

시민들은 연방정부와 정치인에게 교토의정서에 동의하도록 압력을 넣을 수 있고, 국제적으로 온실가스 방출세(greenhouse emission tax)를 제도화하는 방법도 있다. 세계적으로 해수면 상승을 일으키는 온실가스에 대한 방출세는 방출의 편익을 해양에 재분배하고 방출생산을 천천히 하게 하는 정책도구가 될 수 있다.

셋째, 해양에서 과잉어획 행위는 그 해결이 결코 불가능하지만은 않다. 예를 들어 최근 시행되는 개별적 어민쿼터(IFQs: Individual Fisher Quotas) 제도는 개별 어민들에게 특정 어자원에서의 어획량 쿼터를 정하고, 다른 어민들이 기존의 자원 공급원(pool)을 넘는 것을 방지함으로써 안정된 어획량을 얻는 방법이다. 또한 세계의 각 지역에서 연안어업 공동체의 자기통치활동(self-governance)도 성공적인 어자원 관리 방법으로 알려져 있다(Ostrom, 1990). 강제적으로 보면 다른 정책도구로서는 해양보호지역(MPAs: Marine Protected Areas)의 지정도 있다. 이러한 해양보호지역의 강제는 주로 그 바다에 살고 있는 어떤 종을 위한 성소(sanctuary)의 형태 또는 비어업지역(no-fishing zone)의 형태를 취한다(Wells et al, 1999).

넷째, 지금 유엔의 해양법 협약은 국제적으로 분쟁을 해결할 많은 좋은 방법들을 제공하고 있다. 그러나 현재 세계 최대의 산업국가인 미국은 이 조약에 비준을 하지 않음으로써, 해양관할권이나 분쟁해결에 적극 참여하지 않고 있다. 이에 최근까지 많은 환경운동단체나 시민집단들이 워싱턴에 보다 정당한 국제적 해양법 레짐에 찬성하고, 시대 착오적인 해양자유의 원리를 포기하라고 촉구해 왔다. 유엔의 해양법 협약은 해양관할권 문제와 관련해서 전 세계 국가들이 준수해야 할 합법적이고 국제적인 해양레짐이기 때문에, 미국은 이제 그만 국제적 고립주의를 버리고 세계적 해양레짐에 적극 참여해야 함을 세계 여러 나라들로부터 요구받고 있다.

다섯째, 해양오염과 관련해서 앞으로 핵폐기물이 새롭게 문제화될 수 있다. 해양에서 핵무기의 플랫폼은 잠수함과 전함들이다. 해군함정에 있는 핵 발전장치는 해양에 커다란 손실을 가할 잠재력을 가진다(Broadus et al, 1994). 일례를 들자면, 구소련과 러시아는 1950년대 이후 우리나라 동해지역에 핵폐기물을 버려 왔는데, 1993년까지 약 900톤의 저준위 액체 핵폐기물을 버렸다. 그리고 1960년대부터 1986년까지 소련은 약 17,000 컨테이너 분량의 액체 및 고체 핵폐기물을 바렌트와 카라해(Barents & Kara Sea)에 버려 왔다. 물론 소련이 1983년 해양에 핵폐기물 버리는 것을 금지한 런던폐기조약(London Dumping Convention)에 서명했는데도 불구하고 말이다(Jacques & Smith, 2003). 따라서 향후 일체의 해양폐기물을 허용하지 않는 국제적 정책레짐과 함께 국가 간에 핵폐기물 거래를 허용하지 않는 정책레짐이 대폭 강화되어야 할 것이다.

여섯째, 국제적 해양안보의 차원에서 현대 해양에서 일어나는 해적활동을 다루기 위해서는 우선 해적행위의 정의를 해양에서의 폭넓은 폭력행위를 포함하여 그 범위를 다시 설정해야만 한다. 그 다음으로 지역별로 국가들은 협약을 통해 해적행위를 통제하고 공동으로 순찰, 예방활동을 하는 그러한 책임을 함께 져야 한다. 또한 일부 연안에서 수상가옥이나 보트 위에 사는 빈곤한 사람들이 해적들로부터 그들 권리와 안전을 확보하려 한다면, 이들을 구속력 높은 국제기구(UN 등)로 하여금 난민에 대한 대우기준으로 확실하게 책임을 지도록 해야 한다.

일곱째, 희소성과 시장가치가 큰 해양자원을 둘러싼 국가 간에 자원전쟁 가능성이 높은 지역에서는 자원전쟁을 회피할 수 있는 지역공동체(community)를 형성하는 것이 근본적 해답이 된다. 이럴 경우에 기존과 같이 경제적 이슈가 가장 먼저 우선적인 고려가 되고, 환경과 생태가 그 다음인 접근법은 장기적으로 해양생태계와 인간의 사회경제체계 간에 처방되는 최선의 방법이 되지 못한다. 따라서 둘 간의 상호 의존성을 강화하고 지속가능성과 같은 상호공존의 개념을 창조해 나가는 것이 해양생태와 안보 차원에서 궁극적인 해결방법이 될 것이다.

결론적으로 정리하자면, 과거에 해양자원은 무한하다고 생각한 인간의 사고가 지배적이던 시절에 형성된 해양자유와 개방적 해양자원 사용에 관한 정책레짐은 지금 대폭적인 수정이 불가피하다. 오늘날 해양자원은 무한하지 않고 제한적이라는 사실을 인류가 깨달은 이후, 이것은 해양에 대한 적극적 관리와 공유자원관리의 레짐으로 변화하였다. 즉 과거에 인류가 생각한 것과는 달리 해양은 무한한 것이 아니라 제한적인 것이고, 바다 속에 있는 해양생물자원, 해양광물자원, 해양공간, 수로나 해로 등 해양자원은 모두 공유자원의 특성을 가지고 있음을 알게 되었다. 그래서 이를 통치·관리할 새로운 정책레짐·제도·규칙·기구를 인류가 형성하지 않으면, 세계는 모두 함께 공유자원의 비극에 빠지게 됨을 느끼게 되었다. 오늘날 새롭게 형성된 해양분야별 정책레짐은 이러한 상황맥락에서 탄생된 것들이라 할 수 있다.

그런데 여기서 다른 중요한 사실의 하나는 특정한 상황맥락 속에서 해양정책레짐이 일단 제도화되고 나면, 당시 그러한 해양에서 정책레짐의 필요성을 야기시켰던 상황적 맥락이 변해도 지속되고 국제적·국내적 정책결정에 계속 영향을 미치는 특성이 있다는 것이다. 다시 말하면, 어떤 정책도 상황맥락이 변화함에 따라 그때그때 맞게 변화하는 것이 아니라 과거에 형성되어 현재까지 유지되고 있는 정책레짐에 의해 많은 제약을 받게 된다. 이러한 의미에서 과거에 결정된 정책레짐은 결과적으로 미래 정책결정의 선택범위를 제한하는 제약조건(constraint)이라고 볼 수 있다. 이는 참으로 아이러니한 일이 아닐 수 없다.

우리는 앞에서 과거 형성된 국제적 해양정책레짐과 과거 그 레짐이 가진 문제해결 상의 한계점에 의문을 제기하면서 등장한 새로운 해양정책의 사건과 이슈를 관찰하였다. 이와 함께 이들 정책이슈들을 해결하기 위해 다시 새롭게 형성된 국제적 해양정책의 여러 레짐들을 살펴보았다. 특히 이 중에서도 국제적 해양환경안전 정책레짐의 변화는 그 변화의 폭이 매우 크고 강력하였으며, 향후 우리나라 해양환경안전정책의 선택범위를 제약하는 제약조건이 될 것으로 예상하고 있다.

결론적으로 우리는 앞으로 해양관련 정책레짐의 새로운 변화 특성을 정확하게 파악하고, 지속적으로 우리의 대응전략을 수립해야 하며, 이를 국내와 국제적 해양정책 형성과정에 고루 반영하여야 한다. 그동안 우리나라는 국제적 해양정책레짐 변화에 대응하여 각종 입법 및 연구개발을 통해 해양오염, 연안관리, 해양보호지역, 기후변화협약, 해적행위, 심해저 등에 걸친 각 분야에서 다양한 계획·제도·절차·기술·관리방안 등을 마련하고 집행해 왔다. 앞으로는 이러한 추세를 더욱 강화하고, 향후에도 역시 그렇게 해 나가야 한다는 것이 규범적, 실천적으로 매우 중요한 과제가 될 것이다.

제 2 절 해양과 우리의 미래

1. 해양과 인류의 미래

1) 해양의 미래와 중요성

지금까지 국제적인 차원에서 해양에 관한 레짐의 변화와 그 규범적 방향성, 그리고 미래에 대한 우리의 자세를 살펴보았다. 지금까지의 논의를 통해서 가장 확실해진 사실 하나는 과거에 바다는 인류에게는 중요한 생활터전이었으며, 앞으로도 그 의존도와 중요성은 더욱 높아질 것이라는 점이다. 즉 바다는 많은 생물들을 키우면서 우리들에게 식량을 공급해 주고 교류와 교역을 위한 교통로가 되어 주었다. 그럼에도 대부분의 일반인은 바다에 대한 고마움과 현대의 해양문제를 이해하는 수준이 아직 크게 부족한 상황이다. 우리의 과학과 지식의 수준에서는 바다 속의 무수한 생물들의 정확한 종류와 숫자도 아직 다 알지 못한다.

기본적으로 가장 중요한 자연환경으로서의 바다는 해류를 통해 더운 곳의 남는 열을 추운 곳으로 옮기거나 차가운 물을 따뜻한 곳으로 옮겨 지구의 기후를 조절해 준다. 가끔 바다는 바람(태풍)을 통해 기후를 조절하기도 하고 공기 중의 이산화탄소를 흡수하여 지구의 온난화를 막아주기도 한다. 해양에서 증발한 바닷물은 다시 대기를 통해 비가 되어 대지를 적셔주기도 한다.

지금까지 그래왔듯, 바다는 미래에도 여전히 중요한 식량 공급지가 될 것이다. 바다는 헤아릴 수 없이 많은 종류의 물고기를 비롯하여 게, 새우, 미역, 김 등 헤아릴 없는 종류의 해산물을 키운다. 알려진 바와 같이 해양생물은 육상생물보다 성장속도가 빨라 생산력이 훨씬 높다. 또한 물고기를 직접 기르는 양식기술이 발전하면서 물고기를 잡는 시대가 아니라 기르는 시대로 나아가고 있어, 미래에 해양생물이 갖는 식량자원으로의 활용성은 더욱 높아질 것이다.

바다는 미래에도 여전히 무한한 에너지를 보유하고 있을 것으로 기대된다. 바다가 지닌 에너지의 종류는 태양으로부터 받은 열에너지를 비롯하여, 파도나 조류, 해류로부터 나오는 운동에너지가 있다. 태양에너지의 경우 지구에 도달하면 지표면이나 해수면에서 약 51%는 흡수되어 열로 바뀌게 된다. 바다는 태양에너지를 흡수하여도 수온이 그다지 올라가지 않고 다량의 열을 방출하여도 수온이 낮아지지 않는다. 그러한 이유는 기본적으로 바닷물의 비열이 높기 때문이다. 바다는 흡수하고 있는 태양에너지를 이용해 지구의 기후를 조절하기도 하는데,

과학적으로 이는 우리가 흔히 상상하는 것 이상의 수준이라고 한다.

상식적으로 밀물과 썰물이 해수면 높이 차를 이용해 만드는 전기를 조력발전이라 한다. 출렁거리는 파도의 상하운동을 이용하는 것은 파력발전이라 하며, 바닷물의 온도차이를 이용해 전기를 생산하는 것을 해양온도차 발전이라고 한다. 매장량이 한정적인 화석에너지를 대체할 에너지 개발의 필요성이 대두되면서 바다의 에너지를 활용하는 것은 미래에 좋은 대안이 될 수 있는 것으로 알려졌다.

미래의 바다 속에는 인류에게 필요한 지하자원과 광물자원이 많이 남아 있다. 석유나 천연가스, 인광석 같은 다양한 에너지 자원이 묻혀 있는 것이다. 세계 여러 곳에서도 해저유전과 해저가스전에서 석유와 천연가스를 대량생산하고 있으며, 대륙붕에는 세계 석유 매장량의 약 1/3이 묻혀 있을 것이라고 추정하기도 한다. 우리나라도 지난 2007년부터 동해에서 천연가스를 발견하여 생산하고 있다. 또한 바다에는 육지에서 각종 건축물을 짓는 데에 필요한 모래와 자갈 같은 골재자원도 풍부하다. 바닷물 속에는 금, 백금, 우라늄, 몰리브덴, 리튬 등의 유용원소가 대량으로 녹아 있어, 조만간 낮은 농도에서 이 원소들을 추출하는 기술이 상용화되어 개발된다면 상당한 물질을 얻을 수 있을 것이다.

최근 우리나라를 포함해서 세계 각지에서 이루어지고 있는 해수의 담수화는 바다의 가치와 소중함을 다시금 일깨워주고 있다. 전 세계적으로 이제는 인류가 마시고 사용할 물(담수)이 크게 부족해질 것으로 예상되고 있다. 그런 가운데, 지구상 물의 약 72%를 차지하는 바닷물은 앞으로 다가올 물 부족 대란에 대처할 수 있는 무한한 잠재력을 가지고 있다. 현재 일부 나라에서는 이미 바닷물을 담수로 만들어 대량 사용하고 있으며 특히 수심 200m 보다 깊은 곳의 해양 심층수가 미네랄이 풍부하여 대중들에게 인기를 얻고 있기도 하다.

결과적으로 미래의 해양에서 기존에 부존된 많은 유형과 종류의 자원은 인류 공통의 공공재(public goods)인 동시에 공유자원(common-pool resource)의 성격이 강해 자칫 무분별한 개발로 이어질 우려가 크다. 한 산업의 과도한 자원 생산은 동일 산업 내에서도 장기적인 생산성에 부정적 영향을 주기도 하지만, 한 산업의 무분별한 개발이 타 산업에 피해를 초래하는 경우도 빈번하게 발생한다. 그러므로 우리가 해양의 보전과 개발을 통해 지속적인 부(富)를 창출하기 위해서는 해양자원 잠재력 자체가 훼손되지 않도록 적극적인 관리노력을 강화해 나가야 한다.

2) 인류와 해양의 공존관계

멀지 않은 미래에 인류와 해양의 공존, 상생관계는 지금보다 훨씬 강화될 것이다. 지금 지구상에 인류가 직면하고 있는 글로벌 차원의 당면과제는 크게 세계적 차원의 기후변화, 자원공급의 압박, 경기의 침체 등으로 요약할 수 있다. 기후변화와 자원공급의 압박은 이미 46억 년 동안 진화해 온 지구시스템에 대해 불과 몇천 년 동안 행해진 인류의 활동이 개입하면서 발생한 문제로, 비교적 장기간에 걸쳐 심각한 영향을 미치고 있다. 이와 달리 경기침체는 인류의 경제와 산업활동 자체에 생긴 문제로 비교적 단기간 동안 발생하였는데, 글로벌화가 진행됨에 따라 규모와 파급의 범위가 확대되는 경향을 보이고 있다.

이러한 현상에 따라, 가깝게 도래될 미래 해양의 시대는 인류의 필연적인 선택이라고 할 수 있다. 인구증가와 산업화에 따른 대량 소비를 전통적 자원에 의존하는 데는 한계가 있기 때문에, 미래 인류사회는 높은 수준의 과학적 지식과 기술을 바탕으로 지구생태계의 대부분을 차지하는 해양으로부터 새로운 성장의 기회를 찾을 수밖에 없다. 이것은 하지 않아도 되는 것이 아니라 반드시 해야만 하는 것이다.

이렇듯 미래의 해양은 인류의 당면 과제를 극복하는 돌파구이자 중요한 원천이 될 수 있다. 해양은 생명의 원천으로 인류의 지속가능한 발전을 가능하게 하고, 자원의 보고로서 전통적 자연자원의 공급 압박을 극복하는 유용한 대안이 될 수 있다. 이에 세계적으로 저마다 국가적 차원에서의 주요 시책과 정책내용에 있어서 해양부문의 위상 제고는 모두 최근에 공통적으로 나타나고 있는 현상이 되었다. 특히 최근 급속도로 발전하고 있는 해양과학기술은 해양에 대한 지식과 해양의 접근 및 이용 능력을 배가시켜 주고 있다. 이러한 상황은 해양의 위상을 자연적으로 강화시켰으며, 세계 해양대국들은 해양에 대한 재평가와 함께 통합적인 해양관리와 종합적인 정책의 수립에 저마다 힘쓰고 있다.

소위 멀고 가까운 해양과 바다는 21세기에 있어서 인류의 생존을 위한 무한한 가능성을 열어주는 새로운 개척영역이 될 것이다. 물리적으로 지구표면의 72% 이상을 차지하고 있는 바다는 이미 국제교역에 있어서 가장 중요한 수송수단을 제공하고 있을 뿐만 아니라 식량, 광물, 공간, 에너지 등 막대한 자원의 보고로서 인류문명의 발전을 지속가능하게 할 수 있는 유일한 대안으로 인식되고 있다. 이에 따라 200해리 배타적 경제수역(EEZ) 제도가 확산되고 공해상 해양자원의 선점 및 개발을 위한 국제적 경쟁이 가속화되고 있다. 또한 그 결과로 인해 바다를 끼고 있는 주변국과의 경계협상이 본격화되었고, 자원관리 및 환경협력이 확대되는 소위 신 해양질서(marine order)가 형성되고 있다.

그리고 최근 주요 해양선진국과 강대국들은 이른바 새로운 청색경제(blue economy)의 인식과 이것의 부흥에 대해 깊은 관심을 갖고 있으며, 이는 글로벌 환경 변화와 무관치 않다. 앞서 말한 바와 같이 지금의 인류는 불행하게도 기후변화, 자원공급의 압박, 경기침체라는 삼중고를 겪고 있기 때문이다. 또한 대부분의 나라는 이를 극복하기 위해 녹색성장 추구, 대체자원 개발, 신 성장동력 발굴에 너나없이 매진하고 있다. 지금 세계는 육지 중심의 산업과 실물경제의 효율성을 중시하던 풍토에서 벗어나 이제 해양중심의 환경경제와 생태적 효율성을 강조하고 있는 것이다.

청색경제(blue economy)란?

    청색경제(blue economy)는 바다를 관리와 이용의 대상으로 간주하던 종래의 시각이나 체제에서 벗어난다는 점이 특징이다. 이 개념은 바다를 인간과 공생하고 관리의 대상으로 전환한 경제체제를 의미한다. 이는 인류가 해양과 긴밀해진 상호관계에서 보다 지속가능한 발전을 실현하는 경제의 새로운 개념이다. 청색경제는 최근 미국과 중국, 일본 등 세계 주요 해양선진국에서 발표한 해양 부문의 국가계획에서 나타나고 있으며, 미래 해양지향형 경제의 발전상을 상징하는 일종의 정책 용어이다. 미국에서는 인류의 미래에 대한 해법으로서 바다 자원을 지속적으로 개발할 수 있는 모델이라고 보고 있으며, 중국에서는 전통적인 해양산업에서 새로운 기술을 바탕으로 진일보한 해양 경제체제라고 설명하기도 한다. 그러나 해양선진국들은 청색경제에 대해 공통적으로 해양의 높은 성장가능성과 경제적 중요성, 지속가능성의 원칙을 강조하고 있다. 따라서 청색경제는 기존의 해양경제(ocean economy)의 개념보다 확장된 개념이다. 오늘날 해양에 대한 과학기술과 접근성이 높아지면서 인간사회와 경제체제 내의 거의 모든 산업이 직·간접적으로 해양과 연계성을 가지게 되었다. 이에 청색경제는 다양한 개념을 가지고 있으며, 그 범위를 물리적으로 한정하기는 쉽지 않다. 다만 우리가 기존에 잘 아는 녹색경제(green economy)가 주로 생태 및 환경과 관련된 특정한 경제개념과 산업의 종류를 의미하듯이, 청색경제는 큰 개념으로 발전될 가능성이 많다. 쉽게 말해, 녹색경제가 거시적으로 자연과 공생하자는 메커니즘이듯이, 청색경제는 해양과 공생하자는 메커니즘인 것이다. 지구 생태계와 해양환경의 변화, 전통자원의 공급 압박, 과학기술의 발전 추세 속에서 지속가능한 성장을 도모하기 위한 미래 인류사회의 필연적인 대안이 된다.

● 2. 우리나라와 해양의 미래

    삼면이 바다로 둘러싸인 한반도에서 수 천년을 살아온 우리나라의 국민은 오랜 해양의 유전자를 가지고 있다. 다만 우리는 이것을 보다 적극적으로 인지하고, 실제 활용하지 못하였을 뿐이다. 이제는 이러한 상태에서 벗어나 해양을 어떻게 이용하고 관리해야 하느냐(how to)에 관한 패러다임을 스스로 바꾸어야 한다. 최근 들어 빚어지는 국가 간의 해양갈등은 해양의 중요성이 드러나는 대목이고, 우리는 이러한 상황의 이유에 대해 다시 한 번 생각을 해야 한다.

미국의 유명한 해양학자이자 해양전략가인 알프레드 마한(A. Mahan)은 해양에 관한 유명한 교과서라 할 수 있는 〈역사에 미친 해양의 영향〉이라는 책을 통해 그 나라의 해양력(sea power)을 구성하는 6가지 구성요소로 지리적 요인, 자연환경, 영토의 크기, 인구, 국민성, 정부의 의지를 꼽았다. 이들 구성요소 중 지리적요인과 자연환경, 영토의 크기는 바꿀 수 없는 부분이고, 나머지는 충분히 변동과 혁신의 여지가 남아 있다. 일단 이런 가능성은 앞으로 우리나라의 미래를 위해 해양을 새로운 생존수단으로 바꿀 수 있다는 것과 다르지 않다.

그런데 여기에서 더욱 중요한 것은 해양력의 요소에서 특히 인구는 절대적인 인구수를 말하는 것이 아니라, 해당 국가에서 바다와 관련된 일을 하거나 바다와 접하고 직접 혹은 간접적으로 바다의 혜택을 받는 사람의 수를 말한다는 것이다. 영국과 포르투갈, 네덜란드 등 해양국가들이 해양비전을 세우고 강력한 해양국가로 성장하게 된 배경은 해양과 관련한 활동을 한 인구가 많았던 것이 큰 이유라 할 것이다. 국민성의 경우 대체로 해양에 대한 모험의식과 해양수호에 대한 강한 의지 등의 성질이 해양국가로의 발전과 연결될 수 있다. 또한 정부의 해양에 관한 적극적이고 주도적인 정책이 있어야만 장기적으로 해양세력이 키워질 수 있음을 지적한 것이다.

우리가 미래 해양을 통한 기회와 위협에 효과적으로 대응하기 위해서는 무엇보다 해양과학과 기술의 혁신적 발전이 뒷받침되어야 한다. 21세기 들어 해양의 잠재력을 재평가하게 된 데는 해양에 대한 지식의 증가가 크게 기여했으며, 이는 해양과학기술의 발전이 있었기에 가능한 일이었다. 특히 해양의 방대한 자원과 잠재력을 이용하기 위해서는 생산기술의 확보가 전제적인 조건이 될 수 있다. 그러나 개발된 해양과학기술이 아무리 유망하더라도 산업화가 되지 않으면 그 기술은 사장(死藏)되기 마련이다. 따라서 해양에 대한 지적재산권 보호, 해양과학기술 이전 촉진체계 구축, 공공부문에 의한 초기 해양시장의 개척과 창출, 산·관·학·연 사이의 협동적 해양연구체제 구축 등이 함께 실현되어야 한다.

그러나 우리나라의 해양발전의 국가적 전략은 지금까지 여러 정치적 상황과 정권교체로 인해 다소 오락가락한 면이 없지 않았다. 또한 해양에 대한 단기적인 목표달성을 위한 양적 성장과 관리에 모든 정책과 시책들이 치중되어 있는 면이 없지 않았다. 이러한 바로 인해 미래 해양에 대한 발전전략에 있어서는 정부 및 각계의 다각적인 노력에도 불구하고 전반적으로 현실성과 구체성에 있어 다소 미흡한 실정이었다. 예를 들면, 우리나라의 해양관련산업 중 조선, 해운, 항만, 수산업 등 일부 주요 분야는 그간 자본과 노동의 집중적인 투입에 따라 비교적 빠른 성장을 기록함으로써 우리나라 경제성장에 있어 견인차 역할을 수행해 왔다. 그러나 해양과학기술이나 해양관련 고부가가치 산업부문의 경우 세계 해양선진국 수준의 절반에도 미치지 못하는 것이 현실이다. 그리하여 앞으로 우리는 이러한 해양에 대한 취약부문의 집중적인 투자와 함께 선진화를 위한 체계적인 관리 및 진흥이 필요하다.

제 3 절 해양의 상생과 발전방향

1. 미래 해양의 관리와 정책

1) 미래 해양수요에 대응한 조직개편과 기능강화

우리가 앞으로 미래 해양의 관리와 정책에서 나아가야 할 구체적인 방향은 다음과 같이 제시할 수 있다. 먼저 국가적으로 통합적인 해양 관리 및 해양행정과 정책체계를 대폭적으로 강화해야 한다. 앞으로 우리는 동북아시아 지역의 해양영토 분쟁, 기후 및 환경변화에 대한 대처, 해양관련 연구개발(R&D) 조정, 국가차원의 해양정책 조율 등 부처간 해양정책을 조정하기 위한 다각적인 방안들의 마련이 필요하다.

이미 이웃나라인 일본은 기존에 6개 해양관련 부처에서 해양정책을 추진과 동시에 범정부적인 부처를 별도로 마련하였다. 일본의 주요 해양정책은 총리실 산하 〈종합해양정책본부〉에서 해양개발·관리를 통합적으로 지시하고 운영한다. 미국도 여러 정부부처가 협력한 구성 체인 해양정책전담반(Inter-agency Ocean Policy Task Force)의 보고서 (2010년)를 통해 이미 범정부 차원의 국가해양위원회(National Ocean Council)를 설치하였다. 이는 우리에게 최소한 대통령 직속이나 국무 총리실 산하 통합 해양정책협의체 구성의 검토 필요성을 시사한다. 이것은 기존의 해양수산부의 부활이나 독립된 부처 운영과는 또 다른 별개의 문제가 된다.

한편, 해양수산부와 같은 해양정책 총괄 담당 정부조직의 위상과 기능 강화도 중요한 필요조건이다. 현재 우리나라 정부에서는 여전히 기능별로 분산되어 있는 해양관련 업무의 통합적 수행을 위해 해양정 책 전담 부서의 조직을 대폭적으로 강화할 필요가 있다는 것이다. 이 런 면에서 본다면, 2013년에 다시 부활한 해양수산부의 상태로서는 다소 부족한 면이 없지 않다. 향후 급증할 것으로 예상되는 이웃나라 들과의 국제적인 해양영토 및 협상, 해양재난과 안전관리 등 연안관 리의 강화와 연안생태계 및 해양환경의 체계적 관리를 위해서는 이와 관련된 조직 및 부서의 기능 강화가 검토되어야 한다. 앞으로 중요한 것은 단순히 조직을 두는 것이 아니라, 그 실제적 위상과 권한, 기능 적 역할이기 때문이다.

이와 함께 우리나라는 국가 해양수산조직 및 기능의 민영화·지방
화의 확대도 함께 필요하다. 즉 총괄적 해양정책 조직과 이의 수행 이
외에 해양에 대해서 단순·반복적인 일이거나 민간 또는 지방자치단
체가 수행하는 것이 효율적인 기능은 지자체로 기능을 이양하거나 민
영화를 추진하는 것이 바람직하다. 예를 들면, 주요 항만의 마리나 항
만개발에 민간 및 지방자치단체의 개발·운영 참여를 유도하거나, 항
만재개발 등의 관련 수익가능 사업에는 지방자치단체 및 민간부문의
참여를 확대시켜야 한다. 앞으로 필요한 항만운영·관리의 민영화에
따라 해양안전, 해양환경·연안재해 관리, 무인도서 관리, 해양관광진
흥 등에 걸친 통합적 해양관리기능 중심으로 해양수산부와 지방해양
수산청 기능의 구조적인 재편도 필요하다. 장기적으로 보면 동해안,
서해안, 남해안 등 효율적인 광역해역의 관리 및 정책집행 기능 제고
를 위한 방안이 마련되고 추진되어야 함은 물론이다.

2) 해양과 항만·수산 전문인력의 양성

우리나라 정부에서는 해양과 항만·수산 전문인력의 양성에 대해
지난 노무현 정부 시절부터 장기적인 로드맵을 작성하여 체계적으로
수행하고 있다. 그러나 과거 2008년 이명박 정부에서 계획을 주도하
고 추진했던 해양수산부가 없어짐으로 인해, 이러한 진행은 잠시 역
순(逆順)으로 퇴보하였다. 이후 2013년 박근혜 정부에서 다시 부활한
해양수산부에서는 관련 전문분야 관료나 연구인력이 여전히 매우 부
족하게 되었으며, 전문적인 업무가 소수에 집중되는 경향이 나타나고
있다. 해양관리와 정책입안, 아이디어 개발 등에서 아직 어려운 현실
에도 불구하고 보다 큰 성과를 위해서는 먼저 여기에 종사할 수 있는
인력을 양성하고 충원해야 함은 당연한 수순(隨順)이 된다.

이에 앞으로 해야 할 일이 무엇이고, 나아갈 방향이 어디인지는 명

확해진다. 정부는 먼저 현재의 인적자원과 인력풀(pool)을 최대한 활용하여야 할 것이며, 인접한 기술 분야 인력까지 포함시킴으로써 인재의 저변을 확대할 필요가 있다. 그리고 해양분야의 각 파트별 전문인재 양성도 필요하지만 자원개발 특성을 고려할 때 연계성을 가지는 부분에 대한 통합적인 교육이 반드시 요구된다. 여기에 관해 구체적으로는 다음과 같은 방안이 제시될 수 있다.

첫째, 우리는 가장 먼저 해양수산 기술개발 인력 양성을 해야하고, 해역별 특화된 문제를 해결하는 인력양성에 집중을 해야 한다. 예를 들어 해양물류 선도도시인 부산의 경우에는 항만과 물류, 수산분야를, 기타 영남과 호남지역의 경우에는 수산 및 요트 등 레저보트 개발을, 강원·경북이 위치한 동해안 지역은 연안의 안정화 및 심층수 관련 인재양성 등에 대해 시급한 현안과제로 추진해야 한다. 정부가 가진 해양기술개발 기금의 일정 부분(대략 10% 수준)은 지역의 연관 대학에 다시 배분하여, 각 연안지역 특성에 맞는 연구와 인력 양성을 연계하여 지원하는 것도 바람직하다.

둘째, 해양산업 인력양성 및 그 지원에 있어서 국내 해양산업 인력을 양성하는 대학을 중심으로 하되, 연구기관들도 관련 연수기능을 강화하여 해양산업 인력 양성을 공동으로 주도해야 한다. 예컨대, 우리나라에서 해운이나 항만은 부산의 한국해양대학교, 목포해양대학교, 한국해양수산개발원 및 한국해기연수원 등에서 주도하고 있다. 수산업은 부산의 부경대와 국립수산과학원 등이 주로 역할을 분담하여 국내·외 인력을 양성하고 있다. 그리고 외교부 산하에 있는 한국국제협력단(KOICA)의 해외교육 위탁사업을 하는 국내의 주요 기관들을 중심으로 해외 해양산업 인력양성을 국제적으로 주도할 필요성도 있다. 특히 동남아, 남태평양 등 해외 인력들의 국내 초청 연수프로그램을 적극 확대하여 해양산업 기술을 이전하고, 친 한국적인 해외인력을 많이 양성하는 것이 장기적으로 이득이 될 수 있다. 내국인의 경우 해상근무 등으로 해양산업이 소위 3D업종으로서 어려움을 겪는 것을 고려하여 일반 해기사, 어선 해기사 등에게 지금보다 병역 등의 각종 혜택을 확대하여 부여하는 것도 적극 검토되어야 한다.

셋째, 해양에서의 고부가가치 산업인 해양레포츠에 대한 문화 확대 등을 고려하여 각종 해양레포츠 전문가를 양성하는 것도 앞으로 중요하다. 지금은 일단 운영 중인 소수의 해양고등학교, 해양대학교 등에서 해양레포츠학과 등을 중심으로 전문인력을 양성하되 필요한 경우 해외 연수교육도 적극 지원해야 한다. 지난 2009년 마리나 항만법의 통과와 2012년의 개정에 따라 향후 우리나라에서 마리나 관리사, 요트 관리사, 해양레포츠 관리사들이 많이 소요될 것으로 알려졌다. 이러한 판단에 따라 관련 전문인력의 국내 육성과 해외연수 등을 강화하는 방안도 필요하다. 이 외에 해양관광 잠수교육 요원, 수족관 등 해양동물 사육사, 레저선박 교육 및 마리나 관리요원 등 신(新)해양산업인력 육성도 요구가 된다. 이렇듯 미래의 희망이고 성장 동력인 해양자원개발 분야를 활성화하기 위해 국민적 관심과 더불어 정부의 지속적인 투자가 선행돼야 한다.

넷째, 우리에게는 국제적인 해양·수산 전문가 양성도 장기적으로 중요한 과제가 된다. 구체적으로 국제 해양문제의 전문가 풀(expert pool)을 유지하여 이들을 중심으로 지속적인 회의 참여를 유도하여 전문가로 육성하는 한편, 이들을 이을 후속 예비 전문가(junior expert)를 함께 육성하는 제도를 수립해야 한다. 즉 일단 기존 전문가를 중심으로 전문가 풀을 만들고, 이어서 관련 대학원 박사후 과정학생(post-doc)들이나 연구소 신입 연구원을 중심으로 예비 전문가를 양성해야 한다. 양성과정 중에는 관련 국제기구 견학 등을 지원하여 실질적인 경험의 축적이 이루어지도록 하고, 양성과정 중의 학생은 외교부의 국제기구 예비전문가 양성 프로그램(junior program) 등에서 우선적으로 선발하여 지원해야 한다.

이와 같은 맥락에서 세계적으로 각 국가 정부의 정책을 만드는 현직에 있는 해양관련 공무원들의 국제교류 강화도 필요한데, 현직에 있는 우리나라 해양공무원들은 해외 유관기관이나 국제적 해양기관과의 협약(MOU) 체결을 통하여 지속적으로 업무연수를 받도록 하고 상호교환 프로그램을 운영하는 것이 좋을 것이다. 그리고 현재 세계해양포럼(WOF)과 같이 해양과 관련된 국제회의나 컨퍼런스 등에 대해 하나씩 참가를 정하고 적극적인 유치를 하여 지속적으로 자료를 제공받으면서, 해외의 다양한 전문가와 함께 국제적 해양동향의 파악을 할 수 있는 능력을 배양해 나가야 한다.

세계해양포럼(World Ocean Forum)

세계해양포럼(WOF)은 지난 2007년 제1회가 개최된 후 매년 1회씩 우리나라 최대의 해양도시 부산에서 해마다 개최하고 있다. 세계해양포럼은 2012년 제6회가 개최된 이후, 2013년 제7회 회의부터는 이제 전 세계적으로 확실한 국제해양회의로서 그 위상과 자리를 확고히 잡았다. 이 행사는 세계 해양의 활용과 보전, 해양에 관한 국제적 협력과 관련해 세계적인 전문가들이 주요 현안을 논의하고, 미래의 올바른 방향을 제시하는 국제컨퍼런스이다. 이제는 세계 유일의 해양분야 전문가회의, 해양분야의 '다보스 포럼(Davos Forum, 세계경제포럼)'이라는 별칭답게 세계적인 해양석학과 전문가들이 운집해 열띤 토론을 벌이고 있다. 세계해양포럼에서 가장 의미를 두어야 할 부분은 최근 해양환경, 특히 바다의 생태와 기후변화에 대비해 세계를 권역별로 공동의 자료조사와 의견교환, 협력적 대응책 등이 미리 사전에 준비된다는 것이다. 바다는 분명 전 세계로 열려 있는 만큼 어느 한 나라의 노력에 의해 통제될 성질의 것이 아니기 때문이다. 광활하게 넓은 바다의 여러 문제를 포럼의 개최를 거듭하면서 서로 더 가까워진 바다로 볼 수 있게 만든다는 점은 이 회의가 가까운 미래에 우리나라의 자랑이자, 세계 최고 수준의 해양전문 국제회의로 성장할 가능성을 말해주고 있다.

3) 해양의 투자재원 및 지원체계 개선

우선 우리는 지금 현재 해양에 대한 공공투자를 위한 범국가적 차원의 기금확보와 펀드 마련이 시급한데, 이것은 실질적으로 해양분야의 발전을 시작하기 위한 아주 중요한 과제이다. 예를 들어 우리는 범정부적으로 해양에너지 펀드와 기금단체 등을 설립하여 해양투자자금의 흐름을 유도하고, 기존 석유개발기금 등 투자활용도 적극 유도해야 한다. 기존의 항만개발 및 어항관련 정부예산을 새로운 미래의 해양수요인 해양레저, 워터프런트, 마리나, 연안경관 및 환경개선 등의 분야로 확대시키거나 점진적 전환을 추진하는 것도 필요하다. 항만이나 어항, 마리나 등의 연안 인프라는 수요가 많은 경우에 한하여 기존 육상의 도로, 지하철 등과 같이 민간자본을 유치하여 개발토록 유도하는 것이 좋다. 그리고 정부의 적절한 지원을 통해 수익성을 담보하는 방식이 검토되어야 하는데, 수족관, 마리나 등의 관광개발은 해양부처만의 예산이 아닌 관광진흥을 위한 정부의 기금을 일부 활용하도록 유도하는 것도 적절하다.

둘째, 우리는 해양에 대한 신규 투자재원 발굴로 안정적인 재원을 확보하는 것이 향후 중요한 과제이다. 구체적으로 현재 전국 연안의 간척매립 등에 따른 정부의 해양환경 개선부담금을 확대하여 해양환경 개선에 적극적으로 투자하도록 해야 한다. 그리고 지금 민간기업들에 의해 행해지는 막대한 규모의 바다모래 채취, 공유수면 매립, 공유수면 점·사용, 위험화물 취급, 해양시설 이용행위 등에 모두 부담금을 부과하여 공공의 재원을 마련하는 것도 합리적인 방편이 된다. 보다 실무적으로 보면 정부회계 상에서는 해상교통시설 특별회계 내 항만계정의 일정 배분비율을 확보하고, 항만관련 사용요금을 단계적으로 현실화하여 물류분야의 투자재원 확보를 위한 기반을 적극 조성하는 것도 중요하다.

우리는 가장 먼저 미래 해양의 가치와 중요성에 대한 국민적 인식을 제고해야 한다. 미래 새로운 해양시대를 실현하기 위해서는 해양을 통합적으로 관리하고 해양의 잠재력을 증대하기 위한 공공부문의 역할과 국가 간 협력, 세계적 공조가 원활하게 이루어져야 한다. 이를 위해서 해양은 인류가 가진 소중한 공동의 자산이자, 미래 세대에게 반드시 물려줘야 할 유산임을 인식하는 것이 필요하다. 앞으로 해양에 대한 국민적 의식 강화를 위한 구체적인 실행방안에 대해서는 다음과 같이 설명할 수 있다.

먼저 해양분야에서 그 수요와 정책대상자를 엄밀히 구별하여 대상에 따른 별도의 커뮤니케이션 전략을 수립해야 한다. 즉 일반 국민들에게는 해양의 사회·문화적 가치 및 중요성을 적극 알리는 한편, 산업계에는 해양이 가진 산업으로서의 부가가치와 경제적 효과 등을 알리는 데 중점을 두어야 한다. 학계 및 언론계에는 해양분야의 국가 전략적 가치와 비전 등을 알리는데 중점을 두고, 시의적으로 계속 발생하는 해양관련 주요 이슈에 대한 적극적 홍보활동을 강화해야 한다.

각 지역과 연안의 입장에서는 국민생활과 밀접하게 관련되거나 국민들의 흥미를 유발할 수 있는 해양홍보 아이템을 지속적으로 발굴하는 한편, 자신들의 연안지역이나 각 주요 항만별로 스토리 텔링(story telling)이 이루어지도록 생활 및 문화컨텐츠를 개발해야 한다. 연안과 바닷가, 섬 지역에 전해져 오는 다양한 옛 이야기들이 현대의 스토리텔링 방식을 통해 컨텐츠화 된다면 이를 접하는 사람들의 해양의식 수준은 자연적으로 높아지게 된다. 그리고 이 때는 기존의 방식처럼 단순한 보도자료 배포 등은 지양하되, 주요 언론매체 등과의 적극적 연계를 통해 홍보 수단을 다양화하는 것이 중요하다.

미래의 해양강국은 대개 국민들의 강한 해양의식이 밑바탕으로 이루어진 것임을 감안하여 이에 대한 일선 교육현장에서의 해양교육도 강화해야 한다. 아직도 전통적인 해양강국인 영국은 왕세자가 해군 등에서 근무하는 것을 자랑으로 여기는 등의 일례는 유명하다. 세계적으로 해양분야에 대한 노블리스 오블리제(noblesse oblige) 의식은 해양강대국으로서의 무형적 근간을 형성하고 있는 것이다. 미국의 범정부 해양정책 보고서(2010년)에서도 일반인들에게 해양에 관한 공식·비공식적 교육을 강화해 나갈 것을 강조하고 있다.

그러나 아쉽게도 우리의 경우는 그렇지 못하다. 우리나라는 역사적으로 소위 뱃사람, 어민을 천시 여기는 문화적 전통을 가지고 있다. 미래에는 이를 극복하기 위한 다양한 의식적 교육의 실시가 요망되며, 국민들에 대한 바다에 대한 지속적인 홍보와 바다의 이미지에 대한 교육이 필요하다. 특히 국민들의 독도 등에 대한 수호의지는 높지만 인근의 영해와 배타적 경제수역(EEZ)인 바다가 더 중요하다는 것에 대해서는 아직 인식의 정도가 낮아 지속적 홍보가 필요하다.

해양에 대한 국민적 의식 강화의 기타 수단으로 해양시범학교 등의 지원 시에는 해양인식 강화를 중점적으로 교육하도록 유도하되, 국립 연구기관 및 관련 기관 등에 해양의식 교육 프로그램을 마련하여 지속적으로 교사양성과 교재개발을 지원해야 한다. 바다에 대한 교육을 어릴 때부터 강화하기 위하여 수영 등 물놀이를 익히고 즐길 수 있는 다양한 시설을 구비하고 활용하는 것도 중요하다. 앞으로는 항만, 어항 등의 워터프런트 개발 시 반드시 마리나, 수영장 등 필수 물놀이 시설을 병행해서 둘 필요도 있다. 예를 들자면, 일본은 과거부터 초등학교 설립인가를 받으려면 반드시 수영장을 구비토록 의무화하고 있으며, 미국에서 러브보트(Love Boat)라는 TV 인기드라마 방영을 통해 전국적으로 해양레저와 크루즈 산업 열풍을 일으켰던 사례 등을 감안

하여 다양한 해양관련 영화나 드라마 제작을 전향적으로 지원하는 것
도 생각해 볼 수 있다.

끝으로 우리나라 많은 국민들이 아직 잘 모르는 해양기념일을 통한
해양의식도 향상될 필요가 있다. 현재 5월 31일인 '바다의 날'은 국경
일이 아니라 기념일이며, 제대로 일반인들에게 홍보가 되지 못하였
다. 앞으로 이 날에는 국민들로 하여금 해양관련 기관 개방 및 견학
등을 통해 국민들의 해양기관에 대한 친숙성을 제고하고 각지에 산재
된 등대 방문, 항만수산 홍보관 방문 등 각종 해양수산 시설을 적절히
활용함으로써 친(親) 해양의식 형성을 선도해야 한다. 해양레저관광
활성화를 통한 해양인식도 제고될 가능성이 높은 사안인데, '바다의
날'을 이용한 바다수영대회, 해양스포츠제전 등 해양관련 행사를 새롭
게 발굴하고 해양레저스포츠를 지속적으로 알리는 한편, 국민들이 해
양레저를 손쉽게 즐길 수 있는 기반을 갖춤으로써 보다 바다에 친숙
해 질 수 있도록 추진하는 것도 필요할 것이다. 그러하다면 바다를 통
한 국민들의 해양의식은 지금보다 한층 성숙될 것이다.

참고문헌

국내문헌

1. 논문 및 단행본

강대원 (2001). 濟州潛嫂權益闘爭史. 제주: 제주문화.

강영문 (2006). 우리나라 항만공사의 효율적 운영에 관한 연구. 물류학회지. 16(2): 5-26.

강윤호 (2003). 해양행정 조직 개편의 과정과 결과: 해양수산부를 중심으로. 한국행정학보. 37(2): 399-420.

강윤호 (2005). 지방정부간 공유재 갈등의 원인과 해결방안: 거래비용 이론을 통한 부산신항만 관할권 분쟁 사례분석을 중심으로. 한국행정학보. 39(2): 263-285.

강윤호 (2006). 항만공사(PA)제도 도입에 따른 항만 거버넌스 구조의 효율화 방안. 40(1): 151-174.

강윤호 (2008). 미국 항만 거버넌스 제도의 형성과 변화. 지방정부연구. 12(4): 323-343.

강윤호 · 김상구 · 박상희 · 우양호 (2007a). 부산항 거버넌스 제도의 개편방안. 지방정부연구. 11(2): 109-132.

강윤호 · 김상구 · 박상희 · 우양호 (2007b). 부산항만공사(BPA)의 도입성과와 그 영향요인. 한국거버넌스학회보. 14(1): 165-196.

강윤호 · 김상구 · 정문수 · 우양호 (2009). 어촌지역 관광의 수요현황 예측과 활성화 정책: 강원도 동해안을 중심으로. 한국항해항만학회지. 33(10): 757-770.

강윤호 · 최성두 (2012). 우리나라 통합해양 행정체계의 논리와 설립방향. 한국항해항만학회지. 36(10): 917-924.

고계성 (2011). 해양관광개발에 따른 관광지 지역주민의 관광영향 인식 차
이 연구: 경남 창원 진해를 중심으로. 관광연구저널. 25(2): 41-54.

고재홍 (2010). 러시아 극동 오호츠크 해 지역의 석유지질. 한국지구시스템
공학회지. 47(6): 956-974.

구모룡 (2004). 해양문학이란 무엇인가. 부산: 전망.

국립민속박물관·(재)해상왕장보고기념사업회 (2004). 한반도와 바다. 서울:
시월.

국립해양유물전시관 (2003). 해녀: 물에꾼들의 삶과 문화.

김경신 (2012). 중국의 해양정책. 국제지역연구학회 여수엑스포 기념 춘계
학술대회논문집.

김길성·박복재 (2008). 여수세계박람회의 경제적 효과 제고방안: 광양만권
을 중심으로. 한국항만경제학회지. 24(3): 37-55.

김농오·이동신 (2012). 전남 해양관광의 발전방안에 대한 연구. 한국도서
연구. 24(4): 161-181.

김상구·강윤호·강은숙·우양호 (2006). 어로행위로 인한 연안오염 실태분
석: 어민 교육용 자료를 위한 조사연구. 지방정부연구. 9(4): 253-278.

김상구·우양호·성은혜 (2010). 부산광역시 해양정책의 거버넌스 수준 분
석: 해양산업육성조례에 대한 기업의 인식을 중심으로. 국제해양문
제연구. 20(1): 9-29.

김상구·우양호·정문수 (2010). 부산시 해양산업 육성을 위한 해양산업박
람회 개최방안 구상. 해양환경안전학회지. 16(1): 115-123.

김상구·최성두 외 (2008). 부산광역시의 해양환경관리 자치역량 분석. 한
국항해항만학회지 32(6): 515-519.

김성귀 (2007). 해양관광론. 서울: 현학사.

김석준 (2000). 뉴거버넌스 연구. 서울: 대영문화사.

김석준 외 (2006). 거버넌스의 이해. 서울: 대영문화사.

김승철 (2007). 항만 거버넌스 구축과 운용방안에 관한 연구. 국제상학. 22(4):
107-128.

김안호·기성래 (2005). 항만산업의 경제적 파급효과. 한국항만경제학회지.
21(4): 141-160.

김열규 (1998). 한국인의 해양의식. 해양문화연구. 3: 1-45.

김영평 (1992). 공유자원에 대한 통치. 행정과 정책. 창간호: 319-337.

김인 (1998a). 공유자원의 효율적 관리를 위한 제도적 장치: 연안어장을 중심으로. 지방정부연구. 2(1): 1-28.

김인 (1998b). 공유자원의 딜레마와 효율적 관리. 지방과 행정연구. 10(1): 3-18.

김인 (2004). 자율관리어업 시범사업 정책효과 평가. 지방정부연구. 8(2): 265-289.

김영돈 (1999). 한국의 해녀. 서울: 민속원.

김정하 (2005). 바다를 담아낸 소설과 민속. 부산: 전망.

김준 (2009). 갯벌 이야기. 서울: 이후.

김준우 (2007). 국가와 도시. 전남대학교 출판부.

김태곤 · 최운식 · 김진영 편 (2009[1988]). 한국의 신화. 서울: 시인사.

김학소 · 김의준 (2000). 항만투자의 경제적 효과에 관한 연구. 한국해양수산개발원.

김홍률 (2009). 부산-후쿠오카 초광역경제권 형성을 통한 지역경제협력 방안. 일본근대학연구. 23: 249-273.

김희재 · 윤영준 (2008). 부산규슈 초광역 생활문화권형성을 위한 전략. 동북아문화연구. 17: 23-42.

낙동강종합연구센터 (2002). 낙동강유역 수환경관리의 선진화 방안. 부산발전연구원.

디디에 데냉크스 저. 김병욱 역 (2007). 파리의 식인종. 서울: 도마뱀출판사.

라기주 (2006). 김춘수 시의 신화적 상상력 연구- '바다' 이미지를 중심으로. 한국문예비평연구. 20: 129-147.

레비-스트로스 저. 안정남 역 (2005[1999]). 야생의 사고. 서울: 한길사.

루이스 헨리 모건 저. 최달곤 · 정동호 역 (2005[1877]). 고대사회. 서울: 문화문고.

말리노우스키 저. 서영대 역 (2001[1996]). 말리노우스키의 원시신화론. 서울: 민속원.

맥닐 저. 홍욱희 역 (2009). 20세기 환경의 역사. 서울: 에코리브르.

멜빌 저. 이가형 역 (1994). 백경. 서울: 학원출판사.

문성혁 (2005). 현대 항만관리론. 서울: 다솜출판사.

미르치아 엘리아데 저. 이재실 역 (2000). 이미지와 상징. 서울: 까치.

박경희 (2001). 우리나라 항만관리의 포트 오소리티 체제로의 전환에 관한 연구. 한국해양대학교 박사학위논문.

박노경 (2001). 한국 항만도시의 입지. 인구성장과 화물집중도연구. 한국항만경제학회지. 17(2): 61-87.

박보근 (2009). 초읽기 들어간 여수광양항만공사: 자립기반 확충. 월간 해양한국(11): 59-61.

박성욱 · 양희철 (2008). 일본의 해양기본법 제정과 우리의 대응방안 연구: 한 · 중 · 일 해양행정체계 비교를 중심으로, 해양극지연구. 30(1): 119-128.

박수진 · 홍장원 (2012). 우리나라 해양관광산업 육성을 위한 정책 개선방향에 관한 고찰. 해양환경안전학회지. 18(2): 131-138.

박영혜 · 정경남 (2002). 신화의 바다. 서울: 숙명여자대학출판부.

박용안 (2012). 동북아 해양관광 활성화를 위한 복합티켓의 필요성. 계간 해양수산. 2(2): 104-116

박정석 (2009). 홍어와 지역축제. 홍어. 서울: 민속원. 173-202.

박종찬 (2012). 해양관광지 방문객의 개인가치에 따른 관광참여 제약요인. 호텔관광연구. 44: 17-30.

박종화 (2005). 도시행정론: 이론과 정책. 서울: 대영문화사.

박지형 · 홍준현 (2007). 시 · 군 통합의 지역경제성장 효과. 한국정책학회보. 16(1): 167-197.

박찬식 (2004). 제주 해녀의 역사적 고찰. 역사민속학. 19: 135-164.

박춘한 (2008). 부산광역시 연안역 관리정책 방향. 제1회 연안지역 관광비즈니스를 위한 워크숍 자료집. 영남씨그랜트사업단.

박형창 (2003). 새만금 신항만 개발이 전북지역에 미치는 경제적 효과. 한국행정학회 학술대회 발표논문집.

박호숙 (2002). 중앙정부와 지방자치단체간의 공동정책 결정행태와 갈등요인 분석. 한국정책학회 2002 춘계학술발표대회논문집: 435-449.

방희석 · 권오경 (2006). 항만거버넌스의 구축과 항만공사(PA)의 역할. 해운물류연구. 51: 141-162.

변충규 · 윤정수 (1990). 제주도산 소라의 치패생산 및 서식생태에 관한 연구. 한국양식학회지. 3(1): 89-125.

부산발전연구원 (2007). 해양수도 부산의 잠재력분석과 추진전략 연구. 연구보고서: 1-88.

부산발전연구원 (2007). 해양특별시 설치타당성 연구조사용역. 연구보고서:

1-23.

부산발전연구원 (2001). 해양수도의 기능 및 역할 수립과 부분별 사업검토. 연구보고서: 1-45.

배득종 (2004). 공유재 이론의 적용 대상 확대. 한국행정학보. 38(4): 147-157.

서대석 (2001). 한국신화의 연구. 서울: 집문당.

서재철·김영돈 (1990). 제주해녀. 제주: 봅데강.

손대현 (2007). 한국관광산업 50년 연구. 관광학 연구. 31(6): 373-378.

손애휘·원희연 (2004). 부산항만공사(BPA)의 지역경제 파급효과와 개선방안. 해운물류연구. 40: 83-96.

스티븐 솔로몬 저. 주경철·안민석 역 (2013). 물의 역사. 서울: 민음사.

신동주·이돈재 (2003). 해양관광의 개발 만족도와 개발전망간 관련성 분석. 관광학 연구. 27(3): 43-60.

신성교 (2003). 부산연안 수질환경 실태분석 및 해양환경관리방안 연구. 부산발전연구원.

신명호 (2008). 조선 초기 중앙정부의 경상도 해도정책을 통한 공도정책 재검토. 역사와 경계. 66: 1-27.

신용석·장병권 (2007). 관광기본법의 개선방향과 추진방안. 관광학 연구. 31(3): 14-18.

신윤창·김호식·김장기·손경숙 (2002). 관광문화박람회를 통한 지속 가능한 발전의 탐색: 2002 삼척세계동굴박람회를 중심으로. 한국정책과학학회보. 6(3): 191-212.

신중복·박대환·정연국 (2009). 부산지역 해양관광 특성이 해양관광활동에 미치는 영향 연구: 주 5일 근무제 실행 관광객 중심으로. Tourism Research. 28: 25-45.

아키미치 토모야 저. 이선애 역 (2005). 해양인류학. 서울: 민속원.

안나 레이드 저. 윤철희 역 (2003). 샤먼의 코트. 서울: 미다스북스.

안미정 (2009). 제주 잠녀의 해양 어로와 지속가능성. 사멸위기 위기의 문화유산. 서울: 민속원. 310-336.

안미정 (2010). 사회적 공간으로서 해양세계의 문화적 의의와 특성. 해항도시문화교섭학. 3: 179-223.

안미정 (2010[2008]). 제주 잠수의 바다밭. 제주: 제주대학교출판부.

안미정 (2012). 흑조와 한일잠수어업의 문화적 다양성. 흑조문화의 재검토:

해류를 통한 동아시아 문명의 이동과 전파. 유구오키나와 학회 발표 자료집.

안미정 (2013). 제주 잠수(잠녀)의 어로문화. 제주와 오키나와. 서울: 보고사. 164-185.

안성민 (2000). 공유재와 갈등관리의 제도화. 윤견수 외. 딜레마와 행정 (115-142). 서울: 나남출판.

오세웅·여기태·이철영 (2001). 항만과 지역 경제간의 동태적 모델에 관한 연구. 한국시스템다이내믹스 연구. 2(1): 29-50.

오스트롬 저. 윤홍근 역 (1999). 집합행동과 자치제도. 서울: 자유기업센터.

옥동석·정영서·신재광 (2007). 항만공사체제하의 민간자본 활용방식. 한국항만경제학회지. 23(1): 19-39.

우양호 (2008). 공유자원 관리를 위한 제도적 장치의 성공과 실패요인: 부산 가덕도 어촌계의 사례비교. 행정논총. 46(3): 173-205.

우양호 (2009a). 우리나라 항만도시의 성장 영향요인 분석. 한국행정논집. 21(1): 915-939.

우양호 (2009b). 항만이 해항도시의 경제성장에 미치는 효과: 부산과 인천의 사례(1985-2007). 지방정부연구. 13(3): 339-362.

우양호 (2010a). 지방정부 해양행정의 문제점과 발전방향: 해양거버넌스 (Ocean Governance) 구축을 중심으로. 한국거버넌스학회보. 17(2): 1-22.

우양호 (2010b). 동북아 해항도시의 역사적 성장요인에 관한 연구: 한국, 일본, 중국의 사례(1989-2008). 역사와 경계. 75: 57-90.

우양호 (2010c). 해항도시(海港都市) 부산의 도시성장 특성에 관한 연구: 패널자료를 통한 성장원인의 규명(1965-2007). 지방정부연구. 14(1): 135-157.

우양호 (2010d). 동북아 해항도시의 역사적 성장요인에 관한 연구. 역사와 경계. 75: 57-90.

우양호 (2012a). 이민자(immigrants)에서 시민(citizens)으로?: 해항도시(海港都市)의 내부적 세계화에 관한 분석. 세계해양발전연구. 21: 1-32.

우양호 (2012b). 우리나라 주요 항만의 항만공사(PA) 운영 성과와 요인: 부산, 인천, 울산, 경기평택 항만공사의 사례. 한국행정논집. 24(3): 567-590.

우양호 (2012c). 월경한 해항도시간 권역에서의 국제교류와 성공조건: 부산과 후쿠오카의 초국경경제권 사례. 지방정부연구. 16(3): 31-50.

우양호 (2013a). 해항도시(海港都市)와 해양산업의 세계화: 해양산업전시회의 현재와 미래. 세계해양발전연구. 22: 61-86.

우양호 (2013b). 지역사회 다문화 정책의 문제점과 발전방향: 해항도시 부산의 다문화거버넌스 구축 사례. 지방정부연구. 17(1): 393-418.

우양호 (2013c). 해항도시간 초국경 통합의 성공조건: 북유럽 외레순드의 사례. 도시행정학보. 26(3): 121-123.

우양호 · 강윤호 (2012). 해양수도 부산의 해양거버넌스 형성수준 및 원인 분석: 이해관계자의 접촉과 갈등해결을 중심으로. 한국항해항만학회지. 36(3): 233-243.

우양호 · 김만홍 · 김상구 (2012a). 海港城市港口治理制度: 以韓國港灣公社制度例. 世界海運. 35(5): 5-9.

우양호 · 김만홍 · 김상구 (2012b). 韓國海港城市的社會文化特征: 海洋同管理的時角. 大連大學學報. 33(2): 15-22.

우양호 · 홍미영 (2012). 동북아시아 해항도시의 초국경 교류와 협력방향 구상 : 덴마크와 스웨덴 해협도시의 성공경험을 토대로. 21세기정치학회보. 22(3): 375-295.

유승훈 (2008). 우리나라 제염업과 소금 민속. 서울: 민속원.

유재경(2003). 지역진흥 이벤트로서 일본 박람회 역할에 관한 연구. 일본문화연구. 9: 119-132.

유재원 · 소순창 (2005). 정부인가 거버넌스인가? 계층제인가 네트워크인가?. 한국행정학보. 39(1): 41-63.

윤동환 (2011). 삼척의 무속. 삼척: 삼척시립박물관.

윤성순 · 최지연 · 주성재 (2003). 연안관리지역계획의 실효성 제고 및 계획수립모형(안) 개발연구. 한국해양수산개발원.

이두현 · 장주근 · 현용준 · 최길성 (1969). 부락제당. 민속자료조사보고서 39호.

이명석 (1995). 공유재 문제의 자치적 해결 가능성. 한국행정학보. 29(4): 1291-1312.

이명석 (2006). 제도, 공유재, 그리고 거버넌스. 서울대학교 행정논총. 44(2): 247-275.

이명석 (2006). 제도, 공유재, 그리고 거버넌스. 행정논총. 44(2): 247-275.

이브 코아 저. 최원근 역 (1999). 고래의 삶과 죽음. 서울: 시공사.

이승길 (2010). 해양관광 방문수요 및 지출결정요인에 관한 연구: 다도해해
　　상국립공원 방문객을 중심으로. 관광연구. 25(1): 147-166.

이승길 (2012). 해양관광의 계절별 수요모형에 관한 연구. 관광연구저널.
　　26(1): 73-92.

이승우 · 김성귀 · 이종훈 · 홍장원 · 이윤정 · Henry Schwarzbach (2008). 한국
　　의 레저보트산업과 마리나의 발전을 위한 해양관광 정책에 관한
　　연구: 한국의 현실에 부합하는 미국의 경험. 한국해양수산개발원
　　연구보고서(489): 1-173.

이승철 (2004). 동해안 어촌 당신화 연구. 서울: 민속원.

이원갑 · 이종훈 · 홍장원 · 이윤정 · 현우용 (2010). 해양관광 활성화를 위한
　　해양문화콘텐츠 활용방안 연구. 한국해양수산개발원 연구보고서:
　　1-165.

이원일 · 김상구 (1999a). 컨테이너의 부산광역시 재정기여도 분석. 해양환
　　경안전학회지. 5(1): 79-93.

이원일 · 김상구 (1999b). 지방정부의 항만계획기능 참여방안에 관한 연구:
　　부산항을 중심으로. 한국행정학보. 33(1): 207-219.

이정재 (2008). 울산의 고래잡이와 민속문화. 한국의 민속과 문화. 13: 171-196.

이종열 · 김수훈 (2010). 해양레저의 활성화 요인에 관한 연구. 행정논총. 48(4):
　　425-426.

이철호 (2006). 해양아시아의 부활: 동북아 지방간 월경협력과 항만도시 네
　　트워크. 21세기정치학회보. 16(1): 321-344.

인천광역시사편찬위원회 (2002). 인천광역시사 2.

장주근 (2000). 풀어쓴 한국의 신화. 서울: 집문당.

전경수 (1992). 제주연구와 용어의 탈식민화. 제주도언어민속논총. 제주:
　　제주문화: 487-494.

전경수 편 (1992). 韓國漁村의 低發展과 適應. 서울: 집문당.

정근식 · 김 준 (1993). 도서지역의 경제적 변동과 마을체계: 소안도의 사례
　　연구. 도서문화 11: 301-332.

정문수 (2005). 서양에서의 중앙과 지방: 이탈리아 역사에서의 중앙과 지방
　　의 관계. 서양사론. 86: 95-120.

정문수 · 정진성 (2008). 해항도시 네트워크가 구성하는 발트해 지역. 독일
　　언어문학. 42: 233-251.

정봉민 (1999). 항만산업의 국민경제 기여도 분석: 산업연관분석을 중심으

로. 한국항만경제학회지. 15(2): 1-14.

정봉민·마문식·이호춘 (2004). 해운항만산업의 국가경제기여도 분석. 한국해양수산개발원.

정세욱 (1998). 21세기 해양수산행정조직에 관한 연구. 해양 21세기 (p53-72). 서울: 나남출판.

정연학 (2007). 경기만과 중국 산동성의 어로민속. 경기 해안도서와 동아시아. 서울: 경인문화사: 155-199.

정용덕 (1999). 합리적 선택과 신제도주의. 서울: 대영문화사.

정해용(2008). 중국 상하이의 도시 거버넌스와 국가-사회관계. 아세아연구. 131: 226-261.

조동오 (2008). 해양환경관리의 실태와 문제점. 낙동강 에코센터강연자료.

조동오 (2012). 미국·캐나다·호주의 해양정책. 국제지역연구학회 여수엑스포 기념 춘계학술대회 논문집.

조동오·우양호·김태균 (2012). 우리나라 해양조사 발전방향에 관한 연구. 한국수로학회지. 1(1): 21-30.

조성호박희정 (2004). 지방의 국제화 추진역량 평가에 관한 연구: 경기도의 사례를 중심으로. 지방행정연구. 18(4): 103-130.

조찬혁·문미영 (2006). 부산항만공사의 성과 및 독립성 평가에 관한 실증연구: 이용자의 관점. 물류학회지. 16(3): 31-56.

조현연·강구효 (2006). 비재무측정치가 공기업의 경영성과에 미치는 영향. 재무와회계정보저널. 6(1): 81-100.

조혜정 (1988). '발전'과 '저발전': 제주 해녀 사회의 성 체계와 근대화. 한국의 여성과 남성. 서울: 문학과 지성사: 263-331.

주경철 (2009[2008]). 대항해시대. 서울: 서울대학교출판문화원.

주재복·최홍석·홍성만 (2003). 지방정부간 협약을 통한 공유재 관리: 안양천유역의 지방정부간 수질개선사례를 중심으로. 정부학연구. 9(2): 120-136.

제주도 (1996). 제주의 해녀. 제주: 제주도인쇄공업협동조합.

제주시수산업협동조합 (1989). 濟州市水協史. 제주: 경신인쇄사.

천대윤 (2003). 갈등관리전략론. 서울: 선학사.

최도석·심미숙 (2004). 부산의 해양관광 실태분석 및 발전방안에 관한 연구. 부산발전연구원 연구보고서: 21-24

최무현 (2008). 다문화 시대의 소수자정책 수단에 관한 연구: 참여정부의 다문화 정책을 중심으로. 한국행정학보. 42(3): 51-77.

최병선 (1992). 정부규제론. 서울:법문사.

최봉기 · 이시경 (1999). 위천공단 조성을 둘러싼 정책갈등의 해소방안. 한국지방자치학회보. 11(2): 201-220.

최성두 (2001). 부산 항만자치공사 설립의 표류원인 분석평가. 한국행정학보. 35(4): 317-334.

최성두 (2004). 해양과 행정. 도서출판 전망.

최성두 (2007). 해양수도 부산의 항만경쟁력 강화를 위한 해양행정체계 모색. 지방정부연구. 10(4): 221-236.

최성두 외 (2008). 부산 해양환경관리 기본계획에 관한 연구. 국토해양부 연구보고서.

최재선 (2012). 일본의 해양정책. 국제지역연구학회 여수엑스포 기념 춘계 학술대회논문집.

최재송 · 이명석 · 배인명 (2001). 공유재 문제의 자치적 해결: 충남 보령시 장고도 어촌계의 사례를 중심으로. 한국행정연구. 10(2).

테사 모리스-스즈끼 (2006). 변경에서 바라 본 근대. 서울: 산처럼.

표인주 (2007). 남도 민속의 이해. 광주: 전남대학교출판부.

하순애(2003). 제주도 민간신앙의 구조와 변화상. 제주지역 민간신앙의 구조와 변용. 서울: 백산서당: 87-278.

하연섭 (2003). 제도분석: 이론과 쟁점. 서울: 다산출판사.

한나 아렌트 저. 이진우 · 태정호 역 (2006). 인간의 조건. 서울: 한길사.

한상복 (1976). 농촌과 어촌의 생태적 비교. 한국문화인류학. 8: 87-90.

한승미 (2003). 일본의 내향적 국제화와 다문화주의의 실험: 가와사키 시 및 가나가와 현의 외국인 대표자 회의를 중심으로. 한국문화인류학. 36(1): 119-147.

한승미 (2010). 국제화 시대의 국가, 지방자치체 그리고 이민족시민(ethnic citizen): 동경도(東京都)정부의 '다문화주의' 실험과 재일 한국/조선인에의 함의. 한국문화인류학. 43(1): 263-305.

한승준 (2008). 우리나라 다문화 정책의 거버넌스 분석. 한국행정학회 추계 학술대회발표논문집: 67-87.

허중욱 · 심상화 · 이광옥 (2010). 강원도 동해안의 해변관광 활성화 방안. 한국도서연구. 22(3): 79-106.

현길언 (1999). 바다와 섬의 문학성과 문학의 본질성-제주의 주변성과 그 문학적 의미. 바다와 섬, 문학과 인간. 제주: 오름.

현용준 (2005). 제주도 신화의 수수께끼. 서울: 집문당.

홍성만·주재복 (2003). 자율규칙형성을 통한 공유재 관리: 대포천 수질개선 사례를 중심으로. 한국행정학보. 37(2): 469-494.

홍성만·유재원 (2004). 수질개선을 위한 정부-주민간 환경협약 사례-대포천의 수질개선·유지를 중심으로. 한국정책학회보. 13(5): 95-120.

홍순권 (2010). 글로컬리즘과 지역문화연구. 石堂論叢. 46: 1-17.

홍영호·박희수 (2006). 산업박람회 참가자의 중요속성 인식에 관한 연구. 이벤트컨벤션연구. 5: 73-91.

해양산업발전협의회 (2007). 부산지역 해양산업 실태조사 및 분석. 연구보고서.

한국해양대학교 국제해양문제연구소 (2008). 해항도시의 문화교섭학. 한국해양대학교 2008년도 인문한국(HK)지원사업 인문분야 신청서.

2. 기타

국가기록원 홈페이지 (2013). http://www.archives.go.kr

국무총리실 수질개선기획단 (2001). 해양환경보전 종합계획.

국무총리실 수질개선기획단(관계부처 합동) (2001). 2001-2005 해양환경보전 종합계획.

국토해양부 (2008-2012). 국토해양백서(해양/수산/항만부문).

국토해양부 (2008). 해양관광진흥 기본계획 수립 및 제도개선방안에 관한 연구.

국토해양부 (2008). 국토해양용어사전. 국토해양백서.

국토해양부 (2009). 국토해양통계연보 및 통계누리. http://stat.mltm.go.kr

부산광역시 (2001-2007). 환경백서.

부산광역시 (1989-2007). 시정백서.

부산광역시 (2006-2007). 해양농수산국 해양환경계 업무보고 및 내부자료.

부산광역시 (2000). 연안관리지역계획 (중간보고서).

부산광역시(2009). 부산광역시 해양산업육성에 관한 조례(부산광역시 공고

제2009-814호).

부산광역시 (2012). 자치행정과/해양항만과. 항만시설 및 운영통계.

부산발전연구원 (2007). 해양수도 부산의 잠재력 분석과 추진전략 연구보
    고서(2007-14).

부산지방해양항만청 (2008-2012). 항만시설 및 운영통계.

부산해양경찰서 해양오염관리과(2007). 맑고 푸른 부산항 되살리기 Project.

한국행정학회 (2009). 온라인행정학전자사전(#517: 해양행정).

해양수산부 (1996). 제1차 해양오염방지 5개년 계획(1996-2000).

해양수산부 (2001). 제2차 해양환경보전종합계획(2001-2005).

해양수산부 (2002). 한국의 해양문화. 서울: 경인문화사.

해양수산부 (2003). 자율관리어업의 성공적 정착을 위한 연구. 최종연구보
    고서.

해양수산부 (2004). 자율관리어업 시범사업 성공사례(내부자료).

해양수산부 (2006). 제3차 해양환경보전종합계획(2006-2010) 최종안.

해양수산부 (2008). 우리나라 해양보호구역 현황도.

해양수산부 (2000). 연안통합관리계획.

해양수산부 · 해양경찰청 · 한국환경생태계연구협회(1999). 푸른 바다, 푸른
    미래. 해양환경 감시활동 지침서.

해양수산부 (2003). 자율관리어업의 성공적 정착을 위한 연구. 최종연구보고서.

해양수산부 (2004). 자율관리어업 시범사업 성공사례(내부자료).

해양수산부 외 5개 기관 (2006). 해양환경보전 종합계획.

남해지방해양경찰청 인터넷 홈페이지 (2012). http://sh.kcg.go.kr

문화체육관광부 인터넷 홈페이지 (2013). http://www.mcst.go.kr

부산광역시 인터넷 홈페이지 (2013). http://www.busan.go.kr

부산광역시 인터넷 홈페이지 (2012). http://www.busan.go.kr

부산지방해양항만청 인터넷 홈페이지 (2012). http://pusan.momaf.go.kr

통계청 홈페이지 (2013). http://kosis.kr

한국관광공사 인터넷 홈페이지 (2013). http://kto.visitkorea.or.kr

한국해양수산개발원 인터넷 홈페이지 (2012). http://www.kmi.re.kr

한국해양연구소 인터넷 홈페이지 (2012). http://www.kordi.re.kr

한국해양오염방제조합 인터넷 홈페이지 (2012). http://www.kmprc.or.kr

해양경찰청 인터넷 홈페이지 (2012). http://www.kcg.go.kr
해양수산부 인터넷 홈페이지 (2013). http://www.mof.go.kr
해양환경관리공단 인터넷 홈페이지 (2012). http://www.kmprc.or.kr

해외문헌

1. 논문 및 단행본

Acheson, J. M. and Gardner, R (2004). Strategies, Conflict and the Emergence of Territoriality: The Case of the Maine Lobster Industry. *American Anthropologist*. 106(2): 296-307.

Agrawal, A (2001). *Common Resources and Institutional Sustainable*. National Research Council. The Drama of the Commons, National Academic Press, Washington, D. C: 41-85.

Allison, E. H (2001). Big Laws, Small Catches: Global Ocean Governance and the Fisheries Crisis. *Journal of International Development*. 13(7): 933-950.

Basiron, M, N (1997). *Marine Tourism Industry: trends and prospects*. Paper presented at the National Seminar on the Development of Marine Tourism Industry in South East Asia at Langkawi: 25-28.

Baliana Cicin-Sain and Robert W, Knecht (2000). *The Future of U.S. Ocean Policy: Choices for the New Century*. Washington, D. C: Island Press.

Bates. R. H (1988). Contra Contractarianism: Some Reflections on the New Institutionalism. *Politics and Society*. 16: 387-401.

Beatley, Trimothy., David J. Brower, and Annak Schwab (2002). *An Introduction to Coastal Zone Management*. Island Press.

Becker, D. and Ostrom. E (1995). Human Ecology and resource Sustainability: The Impact of Institutional Diversity. *Annual Review of Ecological System*. 26: 113-133.

Berkes, F (1992). Success and Failure in Marine Coastal Fisheries of Turkey. in Daniel W. Bromley, ed., *Making the Commons Work: Theory, Practice, and Policy*. 161-82. San Francisco: Institute for Contemporary Studies.

Birnie, P (1996). Regimes Dealing with the Oceans and All Kinds of Seas from the Perspective of the North, in Oran Young et al (eds.). *Global Environmental Change and International Governance*, University Press of New England.

Bishop, P. L (1983). *Marine Pollution and Its Control*. New York: McGraw-Hill.

Broadus, J and Vartanov, R (1994). *The Oceansand Environmental Security*, Island Press.

Burger, J., Ostrom, E., Norgaard, R B., Policansky, D. eds (2001). *Protecting the Commons: A Framework for Resource Management in the Americas*, Washington: Island Press.

Casari, M. and Plott, C. R (2003). Decentralized Management of Common Property Resources: Experiments with a Centuries-Old Institution. Journal of Economic Behavior and Organization. 51(2): 217-247.

Chou, C (2005). Southeast Asia through an Inverted Telescope: Maritime Perspectives on a Borderless Region, in Paul H. Kratoska, Remco Raben and Henk Schulte Nordholt(eds.), *Locating Southeast Asia: Geographies of Knowledge and Politics of space*. Singapore: Singapore University Press.

Cicin-Sain, B. and Knecht, R (1998). *Integrated Coastal and Ocean Management: Concepts and Practices*, Island Press.

Coleman, J. S (1988). Social Capital in the Creation of Human Capital, *American Journal. of Sociology*. 94(Supplement): 95-120.

Commission on Marine Science, Engineering and Resources (1969). *Our Nation and the Sea: A Plan for National Action*. Washington, D. C.: U. S. Government Printing Office.

Cook, K. S. and Cooper, R. M (2003). Experimental Studies of Cooperation, Trust, & Social Exchange, in Ostrom, Elinor, and Walker, James, eds., *Trust & Reciprocity: Interdisciplinary Lessons from Experimental Research*, New York: Russell Sage Foundation.

Davidova, S (2007). A Common Pool Resource in Transition: Determinants of Institutional Change for Bulgaria's Post-socialist Irrigation Sector. *European Review of Agricultural Economics*. 34(1): 136-138.

Douglas, B., Kearney, M. and Leatherman, S (2001). *Sea Level Rise: History and Consequence*, Academic Press.

Fluharty, David (2012). *U. S Ocean Governance : Best Practices for Integrated Governance*. World Ocean Forum 2012 Proceeding.

Gardiner, R (2002). *Governance for Sustainable Development: Outcomes from Johannesburg*. London: WHAT Governance Programme. Paper 8: 1-7.

Hanna, S. S (1999). Strengthening Governance of Ocean Fishery Resources. *Ecological Economics*. 31(2): 275-286.

Hackett, S. C (1992). Heterogeneity and The Provision of Governance for Common-Pool Resources. *Journal of Theoretical Politics* 4(3): 325-342.

Heikkila, T (2004). Institutional Boundaries and Tan Common-Pool Resource Management: A Comparative Analysis of Water Management Programs in California. *Journal of Policy Analysis & Management*. 23(1): 97-117.

Hilton, R. M (1992). Institutional Incentives for Resource Mobilization: an Analysis of Irrigation Systems in Nepal. *Journal of Theoretical Politics*. 4(3): 283-308.

Hinds, L (2003). Oceans Governance and the Implementation Gap. *Marine Policy*. 27(4): 349-356.

Hohenberg, P. M. and Lees, L. H (1985). The Making of Urban Europe 1000-1950. Harvard University Press.

Hong, S. K. and Hermann, R (1967). The Diving Women of Korea and Japan, *Scientific American*. 216(March): 34-43.

Hornell, J (1950). *Fishing In Many Waters*. London: Cambridge University Press.

Husain, Z. and Bhattacharya. R. N (2004). Common Pool Resources and Contextual Factors: Evolution of a Fishermen's Cooperative in Calcutta. *Ecological Economics*. 50(3/4): 201-217.

Ikenberry, G. J (1988). Conclusion: An Institutional Approach to American Foreign Economic Policy, *International Organization* 42(1): 219-243.

Jacques, P. and Zachary A. S (2003). *Ocean Politics and Policy*, ABC-CLIO.

Jager, W. and Janssen, M (2002). Using Artificial Agents to Understand Laboratory Experiments of Common Pool Resources with Real Agents. In *Complexity and Ecosystem Management*. Edward Elgar, Cheltenham, U. K: 75-102.

Jeon, Y. I., Omar, I. H., Kuperan, K. and Squires, D (2006). Developing Country Fisheries and Technical Efficiency: the Java Sea Purse Seine

Fishery. *Applied Economics*. 38(13): 1541-1552.

Juda, L (1996). *International Law and Ocean Use Management: The Edition of Ocean Governance*. New York: Routledge.

Kim, J. S (1991). Political Economy of Domestic Trade Policy Linkage, Yale University(Dotoral Dissertation).

Kiser, L. L. and Ostrom, E (1992). The Three Worlds of Action : A Meta-theoretical Synthesis of Institutional Approaches, in Elinor Ostrom, ed., *Strategies of Political Inquiry*, Beverly Hilis Sage Publications.

Klarin, Paul, and Marc Hershman (1990). Response of Coastal Zone Management Programs to Sea Level Rise in the United States. *Coastal Management*. 18: 143-165.

Kullenberg, G (2004). Marine Resources Management: Ocean Governance and Education, in *Ocean Yearbook 18*, editors A. Chircop and M. McConnell, The University of Chicago Press(1046): 578-599.

Malinowski, B (1961[1922]). *Argonauts of the Western Pacific*. E. P. Dutton & CO. INC.

McCay, B. J (2002). *Emergence of Institutions for the Commons: Contexts, Situations and Events*. National Research Council, The Drama of the Commons, National Academic Press, Washington, D. C: 361-402.

McKean, Margaret A. (1992). Success on the Commons: A Comparative Examination of Institutions for Common Property Resource Management, *Journal of Theoretical Politics*. 4(3): 247-281.

Mensah, T. A (1996). *Ocean Governance: Strategies and Approaches for The 21st Century*. proceedings, The Law of the Sea Institute, Twenty-eighth Annual Conference ; in cooperation with East-West Center. Honolulu, Hawaii: 11-14.

Miles, E. L (1999). The Concept of Ocean Governance: Evolution Toward the 21st Century and the Principle of Sustainable Ocean Use. *Coastal Management*. 27(1): 1-30.

Murray, A. R (2004). An Institutional Framework for Designing and Monitoring Ecosystem-Based Fisheries Management Policy Experiments. *Ecological Economics*. 48(1): 109-125.

Nakahara, Hiroyuki (2012). Ocean Governance in Japan. World Ocean Forum 2012 Proceeding.

Ng'ang'a, S. M., Sutherland, M., Cockburn, S and Nichols, S (2004). Toward a 3D Marine Cadastre in Support of Good Ocean Governance: A Review of the Technical Framework Requirements. *In Computer, Environment and Urban Systems*. 28: 443-470.

Oakerson, Ronald J. (1986). *A Model for Analysis of Common Property Problems*. in National Research Council, ed., Proceedings of the Conference on Common Property Resource Management (Washington: National Academic Press).

Okey, T. A. (2003). Membership of the Eight Regional Fishery Management Councils in the United States: are Special Interests Over-Represented?. *Marine Policy*. 27: 193-206.

Olson, M (1965). *The Logic of Collective Action: Public Goods and the Theory of Groups*. Harvard University Press.

Orams, M (2002). *Marine Tourism: Development, Impacts and Management*. London: Routledge.

Ostrom, E (1988). Institutional Arrangements and the Commons Dilemma. in *Rethinking Institutional Analysis and Development: Some issues, Alternatives, and Choices*. San Francisco: ICS Press.

Ostrom, E (1990). *Governing the Commons: The Evolution of Institutions for Collective Action*. Cambridge: Cambridge University Press.

Ostrom, E (1992). Community and the Endogenous Solution of Commons Problems. *Journal of Theoretical Politics*. 4(3): 343-351.

Ostrom, E (1998a). A Behavioral Approach to the Rational Choice Theory of Collective Action, Presidential Address. *American Political Science Review*. 92(1): 1-22.

Ostrom, E (1998b). *The Comparative Study of Public Economies*, Acceptance Paper of 'Recipient of the 1997 Frank E. Seidman Distinguished Award in Political Economy', P.K. Seidman Foundation, Memphis, Tennesse, February.

Ostrom, E (2006). The Value-Added of Laboratory Experiments for the Study of Institutions and Common-Pool Resources. *Journal of Economic Behavior & Organization*. 61(2): 149-163.

Ostrom, E., Burger, J., Field, C. B., Norgaard, R. B. and Policansky, D (1999). Revisiting the Commons: Local Lessons, Global Challenges. *Science*. 284(No. 5412): 278-282.

Ostrom, E., Gardner, R. and Walker, J (1994). *Rules, Games, and Common-pool Resources*. Ann Arbor: The University of Michigan Press: 225-246.

Ostrom, V. and Ostrom, E (1978). Public Goods and Public Choices. in E. S. Savas, ed., *Alternatives for Deliverung Public Services: Toward Improved Performance*. Boulder, Colo: Westview Press: 7-49.

Pálsson, G (1991). *Coastal Economies Cultural Accounts*. Manchester: Manchester University Press.

Payoyo, P (1994). *Ocean Governance: Sustainable Development of the Seas*. Tokyo: United Nations University Press: 1-369.

Robin, S. G (2006). IOI-Ocean Learn: Rationalizing the IOI's Education and Training in Ocean Goverance. *Ocean and Coastal Management*. 49(9/10): 676-684.

Roe, M (2009). Maritime Governance and Policy-Making Failure in the European Union. *International Journal of Shipping and Transport Logistics*. 1(1): 1-19.

Rapoport, A (2001). Bonus and Penalty in Common Pool Resource Dilemmas under Uncertainty. *Organizational Behavior & Human Decision Processes*. 85(1): 135-165.

Sakhalin Energy Investment Company Ltd(SEICL) (2005). *Sakhalin Ⅱ Phase 2 Resettlement Action Plan*.

Sakhalin Energy Investment Company Ltd(SEICL) (2006). *Sakhalin Ⅱ Phase 2 Project Sakhalin Indigenous Minorities Development Plan: First Five-Year Plan 2006-2010*.

Savas, E. S (1982). *Privatizing the Public Sector: How to Shrink Government*. Chatham House.

Schlager, E (1990). *Model Specification and Policy Analysis: The Governance of Coastal Fisheries*. Ph. D. Diss., Indiana University.

Sheldon, G., Oakerson, R. and Wynne, S (1990). *An Institutional Analysis of the Production, Processing, and Marketing of Arabica Coffee in the West and North West Provinces of Cameroon*. Associates in Rural Development. Inc.

Singleton, S. and Taylor, M (1992). Common Property, Collective Action and Community. *Journal of Theoretical Politics*. 4(3): 309-324.

Smithsonian Institution (2004). *Arctic Studies Center Newsletter*.

Sutherland, M. and Nichols, S (2004). The Evolving Role of Hydrography in Ocean Governance and the Concept of the Marine Cadastre. *The Hydrographic Journal*. 111: 13-15.

Tanaka, Y (2008). *A Dual Approach to Ocean Governance: The Cases of Zonal and Integrated Management in International Law of the Sea*. Ashgate Pub Co: 26-192.

Tang, S. Y (1992). *Institutions and Collective Action: Self-Governance in Irrigation*. San Francisco, Ca.: ICS Press, Chap. 2: An Institutional Analysis of Irrigation Systems and Institutions: 1-151.

Terashima, H (2004). The Importance of Education and Capacity-Building Programs for Ocean Governance, in *Ocean Yearbook 18*, editors A. Chircop and M. McConnell, The University of Chicago Press(1046): 600-611.

U. S. Commission on Ocean Policy (2004). *An Ocean Blueprint for the 21st Century*. Hawaii: University Press of the Pacific Honolulu.

Vallega, A (2008). *Sustainable Ocean Governance: A Geographical Perspective*. Routledge: 1-208.

Vince, J. and Haward, M (2009). New Zealand Oceans Governance: Calming Turbulent Waters?. *Marine Policy*. 33(2): 412-418.

Walker, B. L (2006). *The Conquest of Ainu Lands: Ecology and Culture in Japanese Expansion 1590-800*. University of California Press.

Wells, S., Sue, S. and Hildesley, W (1999). Future Development in Marine Protected Areas, in Sue Stolton and NigelDudley(eds). *Partnerships for Protection: New Strategies for Planning and Management for Protected Areas*. Earthscan Publications.

White House Council (2010). *Final Recommendations of the Interagency Ocean Policy Task Force*.

Wilder, R (1998). *Listening to the Sea: The Politics of Improving Environmental Protection*. University of Pittsburgh Press.

Yandle, T (2005). Developing a Co-management Approach in New Zealand Fisheries. In D. R. Leal (eds). *Evolving Property Rights in Marine Fisheries*. Lanham, M. D: Rowman & Littlefield Publishers.

Yandle, T (2006). Sharing Natural Resource Management Responsibility: Examining the New Zealand Rock Lobster Co-Management Experience. *Policy Sciences*. 39(3): 249-278.

Yandle, T. and Dewees, C (2003). Privatizing the Commons 12 years later: fishers' Experiences with New Zealand's Market-Based Fisheries Management. in *The Commons in the New Millennium: Challenges and Adaptations*. MIT Press, Cambridge, M. A: 101-127.

谷本晃久·深澤秋人 (2008). 海域아시아사 研究入門. 桃木至朗 編. 東京: 岩波書店.

德島縣立博物館 (2006). 海人の見た世界. 株式會社 教育出版 センタ.

北國新聞社編集局 編 (1986). 能登 舳倉の海び. 北國出版社.

床呂郁哉 (1999). 越境: スール-海域世界から. 東京:岩波書店.

李善愛 (2001). 海を越える濟州道の海女. 東京: 明石書店.

秋道智彌 (2004). コモンズの人類學: 文化·歷史·生態. 內外印刷柱式會社.

秋葉隆 (1954). 朝鮮民俗誌. 東京: 六三書院.

香原志勢 (1990). 海女の分布の生態學的考察. 海女と海士. 동경: 三一書房. 191-209.

2. 기타

국제포경위원회 홈페이지 (2013). http://iwc.int/home.

미국 해양대기관리처 인터넷 홈페이지 (2012). http://www.noaa.gov.

일본 후쿠오카시(福岡市) (2012). http://www.city.fukuoka.lg.jp.

일본 후쿠오카시 총무기획국 국제부(總務企劃局 國際部) 및 경제진흥국 집객교류부(經濟振興局 集客交流部) (2008-2011). 내부자료 및 국제교류 통계 및 현황자료.

일본 후쿠오카현 관광연맹 (2012). http://www.japanpr.com.

일본 후쿠오카국제교류협회(福岡國際交流協會)-규슈경제조사협회(九州經濟調查協會) (2012). http://www.rainbowfia.or.jp.

위키피디아 홈페이지 (2013). http://en.wikipedia.org.

찾아보기

해신 85, 90, 154
해안 96
해안지역(coastal zone) 325
해양거버넌스 271, 279, 280
해양관광 321
해양관광계획 344
해양관광산업 30
해양관리 37, 434
해양관리원칙 430, 433
해양관할권 447
해양네트워크 23, 47
해양레저활동 323
해양레짐 430
해양레포츠 322
해양력(sea power) 19, 21, 22, 36, 467
해양로컬거버넌스 217
해양문학 73
해양문화 75, 96, 125
해양민 48, 52, 54
해양바이오 30
해양사회 101
해양산업(ocean industry) 29, 30, 310
해양산업육성조례 291
해양생명공학산업 30
해양생태 149, 150
해양생태계 28, 99, 455
해양성 85, 90
해양세계 95
해양수도 361
해양수산발전기본법 326
해양수산부 38, 282
해양시민 203
해양시민사회 215
해양안보레짐 450
해양에너지 30

해양영토분쟁 159
해양의식 477
해양의제 198
해양자원 75, 104, 159
해양자유(freedom of the seas) 398
해양자유의 원칙 430, 433
해양정책 35, 219
해양정책레짐 변화 461
해양지식체계 110
해양질서 21
해양환경 361
해양환경 거버넌스 369
해양환경 관리체계 370
해양환경 행정체계 365
해양환경관리 361, 362
해양환경레짐 434
해역세계 59
해운항만청 38
해적 56
해적활동 451
해조류 가공 및 저장처리업 303
해항도시 54, 59, 63, 64, 214, 219,
    361, 368
허먼 멜빌 71, 162, 171
홍어축제 125, 126
환(環)동해경제권 22
환(環)황해경제권 22
환경안보 453
환경재난 159
황해 75, 169
훈제, 조리식품 제조업 303
휴고 그로티우스(Hugo Grotius) 398
흑산도 125
흑조(黑潮, 쿠로시오) 131, 132

저자소개

최성두 崔成斗

고려대학교 행정학과 행정학 박사
한국해양대학교 국제대학 해양행정학과 교수
한국해양대학교 국제해양문제연구소 운영위원

우양호 禹良昊

부산대학교 행정학과 행정학 박사
한국해양대학교 국제해양문제연구소 HK교수

안미정 安美貞

한양대학교 문화인류학과 문화인류학 박사
한국해양대학교 국제해양문제연구소 HK연구교수